수치해석과 그의 알고리즘

유 동 선 저

홍릉과학출판사

머리말

컴퓨터의 소프트웨어 발달로 컴퓨터 사용이 더욱 편리해지고, 또한 정밀도가 높아지며, 시간의 단축 등으로 컴퓨터의 활용이 크게 향상되고 있다.

본서는 수치계산법을 주로하는 수치해석 교본으로 저술되었다. 복잡한 수치계산문제에서 대수적, 해석적 해법을 그대로 컴퓨터 프로그램으로 옮기는 것은 비효율적이다. 논리적이고 효율적으로 컴퓨터의 기능에 부합된 소프트웨어가 필요한 것이다.

수치계산법은 프로그램으로 직결되는 알고리즘이 생명이다. 본서는 초보자에게도 이해가 잘되고, 프로그램으로 연결되는 알고리즘 작성과 이것의 수학적원리를 소개하면서 다음 사항에 중점을 두었다.

(1) 본서는 가급적 초등적인 지식만으로 알고리즘을 작성하고, 그 알고리즘에 따라서 수치계산을 하는 과정을 보기나 예제를 들어서 이해를 도왔다.
(2) 수치계산법의 원리를 초등적인 수학지식으로 이해할 수 있게 했으며, 효율적인 수치계산법을 설명하였다.
(3) 모든 수치계산공식과 방법 및 해법을 쉽게 설명하고, 충분히 이해되게 많은 보기와 예제를 들었다.
(4) 각 단원의 연습문제는 모두 상세하게 풀이하여 학습에 효율성을 높였다.

이러한 본서의 특성을 몸에 익혀서 여러 가지 수치계산 문제처리에서 알고리즘을 작성하고, 프로그램도 작성할 수 있기를 바란다.

본서의 학습을 철저하고, 확실하게 할 때 여러분을 한 단계 높은 과학자로 끌어 올려 줄 것을 확신한다.

끝으로 과학도서의 총본산인 홍릉과학출판사 여러분의 노고에 감사한다.

2008년 1월
저자 유동선

차 례

Chapter 1 수치계산법의 기초

Chapter 6 보간법과 곡선의 적합

Chapter 7 수치미분법과 수치적분법

Chapter 8 미분방정식

Chapter 9 편미분방정식

Chapter 1

수치계산법의 기초

1.1 수치계산

1.1.1 컴퓨터와 수치계산

(1) 수치계산법

컴퓨터가 등장하기 전에는 모든 계산을 암산이나 필산으로 해야만 했다. 원주율 π의 값을 707자리까지 계산하는 데 일생을 바친 것은 유명한 이야기이다. 현재는 컴퓨터로 단 10초면 계산할 수 있다. 컴퓨터는 고속으로 계산할 수는 있으나 인간 누뇌처럼 암산을 하거나, 인간이 생각하는대로 작동하는 것이 아니고, 논리적이고, 합리적인 지시에 따르기만 하고, 그 지시가 잘못되면 잘못된 결과를 내거나, 계산이 중단된다.

컴퓨터는 모든 계산을 4칙연산(덧셈, 뺄셈, 곱셈, 나눗셈)만으로 실행된다. 우리가 자주 쓰는 함수들(삼각함수, 로그함수, 지수함수, 쌍곡선함수 등)은 4칙연산에 의하여 계산되는 값을 단지 함수의 변수(argument)만 주면 얻을 수 있다.

컴퓨터가 알아들을 수 있는 계산법이 수치계산법이다. 이 분야의 학문을 **수치해석**(numerical analysis)이라 한다. 해석학이나 대수학에서 학습한 계산법과 수치계산법은 대부분이 다르나 해석학의 해법은 그것이 기본이고, 해석적 해법의 계산을 단지 4칙연산으로 바꾼 것이 수치계산법이다.

종래의 대수적 및 해석적 해법에서는 문제를 간단히 변형하여 값을 구한다든가, 계산도중 수표를 써서 결과를 얻는다든가 하는 사람의 두뇌를 활용하는 계산수법이 쓰여졌는데, 수치계산에서는 계산할 식을 변형한다는 일은 최소한으로 하고, 계산도중 수표의 이용도 거의 없으며, 계산도중 계산일부를 암산으로 한다든가, 계산과정이 비약된다든가 하는 일은 없다.

가령, 어떤 공식으로 풀 수 없는 방정식의 값을 구하는 데 종래의 방법은 수학적원리나 기법을 써서 해답을 얻으려 하나, 수치계산에서는 근사해법을 반복하여 참값에 가까운 값을 구해나가는 방법이 쓰인다. 이것이 수치계산법의 대표적인 방법이다. 따라서 수치계산법에 의하여 해법이 확립된 것은 프로그램이 만들어졌고, 프로그램을 컴퓨터에 내장해두면 필요한 데이터만 입력하여 해를 얻을 수 있다.

(2) 컴퓨터에서의 수의 계산

컴퓨터에서 쓰이는 수의 표시에는 **지수형**표시가 있다. 대단히 큰 수나 대단히 작은 수는 한 수에 10의 거듭제곱의 꼴로 표현하면 편리하다.

가령 7200만이라는 수는

$$72\times10^6,\quad 7.2\times10^7,\quad 0.72\times10^8,\cdots$$

등 여러가지로 표현되는데, 이들은 모두 지수형으로 표현한 것이다. 이들 표현은 소수의 위치와 10의 지수가 다를 뿐이다. 특히 0이 아닌 10진수 A를 소수점 아래 첫째 자리에 0이 아닌 수가 오도록 나타낸 소수 M와 10의 거듭제곱의 곱으로 나타낸 수를 **표준 지수형식**이라 하고, M을 **가수**, 10의 거듭제곱수를 **지수**라고 한다.

가령, 7200만은 0.72×10^8이므로 7200만의 가수는 0.72이고, 지수는 8이다. 이렇게 표현된 소수를 **정규부동소수**라 한다. 자주 쓰이는 지수형표시에서 주어진 수를 정수부가 한자리인 수와 10의 거듭제곱 꼴로 나타내는 표시법이 있다.

가령, 7200만은

$$7200\text{만}=7.2\times10^7$$

이 된다. 이런 표기법을 **과학표기법**이라 한다.

컴퓨터내에서 수의 연산에는 다음 두가지가 있다.

(i) 정수 연산

컴퓨터에서 정수의 합, 차, 곱은 일반계산과 같은 결과를 얻는다. 가령

$$23+8=31,\quad 23-15=8,\quad 21\times6=126$$

그러나, 정수의 나눗셈은 계산된 결과의 소수부분을 절단한 정수만을 출력하므로, 일반 계산 결과와 다르다. 예를 들면

$$23\div2=11,\quad 8\div9=0,\quad -9\div4=-2$$

이다. 정수의 나눗셈에서

$$\frac{b+c}{a}=\frac{b}{a}+\frac{c}{a}$$

는 반드시 성립되는 것은 아니다.

(ii) 실수 연산

① 실수의 덧셈

더해지는 두 수가 같은 지수를 갖는다면, 가수는 더해지고, 같은 지수를 갖는다.

보기1 $0.3452\times10^3+0.5234\times10^3=0.8686\times10^3$

$0.5671\times10^2+0.7353\times10^2=1.3024\times10^2\simeq0.1302\times10^3$

두번째 식의 계산은 가수의 합을 유효숫자 네자리로 절단한 표준지수형이다. 더하는 두 수의 지수가 다른 경우 지수가 높은 쪽으로 지수를 통일해서 덧셈을 한다. 가령

보기2 $0.2376\times10^2+0.8726\times10^4=0.002376\times10^4+0.8726\times10^4$

$\simeq0.8749\times10^4$

결과는 유효숫자를 네자리만 취하고, 남은 것은 절단한 것이다.

② 실수의 뺄셈

뺄셈은 덧셈과 처리방법이 유사하다. 가령

보기3 $0.8976\times10^{-2}-0.2345\times10^{-2}=0.6631\times10^{-2}$

$0.7889\times10^3-0.7643\times10^3=0.0246\times10^3=0.246\times10^2$

두번째 뺄셈에서 유효숫자가 하나 상실되었다.

보기4 $0.7889\times10^3-0.2345\times10^2=0.7889\times10^3-0.02345\times10^3$

$=0.76545\times10^3\simeq0.7654\times10^3$

결과는 유효숫자를 네자리까지만 취하고, 남은 것은 절단하여 표준지수형으로 나타냈다.

③ 실수의 곱셈

실수의 곱셈은 가수를 곱하고, 지수는 더한다. 가령

보기5 (1) $(0.3456\times10^2)\times(0.4536\times10^3)=(0.3456\times0.4536)\times10^{2+3}$

$=0.15676416\times10^5\simeq0.1567\times10^5$

(2) $(0.1234\times10^2)\times(0.2345\times10^3)=0.0289373\times10^5$

$\simeq0.2893\times10^4$

유효숫자를 네자리로 하고, 남은 가수는 절단하였다.

곱하는 두 수 가운데, 한 쪽 가수의 개수가 다른 쪽보다 작을 때는 가수의 개수를 같게 하여 계산하고, 결과는 가수의 개수가 작은 쪽의 개수로 절단하여 결과를 얻는다.

④ 실수의 나눗셈

실수의 나눗셈은 가수를 나누고, 지수는 뺀다. 계산결과는 유효숫자의 개수를 나눗셈의 수와 같게 한다.

보기6 $(0.4567 \times 10^6) \div (0.2345 \times 10^4) \approx 1.9475 \times 10^2 \simeq 0.1947 \times 10^3$

$(0.8765 \times 10^3) \div (0.2123 \times 10^5) \approx 4.12859 \times 10^{-2} \approx 0.4128 \times 10^{-1}$

(3) 소수점 이하의 처리법

컴퓨터에 내장된 **int함수**에서 $\text{int}(x)$는 $[x]$를 나타낸다. $[x]=[x]$(x를 넘지 않는 최대의 정수)이다.

(i) 양수 x의 소수점 이하를 처리하여 정수를 얻는 함수

1. 잘라 버림 $y=\text{int}(x)$, $\text{int}(x)=\lfloor x \rfloor = x$를 넘지 않는 최대의 정수

$$x=3.6\text{이면 } y=\text{int}(3.6)=\lfloor 3.6 \rfloor = 3$$

2. 잘라 올림 $y=-\text{int}(-x)$

$$x=3.4\text{이면, } y=-\text{int}(-x)=-\text{int}(-3.4)=-\text{int}(-4+0.6)=-(-4)=4$$

3. 반올림 $y=\text{int}(x+0.5)$

$$x=3.6\text{이면, } y=\text{int}(3.6+0.5)=\text{int}(4.1)=\lfloor 4.1 \rfloor = 4$$
$$x=3.4\text{이면, } y=\text{int}(3.4+0.5)=\text{int}(3.9)=\lfloor 3.9 \rfloor = 3$$

(ii) 음수 x의 소수점 이하를 처리하여 정수를 얻은 함수

1. 잘라 버림 $y=\text{int}(x)$

$$x=-3.7\text{이면, } y=\text{int}(-3.7)=\text{int}(-4+0.3)=-4$$

2. 잘라 올림 $y=-\text{int}(-x)$

$$x=-3.7\text{이면, } y=-\text{int}(-(-3.7))=-\text{int}(3.7)=-3$$

3. 반올림 $y = -\text{int}(-x + 0.5)$

$x = -3.4$이면, $-\text{int}(-(-3.4) + 0.5) = -\text{int}(3.4 + 0.5) = -\text{int}(3.9) = -3$

예제 1 소수 x를 소수점 이하 셋째 자리를 반올림하는 것을 int 함수를 써서 나타내라.

풀이 소수점 셋째 자리를 소수점 아래 첫째 자리로 올려서 처리하고, $10^2 = 100$으로 나누면 되므로, 구하는 수 y는

$$y = (\text{int}(100x + 0.5))/100$$

1.1.2 컴퓨터 내에서의 수의 표현

(1) 2진법

우리가 통상 쓰고 있는 수를 10진수라 하는데, 사람이 물건을 셀 때, 손가락을 굽히며 세는 데에서 10진수가 창안되었다고 한다. 수가 10이 되면 단위가 하나씩 올라가는 셈법이다. 여기서는 수가 2가 되면 한 단위 올라가는 셈법인 **2진법**에 대하여 알아보자.

보기1 4개의 각 봉투안에 1원, 2원, 4원, 8원씩이 들어 있다. 이들 봉투를 몇 개 취할 때, 몇가지의 금액을 만들 수 있겠는지 알아보자.

해설 이들 봉투의 돈으로 만들 수 있는 금액의 종류는 다음과 같다.

1원, 2원, 1+2=3원, 4원, 1+4=5원, 2+4=6원, 1+2+4=7원, 8원,
1+8=9원, 2+8=10원, 1+2+8=11원, 4+8=12원, 1+4+8=13원,
2+4+8=14원, 1+2+4+8=15원

이렇게 1원부터 15원까지의 모든 액수의 돈을 만들 수 있다.
이들 금액은 $1, 2, 2^2, 2^3$의 3개의 수의 결합으로 만들어진다. 즉 모든 금액 B는

$$B = a \times 1 + b \times 2 + c \times 2^2 + d \times 2^3$$
$$(a, b, c, d \text{는 } 0 \text{ 또는 } 1)$$

의 꼴로 나타낼 수 있고, 모든 경우의 수는 $2^4 - 1 = 15$(0은 제외)가지가 된다.

자연수를 다음과 같이 2로 나누고, 몫을 또 2로 나누고, 이렇게 계속 몫을 2로 나누는 연산을 몫이 0이 될 때까지 해 나가면, 주어진 자연수는 2의 거듭제곱의 합으로 나타낼 수 있다. 정수 N을 2로 나누고, 몫을 N_1, 나머지를 a이라 하고, 몫 N_1을 2로 나누어 몫을 N_2, 나머지를 b, …이라면

$$
\begin{aligned}
N &= 2N_1 + a = 2(2N_2 + b) + a = 2^2 N_2 + 2b + a \\
&= 2^2(2N_3 + c) + 2b + a = 2^3 N_3 + 2^2 c + 2b + a \\
&= 2^3(2N_4 + d) + 2^2 c + 2b + a = 2^4 N_4 + 2^3 d + 2^2 c + 2b + a = \cdots\cdots
\end{aligned}
$$

정수 7, 8, 9, 10을 2의 거듭제곱의 합으로 나타내면

$$
\begin{aligned}
7 &= 2 \times 3 + 1 = 2(2 \times 1 + 1) + 1 = 1 \times 2^2 + 1 \times 2 + 1 \\
8 &= 2 \times 4 = 2(2 \times 2 + 0) = 1 \times 2^3 + 0 \times 2^2 + 0 \times 2^1 + 0 \\
9 &= 1 \times 2^3 + 0 \times 2^2 + 0 \times 2^1 + 1 \\
10 &= 1 \times 2^3 + 0 \times 2^2 + 1 \times 2^1 + 0
\end{aligned}
$$

이들 수의 표시를 2의 거듭제곱항의 계수만으로 나타내면

$$7 = 111_2,\ 8 = 1000_2,\ 9 = 1001_2,\ 10 = 1010_2$$

으로 표시된다. 이와 같은 수의 표시법을 **2진법**이라 하고, 2진법으로 표시된 수를 2**진수**라 하며, 2를 **밑수**(base)라 한다.

보기2 저울의 추가 1g, 2g, 4g, 8g, 16g짜리가 각 한 개씩 있다. 이 저울로서 20g, 30g의 무게를 다는 데 저울의 추가 어떻게 쓰이겠는지를 살펴보자.

해설 (1)
$$
\begin{aligned}
20 &= 2 \times 10 = 2(2 \times 5 + 0) = 2^2 \times 5 + 0 = 2^2(2 \times 2 + 1) + 0 \\
&= 1 \times 2^4 + 1 \times 2^2 + 0 = 1 \times 16 + 1 \times 4 + 0
\end{aligned}
$$

이므로, 20g를 다는 데는 16g, 4g의 추가 각각 한 개씩 필요하다.

(2)
$$
\begin{aligned}
30 &= 2 \times 15 + 0 = 2(2 \times 7 + 1) + 0 = 2^2 \times 7 + 1 \times 2 + 0 \\
&= 2^2(2 \times 3 + 1) + 1 \times 2 + 0 = 2^3(3) + 1 \times 2^2 + 1 \times 2 + 0 \\
&= 2^3(2 \times 1 + 1) + 1 \times 2^2 + 1 \times 2 + 0 \\
&= 1 \times 2^4 + 1 \times 2^3 + 1 \times 2^2 + 1 \times 2 + 0 \\
&= 16 + 8 + 4 + 2 + 0
\end{aligned}
$$

이므로, 30g을 다는 데는 16g, 8g, 4g, 2g의 추가 한 개씩 필요하다.

(1), (2)에서 20, 30을 2진수로 나타내면

$$20 = 10100_2, \quad 30 = 11110_2$$

보기3 10진수 13을 2진수로 간단히 변환하는 방법을 알아보자.

해설 13을 2로 나누어서

$$13 = 2 \times 6 + 1$$

몫 6을 2로 나누어서

$$13 = 2(2 \times 3 + 0) + 1 = 2^2 \times 3 + 0 \times 2 + 1$$

몫 3을 2로 나누어서

$$13 = 2^2(2 \times 1 + 1) + 0 \times 2 + 1$$
$$= 1 \times 2^3 + 1 \times 2^2 + 0 \times 2 + 1$$

계산법

$$\begin{array}{r|l} 2 & 13 \\ 2 & 6 \cdots 1 \\ 2 & 3 \cdots 0 \\ 2 & 1 \cdots 1 \\ & 0 \cdots 1 \end{array} \uparrow$$

$13 = 1101_2$

이 연산법은 13을 2로 나누고, 몫과 나머지를 구한다. 다음 몫 6을 2로 나누어서 몫과 나머지를 구한다. 다시 몫을 2로 나누어서 몫과 나머지를 구한다. 이런 방식의 계산을 몫이 0이 될 때까지 계속하고, 2의 거듭제곱의 계수를 자리가 높은 것부터 (오른쪽 연산에서 화살표 방향으로) 차례로 나열하면 구하려는 2진수를 얻는다.

(2) 2진수의 8진수, 16진수 변환

$2^3 = 1 \times 8 = 10_{(8)},\ 2^6 = (2^3)^2 = 1 \times 8^2 = 100_{(8)},\ 2^9 = (2^3)^3 = 1 \times 8^3 = 1000_8, \cdots$
$2^4 = 16 = 1 \times 16 = 10_{16},\ 2^8 = (2^4)^2 = 1 \times 16^2 = 100_{16}, \cdots$

이상을 고려하여 2진수를 8진수, 16진수로 나타낸다.

보기4 2진수 101 011 010 001 111을 8진수, 16진수로 나타내보자.

해설

2진수	101	011	010	001	111
8진수	5×8^4	3×8^3	2×8^2	1×8^1	7

$101\ \ 011\ \ 010\ \ 001\ \ 111_2 = 53217_8$

2진수	101	0110	1000	1111
16진수	5×16^3	6×16^2	8×16^1	$15(=F)$

$101\ \ 0110\ \ 1000\ \ 1111_2 = 568F_{16}$

이 사실에서 2진수의 정수를 8진수로 바꾸는 것은 소수점부터 3자리씩 끊어서 얻는 수가 8진수의 각 단위의 자리수이고, 4자리씩 끊어서 얻는 수가 16진수의 자리수가 된다. 16진수 표시에서 10을 A, 11을 B, 12를 C, 13을 D, 14를 E, 15를 F로 나타낸다.

2진수의 소수를 8진수, 16진수로 나타내는 방법을 살펴보자. 2진수의 소수 $B = 0, a_1 a_2 a_3 a_4 a_5 a_6 a_7 a_8 \cdots$ 를 8진수로 나타내려면, 소수점에서 3자리씩 끊어서 분수로 나타낸 분자를 차례로 소수점 아래 각 자리수로 한다.

$$B = \left(\frac{a_1}{2} + \frac{a_2}{2^2} + \frac{a_3}{2^3}\right) + \left(\frac{a_4}{2^4} + \frac{a_5}{2^5} + \frac{a_6}{2^6}\right) + \left(\frac{a_7}{2^7} + \frac{a_8}{2^8} + \cdots\right) + \cdots$$

첫째 괄호는 분모를 8로, 둘째 괄호에서는 분모를 8^2으로, … 나타내면

$$B = \frac{4a_1 + 2a_2 + a_3}{8} + \frac{4a_4 + 2a_5 + a_6}{8^2} + \frac{4a_7 + 2a_8 + a_9}{8^3} \cdots$$

이고,

$$4a_1 + 2a_2 + a_3 = b_1,\ 4a_4 + 2a_5 + a_6 = b_2,\ 4a_7 + 2a_8 + a_4 = b_3,\ \cdots$$

이라면 B는 8진수로

$$B = \frac{b_1}{8} + \frac{b_2}{8^2} + \frac{b_3}{8^3} \cdots = 0.b_1 b_2 b_3 \cdots {}_8$$

2진수의 소수를 16진수로 변환하려면, 소수점에서 차례로 아래로 4자리씩 끊어서 통분하면 분모는 차례로 16, 16^2, 16^3, …이 되고, 분자는 0에서 15까지의 정수가 되며, 이들을 차례로 소수점 아래 자리수로 한 것이 16진수로 나타낸 소수이다.

(3) 여러가지 진수의 표시

밑수가 2인 수를 2진수, 밑수가 3인 수를 3진수, 밑수가 4인 수를 4진수, 밑수가 5인수를 5진수, … 라고 한다.

보기5 10진수의 0.3604를 5진수로 나타내보자.

해설

$$0.3604 = \frac{b_1}{5} + \frac{b_2}{5^2} + \frac{b_3}{5^3} + \frac{b_4}{5^4} + \cdots$$

이라면 정수 b_1은

$$0.3604 \times 5 = 1.820 = b_1 + \frac{b_2}{5} + \frac{b_3}{5^2} + \frac{b_4}{5^3} + \cdots$$

양변을 비교하여 $b_1 = 1,\quad 0.820 = \frac{b_2}{5} + \frac{b_3}{5^2} + \frac{b_4}{5^3} + \cdots$

우변식의 양변에 5를 곱하여 $0.820 \times 5 = 4.10 = b_2 + \frac{b_3}{5} + \frac{b_4}{5^2} + \cdots$

양변을 비교하여 $b_2 = 4,\quad 0.10 = \frac{b_3}{5} + \frac{b_4}{5^2} + \cdots$

우변식의 양변에 5를 곱하여 $0.10 \times 5 = 0.5 = b_3 + \frac{b_4}{5} + \cdots$

양변을 비교하여 $b_3 = 0,\quad 0.5 = \frac{b_4}{5} + \frac{b_5}{5^2} + \cdots$

우변식의 양변에 5를 곱하여 $2.5 = b_4 + \frac{b_5}{5} + \cdots$

양변을 비교하여 $b_4 = 2,\quad 0.5 = \frac{b_5}{5} + \frac{b_6}{5^2} + \cdots$

마찬가지로 계산하면 $b_5 = b_6 = \cdots = 2$

이므로, 구하는 5진수는 0.14022 ⋯

이상의 계산을 간단히 오른쪽과 같이 계산한다.

5를 곱하여 얻는 정수를 차례로 구하는 소수의 자리수로 나타내서

$$0.3604 = 0.14022\cdots_5$$

$$\begin{array}{r} 0.3604 \\ \times 5 \\ \hline \textcircled{1}.820 \\ \times 5 \\ \hline \textcircled{4}.100 \\ \times 5 \\ \hline \textcircled{0}.500 \\ \times 5 \\ \hline \textcircled{2}.500 \\ \times 5 \\ \hline \textcircled{2}.500 \end{array}$$

보기6 4진수 $N = 3102_4$를 10진수로 나타내어보자.

해설 4진수 $N = 3102_4$를 10진수로 나타내면

$$3102_4 = 3(4^3) + 1(4^2) + 0(4^1) + 2$$

$4 = x$라면 $3x^3 + 1x^2 + 0x + 2 = ((3x+1)x+0)x+2$

이 관계에서 $x = 4$를 대입하면, 아래와 같이 쉽게 10진수로 변환한다.

$$\begin{aligned} &3(4^3) + 1(4^2) + 0(4) + 2 = ((3\times 4 + 1)\times 4 + 0)\times 4 + 2 \\ &= (13\times 4 + 0)\times 4 + 2 = 52\times 4 + 2 \\ &= 210 \end{aligned}$$

이 계산은 오른쪽 계산과 같이 세로로 계산하면 간단하다.

$$3102_4 = 210$$

$$\begin{array}{r} 3 \\ \times 4 \\ \hline 12 \\ +1 \\ \hline 13 \\ \times 4 \\ \hline 52 \\ +0 \\ \hline 52 \\ \times 4 \\ \hline 208 \\ +2 \\ \hline 210 \end{array}$$

예제 2 5진수 $N_F = 0.1423_5$를 10진수로 변환하여라.

풀이

$$0.1423_{(5)} = 1\left(\frac{1}{5}\right) + 4\left(\frac{1}{5}\right)^2 + 2\left(\frac{1}{5}\right)^3 + 3\left(\frac{1}{5}\right)^4$$

$x = \frac{1}{5} = 0.2$ 이라면

$$\begin{aligned} 0.1423_5 &= 3x^4 + 2x^3 + 4x^2 + 1x \\ &= (((3x+2)x+4)x+1)x \\ &= (((3\times 0.2+2)(0.2)+4)(0.2)+1)(0.2) \\ &= 0.3808 \text{ (오른쪽 계산 참조)} \end{aligned}$$

$$f(x) = 3x^4 + 2x^3 + 4x^2 + x = (x-0.2)\,q(x) + r$$

이라면 $f(0.2) = r$이므로, 조립제법으로 구할 수 있다.

3	2	4	1	0	(0.2)
	0.6	0.52	0.904	3.808	
3	2.6	4.52	1.904	0.3808 $= f(2)$	

$$\begin{array}{r} 3 \\ \times 0.2 \\ \hline 0.6 \\ +2 \\ \hline 2.6 \\ \times 0.2 \\ \hline 0.52 \\ +4 \\ \hline 4.52 \\ \times 0.2 \\ \hline 0.904 \\ +1 \\ \hline 1.904 \\ \times 0.2 \\ \hline 0.3808 \end{array}$$

예제 3 다음에 답하여라.

(1) $1A78_{16}$을 10진수로 나타내라.

(2) $27.A8_{16}$을 2진수로 나타내라.

풀이

(1) $1A78_{16} = 1\times 16^3 + 10\times 16^2 + 7\times 16 + 8 = 6776$

(2) $27.A8_{16}$의 각 자리수를 2진수로 나타내면

2	7	A	8
|	|	|	|
0010	0111	1010	1000

에서 $27.A8_{16} = 100111.10101_2$

참고 $x = 16$이라면

(1) $$\begin{aligned} 1A78_{16} &= x^3 + Ax^2 + 7x + 8 \quad (x=16) \\ &= ((x+A)x+7)x+8 \\ &= ((16+10)\times 16+7)\times 16+8 = 6776 \end{aligned}$$

(2) $$\begin{aligned} 27.A8_{16} &= 2x + 7 + \frac{A}{x} + \frac{8}{x^2} \quad (x = 2^4) \\ &= 2\times 2^4 + (2^2+2+1) + \frac{2^3+2}{2^4} + \frac{2^3}{2^8} \\ &= 2^5 + 2^2 + 2^1 + 1 + 2^{-1} + 2^{-3} + 2^{-5} \\ &= 100111.10101_2 \end{aligned}$$

(4) 컴퓨터의 부정확한 표현

10.01_{10}을 2진수로 표현해보자.

$$(10)_{10} = (1010)_2, \quad (0.01)_{10} = (0.0000001010001\cdots\cdots)_2$$

이므로 $(10.01)_{10}$을 2진 소수로 표현하면

$$(10.01)_{10} = 1010.0000001010001\cdots_2$$

이 되어, 소수부가 무한 소수로 표시되어 한정된 최하위 bit가 잘라 버려져서 오차가 발생한다. 소수부가 있는 10진수를 2진수로 변환할 때, 컴퓨터 내에서 수 표현의 bit가 유한이기 때문에 정확하게 변환할 수 없는 경우가 발생한다.

보기7 10진수의 0.625와 0.626을 2진수로 나타내보자.

해설

$$0.625 = \frac{5}{8} = \left(\frac{1}{2}\right)^1 + \left(\frac{1}{2}\right)^3 = 0.101_2$$

이므로, 0.625는 정확하게 2진수로 표시되나, 10진수의 0.626은

$$\begin{aligned} 0.626 &= \left(\frac{1}{2}\right)^1 + \left(\frac{1}{2}\right)^3 + \left(\frac{1}{2}\right)^{10} + \left(\frac{1}{2}\right)^{16} + \left(\frac{1}{2}\right)^{17} + \left(\frac{1}{2}\right)^{21} + \cdots\cdots \\ &= 0.10100000010000011000 1\cdots\cdots_2 \end{aligned}$$

와 같이 무한소수로 표시된다. 가령 20bit로 표시한다면

0.10100000010000011000 (잘라 버리는 경우)

또는

0.10100000010000011001 (0사 1입으로 반올림하는 경우)

이 되므로, 이들 2진 표시를 다시 10진수로 바꾸면

0.10100000010000011000=0.62599945

0.10100000010000011001=0.62600040

이 되어 원래의 수 0.625나, 0.626과 차가 생긴다. 이렇게 정확히 2진수로 표시할 수 없는 수의 연산에서는 오차가 발생한다.

연습문제(1.1)

1 다음 정규부동소수에 관한 연산 결과를 구하여라.

(1) $0.3184 \times 10^2 \times 0.2512 \times 10^2$

(2) $0.4251 \times 10^3 \div 0.2465 \times 10^2$

(3) $0.5723 \times 10^2 + 0.2344 \times 10^2$

(4) $0.7533 \times 10^2 - 0.2411 \times 10^2$

2 다음 수를 2진수로 나타내어라.

(1) 45　　(2) 0.625

3 양의 정수 N의 2진 표시가

$$N = d_0 + d_1 \times 2 + d_2 \times 2^2 + d_3 \times 2^3 + d_4 \times 2^4 + d_5 \times 2^5 + d_6 \times 2^6 + \cdots$$

일 때, N을 8진수와 16진수로 나타내어라. 단, d_i는 0 또는 1이고, $d_0 \neq 0$이다.

4 1보다 작은 소수 D를 2진수로 나타내서 다음과 같다.

$$D = (0.d_{-1}d_{-2}d_{-3}d_{-4}d_{-5}d_{-6}\cdots)_2$$

D를 8진수로 나타내는 방법을 설명하고, 10진수 0.414를 8진수로 나타내어라.

5 2진수로 나타낸 정수 또는 1보다 작은 소수를 16진수로 나타내는 경우는 소수점에서 4자리씩 끊어나가서 16진수의 자리수를 정한다. 다음 2진수를 16진수로 나타내어라.

(1) 1011010111　　(2) 0.1011010111

6 다음 2진수의 셈을 하여라.

(1) 1100 − 1010　　(2) 101110110 − 10101101

(3) 1101 × 1010　　(4) 101000 ÷ 1010

연습문제(1.1) 풀이

1 (1) $0.0799820 \times 10^4 = 0.7998 \times 10^3$

(2) $0.4251 \times 10^3 / 0.2465 \times 10^2 = 1.72454361 \times 10^1 = 0.1724 \times 10^2$

(3) $0.5723 \times 10^2 + 0.2344 \times 10^2 = 0.8067 \times 10^2$

(4) $0.7533 \times 10^1 - 0.2411 \times 10^2 = 0.5122 \times 10^2$

2 (1)

$$\begin{array}{r|l} 2 & 45 \\ 2 & 22 \cdots 1 \\ 2 & 11 \cdots 0 \\ 2 & 5 \cdots 1 \\ 2 & 2 \cdots 1 \\ 2 & 1 \cdots 0 \\ & 0 \cdots 1 \end{array}$$

(2)

$$\begin{array}{r} 0.625 \\ \underline{\times 2} \\ \boxed{1}.250 \\ \underline{\times 2} \\ \boxed{0}.50 \\ \underline{\times 2} \\ \boxed{1}.00 \end{array}$$

(1) $45 = 1 \times 2^5 + 0 \times 2^4 + 1 \times 2^3 + 1 \times 2^2 + 1 = 101101_2$

(2) $0.625 = 1 \times 2^{-1} + 0 \times 2^{-2} + 1 \times 2^{-3} = 0.101_2$

3

$$\begin{aligned} N &= (d_0 + d_1 \times 2 + d_2 \times 2^2) + (d_3 \times 2^3 + d_4 \times 2^4 + d_5 \times 2^5) \\ &\quad + (d_6 \times 2^6 + d_7 \times 2^7 + d_8 \times 2^8) + \cdots \\ &= (d_0 + d_1 \times 2 + d_2 \times 2^2) + (d_3 + d_4 \times 2 + d_5 \times 2^2) \times 8^1 \\ &\quad + (d_6 + d_7 \times 2 + d_8 \times 2^2) \times 8^2 + \cdots \end{aligned}$$

$$0 \le d_0 + 2d_1 + 4d_2 < 8, \ \ 0 \le d_3 + 2d_4 + 4d_5 < 8, \cdots$$

일반적으로 $d_{3k} + 2d_{3k+1} + 4d_{3k+2}$는 $0, 1, \cdots, 7$의 어느 수이고, 이 값들은 8진수의 자리수가 된다.

4 1보다 작은 소수 D의 2진수 표시가

$$D = 0.d_{-1}d_{-2}d_{-3}d_{-4}d_{-5}d_{-6}\cdots$$

이면, D의 8진수 표시는

$$D=\left(\frac{d_{-1}}{2}+\frac{d_{-2}}{2^2}+\frac{d_{-3}}{2^3}\right)+\left(\frac{d_{-4}}{2}+\frac{d_{-5}}{2^2}+\frac{d_{-6}}{2^3}\right)\times\frac{1}{2^3}+\cdots$$
$$=(2^2 d_{-1}+2d_{-2}+d_{-3})\times 8^{-1}+(2^2 d_{-4}+2d_{-5}+d_{-6})\times 8^{-2}+\cdots$$

$$0\le 2^2 d_{-1}+2d_{-2}+d_{-3}\le 7,\ \ 0\le 2^2 d_{-4}+2d_{-5}+d_{-6}\le 7,\cdots$$

이므로, $D=c_{-1}\times 8^{-1}+c_{-2}\times 8^{-2}+\cdots=(0.c_{-1}c_{-2}\cdots)_8$

단, $c_{-1}=2^2 d_{-1}+2d_{-2}+d_{-3},\ \ c_{-2}=2^2 d_{-4}+2d_{-5}+d_{-6},\cdots$

$$\begin{array}{r} 0.414 \\ \times 2 \\ \hline \boxed{0}.828 \\ \times 2 \\ \hline \boxed{1}.656 \\ \times 2 \\ \hline \boxed{1}.312 \\ \times 2 \\ \hline \boxed{0}.624 \\ \vdots \end{array}$$

$$\begin{aligned} 0.414 &= (0.01101001111\cdots)_2 \\ &= (0.011\ \ 010\ \ 011\ \ 111\cdots)_2 \\ &= (0.3237\cdots)_8 \end{aligned}$$

5 (1) $1011010111=10\ \ 1101\ \ 0111=2D7_{16}$ 단, $D=13$

(2) $0.1011010111=0.1011\ \ 0101\ \ 1100=0.B5C_{16}$ 단, $B=11, C=12$

6 (1) 10 (2) 11001001

(3) 10000010 (4) 100

1.2 오차와 근사공식

1.2.1 오차

(1) 오차의 종류

근사값을 a, 참값을 x라 할 때 근사값-참값

$$a - x = \varepsilon \tag{1}$$

을 a의 **절대오차**(absolute error) 또는 단지 **오차**(error)라고 한다. 오차 ε의 값은 음이 되는 경우도 있으나, 보통은 오차의 절대값에 대하여 생각한다. $|\varepsilon|$이 작으면 작을수록, 근사값 a는 참값에 가까운 것이 된다.

> **참고** 오차를 참값-근사값으로 정의해도 된다. 단 오차의 음, 양의 차가 있을 뿐이다. 함수의 오차는 참값-근사값으로 정의하면 사용에 편리하다.

오차는 다음과 같이 분류된다.

(1) 식에 대입하는 값에 이미 오차를 가지고 있는 경우가 있다. 이 오차를 **데이터 오차**(initial data error)라 한다.

(2) 가령 무한급수에서 어떤 식의 값을 구하는 경우에 어느 항 이후는 잘라 버리고 얻는 근사식에는 오차가 발생한다. 이 오차를 **절단오차**(truncation error)라 한다.

(3) 약간의 유효숫자만 남기고, 어느 자리에서부터의 그리 필요하지 않은 수를 처분하면 오차가 발생된다. 이렇게 숫자를 처분하는 것을 숫자를 **마무리한다**고 한다. 마무리를 하는 데에서 생기는 오차를 **마무리오차**(rounding error)라 한다. 어떤 참값을 적당한 자리까지 취하고 나머지를 버리거나 반올림할 때의 오차도 마무리오차이다. 이 마무리오차를 **계산오차**라고도 한다.

예를 들어서 이들 오차의 구분을 해보자.

(1) $\sqrt{2} = 1.41421356\cdots$ 은 무한소수로 나타내지는 무리수인데, 흔히 $\sqrt{2} = 1.414$로 한다. 이 경우 $\sqrt{2}$를 유한한 소수로 근사시켜서 계산하기 때문에 오차가 발생한다. 이 경우 오차는

$$1.414 - \sqrt{2} = -0.00021356\cdots$$

이렇게 생긴 오차는 데이터오차이다.

(2) e^x의 값을 계산할 때, e^x의 전개식

$$e^x = 1 + x + \frac{x^2}{2!} + \frac{x^3}{3!} + \cdots$$

을 이용하는데 전개식에서 적당한 항까지의 값을 써서 e^x의 값을 구한다. 이 경우의 오차는 절단오차이다.

(3) 8/3의 값을 소수로 나타내면

$$8/3 = 2.666666\cdots$$

이다. 컴퓨터는 유한의 자리수까지 밖에는 다루지 못한다. 가령 7자리까지 다룬다면 8/3은 2.666666 또는 2.666667으로 7번째 자리수 이후는 버리거나, 올리거나, 반올림한다. 이 경우는 8/3을 유효한 7자리로 취한 것인데, 이 경우에 발생하는 오차는 마무리오차이다. 이렇게 얻은 수를 **유효숫자**라고 한다.

(2) 오차의 한계와 상대오차

(i) 오차의 한계

수치 계산에서는 근사값은 구해지나, 정확한 오차는 모르는 경우가 많다. 오차의 절대값의 한계를 **오차의 한계**라고 한다. 참값을 x, 근사값을 a, 오차의 한계를 δ라 할 때, 다음 부등식이 성립된다.

$$|a - x| \leq \delta \text{ 또는 } a - \delta \leq x \leq a + \delta \tag{2}$$

> 보기1 반올림하여 1.667이 되는 참값 x의 범위는 $1.6665 \leq x < 1.6675$이다. 이 경우의 오차의 한계를 구해보자.

해설 $1.6665 - 1.667 \leq x - 1.667 < 1.6675 - 1.667$

에서 $-0.0005 \leq x - 1.667 < 0.0005$, $|1.667 - x| \leq 0.0005$

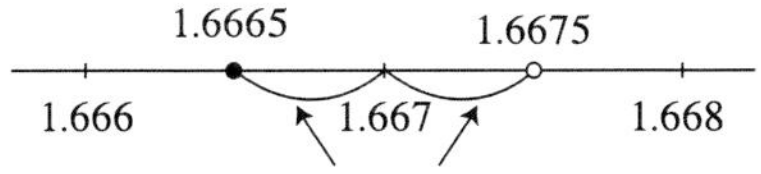

반올림인 경우의 오차의 한계는 근사값의 끝자리 단위의 $\frac{1}{2}$ 이다.

(ii) 상대오차

근사값의 정밀도는 단지 오차가 작다는 것만으로는 명확하지 않다. 오차의 참값에 대한 비로 오차의 정도를 판단한다.

$$\frac{\text{오차}}{\text{참값}} = \frac{a-x}{x} \simeq \frac{\varepsilon_a}{a} \tag{3}$$

를 **상대오차**라 하고, 그것의 100배를 **백분율 상대오차**라 한다. a의 오차를 $\varepsilon(a)$ 또는 ε_a로 나타낸다.

상대오차의 한계는 오차의 한계를 참값 또는 근사값으로 나눈값으로 정한다.

$$a \text{ 의 상대오차 } r_a = \left|\frac{a-x}{x}\right| \simeq \left|\frac{\varepsilon_a}{a}\right| \tag{4}$$

종류가 다른 측정값의 오차의 크기를 비교할 때 상대오차로 비교하게 된다.

예제 1 $\sqrt{3}$의 근사값을 1.732로 할 때, 오차의 한계와 상대오차를 구하여라.

풀이 $\sqrt{3} = 1.7320508\cdots$ 은 무한소수이다.

따라서 $\sqrt{3}$ 의 근사값을 1.732로 하면, 오차의 한계는

$$|1.732 - \sqrt{3}| = 0.0000508\cdots < 0.000051 < 0.00006$$

오차의 한계는 근사값의 자리수를 고려하면, 오차의 한계는 소수점 아래 4위가 적당하나, 4위가 0이므로, 오차의 한계는 소수점 5위로 0.00006으로 한다.

상대오차는

$$\frac{0.00006}{1.732} = 0.000035 \text{ 또는 } 0.00004$$

백분율 상대오차는 상대오차에 100을 곱한 것이므로, 0.004(%)이다.

(3) 4칙연산에서의 오차

참값 x의 근사값을 a라 하면, 오차$=x-a=\Delta x$인 관계에서 $x=a+\Delta x$이다. $\Delta x = dx$이므로 $x=a+dx$이다. 이러한 미분기호를 도입하면, 오차에 관한 공식들이 쉽게 유도된다. 여기서 오차=참값−근사값으로 한다.

a는 참값 x의 근사값이고, b는 참값 y의 근사값이고, a의 오차를 ε_a, a의 오차의 한계를 δ_a, b의 오차를 ε_b, b의 오차의 한계를 δ_b라 할 때, 다음 공식이 성립한다.

오차에 관한 공식

$\varepsilon_a = x - a \approx da,\ \varepsilon_b = db$ (**da는 a의 미분이고, db는 b의 미분**)

$\varepsilon_{a\pm b} = d(a\pm b) = da \pm db \ \therefore\ |\varepsilon_{a\pm b}| = |da \pm db| \le |da| + |db| \le \delta_a + \delta_b$

$\varepsilon_{ab} \approx d(ab) = bda + adb \approx b\varepsilon_a + a\varepsilon_b$

$|\varepsilon_{ab}| \le |adb + bda| \le |a||\varepsilon_b| + |b||\varepsilon_a| \le |a|\delta_b + |b|\delta_a$

$\varepsilon_{a/b} \approx d(a/b) = \dfrac{bda - adb}{b^2} = \dfrac{a}{b}\left(\dfrac{da}{a} - \dfrac{db}{b}\right)$

$|\varepsilon_{a/b}| \le \left|\dfrac{a}{b}\right|\left(\left|\dfrac{da}{a}\right| + \left|\dfrac{db}{b}\right|\right) \le \left|\dfrac{a}{b}\right|\left(\dfrac{|bda| + |adb|}{|ab|}\right) \le \dfrac{|b|\delta_a + |a|\delta_b}{b^2}$

참고 a의 미분은 da, b의 미분은 db이고, $a\pm b$의 미분은 $da \pm db$. ab의 미분은 $bda + adb$, $\frac{a}{b}$의 미분은 $(bda - adb)/b^2$이다.

예제 2 $a = 3.45$, $b = 3.23$이 각각 참값 x, y의 근사값이고, 모두 소수 3위에서 반올림된 값이다. 다음에 답하여라.

(1) a와 b의 오차의 한계와 x와 y의 존재 범위를 구하여라.
(2) a와 b의 상대오차의 한계를 구하여라.
(3) $a-b$의 상대오차의 한계를 구하여라.
(4) ab의 근사값과 오차의 한계를 구하여라.
(5) $\frac{a}{b}$의 근사값과 오차의 한계를 구하여라.

풀이 (1) a, b의 오차 ε_a, ε_b의 한계는 다음과 같다.

$$|\varepsilon_a| \le 0.5 \times 10^{-2},\ |\varepsilon_b| \le 0.5 \times 10^{-2}$$

x와 y의 범위는 다음과 같다.

$$x = 3.45 \pm 0.005\text{에서 } 3.445 \le x < 3.455$$
$$y = 3.23 \pm 0.005\text{에서 } 3.225 \le y < 3.235$$

(2) a의 상대오차 r_a의 한계는

$$|r_a| = \frac{|\varepsilon_a|}{a - |\varepsilon_a|} \le \frac{0.005}{3.45 - 0.005} \le \frac{0.005}{3.445} < 0.15 \times 10^{-2}$$

b의 상대오차 r_b의 한계는

$$|r_b| \le \frac{\varepsilon_b}{b - |\varepsilon_b|} \le \frac{0.005}{3.23 - 0.005} = \frac{0.005}{3.225} \le 0.16 \times 10^{-2}$$

(3) $$r_{a-b} = \left|\frac{(a-b)-(x-y)}{a-b}\right| \le \frac{|a-x|+|b-y|}{a-b} \le \frac{0.5 \times 10^{-2} + 0.5 \times 10^{-2}}{0.22}$$
$$= \frac{10^{-2}}{0.22} \simeq 0.046 = 0.46 \times 10^{-1}$$

(4) $xy = ab \pm (adb + bda) = 3.45 \times 3.23 \pm 0.005(3.45 + 3.23)$
$= 11.1435 \pm 0.0334, \ \ 11.11 < xy < 11.18$

$\therefore ab = 11$, 오차 $= 0.1435 + 0.0334 = 0.1769 \simeq 0.2$

또는 $0.11 < xy - ab < 0.18$ 에서 오차 $= 0.2$

예제 3 $a = 1.21 \times 3.65 + 9.81$의 근사값과 오차의 한계를 구하여라. 단, 모든 수는 반올림된 값이다.

풀이 $\varepsilon(1.21 \times 3.65) = 1.21 \times 0.005 + 3.65 \times 0.005 = 0.005 \times 4.86 = 0.0243$
$\varepsilon(a) = \varepsilon(1.21 \times 3.65) + \varepsilon(9.81) \simeq 0.0243 + 0.005 = 0.0293$

a에 주어진 3수의 유효숫자 3개에 맞추어서 a의 유효숫자를 3개로 하면

$$1.21 \times 3.65 + 9.81 = 14.2265 \simeq 14.2$$

a의 근사 값을 14.2로 하면, 전체 오차의 한계는

| 반올림오차 | + | 계산오차 |

이므로

$$|14.2265 - 14.2| + 0.0293 \le 0.0558 \le 0.06$$

두 수 a, b가 같은 부호를 가질 때, a, b의 합 $a+b$의 상대오차와 $a+b$의 상대오차의 한계를 구해보자.

$$\frac{\varepsilon(a)}{|a|} \geq \frac{\varepsilon(b)}{|b|} \text{이라면,} \quad |b|\varepsilon(a) \geq |a|\varepsilon(b)$$

양변에 $|a|\varepsilon(a)$를 더하면,

$$(|a|+|b|)\varepsilon(a) \geq |a|[(\varepsilon(a)+\varepsilon(b)]$$

양변을 $|a|(|a|+|b|)$로 나누면

$$\frac{\varepsilon(a)}{|a|} \geq \frac{\varepsilon(a)+\varepsilon(b)}{|a|+|b|} = \frac{\varepsilon(a)+\varepsilon(b)}{|a+b|} \text{ (합의 상대오차의 한계)} \quad (5)$$

이 사실은 부호가 같은 두 수의 합의 상대오차의 한계는 각 수의 상대오차 가운데 큰 상대오차의 한계보다 클 수 없다는 것을 뜻한다.

예제 4 $x = 1.21 \times 3.65 + 9.81$의 계산에서 상대오차의 한계를 구하여라. 단, 모든 수는 반올림된 값이다.

풀이 $\frac{\varepsilon(1.21)}{1.21} = \frac{0.005}{1.21} \simeq 0.0041, \ \frac{\varepsilon(3.65)}{3.65} = \frac{0.005}{3.65} \simeq 0.0014$

이므로 1.21×3.65 의 상대오차는 각 상대오차의 합과 같고, 0.0055이다.

둘째 항 9.81의 상대오차는

$$\frac{\varepsilon(9.81)}{9.81} = \frac{0.005}{9.81} \simeq 0.0005$$

이므로 $\frac{\varepsilon(a)}{|x|} \simeq \frac{\varepsilon(a)}{|a|} = \max\{0.0055, \ 0.0005\} = 0.0055$

근사값의 합, 차, 곱, 몫의 상대오차의 한계는 다음과 같다.

합・차・곱・몫의 상대오차

(1) $\frac{\varepsilon(a+b)}{|a+b|} = \max\left\{\frac{\varepsilon(a)}{|a|}, \frac{\varepsilon(b)}{|b|}\right\}$ (a, b는 동부호)

(2) $\frac{\varepsilon(a-b)}{|a-b|} = \frac{\varepsilon(a)-\varepsilon(b)}{|a-b|}$

(3) $\frac{\varepsilon(ab)}{|ab|} \simeq \frac{\varepsilon(a)}{|a|} + \frac{\varepsilon(b)}{|b|}$

(4) $\frac{\varepsilon(a/b)}{|a/b|} \simeq \frac{\varepsilon(a)}{|a|} + \frac{\varepsilon(b)}{|b|}$

곱과 몫의 상대오차 및 상대오차의 한계는 다음과 같이 유도된다.

$$r_{ab} = \frac{\varepsilon_{ab}}{ab} \approx \frac{b\varepsilon_a + a\varepsilon_b}{ab} \approx \frac{\varepsilon_a}{a} + \frac{\varepsilon_b}{b} \approx r_a + r_b, \ |r_{ab}| \approx \left| \frac{\varepsilon_a}{a} + \frac{\varepsilon_b}{b} \right| \le \frac{\varepsilon_a}{|a|} + \frac{\varepsilon_b}{|b|}$$

$$r_{a/b} = \frac{\varepsilon_{a/b}}{a/b} \approx \frac{(b\varepsilon_a - a\varepsilon_b)/b^2}{a/b} \approx \frac{\varepsilon_a}{a} - \frac{\varepsilon_b}{b} \approx r_a - r_b, \ |r_{a/b}| \approx \left| \frac{\varepsilon_a}{a} - \frac{\varepsilon_b}{b} \right| \le \frac{\varepsilon_a}{|a|} + \frac{\varepsilon_b}{|b|}$$

예제 5 $a = 8.62 \pm 0.005$, $b = 7.2 \pm 0.05$일 때, $\frac{a}{b}$의 근사값과 오차의 한계를 구하여라.

풀이 $a = 8.62 \pm 0.005$는 참값 a의 근사값이 8.62이고, 오차의 한계가 0.005이라는 뜻이다.

$$\frac{a}{b} \text{의 근사값} = \frac{8.62}{7.2} = 1.1972\cdots$$

$$\text{오차의 한계} = \left| d\left(\frac{a}{b}\right) \right| = \frac{|bda - adb|}{b^2} \le \frac{|b\varepsilon_a| + |a\varepsilon_b|}{b^2}$$

$$= \frac{7.2\,(0.005) + 8.62\,(0.05)}{7.2^2} = 0.0090\ \cdots$$

곱이나 몫의 유효숫자는 계산되는 수 가운데 유효숫자가 적은 것에 맞춘다.

따라서 $\frac{a}{b}$의 근사값 = 1.2이고,

오차의 한계 $= |1.1972 - 1.20| + 0.0091 \le 0.0099 < 0.01$

$$\therefore \frac{a}{b} = 1.2 \pm 0.01$$

1.2.2 컴퓨터의 계산 오차

(1) 변환오차

컴퓨터 내에서 수를 표현하는 bit가 유한이기 때문에 정확히 2진수로 표시할 수 있다. 이런 경우의 오차를 **변환오차**라고 한다.

계산기의 기억장치에서 10진법의 수는 0과 1의 조합으로 나타내는 2진법으로 변환되어 기억된다. 이런 경우 일반적으로 변환오차가 발생한다. 가령 10진수 0.625는

$$0.625 = 2^{-1} + 2^{-3}$$

이므로, 2진법으로 나타내면, 0.101이 되어, 변환오차가 발생하지 않는다. 그러나, 10진수의 0.6은

$$0.6 = 2^{-1} + 2^{-4} + 2^{-5} + 2^{-8} + 2^{-9} + \cdots\cdots$$

이므로, 이것을 2진수로 나타내면

$$0.100110011\cdots\cdots$$

된다. 이 수는 8bit로 나타낸다면

$$0.10011001$$

이 되며, 8bit 다음 자리수가 잘라 버려진다 할 때, 이것을 10진수로 나타내면

$$2^{-1} + 2^{-4} + 2^{-5} + 2^{-8} = 0.59765626$$

이 되므로 이 값과 0.6 사이에 변환에 의한 오차가 생긴다.

10진수의 소수를 2진수로 표현하면, 가수가 무한소수가 되는 것은 유한한 자리수밖에는 표현할 수 없어서 컴퓨터에서는 기계오차가 발생하게 된다.

가령, 가수부를 24bit로 표현하는 다음과 같은 수가 있다 하자.

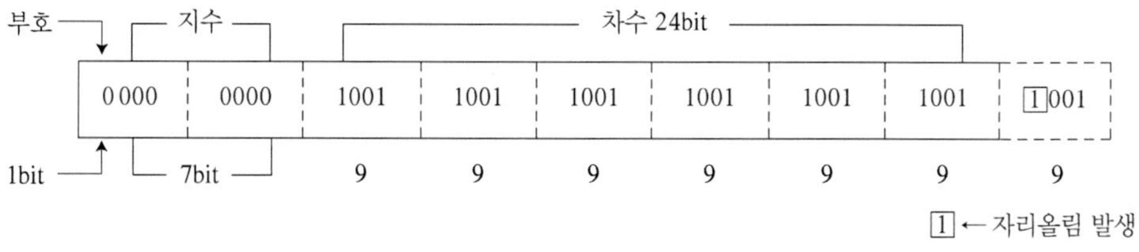

가수의 25bit째에 1이 오면 자리올림(carry)이 발생하여 컴퓨터로 표현되는 수가 실제의 수보다 커지고, 가수 25bit째에 0이 오면, 자리올림이 안 생겨서 컴퓨터로 표현되는 수가 실제의 수보다 작아진다. 이런 반올림을 **0사1입**이라 한다.

이렇게 컴퓨터는 입력한 수를 2진수로 기억하여 계산하기 때문에 무한 2진수로 표현되는 수는 정확히 기억할 수 없어서, 출력할 때 오차가 발생한다.

보기1

$0.1 = \frac{1}{10} = 0.0001100110011\cdots$ (2진 표시)

를 2진수 6 bit까지 출력한다 할 때, 오차가 얼마나 발생하는지를 구해 보자.

해설 $\frac{1}{10} = 0.110011_2 \times 2^{-3} (= 0.099601)$

오차 $= 0.000399 \simeq 0.0004$ 가 발생한다.

보기2	π^2 을 계산하는데, 반올림으로 소수 6위까지를 계산한다 하자. $\pi = 3.1415926535\cdots$ 는 0.314159×10^1 으로 기억된다 하자. π^2 값을 출력할 때, 오차가 얼마나 발생하는지를 살펴보자.

해설 $\pi^2 = \pi \times \pi = 0.098695877\cdots \times 10^2 = 0.986958 \times 10^1$(정규부동소수)
이므로, π^2은 0.986958×10으로 기억된다.
π^2 의 참값 $= 9.86960440\cdots$, 오차 $= 0.000024$ 의 발생은 계산기에서 유효숫자의 제한 때문에 발생한다.

(2) 계산순서에 따른 오차

다음 계산에서 계산순서를 바꾸어 보자. 계산 결과는 유효숫자 3자리로서 소수 4위를 반올림한다고 하자.

$$0.99 + 0.0044 + 0.0042$$

$$\text{첫째 계산}: (0.99 + 0.0044) + 0.0042 = 0.994 + 0.0042 = 0.998$$

$$\text{둘째 계산}: 0.99 + (0.0044 + 0.0042) = 0.99 + 0.009 = 0.999$$

이와 같이 덧셈에 관한 결합법칙이 성립이 안 되는 경우$(a+b)+c \neq a+(b+c)$가 발생한다. 계산순서에 따라 근사값이 달리 나올 수 있기 때문이다.

(3) 오버플로우와 언더플로우

컴퓨터 연산 과정에서 최대 수보다 더 큰 수가 되면 **오버플로우**(overflow), 최소의 수보다 더 작은 수가 되는 경우에는 **언더플로우**(underflow)라고 한다.

부동 소수점수의 4칙연산의 연산결과가 생각하고 있는(기계에 따라 다르다) 부동 소수점수 체계에서 표현할 수 있는 최대의 부동 소수점수를 넘는 오버플로우 현상이 발생한 경우는 계산이 바르게 행해지지 않으므로, 계산기는 계산을 중단하는 것이 보통이다.

또한, 연산결과가 부동 소수점수 체계로 표현할 수 있는 0 이외의 최소의 수보다 작아지는 언더플로우가 발생된 경우는 연산결과를 0으로 하고, 계산을 속행하는 것이 보통이다.

가령 유효숫자의 자리수가 5자리, 지수가 2자리수의 부동 소수점 방식 계산기에서는

$$-0.99999 \times 10^{99} \sim 0.99999 \times 10^{99}$$

까지의 수를 다룰 수 있고, 이외의 수에는 오버플로우가 되고, 절대값이 최소인 0을 제외하고, 0.00001×10^{-99} 이 최소인 수이므로, 이 수보다 작은 수가 발생하면 언더플로우가 된다.

예제 1 다음 수의 계산에서 유효숫자의 자리수를 3자리, 지수부를 1자리로 할 때, 오버플로우가 되지 않게 계산하여라.

$$\frac{a \times b}{c} \quad (\text{단}, a = 0.6 \times 10^6, b = 0.5 \times 10^8, c = 0.4 \times 10^5)$$

풀이 (1) $a \times b$를 먼저 계산하면

$$a \times b = 0.6 \times 10^6 \times 0.5 \times 10^8 = 0.3 \times 10^{14}$$

이 되어 지수는 2자리가 되어 오버플로우가 생긴다.

(2) $\frac{a}{c}$를 먼저 계산하면 $\frac{a}{c} = \frac{0.6 \times 10^6}{0.4 \times 10^5} = 0.15 \times 10^2$

을 얻고, 여기에 b를 곱하면

$$\frac{a}{c} \times b = 0.15 \times 10^2 \times 0.5 \times 10^8 = 0.75 \times 10^9$$

이 되어 오버플로우는 안 생긴다.

(4) 오차의 전파

계산횟수의 증가에 따라서 오차가 늘어나는 경우가 많다. 특히 곱셈은 되도록 계산횟수를 줄이는 것이 오차를 억제하는 방법의 하나이다.

보기3 $f(x) = 3x^3 - 4x^2 + 5x + 6$에서 $x = 2.34$일 때 $f(x)$의 값을 구해보자. 단, 계산 결과는 반올림에 의하여 유효숫자 4개까지로 한다.

해설 (1) $x^2 = 5.4756 \simeq 5.476,\ x^3 = 12.81384 \simeq 12.81$이므로

$$f(x) = 3 \times 12.81 - 4 \times 5.476 + 5 \times 2.34 + 6 = 34.23$$

오차 $= 34.23 - 34.2363 = -0.0063 \simeq -0.007$

(2) $f(x) = ((3x-4)x+5)x+6$에 의해서 $f(2.34)$를 구한다. 이 방식은 곱셈 계산 횟수를 줄이는 방법이다.

$$f(2.34) = ((3 \times 2.34 - 4) \times 2.34 + 5) \times 2.34 + 6 = 34.24$$

오차 $= 34.2363$(참값) $- 34.24$ (근사값) $= -0.0037 \simeq -0.004$

(1)~(2)의 연산에서 연산횟수가 적은 (2)의 오차가 작다.

(5) 분수식계산에서의 오차 발생

분수식의 계산에서 분모의 값이 0에 가까운 경우는 오차가 커질 수가 있다. 보다 좋은 근사값을 구하기 위해서는 분모의 값이 0에 가까운 값이 안 되게 식을 변형하여 함수값을 구하는 일이 필요하다.

> 보기4 $f(x) = \dfrac{3}{1-x^2}$ 에서 $x = 0.99900050$일 때, 이 함수값을 구해보자.

해설 반올림하여 $x = 0.999$로 하면,

$$f(0.999) = \frac{3}{1-0.999^2} = \begin{cases} 1500.750375\ (\text{참값}) \\ 1501.50075\ (\text{계산 값}) \end{cases}$$

x에서 소수 7위에서의 오차로 $f(x)$의 값은 4번째 유효숫자에서 오차가 발생한다.

> 보기5 (1) 분자는 100이고, 분모는 0.11인 분수의 계산(소수로)에서 분모를 0.1로 계산할 때 오차를 구해보자.
> (2) 분자는 100이고, 분모의 참값 = 1.05일 때, 분모의 근사값 = 1.1로 할 때의 오차를 구해보자.

해설 (1) $\dfrac{100}{0.1} = 1000,\ \dfrac{100}{0.11} = 909$

오차 $= 1000 - 909 = 91$

(2) $\dfrac{100}{1.05} = 95.2,\ \dfrac{100}{1.1} = 90.9$

오차 $= 95.2 - 90.9 = 4.3$

보기의 (1)~(2)에서 분모가 0에 가까우면 오차가 커지고, 분모가 커질수록 오차는 줄어드는 것을 알 수 있다.

(6) 기계오차와 계산오차

(i) 덧셈 계산에서 오차

참값 x의 근사값을 $\overline{x}$, 오차를 e_x라 하고, 참값 y이 근사값을 $\overline{y}$, 오차를 e_y라 할 때, 덧셈에서의 오차를 알아보자.

$$x + y = (\overline{x} + e_x) + (\overline{y} + e_y) = (\overline{x} + \overline{y}) + (e_x + e_y)$$

이 식만을 보면 덧셈의 오차는 단지 각 오차의 합으로 보이나, 이것은 반드시 옳은 것은 아니다. $\bar{x}+\bar{y}$의 값과 $\bar{x}+\bar{y}$의 근사값 $\overline{\bar{x}+\bar{y}}$가 다를 수 있기 때문이다. $\bar{x}+\bar{y}=\overline{\bar{x}+\bar{y}}$가 꼭 성립하는 것은 아니다. 따라서 다음 공식이 성립된다.

$$e_{x+y}=\underbrace{\left(\bar{x}+\bar{y}-\overline{\bar{x}+\bar{y}}\right)}_{\text{기계오차}}+\underbrace{\left(e_x+e_y\right)}_{\text{계산오차}} \tag{1}$$

보기6 x, y의 근사값을 반올림하여 유효숫자 4자리로 취하여 $\bar{x}=0.9621$, $\bar{y}=0.6732$이라면, $\bar{x}+\bar{y}=1.6353\times10^1$이다. $\bar{x}+\bar{y}$의 계산에서 실제오차를 구해보자. 단, 유효숫자 4자리 계산이다.

해설 $\overline{\bar{x}+\bar{y}}=0.1635\times10^1$

일반적으로, $z=x+y$에서 실제의 오차(true error)는

$$e_z=x+y-(\overline{\bar{x}+\bar{y}})=(\bar{x}+e_x+\bar{y}+e_y)-(\overline{\bar{x}+\bar{y}})=(\bar{x}+\bar{y}-\overline{\bar{x}+\bar{y}})+(e_x+e_y)$$

실제오차=계산오차(e_x+e_y)+기계오차$(\bar{x}+\bar{y}-\overline{\bar{x}+\bar{y}})$

=(기계가 연산하기 전의 오차)+(기계의 연산에 따른 오차)

보기의 실제오차=(0.00005+0.00005)+0.0003=0.0004

(ii) 차에서의 오차

뺄셈 $x-y=(\bar{x}-\bar{y})+(e_x-e_y)$에서 오차가 단지 오차의 차로 생각되나, 근사값의 차 $\bar{x}-\bar{y}$의 계산에서도 오차가 발생할 수 있다.

$z=x-y$의 실제오차는 다음과 같다.

$$\begin{aligned} e_{x-y}&=x-y-(\overline{\bar{x}-\bar{y}})=(\bar{x}+e_x)-(\bar{y}+e_y)-(\overline{\bar{x}-\bar{y}}) \\ &=\underbrace{(\bar{x}-\bar{y}-\overline{\bar{x}-\bar{y}})}_{\text{기계오차}}+\underbrace{(e_x-e_y)}_{\text{계산오차}} \end{aligned} \tag{2}$$

보기7 $x=0.65328\times10^2$, $y=-0.65312\times10^2$이고, $m=4$ (4자리 출력)인 경우 e_{x-y}를 구해보자.

해설 $\bar{x}=0.6532\times10^2$, $\bar{y}=-0.6531\times10^2$ (절단에 의한 처리), $\bar{x}-\bar{y}=1.3063$이나,

$\bar{x}-\bar{y}$의 출력은 $\overline{\bar{x}-\bar{y}} = 1.306$이다. 이 값이 기계에 의한 출력이다.

기계오차는 $\bar{x}-\bar{y}-\overline{\bar{x}-\bar{y}} = 1.3063 - 1.306 = 0.0003 = 0.3\times 10^{-3}$

$e_x = 0.1\times 10^{-3}$, $e_y = -0.1\times 10^{-3}$에서 $e_x - e_y = 0.2\times 10^{-3}$

$\therefore e_{x-y} = (e_x - e_y) + (\bar{x}-\bar{y}-\overline{\bar{x}-\bar{y}}) = 0.2\times 10^{-3} + 0.3\times 10^{-3} = 0.5\times 10^{-3}$

두 수 x, y의 합이나, 차의 실제 오차 계산에서

$$\bar{x}+\bar{y} \neq \overline{\bar{x}+\bar{y}}, \quad \bar{x}-\bar{y} \neq \overline{\bar{x}-\bar{y}}$$

될 수 있기 때문에 차의 오차는 기계에 의한 오차 $\bar{x}-\bar{y}-(\overline{\bar{x}-\bar{y}})$가 발생할 수 있으므로, 합이나, 차의 계산오차에서

$$e_{x+y} \neq e_x + e_y, \; e_{x-y} \neq e_x - e_y$$

될 수 있음에 유의해야 한다.

(iii) 곱에서의 오차의 발생

$$xy = (\bar{x}+e_x)(\bar{y}+e_y) = \bar{x}\bar{y} + \bar{x}e_x + \bar{y}e_y + e_x e_y$$

우변의 곱셈에서 $e_x e_y$는 다른 항에 비하여 훨씬 작으므로 무시된다.

m자리의 x, y의 곱 xy는 $2m$자리가 되나, m자리 기계로는 $\overline{\bar{x}\bar{y}}$을 m자리의 유효숫자만 출력한다. 곱셈에서도 오차에는 $\bar{x}\bar{y}$와 $\overline{\bar{x}\bar{y}}$ 사이에 기계오차와 계산오차가 발생하여 곱 xy의 실제의 오차는 다음과 같다.

$$\boldsymbol{e_{xy} = \underbrace{(\bar{x}\bar{y} - \overline{\bar{x}\bar{y}})}_{\text{기계오차}} + \underbrace{\bar{x}e_y + \bar{y}e_x}_{\text{계산오차}}} \qquad (3)$$

보기8 $\bar{x} = 0.2255\times 10^2$, $\bar{y} = 0.1234\times 10^1$에서 e_{xy}를 구해보자. 단, $\bar{x}$, $\bar{y}$는 x, y를 유효숫자 4자리로 절단한 근사값이다.

해설 $\bar{x}\bar{y} = (0.2255\times 10^2)(0.1234\times 10^1) = 0.278267\times 10^2 \sim 0.2782\times 10^2$

$\bar{x}\bar{y} - \overline{\bar{x}\bar{y}} = 0.00007$,

$\bar{x}e_y + \bar{y}e_x = 0.0001(\bar{x}+\bar{y}) = 0.0001(0.2378\times 10^2) = 0.002378 \simeq 0.0024$

$\therefore e_{xy} = (\bar{x}\bar{y} - \overline{\bar{x}\bar{y}}) + \bar{x}e_x + ye_y = 0.00007 + 0.0024 \simeq 0.0025$

(iv) 나눗셈에서의 오차

몫의 계산 오차는

$$e_{x/y} = \frac{\bar{x}}{\bar{y}} - \frac{\bar{x}+e_x}{\bar{y}+e_y} = \frac{\bar{x}e_y - \bar{y}e_x}{\bar{y}(\bar{y}+e_x)} \simeq \frac{\bar{x}e_y - \bar{y}e_x}{\bar{y}^2}$$

곱셈에서와 마찬가지로 $\overline{\bar{x}/\bar{y}}$는 $\bar{x}/\bar{y}$를 마무리하여 기계가 나타내는 값이다. 여기서 기계오차가 발생된다. 따라서 실제오차 = 계산오차 + 기계오차는 다음과 같다.

$$e_{x/y} = \underbrace{\left|\frac{\bar{y}e_x - \bar{x}e_y}{\bar{y}^2}\right|}_{\text{계산오차}} + \underbrace{\left|\bar{x}/\bar{y} - \overline{\bar{x}/\bar{y}}\right|}_{\text{기계오차}} \tag{4}$$

보기9　0.2233 ÷ 0.6612의 근사값과 실제오차를 구해보자.

해설　$0.2233 \div 0.6612 = 0.337719\cdots \simeq 0.3377$

$$\text{계산오차} = \frac{0.6612 \times 0.00005 - 0.2233 \times 0.00005}{0.6612^2} = 0.00005$$

$$\text{기계오차} = \left|\frac{0.2233}{0.6612} - 0.3377\right| = 0.00002$$

$\therefore$ 실제오차 $= 0.00005 + 0.00002 = 0.00007 \simeq 0.0001$

(7) 연산방식에 따른 오차

$x = \sqrt{1999} - \sqrt{1998}$을 소수 2위까지 구해보자. x의 근사값을 a라면

$$x = \sqrt{1999} - \sqrt{1998} \simeq 44.71 - 44.70 = 0.01$$
$$|\varepsilon(a)| \le |\varepsilon(44.71)| + |\varepsilon(44.70)| \le 0.005 + 0.005 = 0.01 = \delta(a)$$

따라서 x의 근사값 a의 상대오차의 한계는

$$\frac{|\varepsilon(a)|}{|a|} = \frac{0.01}{0.01} = 1 = 100\%$$

그러나 뺄셈을 피하기 위하여 $\sqrt{1999} + \sqrt{1998}$을 곱하고 나누어서

$$x = \frac{\sqrt{1999} - \sqrt{1998}}{1} = \frac{1}{\sqrt{1999} + \sqrt{1998}} \simeq 0.01118$$

로 계산하면 보다 좋은 근사값이 구해지고, 오차도 줄어든다.

1.2.3 여러가지 근사공식

(1) 1차의 근사공식

오차를 근사값−참값으로 정의하였으나, 참값−근사값을 오차로 정의할 수 있다. 단지, 오차가 음수인가, 양수인가의 차가 있으나, 오차는 절대값이 중요하다.

함수의 오차를 다루는 경우는 오차 = 참값 − 근사값으로 하자. x의 근사값을 a, 오차를 Δx 라면

$$\boldsymbol{x - a = \Delta x \text{ 에서 } x = a + \Delta x} \tag{1}$$

이고, $x = a$에서의 $f(x)$의 미분은 $f'(a)\Delta x$이므로, 함수 $f(x)$의 오차는

$$f(a+\Delta x) - f(a) = \Delta x f'(a+\theta\Delta x) \qquad 0 < \theta < 1$$

이며, Δx가 충분히 작으면, $0 < \theta < 1$이므로, 근사식은

$$\boldsymbol{f(a+\Delta x) = f(a) + \Delta x f'(a)} \tag{2}$$

x의 미분 dx는

$$dx = x'\Delta x = 1\Delta x = \Delta x$$

이므로, 식 (2)는

$$\boldsymbol{f(a+dx) = f(a) + f'(a)\,dx} \tag{3}$$

로 표시된다. $f'(a)\,dx$를 $f(x)$의 $x = a$에서의 **미분**이라 한다. 앞으로 $dx = \Delta x$를 h로 나타내자. $x = a + h$에서의 함수의 값 $f(a+h)$는 $f(a)$와 오차 $f'(a)h$의 합으로 된다.

특히 함수 $f(x) = x^n$이 $x = a$에서는 근사식은 식 (3)에 의하여

$$\boldsymbol{(a+h)^n = a^n + na^{n-1}h} \tag{4}$$

이고, $a = 1$에서의 근사식은 다음과 같다.

$$(1+h)^n = 1 + nh \tag{5}$$

식 (3)은 함수 $f(x)$의 $x = a$ 근방에서의 **1차의 근사식**이다.

보기1 $\sqrt[3]{1.009}$의 근사값을 1차의 근사공식을 써서 구하고, 오차를 구해보자.

해설 $\sqrt[3]{1.009} = (1+0.009)^{1/3} \simeq 1 + \frac{1}{3}(0.009) = 1.003$
여기서 $a = 1,\ h = 0.009$이고, $a + h = 1.009$이다.

식 (3)으로 나타내지는 1차의 근사공식에서 오차를 구해보자.
$f(x)$의 $x = a$에서의 전개식에서 $x = a + h$라면

$$f(x) = f(a+h) = f(a) + f'(a)h + \frac{h^2}{2!}f''(a+\theta h),\ 0 < \theta < 1$$

이므로, 1차의 근사식을 이용할 때, 절단오차를 R_2라면, 오차의 한계는 다음과 같다.

$$|R_2| = \left|\frac{h^2}{2!}f''(a+\theta h)\right| \le \frac{M_2}{2}h^2,\ \text{단},\ |f''(a+\theta h)| \le M_2 \tag{6}$$

보기2 $\sqrt[3]{1.009}$의 근사값을 식 (5)로 근사값을 구할 때의 오차의 한계를 구해보자.

해설 $\sqrt[3]{1.009} = (1+0.009)^{\frac{1}{3}} \simeq 1 + \frac{1}{3}(0.009) \simeq 1.003$,
$f(x) = x^{\frac{1}{3}},\quad a = 1,\quad h = 0.009$ 이다.

$$f'(x) = \frac{1}{3}x^{-\frac{2}{3}},\ f''(x) = \frac{1}{3}\left(-\frac{2}{3}\right)x^{-\frac{5}{3}}$$

이므로, $f(1) = 1,\ f'(1) = \frac{1}{3},\ f''(1) = -\frac{2}{9},\ |f''(1+0.009)| \le \frac{2}{9}$

$$n = \frac{1}{3},\ |R_2| = \left|\frac{h^2}{2!}f''(1+0.009)\right| = \frac{0.009^2}{2} \times \frac{2}{9} = 0.000009 \le 0.00001$$

오차의 한계 $= 0.00001$

(2) 2차의 근사공식

2차의 근사식과 오차에 대하여 살펴보자.
함수 $f(x)$의 $x = a$를 중심으로 하는 3차의 전개식

$$\boxed{f(a+h) = f(a) + hf'(a) + \frac{h^2}{2!} f''(a) + \frac{h^3}{3!} f'''(a+\theta h)} \tag{7}$$

에서 전개식을 3항까지 취할 때, 2차의 근사공식은

$$\boxed{f(a+h) = f(a) + hf'(a) + \frac{f''(a)}{2!} h^2} \tag{8}$$

이고, 이 경우의 절단 오차 R_3는

$$R_3 = \frac{h^3}{3!} f'''(a+\theta h) = R_3$$

이므로, 절단오차의 한계는 다음과 같다.

$$\boxed{|R_3| \le \left| \frac{h^3}{3!} f'''(a+\theta h) \right| \le \frac{h^3}{3!} M_3, \ |f'''(a+\theta h)| \le M_3} \tag{9}$$

예제 1 $\sqrt[3]{1.009}$의 근사값을 2차의 근사공식을 써서 구하고, 절단오차를 구하여라.

풀이 근사값을 구하는 데 이용될 함수는 $f(x) = x^n$, $n = \frac{1}{3}$, $a = 1$, $h = 0.009$이다
근사값과 절단오차 R_3를 구한다.

$$f(a+h) = f(a) + f'(a)h + \frac{1}{2} f''(a)h^2 + R_3, \ R_3 = \frac{1}{3!} f'''(a+\theta h)h^3$$

에서

$$f'(x) = nx^{n-1}, \ f'(1) = \frac{1}{3} \quad f''(x) = n(n-1)x^{n-2}, \ f''(1) = \frac{1}{3}\left(-\frac{2}{3}\right) = -\frac{2}{9},$$
$$f'''(x) = n(n-1)(n-2)x^{n-3}$$

에서

$$|f'''(1+\theta h)| \le |f'''(1)| = \left|\frac{1}{3}\left(-\frac{2}{3}\right)\left(-\frac{5}{3}\right)\right| = \frac{10}{27}$$

이므로

$$\sqrt[3]{1.009} = 1 + 0.009\left(\frac{1}{3}\right) + \frac{0.009^2}{2!}\left(-\frac{2}{9}\right) = 1.002991$$

절단오차의 한계 $|R_3| \le \frac{0.009^3}{3!} \cdot \frac{10}{27} = 0.000000045 \le 0.00000005$

예제 2 $f(x) = x^2 - 2x + 3$에서 $f(2.01)$의 근사값과 오차의 한계를 다음 경우에 구하여라.

(1) 1차의 근사식을 사용할 때
(2) 2차의 근사식을 사용할 때

풀이 (1) $2.01 = a + h$라면, $a = 2,\ h = 0.01$이다. 1차의 근사식에 의한 근사값을 구한다.

$f(a+h) = f(a) + hf'(a)$ 에서 $f(a) = f(2) = 3,\ f'(a) = 2a - 2,\ f''(a) = 2$

이므로 근사값은

$$f(2.01) = f(2) + 0.01f'(2) = 3 + 0.01 \times 2 = 3.02$$

오차의 한계 $|R_2|$를 구한다.

$$|R_2| = \left|\frac{h^2}{2} f''(a+\theta h)\right| = \frac{h^2}{2}(2) = h^2 = (0.01)^2 = 0.0001$$

(2) $a = 2,\ h = 0.01,\ f(a) = f(2) = 3,\ f'(a) = 2a - 2 = 2$
2차의 근사공식에 의한 근사값은

$$\begin{aligned} f(2+0.01) &= f(2) + 0.01f'(2) + \frac{0.01^2}{2}f''(2) \\ &= 3 + 0.01(2) + \frac{0.0001}{2}(2) = 3.0201 \end{aligned}$$

$f''(a) = 2,\ f'''(a) = 0$ 이므로 절단오차의 한계는

$$|R_3| = \left|\frac{h^3}{6} f'''(a+\theta h)\right| = \frac{0.01^3}{6}(0) = 0$$

근사값을 소수점 아래 4위까지 구한다면, 근사값은 3.0201이고, 오차는 0이다.

참고 근사값을 소수점 아래 2위까지 구한다면, 근사값은 3.02이고, 오차는 $3.0201 - 3.02 = 0.0001$이 발생한다.

(3) n차의 근사공식

일반적으로 함수 $f(x)$의 $x = a + h$에서의 근사공식은 $f(x)$를 $x = a$를 중심으로 한 다음 Taylor 전개식을 이용한다.

$$\boldsymbol{f(a+h) = f(a) + hf'(a) + \frac{h^2}{2!} f''(a) + \cdots + \frac{h^{n-1}}{(n-1)!} f^{(n-1)}(a) + R_n} \qquad (10)$$
$$\boldsymbol{R_n = \frac{h^n}{n!} f^{(n)}(a + \Theta h)}$$

여기서, 근사값은 식 (10)(R_n은 제외)으로 구해지고, 오차는 R_n으로 구한다.

$$\left| f^{(n)}(a + \theta h) \right| \le M_n$$

되는 상수 M_n이 구해지면, 오차의 한계는 다음과 같다.

$$\boldsymbol{|R_n| \le \left| \frac{h^n}{n!} M_n \right|} \qquad (11)$$

예제 3 $\sqrt{17}$의 근사값의 오차의 한계가 0.0005보다 작게 근사값과 오차의 한계를 구하여라.

풀이

$$\sqrt{17} = \sqrt{16+1} = \sqrt{16\left(1+\frac{1}{16}\right)} = 4\left(1+\frac{1}{16}\right)^{\frac{1}{2}}$$

$$\left(1+\frac{1}{16}\right)^{\frac{1}{2}} = 1 + \frac{1}{2}\left(\frac{1}{16}\right) + \frac{1}{2!}\left(\frac{1}{2}\right)\left(1-\frac{1}{2}\right)\left(\frac{1}{16}\right)^2 + \frac{1}{3!}\left(\frac{1}{2}\right)\left(-\frac{1}{2}\right)\left(-\frac{3}{2}\right)\left(\frac{1}{16}\right)^3 \cdot$$
$$= 1 + \frac{1}{32} - \frac{1}{8}\left(\frac{1}{16}\right)^2 + \frac{1}{16}\left(\frac{1}{16}\right)^3 - \cdots$$

$$\therefore \sqrt{17} = 4\left[1 + \frac{1}{32} - \frac{1}{8}\left(\frac{1}{16}\right)^2 + \frac{1}{16}\left(\frac{1}{16}\right)^3 - \cdots\right] = 4.1231056 \cdots \text{(참값)}$$

제1 근사공식에 따른 근사값과 오차는

$$\sqrt{17} = 4\left(1 + \frac{1}{32}\right) = \frac{33}{8} = 4.125,\ |R_2| \le 4\left[-\frac{1}{8}\left(\frac{1}{16}\right)^2\right] = 0.00195\cdots$$
$$\therefore |E_2| \le 0.00196 < 0.002$$

제2 근사공식에 따른 근사값과 오차는

$$\sqrt{17} = 4\left[1 + \frac{1}{32} - \frac{1}{8}\left(\frac{1}{16}\right)^2\right] = 4.1230488\cdots \simeq 4.12305,\ \text{계산오차} = 0.00001$$

$$\text{절단오차 } |R_3| \le \left|\frac{1}{8}\left(\frac{1}{16}\right)^3\right| = 0.0000305 \cdots \le 0.00004$$

따라서 오차의 한계 $|E_3| = 0.00001 + 0.00004 \le 0.00005$

$\sqrt{17} = 4.1231056\cdots$ 이므로, 근사값은 전개식의 항을 늘릴수록 근사값이 참값에 가까워지고, 오차는 항수를 늘릴수록 작아진다.

예제 4 $\sqrt{1+x}$의 $x = 0.4$에서의 근사값을 소수점 아래 두 자리까지 구하고, 오차의 한계를 구하여라.

풀이

$$\sqrt{1+x} = (1+x)^{\frac{1}{2}} = 1 + \frac{1}{2}x + \frac{\frac{1}{2}\left(\frac{1}{2}-1\right)}{2!}x^2 + \frac{\frac{1}{2}\left(\frac{1}{2}-1\right)\left(\frac{1}{2}-2\right)}{3!}x^3 + \cdots$$

$x = 0.4$ 이므로

$$\sqrt{1+0.4} = 1 + \frac{1}{2}(0.4) - \frac{1}{8}(0.4)^2 + \frac{1}{6}\left(\frac{3}{8}\right)(0.4)^3 + \cdots = 1.18321\cdots\cdots \text{①}$$

(1) 1차의 근사식으로, 근사값과 오차의 한계를 구해본다.

$$\text{근사값 } \sqrt{1+0.4} = 1 + \frac{1}{2}(0.4) = 1.2$$

$$\text{오차의 한계 } |R_2| \le \frac{1}{8}(0.4)^2 = 0.02$$

근사값이 소수 1위까지이므로, 이 경우는 제외된다.

(2) 2차의 근사공식으로 근사값과 오차의 한계를 구한다.

$$\text{근사값 } \sqrt{1+0.4} = 1 + \frac{1}{2}(0.4) - \frac{1}{8}(0.4)^2 = 1.18 \qquad \cdots\cdots \text{②}$$

$$\text{오차의 한계 } |R_3| \le \frac{1}{6}\left(\frac{3}{8}\right)(0.4)^3 = 0.004$$

이므로, 구하는 근사값은 1.18이고, 오차의 한계는 0.004이다.

참고 수렴하는 교대급수 $a_1 - a_2 + a_3 - a_4 + \cdots + (-1)^{n-1}a_n + \cdots$ 단, $a_i > 0\ (i = 1, 2, \cdots$ 에서 $S_n = a_1 - a_2 + a_3 - \cdots + (-1)^{n-1}a_n$ 의 오차의 한계는 $|R_n| \le a_{n+1}$

연습문제(1.2)

1 다음은 유효숫자에 관한 설명이다. 옳지 않은 것을 골라내라.

(1) 0이 아닌수는 항상 유효숫자이다.

(2) 유효숫자 사이에 있는 0은 유효숫자가 아니다.

(3) 숫자 0이 0이 아닌 숫자의 앞에 있으면 유효숫자가 아니다.

2 다음 수에서 유효숫자의 개수는 몇이냐?

(1) 5, 5500　　(2) 4440.0　　(3) 0.0033300

3 소수점 아래 p자리로 반올림할 때, 오차의 한계는 0.5×10^{-p}이고, 소수점 아래 유효숫자가 p자리되게 절단할 때, 오차의 한계는 10^{-p}이다. 다음에 답하여라. 단, 참값은 미지이다.

(1) 반올림하여 0.12일 때, 오차의 한계를 구하여라.

(2) 절단하여 0.455일 때, 오차의 한계를 구하여라.

4 값 $A = 1.537$을 1.54로 반올림할 때의 절대 오차와 상대오차를 구하여라.

5 A = 345.88, B = 345.11일 때, D = A − B의 상대 오차를 구하여라. 단, 모든 숫자는 네자리수로 절단되는 컴퓨터로 계산된다.

6 A = 66.888이다.

(1) A를 66.89로 반올림할 때, 절대오차 ε와 상대오차 r을 구하여라.

(2) A를 66.88로 절단할 때, 절대오차 ε과 상대오차 r을 구하여라.

7 $\sqrt{99} = 9.9499$이다. $10-\sqrt{99}$의 근사값을 오차가 작도록 하여, 반올림으로 유효숫자 네자리까지 구하여라.

8 A = 222.88, B = 222.11일 때, D = A−B의 근시값을 구하고, 상대오차의 한계를 구하여라. 단, 모든 계산은 유효숫자 네자리로 절단된다

9 $\sqrt{1+x}$의 $x = 0.4$에서의 근사값을 오차의 한계가 0.001 이하가 되게 구하여라.

10 $\sqrt{17}$의 근사값을 다항식 근사에 의하여 처음 3항까지의 근사값과 이 경우의 오차의 한계를 구하여라.

11 참값 = 근사값 + 오차로 정의한다. $\sqrt{2} = 1.41421356\cdots$ 이고, $\pi = 3.14159265\cdots$ 이다. 다음 경우의 오차를 구하여라.

(1) $\sqrt{2} = 1.414 +$ 오차 (2) $\pi = 3.142 +$ 오차

12 다음 경우의 상대오차를 구하여라.

(1) $\sqrt{2}$의 근사값이 1.414이다. (2) π의 근사값이 3.142이다.

13 log 2에 대한 급수 전개식

$$1 - \frac{1}{2} + \frac{1}{3} - \frac{1}{4} + \frac{1}{5} - \frac{1}{6} + \cdots$$

의 값을 소수 4위를 반올림하여 소수 3위까지의 근사값 0.693을 얻으려면 몇 항까지의 합을 구해야 하느냐?

연습문제(1.2) 풀이

1 (2)

2 (1) 5개 (2) 5개

(3) 5개(처음 3개의 0은 유효숫자가 아니다)

3 (1) $0.5 \times 10^{-2+1} = 0.05$

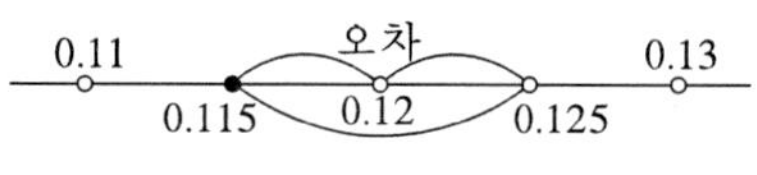

$p = 2$이므로, $|\varepsilon| \le 0.5 \times 10^{-2} = 0.005$

(2)

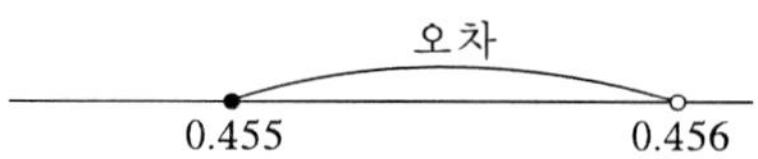

$p = 3$이므로, $|\varepsilon| \le 10^{-3} = 0.001$

4 오차 $\varepsilon = 1.537 - 1.54 = -0.003$

$$상대오차 r = \frac{\varepsilon}{A} = \frac{-0.003}{1.537} = -0.001953 \simeq -0.002,\ r = 0.2(\%)$$

5 $\overline{A} = 0.3458 \times 10^3$, $\overline{B} = 0.3451 \times 10^3$ 이고, $\overline{D} = \overline{A} - \overline{B} = 0.7$ (유효숫자 1개), 참값 D=0.77 이므로, 상대오차 r 은

$$r = \frac{0.7}{0.77} = 91(\%)$$

6 (1) $\varepsilon = 66.89 - 66.888 = 0.002,\ r = \frac{0.002}{66.89} = 0.0000299 \leq 0.00003$

(2) $\varepsilon = 66.88 - 66.888 = -0.008,\ r = \frac{-0.008}{66.88} = -0.000196 \leq -0.0002$

7 $10 - \sqrt{99} = \frac{(10-\sqrt{99})(10+\sqrt{99})}{10+\sqrt{99}} = \frac{100-99}{10+\sqrt{99}} = \frac{1}{19.9499} = 0.0501256\cdots$

$\leq 0.5013 \times 10^{-1}$

8 A, B의 근사값을 a, b라하면, $a = 0.22288 \times 10^3$, $b = 0.22211 \times 10^3$
$d = a - b = 0.0007 \times 10^3 = 0.7000$, 차의 참값 $D = 0.77$ 이므로

상대오차 $r = \frac{0.70}{0.77} \times 100 = 0.909090\cdots = 90.90(\%)$

상대오차의 한계 $= \frac{\varepsilon_a + \varepsilon_b}{A - B} = \frac{0.08 + 0.01}{0.77} = \frac{0.09}{0.77} = 0.11688 = 11.68(\%)$

9 $\sqrt{1+x} = (1+x)^{\frac{1}{2}} = 1 + \frac{1}{2}x - \frac{1}{8}x^2 + \frac{1}{16}x^3 - \frac{5}{128}x^4 + \cdots$ 에서 $x = 0.4$일 때, 오차의 한계 $R_4 = \frac{1}{16}(0.4)^3 = 0.004$, $R_5 = \frac{5}{128}(0.4)^4 = 0.001$이므로 구하는 근사값은 다음과 같다.

$$\sqrt{1+0.4} = 1 + \frac{1}{2}(0.4) - \frac{1}{8}(0.4)^2 + \frac{1}{16}(0.4)^3 = 1.184$$

10 $\sqrt{17} = \sqrt{16+1} = \sqrt{16}\sqrt{1+\frac{1}{16}} = 4\sqrt{1+\frac{1}{16}}$

$\sqrt{1+\frac{1}{16}} = 1 + \frac{1}{2}\left(-\frac{1}{16}\right) - \frac{1}{8}\left(\frac{1}{16}\right)^2 = 1.03076$

$$\therefore \sqrt{17} = 4\sqrt{1+\frac{1}{16}} = 4.12304,$$

$$\text{오차의 한계} \left|R_3\right| = \frac{4}{16}\left(\frac{1}{16}\right)^3 = 0.00006 \le 0.00007$$

11 (1) 오차 $= 0.00021356\cdots \le 0.0003$

(2) 오차 $= -0.00040734\cdots \le -0.0005$ 또는 절대값으로 오차는 0.0005

12 (1) $\dfrac{0.0003}{1.414} \simeq 0.000212\cdots \le 0.0003$

(2) $\dfrac{-0.0005}{3.142} \simeq -0.000115\cdots \simeq -0.0002$ 또는 절대값으로 0.0002

13 $n-1$항까지의 합을 구할 때, 이 급수가 교대급수(항의 부호가 교대로 바뀐다)이므로, 절단 오차 ε는 제 n항 $\frac{1}{n}$을 넣지 못하므로

$$\frac{1}{n} \le \varepsilon = 0.0005 \text{ 에서 } n \ge 2000$$

이므로 최소 2000항까지의 합을 취해야 한다.

Chapter 2

순서도와 알고리즘

2.1 순서도

2.1.1 순서도

(1) 순서도에 쓰이는 기호

여러가지 문제를 해결하려면, 문제를 잘 분석하여 문제를 순서 있게 처리되도록 논리적으로 계획을 세워야 목적을 달성할 수 있다.

문제를 분석하고, 처리 순서를 정하는 것을 머리속으로 생각하는 것보다는 처리 순시와 해법을 도표화하면 처리순서도 합리적이고, 보기 쉽고 이해하기 쉬워진다. 이렇게 처리 절차를 도표화한 것이 **순서도(flow chart)**이다. 이 순서도에 관하여 살펴보자.

문제를 푸는 절차는 다음 순서에 따른다.

① 문제의 내용을 바르게 파악한다.
② 구하려는 양을 미지수로 하여 문제의 내용을 상등관계나, 대소관계로 나타낸다.
③ ②에서 얻은 방정식이나, 부등식을 풀고, 음미한다.

이러한 문제 처리의 수순을 도표화하는 순서도는 약속된 기호를 써서 나타낸다.
순서도에서 쓰이는 기호에는 다음과 같은 것이 있다.

번호	기호	의미
1	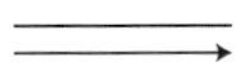	순서선, 진행 방향
2	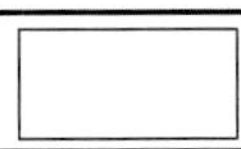	처리 과정, 계산 과정
3	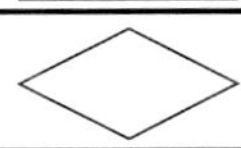	판단, 비교
4	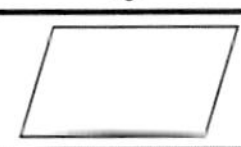	입력, 출력
5	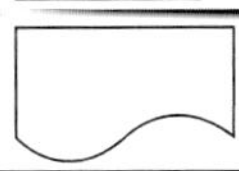	인쇄
6	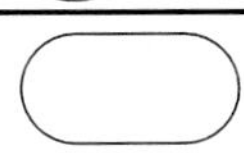	시작과 끝

다음 기호도 쓰인다.

결합, 출구, 입구　　　준비, 초기값 설정

보기1 원의 반지름 r의 값이 2일 때, 원둘레의 길이 $l = 2\pi r$의 값을 구하는 수순을 들고, 이 수순을 순서도로 나타내보자.

해설 계산 수순은 다음과 같고, 순서도는 오른쪽과 같다.

(1) 계산의 시작

(2) r의 값의 입력

(3) r에 2를 곱한다.

(4) (3)의 계산 결과에 3.14를 곱한다.

(5) 계산의 끝

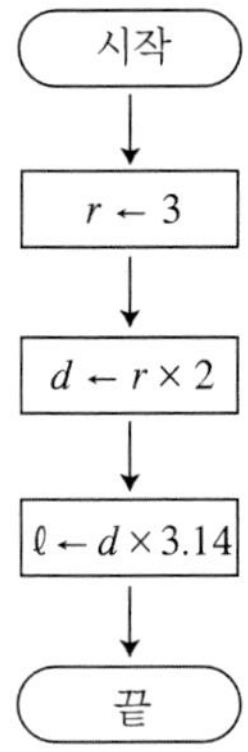

순서도에서 $r \leftarrow 3$은 r의 값을 3으로 한다는 것이다. 즉 변수 r에 3을 대입한다는 표기이다.
본서에서 $r \leftarrow 3$ 또는 $r := 3$ 또는 $r = 3$의 표기법을 함께 쓰기로 하고, 특히 혼돈이 없을 경우는 $r = 3$으로 나타낸다.

보기2 x의 값이 a일 때, $y = (x^2 + x + 1) \div (x + 1)$을 계산하는 수순과 이 수순을 순서도로 나타내보자.

해설 (1) 계산 시작

(2) x의 값을 a로 한다.

(3) $x + 1$을 계산하여 z로 한다.

(4) (3)의 계산 결과에 x를 곱한 것을 u로 한다.

(5) (4)의 계산 결과에 1을 더한 것을 u로 한다.

(6) (5)의 계산 결과를 z로 나눈다.

(7) 계산 끝

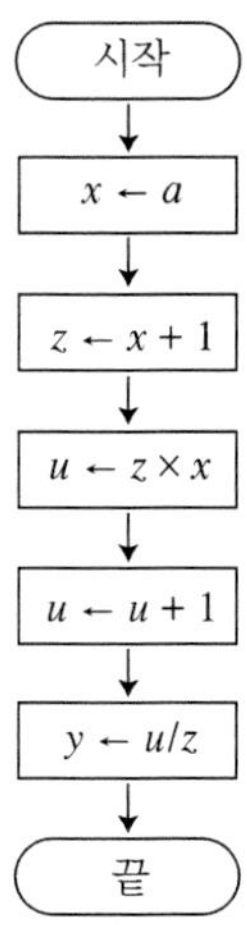

비교, 판단 등의 판정을 나타내는 기호를 **판단기호**라 한다. 내소, 진위 등을 판단하는 데 마름모꼴의 기호안에 판단할 조건을 쓴다. 조건을 만족하면 처리 (1) 로 가고, 만족 못하면 처리 (2) 로 가는데, 흐름선 옆이나 아래 또는 위에 만족하면 YES 또는 단지 Y 또는 T로 쓰고, 만족 못하는 쪽은 흐름선의 위나 아래에 NO 또는 단지 N 또는 F라고 쓰고, 진행방향을 보기 쉽게 화살표시로 나타낸다.

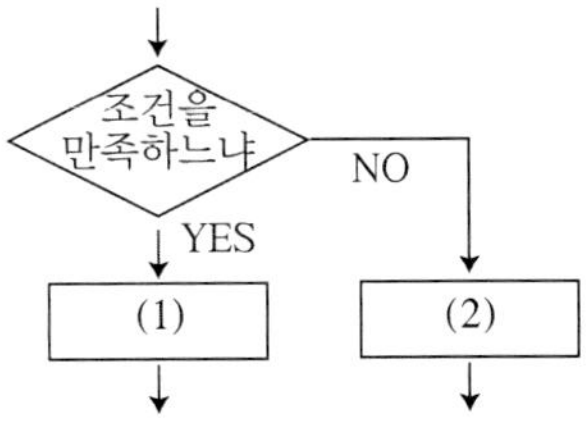

보기3 두 변수 x, y의 값을 비교하여 큰 쪽의 값을 z로 하는 순서도를 그려 보자.

해설 다음 차례로 해나간다.

(1) 처리시작

(2) $x > y$ 인가?

YES NO

(3) $z \leftarrow x$, $z \leftarrow y$

(4) 처리 끝

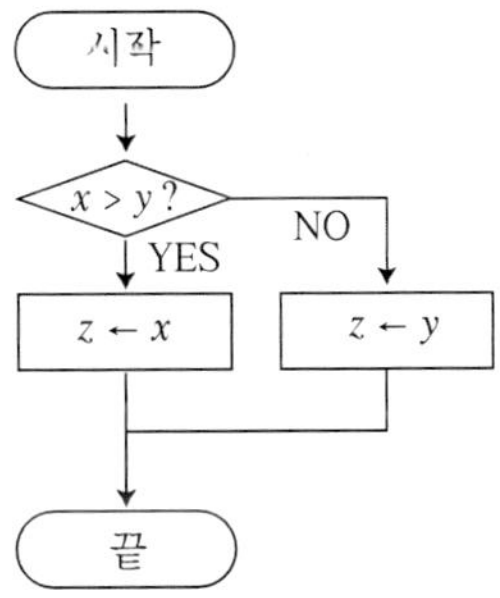

판단 조건이 x와 y의 대소 비교인 경우는 다음과 같이 나타내기도 한다. 이 기호표시에서 마름모꼴 그림안에 $x : y$로 나타내는데 이것은 x와 y의 대소 비교를 의미하므로, 판단 결과는 다음

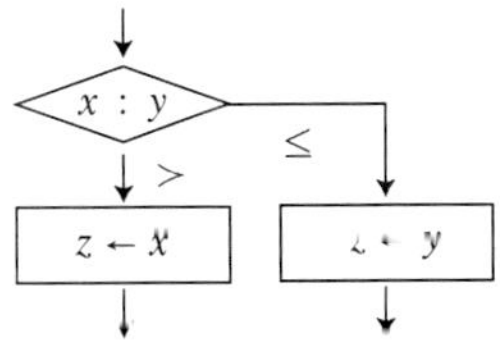

$x > y$ 이나, 또는 $x \leq y$(등호를 옮기면 $x \geq y$와 $x < y$)

의 두 가지 경우가 된다.

x의 값이 y의 값보다 큰가, 그렇지 않은가의 판단을 할 때, 순서도로 다음과 같이 나타낼수도 있다.

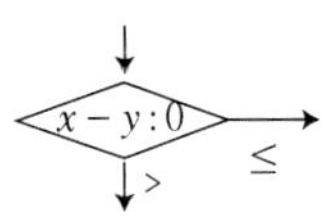

x의 값이 y의 값보다 큰가, 같은가, 작은가의 세가지 방향으로 분기 판단하는 경우의 순서도는 다음과 같이 나타낸다.

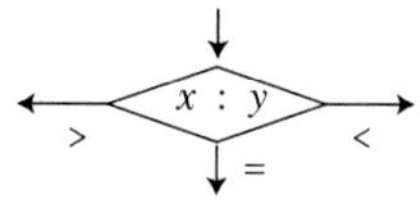

예제 1 x의 값이 y의 값과 같은가, 같지 않은가의 두 가지 방향으로 분기하는 경우는 이것을 판단하는 판단기호안에 식을

(1) $x - y : 0$인가　　(2) x는 y보다 큰가　　(3) x와 y는 같은가

으로 하는 경우를 순서도로 나타내라.

풀이

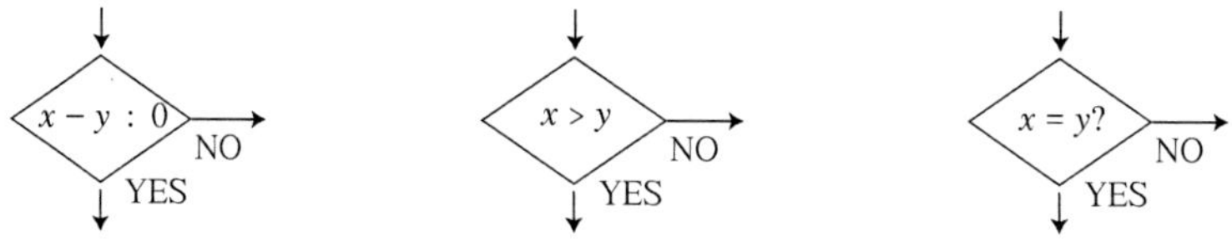

예제 2 다음 순서도는 문자계수를 갖는 1차 방정식

$$ax = b$$

를 푸는 과정을 나타내는 순서도이다. 각 순서도 기호에 맞는 표현을 써 넣어라.

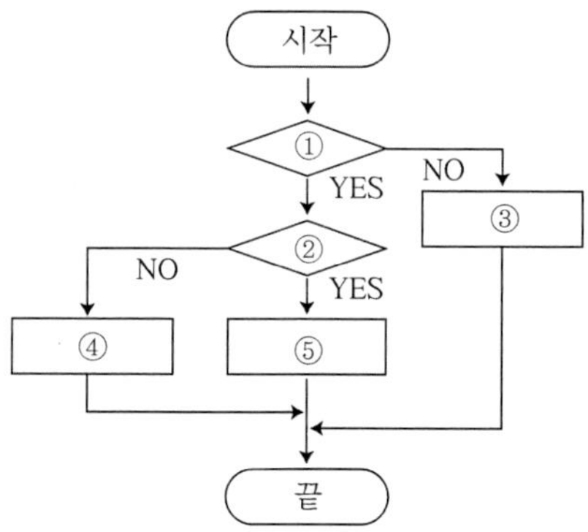

풀이 방정식 $ax = b$의 풀이는

(1) $a \neq 0$일 때, $x = \dfrac{b}{a}$

(2) $a = 0$일 때, (ㄱ) $b = 0$이면, x는 부정, (ㄴ) $b \neq 0$이면 x는 불능

이들 내용을 순서도 기호안에 기입한다.

① $a = 0$?　　② $b = 0$?　　③ $x \leftarrow b/a$　　④ x는 불능　　⑤ x는 부정

연습문제(2.1)

1 공(구)의 겉넓이 $S = 4\pi r^2$을 구하는 순서도를 그려라.

2 다음 순서도는 어떤 계산을 위한 순서도인가?

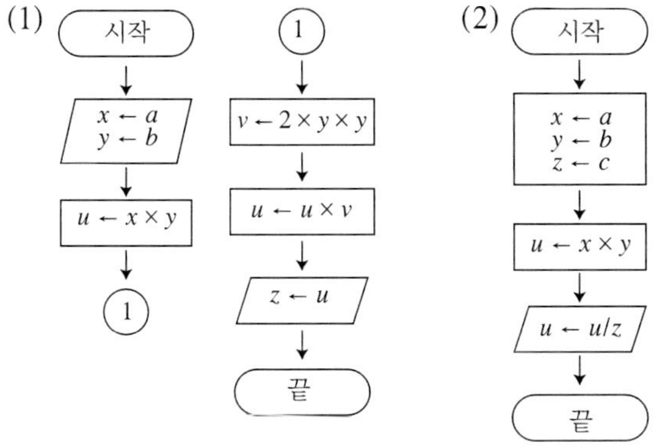

3 두 자연수 a, b의 최대 공약수 G, 최소 공배수를 L이라 할 때, $LG = ab$가 성립한다. a, b의 최대 공약수를 호제법으로 구했다 하고, 이를 이용하여 최소 공배수 L을 구하는 순서도를 그려라. 또 이 순서도에 따라 108과 84의 최소 공배수를 구하여라.

4 100 이하의 모든 소수를 구하는 알고리즘의 순서도를 그리고, 모든 소수를 구하라.

5 1에서 100까지의 정수의 합을 구하는 순서도는 오른쪽과 같다. 순서도 기호안에 알맞게 써 넣어서 순서도를 완성하여라.

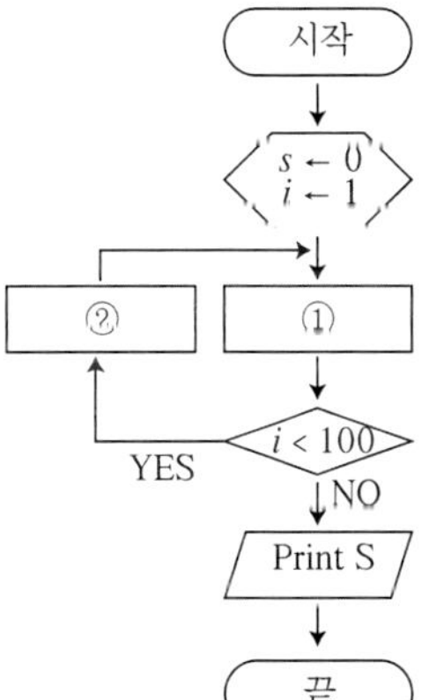

연습문제(2.1) 풀이

1

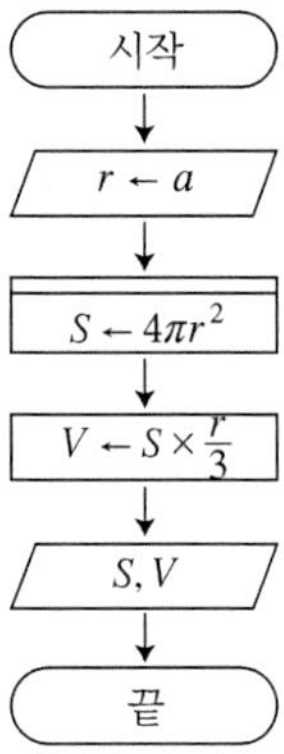

2 (1) x, y의 값이 a, b일 때, 곱 $x \cdot y$를 u로 하고, $2y^2$의 값을 v로 한다. u와 v의 곱을 다시 u로 하고, 이 u의 값을 z의 값으로 한다.

(2) x, y, z의 값을 차례로 a, b, c라 할 때, x와 y의 곱을 u로하고, u를 z으로 나눈 값을 다시 u로 하는 순서도이다.

3

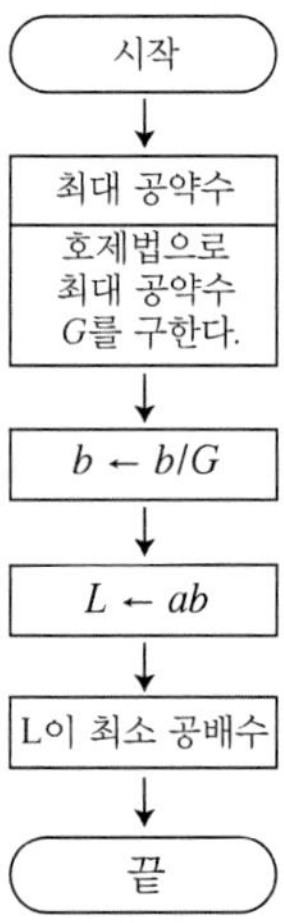

$a = 108, b = 84,\ G = 12$이다.

$b := b/G = 84/12 = 7$

$\therefore L = a \times b = 108 \times 7 = 756$

4 순서도는 오른쪽 그림과 같다. $a_1 \leftarrow 3$, $a_2 \leftarrow 5$, $a_3 \leftarrow 7$로 하고, 11에서 시작되는 홀수에 대하여 a_1, a_2, a_3으로 나누어지지 않으면 소수이다. 구하는 소수는 11, 13, 17, 19, 23, 29, 31, 37, 41, 43, 47, 53, 59, 61, 67, 73, 79, 83, 89, 97이다.

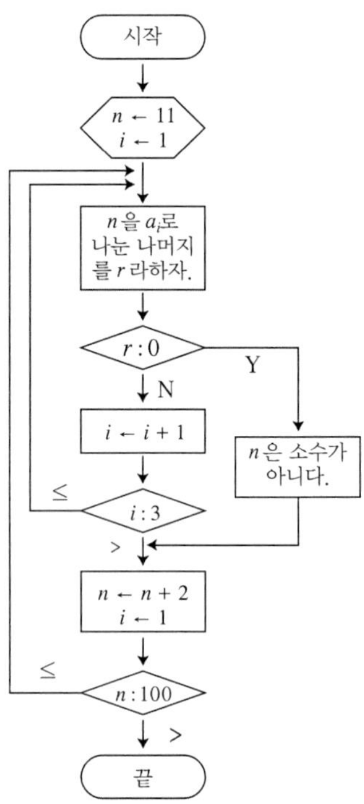

참고 a가 $\sqrt{a}$보다 크지 않은 어느 소수로도 나누어지지 않으면 a는 소수이다.

5 ① $s \leftarrow s+i$ ② $i \leftarrow i+1$

2.2 알고리즘

2.2.1 반복과정

(1) 알고리즘

주어진 문제에 적절한 수학적 모델을 작성하여 일련의 단계를 따라서 해에 도달하는 일련의 순서에 따른 처리 과정을 **알고리즘**(algorithm)이라 한다.

알고리즘은 말로 표현할 수 있으나, 흔히 컴퓨터 언어에 닮은 의사코드(pseudo-code)를 사용하여 나타낸다.

의사코드는 사람의 언어와 프로그래밍 언어의 중간정도의 언어인데 흔히 파스칼 언어가 많이 쓰인다. 이런 언어를 써서 알고리즘을 작성하면 모든 사람이 쉽게 이해되고, 어떠한 필요한 프로그래밍 언어로도 쉽게 바꿀 수 있다.

알고리즘을 작성할 때, 염두에 두어야 할 것은 알고리즘은 명확하고, 정확해야 하며, 효율적이어야 하고, 일반성이 있어야 하며, 간단해야 하고, 계산량이 적을 수록 좋다.

> 보기1 유한한 정수의 수열 $\{a_1, a_2, \cdots a_n\}$에서 최대값을 구하는 알고리즘을 말로 표현해보자.

해설 (1) n개의 데이터 $\{a_1, a_2, \cdots a_n\}$을 입력한다.

(2) 우선 첫째수 a_1을 최대값이라 한다.

(3) a_1과 나머지 수 $a_2 \sim a_n$을 하나씩 차례로 비교해 나가면서 큰 수가 나올 때 마다 그것을 최대값 a_1로 하고, 나머지 수와의 비교를 계속한다.

(4) 비교가 모두 끝나면, 마지막에 얻은 a_1이 구하는 최대값이다.

(5) 최대값을 출력한다.

위 알고리즘은 크게 구분하면 다음 3단계로 구분된다.

(1) 전처리 (2) 주처리 (3) 후처리

(1) 전처리는 데이터의 입력, 초기값 설정 등 데이터에 관한 정보이다.

(2) 주처리는 주된 계산 과정 등 문제를 해결하는 핵심 부분이다.

(3) 후처리는 주처리에서 얻은 결과, 해답의 출력 부분이다.

(2) 반복과정

알고리즘의 원 뜻은 연산방식이다. 프로그램 작성에 앞서 알고리즘을 작성하는데 알고리즘은 계산 순서, 계산 방식 등을 통털어서 일컷는 말이다.

전문적으로 쓰이는 뜻은 일정한 계산 방법을 정하여 한정된 횟수의 계산을 실행하여 계산 결과를 얻는 수순을 알고리즘이라 한다.

알고리즘에서 가장 많이 쓰이는 것이 계산의 반복과정이다.

> 보기2 5개의 수 a_1, a_2, a_3, a_4, a_5의 합
>
> $$S = a_1 + a_2 + a_3 + a_4 + a_5$$
>
> 을 구하는 순서도는 다음과 같이 할 수 있다. 더하는 수가 많은 경우에는 더 간편하게 할 수 있는지를 살펴보자.

해설 합을 나타내는 변수를 S라 하고 최초 S를 0으로 ($S \leftarrow 0$) 설정한다. a_1, a_2, $\cdots$를 차례로 하나씩 더해 나간다.

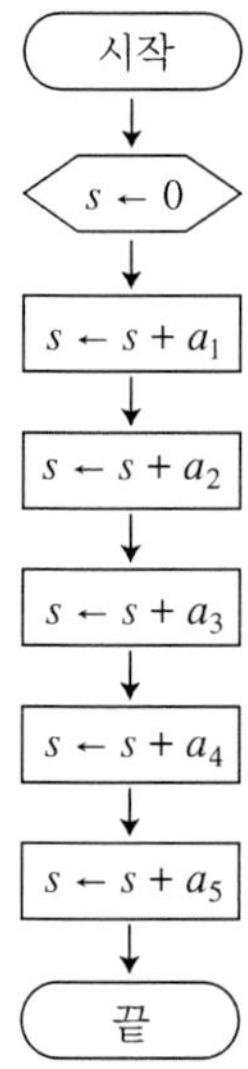

$$s \leftarrow s + a_1$$
$$s \leftarrow s + a_2$$
$$s \leftarrow s + a_3$$
$$s \leftarrow s + a_4$$
$$s \leftarrow s + a_5$$

여기서 쓰인 준비기호 ⬡에는 합의 초기값 설정, $s \leftarrow 0$을 주고 있다. 5개의 데이터 a_1, a_2, a_3, a_4, a_5를 차례로 더하는 과정을 순서도로 나타내면 오른쪽 순서도와 같다.

분명히 오른쪽 순서도는 $s = a_1 + a_2 + a_3 + a_4 + a_5$의 값을 구하는 순서도인데, 데이터 $a_i (i = 1, 2, \cdots, n)$가 더 많은 경우는 이러한 순서도는 비능률적이다.

같은 연산이 반복되는 이 경우는 합을 구하는 반복계산 공식

$$s \leftarrow s + a_i \ (i = 1, 2, \cdots, n)$$

로 대신할 수 있다. 이런 반복계산에 루푸(loop)형의 순서도가 쓰인다.

(3) For문

3수 a_1, a_2, a_3의 합을 구하는 알고리즘은

$$s \leftarrow 0$$
$$s \leftarrow s + a_1$$
$$s \leftarrow s + a_2$$
$$s \leftarrow s + a_3$$

이다. 이것은 $s \leftarrow s + a_i$이라는 형의 처리를 3회 반복한 것이다. 이러한 반복처리를 간단히 표기하는 데 for문이 쓰인다.

위 반복 계산은

```
for i = 1 to 3
    s = s + a_i
```

로 표기한다. 이 for문은 다음과 같이 시행된다. s의 초기값은 0이다.

$i = 1$일 때, $s \leftarrow s + a_1 \ (= a_1)$
$i = 2$일 때, $s \leftarrow s + a_2 \ (= a_1 + a_2)$
$i = 3$일 때, $s \leftarrow s + a_3 \ (= a_1 + a_2 + a_3)$

보기3 for문을 써서 n개의 실수 a_1, a_2, $\cdots$ a_n에서 최대값을 구하는 알고리즘을 구하면 다음과 같다.

해설

```
max : = a_1
    for i = 1 to n
        if max < a_i then max: = a_i
{max is the lorgest element}
```

예제 1 주어진 유한수열 $\{a_1, a_2, \cdots, a_n\}$에서 최소값을 구하는 알고리즘을 구하여라.

풀이 (1) a_1을 최소값이라 하고, a_2와 비교하여 a_2가 a_1보다 작으면 작은 수 a_2를 최소값 min으로 한다.

(2) 나머지 수와에 대하여 비교를 계속하면서 작은 수를 최소값 min으로 한다.

(3) 비교할 수가 없으면 최후에 최소값 min이 구하는 최소값이다.

구하는 알고리즘은 다음과 같다.

```
min: = a1
    for i = 2 to n
        if min > ai then min: = ai
{min is the smallest element}
```


보기4 보기 2의 문제의 반복처리를 순서도로 그려보자.

해설 최초 반복 횟수 i와 합 s의 초기값을 설정해야 한다. $i = 1$, $s = 0$을 준비기호 안에 쓴다. 반복과정으로 합을 구하는 아래 수순을 순서도로 나타내면 오른쪽과 같다.

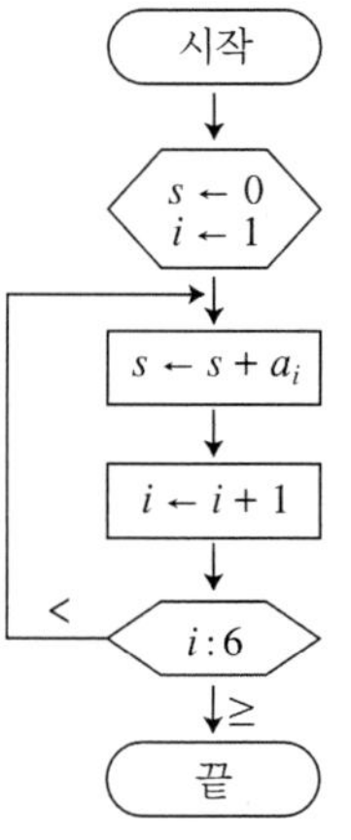

(1) 합 S의 초기값을 0, 합을 구하는 반복계산은 $i = 1$에서 시작한다. 준비기호 안에 기입한다.

(2) 반복법으로 합을 구하는 반복계산식은

$$s \leftarrow s + a_i$$

(3) 다음 i는 $i+1$이므로

$$i \leftarrow i + 1$$

(4) $i < 6$인한 반복하고, $i = 6$이면 처리를 끝낸다.

위 보기에서 준비기호 안에 있는 반복 횟수 i의 초기값을 $i \leftarrow 0$으로 하면, 반복 횟수의 계산 $i \leftarrow i + 1$은 합의 계산 $s \leftarrow s + a_i$보다 앞서야 하고, 반복 횟수 i를 $i < 5$로의 제한을 판단기호로 규제하면 된다. 이상을 고려한 순서도를 만들면 오른쪽과 같다.

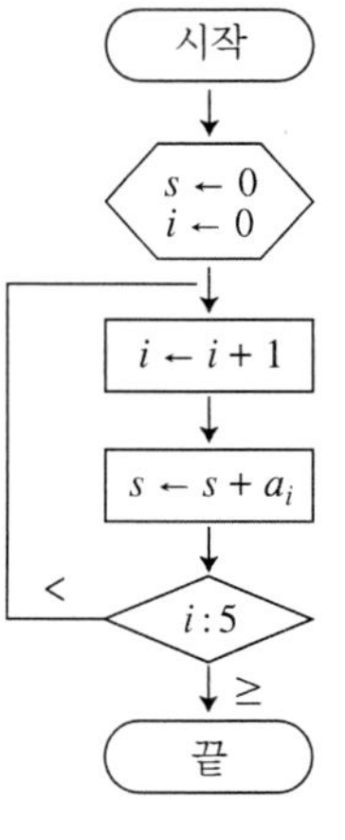

보기5　n개로 되는 수열 $a_1, a_3, \cdots a_n$의 곱

$$T = a_1 a_2 \cdots a_n$$

를 간단히 구하는 반복 계산식을 구해보자.

해설　$T = (((1 \times a_1) \times a_2) \times a_3 \cdots) \times a_n$
으로 쓸 수 있다. T의 초기값 $T = 1$로 하면

$T_0 = 1$(초기값)
$T_1 = T_0 \times a_1 = 1 \times a_1$
$T_2 = T_1 \times a_2 = (1 \times a_1) \times a_2$
…………
$T_i = T_{i-1} \times a_i = (\cdots((1 \times a_1) \times a_2) \times \cdots \times a_{i-1}) \times a_i$
…………
$T_n = T_{n-1} \times a_n$

이와 같은 계산의 반복 계산 공식은

$T_0 = 1$
$T_i = T_{i-1} \times a_i \ (i = 1 \text{ to } n)$

이므로, n 개의 수의 곱을 구하는 알고리즘은 다음과 같다.

```
T = 1
    for i = 1 to n
        T = T × a_i
{T is the total multiplication}
```

예제 2　수열 1, 3, 4, 5, 8의 곱을 위 알고리즘에 의하여 구하여라.
$a_1 = 1, a_2 = 3, a_3 = 4, a_4 = 5, a_5 = 8$이다.

풀이　$i = 1$일 때, $T = 1 \times 1$ (= 1)
$i = 2$일 때, $T = 1 \times 3$ (= 3)
$i = 3$일 때, $T = 3 \times 4$ (= 12)
$i = 4$일 때, $T = 12 \times 5$ (= 60)
$i = 5$일 때, $T = 60 \times 8 = 480$

(4) while문

while문은 반복 구조이다. while문의 기본 형식은

```
while B do S
end while
```

이다. 이 문은 조건 B가 참인한 처리 S를 반복 시행한다.

이 문의 순서도는 오른쪽과 같다.

while문은 실행문 S를 실행할 것인가를 먼저 판단하는 반복 구조문으로서 전판정형이다.

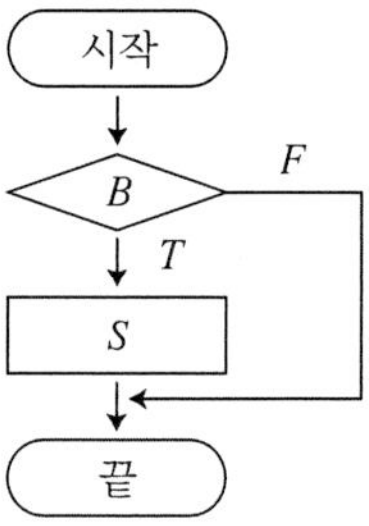

보기6 while 구조를 써서 다음 식의 값 y를 구하는 알고리즘과 순서도를 그려보자.

$$y = \frac{1}{2}(1 + 2 + \cdots + n)$$

해설 순서도

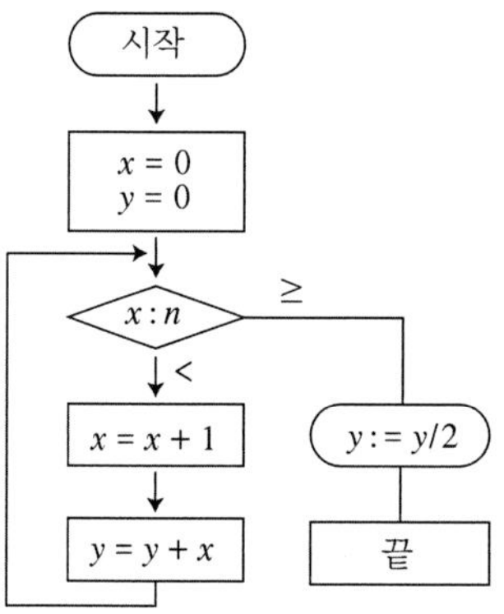

알고리즘

1. $x := 0$
2. $y := 0$
3. while $x < n$ do
   $a.\ x := x + 1$
   $b.\ y := y + x$
4. $y\ :\ = y/2$
5. end

예제 3 $a_1, a_2, \cdots a_{10}$이 각각 3, 4, 5, 8, 7, 6, 9, 10, 2, 1일 때, 이들 수의 합 S를 구하는 순서도와 알고리즘을 구하여라.

풀이 반복처리에 의한 덧셈에서는 합의 초기값을 0으로 하고, a_i의 첨차 i의 초기값을 1로 한다.

순서도와 알고리즘은 다음과 같다.

순서도

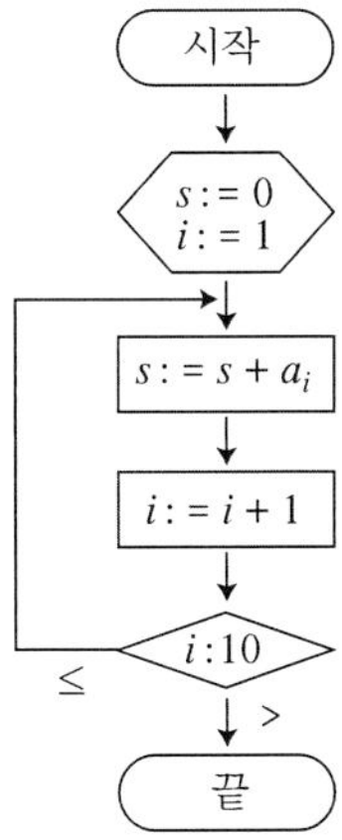

알고리즘

1. $s := 0$
2. $i := 1$
3. while $i \leq 10$ do
   $a.\ s := s + a_i$
   $b.\ i := i + 1$
4. end

(5) repeat until문

repeat until문의 기본 형식은

repeat S until B

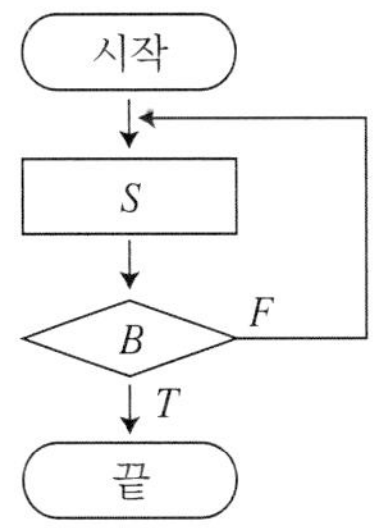

의 구조를 한다. 이 문은 실행문 S를 실행한 후, 조건 B를 판단하여 B가 거짓이면 실행문 S를 반복실행하고, 조건 B가 참이면 반복실행을 중단하는 문으로 후판정형이다.

보기7 양수 x를 2로 나누는 일을 몫이 2보다 작아질 때까지 반복할 때, 나누는 횟수 n을 구하는 계산을 repeat 루프를 써서 구해보자.

해설 순서도는 오른쪽과 같다.

1. Input x
2. $n = 0$
3. repeat $x = x/2$

   $n = n + 1$

   until $x < \varepsilon$
4. output n

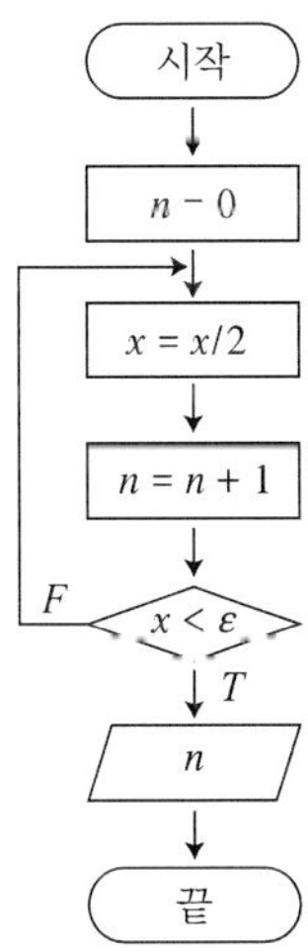

예제 4 1에서 10까지의 정수의 합을 repeat until문을써서 알고리즘을 구하고, 그 알고리즘에 따라서 합을 구하여라.

풀이

1. $S = 0 : i = 1$
2. repeat $S = S + i$

   $i = i + 1$

   until $i > 10$
3. output S

출력결과는 $S = 55$

step2를 반복계산하면

$S = 0 + 1 = 1,$	$i = 1 + 1 = 2$
$S = 1 + 2 = 3,$	$i = 2 + 1 = 3$
$S = 3 + 3 = 6,$	$i = 3 + 1 = 4$
$S = 6 + 4 = 10,$	$i = 4 + 1 = 5$
$S = 10 + 5 = 15,$	$i = 5 + 1 = 6$
$S = 15 + 6 = 21,$	$i = 6 + 1 = 7$
$S = 21 + 7 = 28,$	$i = 7 + 1 = 8$
$S = 28 + 8 = 36,$	$i = 8 + 1 = 9$
$S = 36 + 9 = 45,$	$i = 9 + 1 = 10$
$S = 45 + 10 = 55,$	$i = 10 + 1 > 0$

2.2.2 효율적인 알고리즘

(1) 다항식의 효율적인 계산법

알고리즘의 작성에서 계산 소요시간의 단축과 메모리양의 축소가 효율적 알고리즘의 기본이 된다.

다항식의 값을 계산하는 효율적 알고리즘을 알아보자.

보기1 1변수의 n차 다항식

$$y = a_n x^n + a_{n-1} x^{n-1} + \cdots + a_1 x + a_0$$

의 값을 구하는 알고리즘을 살펴보자.

해설 (1) 가장 간단한 계산법은 항별로 계산하여 더하는 것이다.

$$\left.\begin{array}{l} y_1 = x \\ y_2 = y_1 \times x \\ \cdots\cdots \\ y_n = y_{n-1} \times x \end{array}\right\} x^2, \cdots, x^n \text{ 의 계산}$$

$$\left.\begin{array}{l} y_1 = a_1 y_1 \\ y_2 = a_2 y_2 \\ \cdots\cdots \\ y_n = a_n y_n \end{array}\right\} a_1 x,\ a_2 x^2,\ \cdots,\ a_n x^n \text{의 계산}$$

$$\left.\begin{array}{l} y = a_0 + y_1 \\ y = y + y_2 \\ \cdots\cdots \\ y = y + y_n \end{array}\right\} \text{합의 계산}$$

다항식의 계산에서 계산 횟수의 단위를 대입문의 개수로 하면, 이 알고리즘의 계산 횟수는 $3n$ 회가 된다.

(2) 보다 빠른 효율적 방법은 다음과 같다.

$$\begin{array}{l|l} y = a_n \times x & \\ y = y + a_{n-1} & = a_n x + a_{n-1} \\ y = y \times x & = (a_n x + a_{n-1})x \\ y = y + a_{n-2} & = (a_n x + a_{n-1})x + a_{n-2} \\ y = y \times x & = ((a_n x + a_{n-1})x + a_{n-2})x \\ \cdots\cdots\cdots\cdots & \cdots\cdots\cdots \\ y = y + a_1 & = (\cdots((a_n x + a_{n-1})x + a_{n-2})x + \cdots + a_1) \\ y = y \times x & = (\cdots((a_n x + a_{n-1})x + a_{n-2})x + \cdots + a_1)x \\ y = y + a_0 & = (\cdots((a_n x + a_{n-1})x + a_{n-2})x + \cdots + a_1)x + a_0 \end{array}$$

이 계산은 다음과 같이 다항식을 변경하여 계산하는 방법이다.

$$y = (\cdots((a_n \times x + a_{n-1}) \times x + a_{n-2}) \times x + \cdots + a_1) \times x + a_0$$

이러한 계산법을 **Horner의 방법**이라 한다.

(1), (2)를 비교할 때, (1)에서의 항별 계산을 하는 계산법보다 (2)의 반복계산법인 Horner의 방법의 계산 횟수가 적은 것을 알 수 있다.

(2) 계산량을 비교 판난하는 표준 함수

n개의 데이터 또는 n차의 다항식 등에서 필요한 계산량을 $f(n)$이라 할 때, $f(n)$의 값은 다음과 같은 표준함수 $g(n)$과 비교하여 계산량의 크기를 비교판단한다.

$$g(n): \log_2 n,\ n,\ n\log_2 n,\ n^2,\ n^3,\ \cdots,\ 2^n,\ 3^n,\ \cdots,\ n!$$

n의 크기 $n = 5, 10, 100, 1000$에 대한 이들 표준함수의 값을 비교하면 다음 표와 같다.

n \ $g(n)$	$\log_2 n$	n	$n\log_2 n$	n^2	n^3	2^n	$n!$
5	3	5	15	25	125	32	120
10	4	10	40	100	10^3	10^3	378×10^4
100	7	100	700	10^4	10^6	10^{30}	∞
1000	10	1000	10000	10^6	10^{10}	10^{300}	∞

$n \geq 10$인 경우는, 이들 표준 함수의 크기는 위 표에 나열한 순서와 같다. 즉

$$\log_2 n \leq n \leq n\log_2 n \leq n^2 \leq n^3 \leq 2^n \leq n!$$

어떤 알고리즘에 따른 계산량은 되도록 작게 해야 빠른 시간내에 계산이 끝난다. 계산량 $g(n)$은 "big O"라는 기호를 써서 비교한다.

충분히 큰 n에 대하여

$$f(n) \leq c\ g(n) \text{이고, } \frac{f(n)}{g(n)} \simeq c$$

일 때, 계산량 $f(n)$은 "order $g(n)$"이라 한다.

$f(n) = an + b$이면, $g(n) = O(n)$이고, $f(n) = an^2 + bn + c$이면 $g(n) = O(n^2)$이다. 단, a, b, c는 상수이다.

(3) x^n의 효율적인 계산법

x^n의 값을 계산하는 데, x를 n번 곱하는 것은 비효율적 방법이다.

n을 2진수로 나타내서 x^n을 x^2, x^4, x^8, $\cdots$ 등의 거듭제곱 꼴로 나타내면서 값을 구하는 방법이 대단히 효율적이다.

여기에는 다음 계산 방식이 쓰인다.

$$(1)\ x^{2m} = (x^m)^2$$
$$(2)\ x^{2m+1} = (x^m)^2 \cdot x$$

보기2 $n = 10$인 경우 x^{10}의 계산은 다음과 같이 한다. 곱셈 횟수를 구해보자.

$$x^{10} = (x^5)^2 = ((x^2)^2 \cdot x)^2$$

해설 위 계산을 직선형 프로그램으로 바꾸면

$$y = x \cdot x \quad \cdots \quad y = x^2$$
$$y = y \cdot y \quad \cdots \quad y = (x^2)^2$$
$$y = y \cdot x \quad \cdots \quad y = (x^2)^2 \cdot x$$
$$y = y \cdot y \quad \cdots \quad y = ((x^2)^2 \cdot x)^2$$

계산 횟수를 곱셈 횟수로 보면 곱셈 횟수는 4회이다.

예제 1 임의의 $n \geq 2$에 대하여 2진 알고리즘에 의한 x^n의 계산에서 곱셈 횟수에 의한 계산량을 $T(n)$이라면

$$T(n) \leq 2\log_2 n - 1 = o(\log_2 n)$$

풀이 $1° n = 2$일 때, $T(2) = 1$, $\log_2 n = 1$이므로, 우변 $= 2\log_2 2 - 1 = 1 \therefore LHS = RHS$

$2° n > 2$일 때, $n - 1$까지 위 부등식이 성립한다고 하자.

(1) $n = 2p$인 경우, $y = x^n$의 계산 횟수

$$y = x^n = x^{2p} = (x^p)^2 = x^{2p}$$

이므로 계산량 $T(n)$은

$$\begin{aligned} T(n) = T(2p) &= (x^p \text{의계산량}) + 1 \\ &\leq (2\log_2 p - 1) + 1 = 2\log_2 (n/2) \\ &= 2(\log_2 n - 1) < 2\log_2 n - 1 = o(\log_2 n) \end{aligned}$$

(2) $n = 2p + 1$인 경우, $y = x^n$의 계산 횟수

$x^n = (x^p)^2 \times x$로 계산되므로

$$\begin{aligned} T(n) &\leq (2\log_2 p - 1) + 2 = 2\log_2((n-1)/2) + 1 < 2(\log_2 n - 1) + 1 \\ &= 2\log_2 n - 1 = o(\log_2 n) \end{aligned}$$

따라서 임의의 $n \geq 2$에 대하여 준 부등식은 성립한다.

(4) 여러가지 알고리즘과 계산량

보기3 n개의 요소로 된 배열 $A = \{a_1, a_2, \cdots, a_n\}$에서 최대값을 구하는 알고리즘은 다음과 같다. 비교 횟수 $f(n)$을 구해보자.

Algorithm max

1. Input $a_1, a_2, \cdots, a_n$
2. max = a_1
3. For i = 2 to n do
   └ if max < a_i then max = a_i
4. output max

풀이 배열 A가 n개의 요소로 될 때, 시간계산량을 요소들간의 비교 횟수라 하자. $i = 2, 3, \cdots, n$에 대한 for loop에서 max = a_1과 다음 항을 차례로 1회씩 비교하여 큰 항을 max로 하면, a_n까지 총비교 횟수는 $n-1$회이므로, 구하는 총비교 횟수 $f(n)$은 다음과 같다.

$$f(n) = n - 1 = o(n)$$

마찬가지로 n개의 수에서 최소값을 구하는 알고리즘은 다음과 같다.

Algorithm min

1. Input $a_1, a_2, \cdots, a_n$
2. min = a_1
3. For i = 2 to n *do*
   └ if min > a_i then min = a_i
4. output min

총 비교 횟수는 $n-1$회이므로, $f(n)$은 다음과 같다.

$$f(n) = n - 1 = o(n)$$

보기4 n개의 데이터 $x_1, x_2, \cdots, x_n$을 크기의 순서(승순)로 나열하는 Bubble Sort법은 다음과 같이 비교해 나가면서 배열하는 방법이다.

x_1과 나머지 요소를 모두 비교하면서, 작은 것을 x_1로 바꾸어 나간다. 다음은 x_2와 나머지 요소 $x_3, x_4, \cdots, x_n$을 차례로 비교하면서 작은 것을 x_2로 바꾸어 나간다. ⋯ 이렇게 하여 마지막은 x_{n-1}과 x_n을 비교하여 작은 것을 x_{n-1}로 한다. 이러한 알고리즘을 구하고, 총 비교 횟수를 구해보자.

해설 Bubble sort의 알고리즘은 다음과 같다.

Bubble Sort(1) (승순정렬)

1. Input $x_1,\ x_2,\ \cdots,\ x_n$
2. For $i = 1$ to $n - 1$
    - for $j = i + 1$ to n
        - if $x_i > x_j$ then
        - begin $y = x_i$
        - $x_i = x_j$
        - $x_j = y$
3. output $x_1,\ x_2,\ \cdots,\ x_n$

이 알고리즘에서 비교 횟수를 계산 횟수로 하여 총비교 횟수를 구하자.
계산량은 데이터 x_i와 x_j의 비교 횟수로 정하므로

$i = 1$일 때, $j = 2,\ 3,\ \cdots,\ n$까지의 데이터를 비교하므로, 비교 횟수는 $n - 1$회
$i = 2$일 때, $j = 3,\ 4,\ \cdots,\ n$까지의 데이터를 비교하므로, 비교 횟수는 $n - 2$회
$i = 3$일 때, 비교 횟수는 $n - 3$회
……………………
$i = n - 1$일 때, 비교 횟수는 1회

따라서 총 비교 횟수는

$$(n-1) + (n-2) + \cdots + 1 = \frac{n(n-1)}{2} = o(n^2)$$

예제 2 데이터 (7, 2, 9, 4, 3)을 작은 수에서 큰 수로 승순 정렬하고, 총비교 횟수를 구하여라.

풀이 위 알고리즘에 따를 때, 다음과 같이 비교정렬된다.

7	2	9	4	3	
2	7	9	4	3	$i=1$일 때 4회 비교
2	3	9	7	4	$i=2$일 때 3회 비교
2	3	4	9	7	$i=3$일 때 2회 비교
2	3	4	7	9	$i=4$일 때 1회 비교

총비교 횟수 $f(5) = 4 + 3 + 2 + 1 = 10$(회)

주어진 데이터를 큰 수에서 작은 수로 정렬(강순)하는 알고리즘은 다음과 같다.

Bubble sort(2) (강순정렬)

1. Input $x_1, x_2, \cdots, x_n$
2. For $i = 1$ to $n - 1$
    for $j = i + 1$ to n
        if $x_i < x_j$ then
        begin $y = x_i$
            $x_i = x_j$
            $x_j = y$
3. output $x_1, x_2, \cdots, x_n$

데이터의 수가 n일 때, 총비교 횟수를 구해보자.

x_1의 비교 횟수는 $n - 1$회
x_2의 비교 횟수는 $n - 2$회
....
x_{n-1}의 비교 횟수는 1회

이므로, 총비교 횟수 $f(n)$은

$$f(n) = (n-1) + (n-2) + \cdots + 2 + 1 = \frac{1}{2}n(n-1) = o(n^2)$$

예제 3 데이터 $x_1 = 7,\ x_2 = 2,\ x_2 = 9, x_4 = 4, x_5 = 3$의 Bubble sort로 강순으로 정렬할 때, 총비교 횟수를 구하여라.

풀이

7	2	9	4	3	
9	2	7	4	3	$i = 1$일 때, 4회 비교
9	7	2	4	3	$i = 2$일 때, 3회 비교
9	7	4	2	3	$i = 3$일 때, 2회 비교
9	7	4	3	2	$i = 4$일 때, 1회 비교

정렬 결과는 {9, 7, 4, 3, 2}
총비교 횟수 = 4 + 3 + 2 + 1 = 10 회

2.2.3 함수값을 구하는 알고리즘

(1) $f(x) = e^x$의 근사다항식

다음 다항식 $p(x)$는 $f(x)$의 $x = a$근방의 값을 다항식 $p(x)$에 의하여 구할 수 있는 $f(x)$의 근사다항식이다.

$$f(x) \simeq p(x) = f(a) + \frac{f'(a)}{1!}(x-a) + \frac{f''(a)}{2!}(x-a)^2 + \cdots + \frac{f^{(n)}(a)}{n!}(x-a)^n \quad (1)$$

예제 1 $f(x) = e^x$일 때 다음 근사값을 구하여라.

(1) $e^{0.1}$ (2) $e^{1.1}$

풀이 (1) $x = 0$ 근방에서 e^x의 근사다항식을 구한다.

$f^{(n)}(x) = e^x$, $f^{(n)}(0) = e^0 = 1$이므로

$$f(0) = 1,\ \frac{f'(0)}{1} = \frac{1}{1} = 1,\ \frac{f''(0)}{2!} = \frac{1}{2},\ \cdots,\ \frac{f^{(n)}(0)}{n!} = \frac{1}{n!}$$

따라서 e^x의 $x = 0$ 근방에서의 근사다항식은

$$e^x \simeq 1 + x + \frac{x^2}{2!} + \cdots + \frac{x^n}{n!}$$

$e^{0.1}$의 값은 $f(0.1) \simeq 1 + 0.1 + \frac{0.1^2}{2} + \frac{0.1^3}{3!} + \frac{0.1^4}{4!} + \cdots$
$= 1 + 0.1 + 0.005 + 0.000166\cdots = 1.10517$

(2) $x = 1$ 근방에서의 근사다항식 $p(x)$를 구한다.

$$p(x) = a_0 + a_1(x-1) + a_2(x-1)^2 + a_3(x-1)^3 + \cdots + a_n(x-1)^n$$

$f^{(n)}(x) = e^x$, $f^{(n)}(1) = e$ 이므로, 계수 a_0, a_1, $\cdots$, a_n은

$$a_0 = f(1) = e,\ a_1 = \frac{f'(1)}{1!} = \frac{e}{1} = e,\ a_2 = \frac{f''(1)}{2!} = \frac{e}{2},\ \cdots,\ a_n = \frac{f^{(n)}(1)}{n!} = \frac{e}{n!}$$

따라서 $x = 1$ 근방에서의 근사다항식은

$$f(x) = e + \frac{e}{1!}(x-1) + \frac{e}{2!}(x-1)^2 + \cdots + \frac{e}{n!}(x-1)^n$$

$e^{1.1}$의 값은 다음과 같다.

$$e^{1.1} = e\left[1 + (0.1) + \frac{1}{2!}(0.1)^2 + \frac{1}{3!}(0.1)^3 + \cdots + \frac{1}{n!}(0.1)^n\right]$$
$= 2.7182818(1 + 0.1 + 0.005 + 0.0001666 + 0.000004166 + \cdots)$
$= 2.7182818 \times 1.1051708\cdots = 3.00417$ (참값은 3.004166…)

$x = 0$ 근방에서의 e^x의 계산 알고리즘은 다음과 같다.

Algorithm exp(x)

```
1. Input x, ε(= 0.0001)
2. expm = 1.0 : term : = 1.0
3. For i = 1 to 100
       term : = term * x/i
     if abs (term) > ε  then
       expx= expm + term
       else expx= expm
4. If abs(term)>ε   then print" no solution"
5. output expx
```

예제 2 $e^{0.2}$의 값을 위 알고리즘에 따라 오차 ε가 0.0001 이하가 되게 구하여라.

풀이 1. $x = 0.2$

2. expm = 1.0, term = 1.0

3. $i = 1$인 경우

$\text{term} = 1 \cdot \frac{x}{1} = 0.2,\ |\text{term}| = 0.2 > \varepsilon$이므로,

$\text{expx} = \text{expm} + \text{term} = 1.0 + \frac{x}{1} = 1.2$

$i = 2$인 경우

$\text{term} = \frac{x}{1} \cdot \frac{x}{2} = \frac{x^2}{2!} = 0.02,\ |\text{term}| > \varepsilon,$이므로, $\text{expx} = \text{expm} + \text{term} = 1.22$

$i = 3$인 경우

$\text{term} = \frac{x^2}{2!} \cdot \frac{x}{3} = \frac{x^3}{3!} = 0.001333,\ |\text{term}| = 0.02 > \varepsilon$ 이므로

$\text{expx} = \text{expm} + \text{term} = 1.221333$

$i = 4$인 경우

$\text{term} = \frac{x^3}{3!} \cdot \frac{x}{4} = \frac{x^4}{4!} = 0.000066,\ |\text{term}| = 0.000066 < \varepsilon$ 이므로

$\text{expx} = \text{expm} + \text{term} = 1.221399$ (참값 $e^{0.2} = 1.221403$)

(2) $f(x) = \sin x$의 근사다항식

$$f(x) = \sin x,\ f'(x) = \cos x,\ f''(x) = -\sin x,\ f^{(3)}(x) = -\cos x,$$
$$f^{(4)}(x) = \sin x,\ f^{(5)}(x) = \cos x,\ \cdots$$

이므로

$$f(0)=0,\ f'(0)=1,\ f''(0)=0,\ f'''(0)=-1$$
$$f^{(4)}(0)=0,\ f^{(5)}(0)=1,\ f^{(6)}(0)=0,\ f^{(7)}(0)=-1,\ \cdots$$

따라서 $x=0$을 중심으로 하는 sin x의 근사다항식은 다음과 같다.

$$\sin x \simeq x-\frac{x^3}{3!}+\frac{x^5}{5!}-\frac{x^7}{7!}+\cdots+(-1)^{2n-1}\frac{x^{2n-1}}{(2n-1)!} \tag{2}$$

sin x의 값을 구하는 것은 sin x의 초기값을 term = x라 하고, 식 (2)의 우변에서 한 항씩을 차례로 더해나간다.

$$\text{term}=(-1)^i\frac{x^i}{i!}\ (i=3,\ 5,\ 7,\ \cdots)$$

이라면, sin x는 초항 x에 차례로 다음 항을 더해나가면 된다. 더하는 항수는 충분히 크게 정한다.

sin x의 값을 구할 때, $|x|\le\frac{\pi}{2}=1.570796\cdots$ 되게 x를 변환하면, 계산 횟수가 감소된다. 이 변환에 관계식

$$\sin(x\pm\pi)=-\sin x=\sin(-x)$$
$$\sin(x\pm 2\pi)=\sin x$$

를 써서 각의 크기의 절대값을 $\frac{\pi}{2}$ 이하가 되게 한다.

Algorithm sin x

```
1. Input x, ε
2. π = 3.1415926 : sinm = x                    … sin x의 초기값
3. while abs (x) ≥ π/2
     if x > 0 then
     x =− (x − π)
     else
     if x < 0  then
     x =− (π + x)
4. Term = x
5. sinm = term                                 … sin x의 초기값
6. For i = 3  to 10 by 2
   │  Term = −Term∗x∗x/i(i − 1)               … sin x의 각 항
   │  sinx = sinm + term                       … i 항까지의 급수의 합
   │  if abs (sinx − sinm) > ε then
   └── sinm = sinx                             … 계산된 급수의 합
7. output x, sinx
```

예제 3

sin(5.0)의 값을 앞 알고리즘에 의하여 구해보자.
$\sin(5.0) = \sin(5.0 - 2\pi) = -\sin(2\pi - 5.0) = -\sin 1.283185$을 이용한다.

풀이

Step 1. $x = 5.0,\ \varepsilon = 0.00005$

Step 3. $|x| = 5 > \pi/2$ 이고, $x > \pi/2 = 1.570796\cdots,\ x > 0$ 이므로

$$x := -(x - 2\pi) = -(5 - 2 \times 3.141592\cdots) = -1.283185$$

$|x| = 1.283185 < \pi/2$

Step 4. $\mathrm{Term} = x = -1.283185$

Step 5. $\mathrm{sinm} = x = -1.283185$

Step 6. $i = 3;\ \mathrm{term} = -x \cdot x \cdot \frac{x}{2.3} = -\frac{x^3}{3!} = 0.352141$

$\mathrm{sinx} = x - \frac{x^3}{3!} = -1.283185 + 0.352141 = -0.931044$

$|\mathrm{sinx} - \mathrm{sinm}| = |-0.931044 + 1.283185| > \varepsilon$

$\mathrm{sinm} = \mathrm{sinx}\,(= -0.931044)$

$i = 5;\ \mathrm{term} = +\frac{x^3}{3!} \cdot x \cdot \frac{x}{4.5} = \frac{x^5}{5!} = -0.028991$

$\mathrm{sinx} = \left(x - \frac{x^3}{3!}\right) + \frac{x^5}{5!} = -0.931044 - 0.028991 = -0.960035$

$|\mathrm{sinx} - \mathrm{sinm}| = |-0.960035 + 0.931044| = 0.02899 > \varepsilon$

$\mathrm{sinm} = \mathrm{sinx} = -0.960035$

$i = 7;\ \mathrm{term} = -\frac{x^5}{5!} \cdot \frac{x^2}{6.7} = -\frac{x^7}{7!} = 0.0011366$

$\mathrm{sinx} = \mathrm{sinm} + \mathrm{term} = -0.960035 + 0.0011366 = -0.958898$

$|\mathrm{sinx} - \mathrm{sinm}| = |-0.958898 + 0.960035| = 0.0011366 > \varepsilon$

$\mathrm{sinm} = \mathrm{sinx} = -0.958898$

$i = 9;\ \mathrm{term} = -\mathrm{term} \cdot \frac{x^2}{8.9} = \frac{-x^9}{9!} = 0.000026$

$\mathrm{sinx} = \mathrm{sinm} + \mathrm{term} = -0.958898 + 0.000026 = -0.958872$

$|\mathrm{sinx} - \mathrm{sinm}| < \varepsilon\,(= 0.00005)$

따라서 구하는 sin 5.0의 값은

$$\sin 5.0 = \sin(-1.283185) = -0.958872\,(= \sin x)$$

(참값 −0.958924)

(3) $f(x) = \log(1+x)$의 근사다항식

$f(x) = \log x$를 계산하려면, $\log(1+x)$의 Taylor 전개식을 이용한다. 우선 $f(x)$의 Taylor 전개식을 구해보자. 단, log는 밑수가 e인 자연로그이다.

$$f(x) = \log(1+x),\ f'(x) = \frac{1}{1+x},\ f''(x) = -\frac{1}{(1+x)^2}$$
$$f'''(x) = \frac{2\cdot 1}{(1+x)^3},\ f^{(4)}(x) = -\frac{3\cdot 2\cdot 1}{(1+x)^4} = -\frac{3!}{(1+x)^4},\ \cdots$$
$$f^{(n)}(x) = (-1)^{n-1}\frac{(n-1)!}{(1+x)^n}$$

이므로, $x = 0$일 때

$$f(0) = 0,\ f'(0) = 1,\ f''(0) = -1,\ f'''(0) = 2!,\ f^{(4)}(0) = -3!,\ \cdots$$
$$f^{(n)}(0) = (-1)^{n-1}(n-1)!$$

따라서 $\log(1+x)$의 $x = 0$을 중심으로 하는 Tayor 급수는

$$\begin{aligned}\log(1+x) &= f(0) + \frac{f'(0)}{1!}x + \frac{f''(0)}{2!}x^2 + \frac{f'''(0)}{3!}x^3 + \cdots + \frac{f^{(n)}(0)}{n!}x^n + \cdots \\ &= 0 + 1\cdot x - \frac{1}{2!}x^2 + \frac{2!}{3!}x^3 - \cdots + (-1)^{n-1}\frac{(n-1)!}{n!}x^n + \cdots \\ &= x - \frac{1}{2}x^2 + \frac{1}{3}x^3 - \cdots + (-1)^{n-1}\frac{1}{n}x^n + \cdots \qquad (3)\end{aligned}$$

단, 식 (3)은 $-1 < x \leq 1$의 범위에서 수렴하므로, $-1 < x \leq 1$에서만 쓰인다.

예제 4 log 2의 값을 다항식 근사에 의하여 구하여라.

풀이 $\log 2 = \log(1+1)$인 관계에서 이 식은 식 (3)에서 $x = 1$이고, 식 (3)에 의하면 $x = 1$에서

$$\log 2 = \log(1+1) = 1 - \frac{1}{2} + \frac{1}{3} - \frac{1}{4} + \cdots + (-1)^{n-1}\frac{1}{n} + \cdots \qquad ①$$

로 구해지나, ① 식은 쉽게 수렴하지 않으므로, ① 식으로 log 2의 값을 구하는 데는 계산 횟수가 늘어난다.

계산 횟수를 줄이려면 $|x| < 0.5$되게 하는 것이 바람직하다. log 2에서 밑수가 e이므로

$$\log 2 = \log(e\,2/e) = \log e + \log\frac{2}{e} = 1 + \log\frac{2}{e}$$

의 관계를 써서 $\frac{2}{e} = 0.7357588 = 1 - 0.2642412$로 하여 $|x| < 0.5$되게 하고 $\log 2$의 값을 구한다.

$$\log 2 = 1 + \log 0.7357588 = 1 + \log(1 - 0.2642412)$$

$x = -0.2642412$ 이므로, 식 (3)에 대입하여

$$\begin{aligned}\log 2 &= 1 + \log(1 - 0.2642412) \\ &= 1 + \left[-0.2642412 - \frac{1}{2}(-0.2642412)^2 + \frac{1}{3}(-0.2642412)^3 - \cdots\right] \\ &= 0.693147\end{aligned}$$

$\log x$의 값을 구하는 알고리즘은 다음과 같다.

Algorithm $\log x$

1. $e = 2.7182812$
2. Input x
3. $x_1 = x$ … {x의 기억}
   elog = 0.0 … {$\log x$의 초기값}
4. If $(x - 1.5) \geq 0$ then $x = x/e$ … {$x > 1.5$인가의 판단}
5. elog = $e\log + 1.0$ … $\left\{\log x = 1 + \log \frac{x}{e}\right\}$
   $x_2 = x - 1.0$ … {$\log x$를 $\log(1 + x_2)$로 변환}
6. term = x_2 … {$\log(1 + x_2)$의 초항}
7. elogm = elog + term … {제1항을 elog에 더함}
8. For $i = 2$ to 100
   - Term =− Term $* x_2 / i$ … {i 번째 항의 계산}
   - elog = elog + Term … {i 째항까지의 합}
   - if |elog − elogm| > 0 them … {제 n항까지의 합과 $n-1$항까지의 합의 차 비교}
     - elogm = elog
9. else output x_1, elog … {결과의 출력}

연습문제(2.2)

1 $A = \{6, 8, 4, 4\}$, $B = \{4, 7, 9, 5\}$일 때, $\sum_{i=1}^{4} a_i b_i$를 구하는 알고리즘을 구하라. (두 집합에서 차례로 대응하는 원소의 곱의 합)

2 10!을 구하는 수순과 순서도를 그려라.

3 Euclid의 호제법을 두 정수 (26, 32)에 적용하면 다음과 같다.

$$32 - 1 \times 26 = 6$$
$$26 - 4 \times 6 = 2$$
$$6 - 3 \times 2 = 0$$

1	32	26	
3	26	24	4
	6	2	
	6		
	0		

위 계산결과 최대 공약수 GCD는 2이다. 이 방법의 알고리즘을 구하고 이 알고리즘에 의하여 (6, 20)의 GCD를 구하여라

4 $a_1 = 5$, $a_2 = -1$, $a_3 = 3$, $a_4 = 1$, $a_5 = 2$ 의

(1) 승순 정렬　　　(2) 강순 정렬

을 구하여라.

5 다음 알고리즘의 시행결과로 얻어지는 J의 값을 구하여라.

(1)
```
1. J = 1, K = 2
2. IF J < 10 then
   a. K = K + 3
   b. J = J + k
   End if
3. output J
```

(2)
```
1. J = 1, K = 2
2. Repeat
      K = K + 3
      J = J + k
   until J > 10
3. output J
```

(3)
```
1. J = 1, K = 2
2. while J < 10 do
   |  K = K + 3
   └─ J = J + k
3. output J
```

(4)
```
1. J = 1, K = 2
3. For J = 1 to 2 do
   |  K = K + 3
   └─ J = J + k
3. output J
```

6 다음 알고리즘의 실행이 끝나면, l의 값은 얼마가 되느냐?

(1)
```
1. n = 10
2. k = 1
3. while k ≤ n do
   | l = k^2
   └ k = k + 2
4. output k, l
```

(2)
```
1. n = 10
2. k = 1
3. repeat
   | l = k^2
   | k = k + 2
   └ until k > n
4. output k, l
```

7 t의 함수가 다음과 같다.

$$y = 2t^2 - 3t + 5$$

$t = -5$에서 $t = 5$까지, 간격 0.5의 값에 대한 y의 값을 계산하는 알고리즘을 while loop를 써서 나타내어라.

8 $\sin x$의 전개식의 값을 구하는 알고리즘을 구하여라. 여기서 $u_n = (-1)^{n-1}\dfrac{1}{(2n-1)1}x^{2n-1}$이라면, $u_{n+1} = -u_n\dfrac{x^2}{2n(2n+1)}$ 임을 이용하여라.

9 다음 식의 값을 계산하는 알고리즘을 구하여라.

(1) $1 + \dfrac{x}{1!} + \dfrac{x^2}{2!} + \cdots + \dfrac{x^{10}}{10!}$

(2) $1 - \dfrac{x^2}{2!} + \dfrac{x^4}{4!} - \cdots + (-1)^n\dfrac{x^{2n}}{(2n)!}$

(3) $\sin x - \dfrac{\sin 2x}{2} + \dfrac{\sin 3x}{3} - \cdots + (-1)^{n-1}\dfrac{\sin nx}{n}$

10 365일은 몇주 몇일이 되는지를 구하는 순서도와 그에 따르는 알고리즘을 구하여라.

11 정수 a를 정수 b로 나눈 몫을 int 함수를 써서 int(a/b)로 나타내면, a를 b로 나눈 나머지 r은

$$r = a - \text{int}(a/b)b$$

로 나타내진다. 이 사실을 써서 365를 7로 나눈 몫과 나머지를 구하는 알고리즘을 구하여라.

연습문제(2.2) 풀이

1 S의 초기값은 0으로 하면, $S = \sum_{i=1}^{n} a_i b_i$ (i = 1 to n)을 실행하는 알고리즘은 다음과 같다.

$S = 0$ for i = 1 to n └── $S = S + a_i b_i$

$i = 1$일 때, $S = 6 \times 4 = 24$
$i = 2$일 때, $S = 24 + 8 \times 7 = 80$
$i = 3$일 때, $S = 80 + 4 \times 9 = 116$
$i = 4$일 때, $S = 116 + 4 \times 5 = 136$

2 $10! = 1 \times 2 \times 3 \times \cdots \times 10$의 계산이다.

① 초기값 $T = 1$, $k = 0$으로 한다.
② k를 $T = 1 \times 2 \times 3 \times \cdots \times k$ $(= k!)$의 끝수로 하며, 반복 계산 횟수로 한다.
③ $k \leftarrow k + 1$로 k값은 1씩 증가한다.
④ 반복 계산식은 $T \leftarrow T \times k$
⑤ $k < 10$이면 계산 ③으로 돌아가고, $k \geq 10$이면 계산을 종료한다.

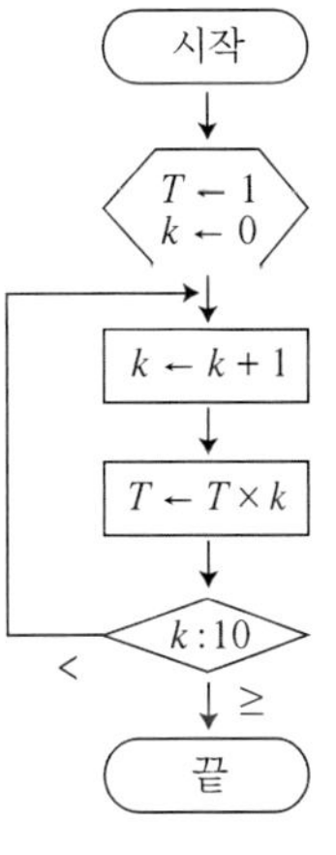

3 ① Input B and C $\{0 < B \leq C\}$: set $r \leftarrow B$
② While $r > 0$ do
  set q : = $[C/B]$
  set r : = $C - q * B$
    and set $C \leftarrow B$, $B \leftarrow r$
 └ End
③ if r = 0 then output GCD = B

참고 위 알고리즘에서 순서도 언어 while $r > 0$ do ~ End이 들어 있다. 이 언어의 내용은 $r > 0$인 한 while문 내용을 반복시행한다는 반복시행문이다.

4 (1) 승순정렬

단계＼비교 ＼데이터	a_1	a_2	a_3	a_4	a_5
	5	−1	3	1	2
$i=1$	(−1)	5	3	1	2
$i=2$	−1	①	5	3	2
$i=3$	−1	1	②	5	3
$i=4$	−1	1	2	③	⑤

(2) 강순정열

단계＼비교 ＼데이터	a_1	a_2	a_3	a_4	a_5
	5	−1	3	1	2
$i=1$	⑤	−1	3	1	2
$i=2$	5	③	−1	1	2
$i=3$	5	3	②	−1	1
$i=4$	5	3	2	①	(−1)

5

(1) $k=2+3=5,\ j=1+5=6<10,$

$k=5+3=8,\ j=6+5=11>10\ \therefore J=6$

(2) $k=2+3=5,\ j=1+5=6,$

$k=5+3=8,\ j=6+8=14\ \therefore J=14$

(3) $k=2+3=5,\ j=1+5=6$

$k=5+3=8,\ j=6+8=14\ \therefore J=14$

(4) $k=2+3=5,\ j=1+5=6$

$k=5+3=8,\ j=6+8=14\ \therefore J=14$

6

(1) $k=1<n\ ;\ l=1^2=1,\ k=1+2=3$

$k=3<n\ ;\ l=3^2=9,\ k=3+2=5$

$k=5<n\ ;\ l=5^2=25,\ k=5+2=7$

$k=7<n\ ;\ l=7^2=49,\ k=7+2=9$

$k=9<n\ ;\ l=9^2=81,\ k=9+2=11$

$k=11>n$이므로, 알고리즘 실행은 중지된다. $\therefore k=9,\ l=81$

(2) (1)과 같다. $l=81$

7

```
1. t = −5
2. while t ≤ 5 do
   |  y = 2 × t^2 − 3 × t + 5
   |  t = t + 0.5
   └─ End while
```

8

$\sin x = u_0 + u_1 + \cdots u_n + u_{n+1} + \cdots$

$$u_n = (-1)^{n-1}\frac{1}{(2n-1)!}x^{2n-1}$$

$$u_{n+1} = (-1)^{n}\frac{1}{(2n+1)!}x^{2n+1} = (-1)\,u_n\frac{x^2}{(2n)(2n+1)}$$

이므로 sin x를 구하는 알고리즘은 다음과 같다.

1. $s = x : u_0 = x$

2. For $n = 0$ to n

   $u_{n+1} = (-1)\, u_n \dfrac{x^2}{(2n)(2n+1)}$

   $s = s + u_n$

3. print "sin x'

4. End

9 (1) 1. Input x

2. $a = 1 : S = 1$

3. For $i = 1$ to 10

   $a = a * x / i$

   $s = s + a$

4. output s

(2) 1. Input $n,\ x$

2. $a = 1 : s = 1$

3. For $i = 1$ to n

   $a = -a * x * x / (2i * (2i - 1))$

   $s = s + a$

4. output s

(3) 1. Input $n,\ x$

2. $b = 0 : s = \sin x$

3. For $i = 2$ to n step 2

   $a = \sin(i * x) / i$

   $b = \sin((i + 1) * x / (i + 1)$

4. $s = s + a - b$

5. output s

10

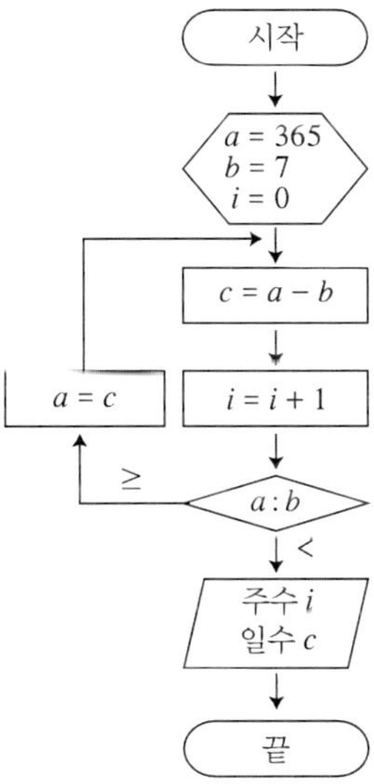

1. $a = 365 : b = 7 ; i = 0$

2. while $a \geq b$ do

   $c = a - b$

   $i = i + 1$

   $a = c$

3. output $i,\ c$

11 1. $a = 365$: $b = 7$

2. $g = \text{int}(a/b)$

3. $r = a - g \cdot b$

4. output g, r(g = 52주, r = 1일)

참고 프로그램은 작성, 이해가 중요하나, 컴퓨터로 실행하여 계산결과를 얻는 데 스피드까지 고려해야 한다.

다음 5개의 프로그램 (a), (b), (c), (d), (e)의 출력결과는 같으나, 스피드는 모두 다르다.

(a) 1. $A = 2$
2. For I = 1 to 100
└ $X = 2 * A * I$
3. output X

(b) 1. $A = 4$
2. For I = 1 to 100
└ $X = A * I$
3. output X

(c) 1. For I = 1 to 100
└ $X = 4 * I$
2. output X

(d) 1. $X(1) = 4$
2. For I = 1 to 100
└ $X = I * X(1)$
3. output X

(e) 1. $X(1) = 4$
2. $A = X(1)$
3. For I = 1 to 100
└ $X = I * A$
4. output X

상수를 포함하는 프로그램 (a)는 상수를 변수(문자)로 바꾼 프로그램 (b)보다 스피드가 느리고, 곱셈 횟수가 많을수록 스피드가 느리므로, 프로그램 (a)는 (b)보다 느리고, (c)도 (b)보다 스피드가 느리고, (a)는 (c)보다 곱셈 횟수가 많아서 스피드가 (c)보다 느리다.

배열변수를 사용하면, 단순변수를 사용하는 것보다 스피드가 느리므로, (d)는 (e)보다 스피드가 느리다.

Chapter 3

비선형 방정식

3.1 고정점 반복법

3.1.1 고정점 반복법

(1) 초기 근사근을 구하는 방법

$f(x)=0$의 근은 그래프 $y=f(x)$가 x축 $(y=0)$을 지나는 점의 x 좌표라는 사실을 이용하여 $f(x)=0$의 근의 근사값을 찾을 수 있다. 여기에 다음 원리가 이용된다.

> $y=f(x)$의 그래프가 구간 $[a, b]$내에서 연속이고, $f(a)f(b)<0$ 이면, $f(x)=0$의 근은 구간 $[a, b]$ 사이에 있다.

보기1 $4x^3-3x-9=0$의 양의 근이 들어 있는 구간을 찾아보자.

해설 $f(x)=4x^3-3x-9$

이라 할 때, $f(0)=-9<0$,

$f(1)=4-3-9=-8<0$,

$f(2)=4(8)-3(2)-9=17>0$

이므로 구간 $[1, 2]$ 사이에 양의 근이 있다.

그래프의 개형을 그리면, 근이 있는 구간이 쉽게 찾아진다.

$y=f(x)$라면, $f'(x)=12x^2-3$

$f''(x)=24x$이므로 극값은

$12x^2-3=0$에서 $x^2=\frac{1}{4}$,

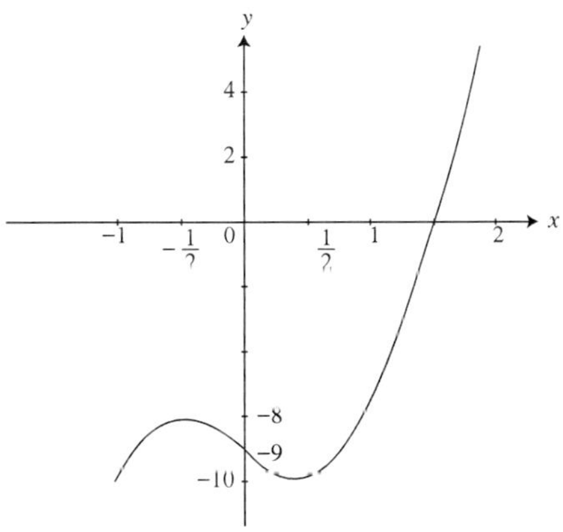

그림 3.1

$x=\pm\frac{1}{2}$에서 취하고, $f''\left(-\frac{1}{2}\right)<0$이므로, $f\left(-\frac{1}{2}\right)=-8$(극대값), $f''\left(\frac{1}{2}\right)>0$ 이므로, $f\left(\frac{1}{2}\right)=-10$(극소값)이며, 그래프의 개형은 오른쪽과 같다.

근이 들어 있는 구간을 더 좁혀나간다. 그러기 위하여는 근이 들어 있는 구간을 알맞게 구분하여 각 분점에서의 함수의 값을 살펴서 근이 있는 구간을 축소할 수 있다.

보기 1에서 구간 [1, 2]를 5등분하여 1, 1.2, 1.4, 1.6, 1.8, 2에서의 함수값을 구하면 다음과 같다.

x	1	1.2	1.4	1.6	1.8	2
$f(x)$	−8	−5.688	−3.224	2.584	8.928	17

이 표에서 $f(1.4)\ f(1.6) < 0$이므로, $f(x)=0$의 근은 구간 [1.4, 1.6] 사이에 있음을 알 수 있다. 그래프에서 실근은 이 구간안에 하나 존재한다.

다시 구간 [1.4, 1.6]을 몇 등분하여 분점 a, b 사이에서 $f(a)\cdot f(b) < 0$이면, 근은 구간 $[a, b]$ 사이에 있다. 이렇게 근이 있는 구간을 세분해나가면 좋은 근사근을 구할 수 있다.

방정식 $f(x)=0$의 초기근을 구하는 보다 쉬운 방법이 있다. 이것은 $f(x)=0$을 변형하여 $f_1(x)=f_2(x)$로 나타내서 두 곡선

$$y=f_1(x) \text{와 } y=f_2(x)$$

의 그래프의 교점이 들어 있는 구간이 $f(x)=0$의 근이 들어가는 구간이다.

이 경우 두 곡선(또는 직선) $y=f_1(x)$, $y=f_2(x)$는 그래프를 쉽게 그릴 수 있게 $f_1(x)$, $f_2(x)$를 선정해야 쉽게 근의 초기 근사값 x_0을 구할 수 있다.

보기2 보기 1의 방정식 $f(x)=4x^3-3x-9=0$에 위의 방법을 써서 근이 들어 있는 구간을 찾아보자.

해설 $4x^3-3x-9=0$에서 $4x^3=3x+9$

$$f_1(x)=4x^3,\ f_2(x)=3x+9$$

이라 하고, $y=f_1(x)$와 $y=f_2(x)$의 그래프를 그려서 교점의 범위를 구한다. $y=f_1(x)$와 $y=f_2(x)$의 교점 $P(x, y)$의 x좌표의 범위는 그래프에서 [1, 2]임을 알 수 있고, 근사적으로 $x=1.5$로 보인다. 사실 이 값은 근이다.

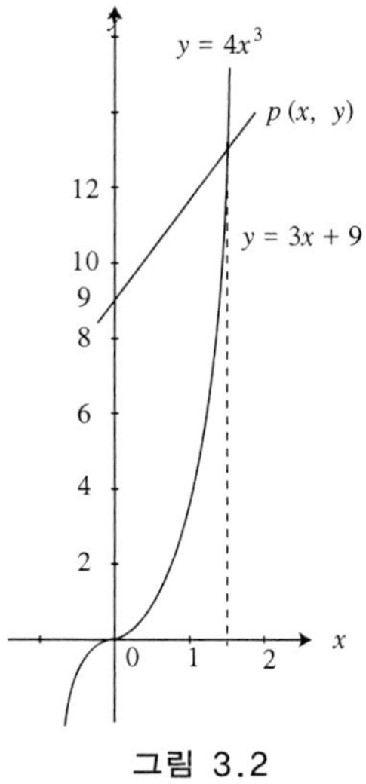

그림 3.2

예제 1 $e^x - \frac{1}{x} = 0$의 근사근이 들어 있는 구간의 길이가 0.1보다 작은 구간을 구하여라.

풀이 $e^x = \frac{1}{x}$이므로, $y_1 = e^x$, $y_2 = \frac{1}{x}$이라면 이 두 곡선의 그래프는 오른쪽과 같다.

두 그래프의 교점의 x좌표 α는 구간 (0, 1) 사이에 있다.

$f(x) = e^x - \frac{1}{x}$이라면, $f(0^+)f(1) < 0$이므로, 준 방정식의 근 α는 $\alpha \in (0, 1)$이고, 이 구간을 $\frac{1}{2}$씩 축소해 나간다.

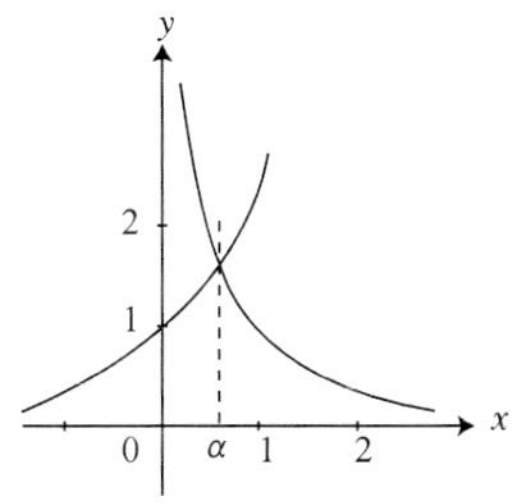

그림 3.3

구간 [0, 0.5]에서 $f(x) = e^x - \frac{1}{x}$이라면

$f(0^+) < 0, f(0.5) = 1.648 - 2 < 0$이므로

$\alpha \in \left[0, \frac{1}{2}\right]$, $f(1) = e - 1 > 0$에서 $f(0.5)f(1) < 0$

이므로 $\alpha \in [0.5, 1]$이고, 이 구간을 다시 2등분하여 [0.5, 0.75]와 [0.75, 1]의 어느 구간에 근이 들어 있는지를 살펴보자.

$f(0.5) < 0$, $f(0.75) = 2.117 - 1.333 > 0$에서 $f(0.5)f(0.75) < 0$이므로 $\alpha \in [0.5, 0.75]$이다. 다시 이 구간을 2등분하여 [0.5, 0.625], [0.625, 0.75]를 살펴본다.

$f(0.5) < 0$, $f(0.625) = 1.868 - 1.6 > 0$에서 $\alpha \in [0.5, 0.625]$이다.

다시 이 구간을 2등분하여 구간 [0.5, 0.5625], [0.5625, 0.625]를 살펴본다.

$f(0.5) < 0$, $f(0.5625) = 1.755 - 1.777 < 0$에서 $\alpha \in [0.5, 0.5625]$이고,

$f(0.625) = 1.868 - 1.6 > 0$이므로, $f(0.5625)f(0.625) < 0$에서 $\alpha \in [0.5625, 0.625]$ 구하는 근이 들어 있는 구간은 [0.5625, 0.625]이고, 이 구간의 길이는 0.0625이다.

방정식의 중근(2중근, 4중근, …)을 구하는 경우는 위 방법이 적용되지 못한다.

(2) 고정점 반복의 수렴조건

방정식 $f(x) = 0$의 해를 구하는데 방정식을

$$x = g(x) \tag{1}$$

꼴로 바꾸어서 반복법으로 푸는 방법에 관하여 살펴보자.

$f(x) = 0$의 초기 근사해 x_0를 앞 절 방법으로 구하여 좀더 근사한 해를

$$x_1 = g(x_0),\ x_2 = g(x_1),\ \cdots,\ x_{n+1} = g(x_n),\ \cdots \tag{2}$$

와 같이 반복대입에 의하여 해를 개선하는 방법을 **고정점 반복법**이라 한다.

방정식 (1)의 해를 $g(x)$의 **고정점**이라 부르는 데에서 이런 이름이 붙이게 되었다.

$f(x)=0$에서 $x=g(x)$꼴로 방정식을 얻는 데는 여러가지가 있고, $x=g(x)$의 꼴에 따라서 $x_1, x_2, x_3, \cdots$이 수렴할 수도 있고, 어떤 경우에는 수렴이 안 될 수도 있다. 보기를 들어서 알아보자.

보기3 $f(x)=2x^2-3x-2=0$의 해를 고정점 반복법으로 구해보자.

해설 $2x^2-3x-2=(2x+1)(x-2)=0$에서 근의 참값은 $-\frac{1}{2}$, 2이다.

(1) $2x^2-3x-2=0$에서 $3x=2x^2-2$이라면 $x=\frac{2}{3}(x^2-1)=g(x)$이고, 반복법 공식을 $x_{n+1}=\frac{2}{3}(x_n^2-1)=g_n(x)$ $(n=1, 1, 2, \cdots)$, $x_0=0$이라 하자.

$$x_1=g(x_0)=g(0)=\frac{2}{3}(0-1)=-0.6667$$
$$x_2=g(x_1)=g(-0.6667)=\frac{2}{3}\left[(-0.6667)^2-1\right]=-0.3703$$
$$x_3=g(x_2)=g(-0.3703)=-0.5753$$
$$x_4=g(x_3)=g(-0.5753)=-0.4460$$
$$x_5=g(x_4)=g(-0.4460)=-0.5341$$
$$x_6=g(x_5)=g(-0.5341)=-0.4765$$

$x_1, x_2, x_3, \cdots$이 -0.5에 가까이 가고 있다. 근의 참값 하나가 -0.5이다.

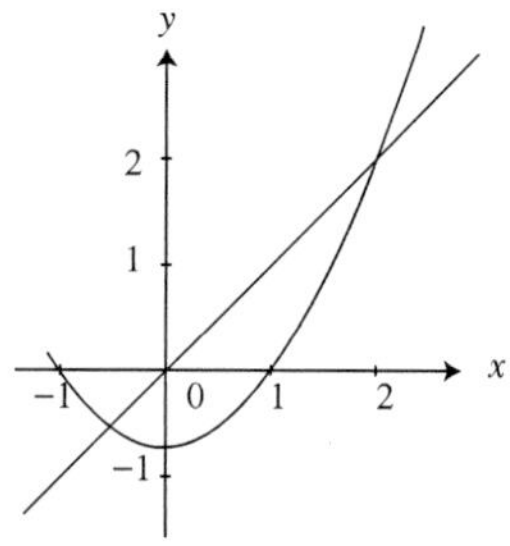

그림 3.4

(2) $f(x)=0$에서

$2x^2=3x+2$, $x=\pm\sqrt{\frac{3x+2}{2}}$이므로, 반복 공식을

$x_{n+1}=\sqrt{\frac{3x_n+2}{2}}$, $x_0=1$로 하자.

$$x_1=g(x_0)=g(1)=\sqrt{\frac{3+2}{2}}=1.5811$$
$$x_2=g(x_1)=g(1.5811)=1.8362$$
$$x_2=g(x_2)=g(1.8362)=1.9376$$
$$x_4=g(x_3)=g(1.9376)=1.9765$$
$$x_5=g(x_4)=g(1.9765)=1.9912$$
$$x_6=g(x_5)=g(1.9912)=1.9967$$

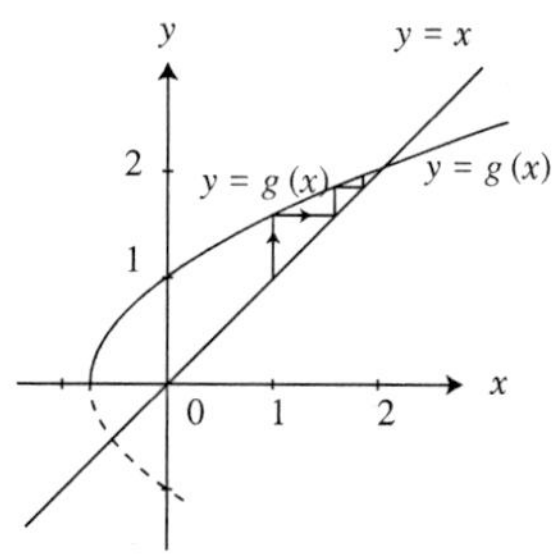

그림 3.5

수열 $\{x_n\}$은 분명히 2에 수렴한다. $x=2$는 근의 참값이다.

보기4 $f(x)=x^2-x-2=0$의 해를 고정점 반복법으로 구해보자.

해설 $x^2 - x - 2 = 0$에서 $x = x^2 - 2 = g(x)$이므로 반복공식은

$$x_{n+1} = x_n^2 - 2 = g_n(x)(n = 0, 1, 2, \cdots)$$

초기 근사해 $x_0 = 2.1$이라 하자.

$$x_1 = g_1(2.1) = 2.1^2 - 2 = 2.41$$
$$x_2 = g_1(2.41) = 2.41^2 - 2 = 3.8081$$
$$x_3 = g_2(3.8081) = 3.8081^2 - 2 = 12.52$$

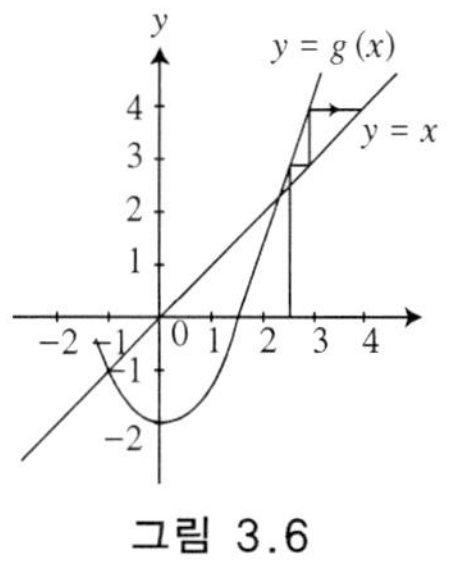

그림 3.6

점점 x_n의 값은 증대하여 이 경우는 초기 근사해의 설정이 잘못되었거나, 반복식의 설정이 잘못 되어서 x_n은 근에 수렴하지 않는다.

방정식의 해를 고정점 반복법으로 구하는데, 반복공식을 어떻게 설정해야 하느냐가 중요하다. 반복함수 $x = g(x)$는 다음과 같은 성질을 갖는 함수이어야 한다.

> **반복공식 $x_{n+1} = g(x_n)$의 수렴조건**
>
> **$g(x)$가 구간 $[a, b]$에서 연속이고, 미분가능이면, 평균값의 정리**
>
> $$g(b) - g(a) = g'(\xi)(b - a)(a < \xi < b)$$
>
> **가 성립한다. 반복함수 $x = g(x)$에서 근의 초기해를 x_0이라 하고**
>
> $$x_1 = g(x_0)$$
> $$x_2 = g(x_1)$$
> $$\cdots\cdots\cdots$$
> $$x_{n+1} = g(x_n)$$
>
> **이라 할 때, $|g'(x)| < 1$이면 $\{x_n\}$은 수렴한다.**

반복공식의 수렴조건을 밝혀보자.
$f(x) = 0$의 근을 α라면 $x = g(x)$는 $f(x) = 0$을 변형한 방정식이므로 $\alpha = g(\alpha)$ 이다.
구간(α, x_n)(또는 (x_n, α))에서 평균값의 정리를 적용할 때

$$g(x_n) - g(\alpha) = (x_n - \alpha)\,g'(\xi)$$

단, ξ는 α와 x_n 사이의 어떤 값이다.
구간 (α, x_n) 또는 (x_n, α)에서 $|g'(\xi)| \le L$이면

$$|x_{n+1}-\alpha| \le L|x_n-\alpha| \le L^2|x_{n-1}-\alpha| \le \cdots \le L^{n+1}|x_0-\alpha| \qquad (3)$$

만일 $|L|< 1$이면 $L^n \to 0\,(n \to \infty)$이므로

$$\lim_{n \to \infty}|x_{n+1}-\alpha| = 0$$

따라서 $\{x_n\}$은 근 α에 수렴한다. 그러므로 적당한 n에 대하여 x_n을 구하면, 이것은 방정식 $x = g(x)$의 근의 근사값이 된다.

보기5

방정식 $x^2-x-2=0$의 구간 (1, 4) 내에 있는 근을 고정점 반복법으로 구하는데, $x_0=3$으로 하고 다음 반복식을 사용할 때, 수렴하는지를 살펴보자.

(1) $x = x^2-2$ (2) $x=\sqrt{2+x}$ (3) $x = 1+\frac{2}{x}$

해설 (1) $g(x)=x^2-2$에서 $g'(x)=2x$이다. 초기값을 $x_0=3$이라 하면 $g'(3)=6>1$이므로 $\{x_n\}$은 수렴하지 않는다.

(2) 초기값을 $x_0=3$이라 하면 $g'(x)=\frac{1}{2\sqrt{2+x}}$이고, $g'(3)=\frac{1}{2\sqrt{5}}<1$이므로 $x \ge 0$에서 $|g'(x)|<1$이다.

따라서 반복공식 $x_{n+1}=\sqrt{2+x_n}$에서 $x_0=3$이라 하고, 반복대입하면 $\{x_n\}$은 2에 수렴한다.

(3) $g(x)=1+\frac{2}{x}$에서 $g'(x)=-\frac{2}{x^2}$이므로 초기값 $x_0=3$ 근방에서 $|g'(x)|<1$이므로 반복공식 $x_{n+1}=1+\frac{2}{x_n}$에서 $\{x_n\}$은 수렴하고, $x_1=\frac{5}{3}$, $x_2=\frac{11}{5}$, $x_3=\frac{21}{11}$, $x_4=\frac{43}{21}$, $\cdots$ $x_n \to 2$ 이다.

예제 2

구간 (1, 2)에서 3차 방정식 $x^3-x-1=0$의 근을 고정점 반복법으로 구하여라.

풀이 $x^3=x+1$, $x=\sqrt[3]{x+1}=g(x)$이라 하자.

해 α는 $\alpha>1$이다.

$g'(x)=\frac{1}{3\sqrt[3]{(x+1)^2}}$이고, $x \ge 1$에서

$|g'(x)|<1$이므로, 반복공식

$$x_{n+1}=\sqrt[3]{x_n+1}\ (n=0,\ 1,\ 2,\ \cdots)$$

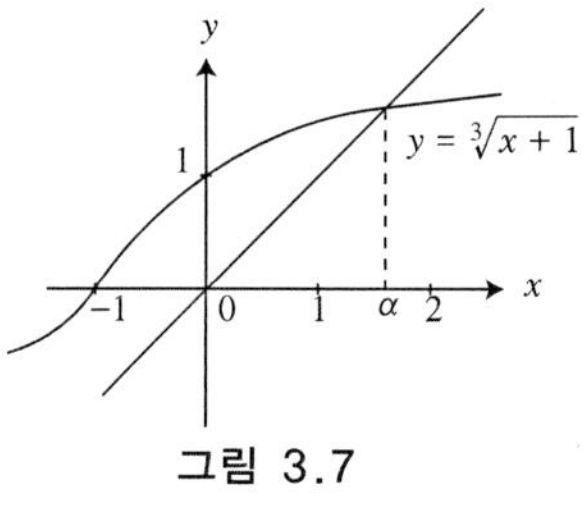

그림 3.7

에서 $x_0 = 1$이라 하고, 반복 공식에 대입하면

$$x_1 = \sqrt[3]{1+1} = \sqrt[3]{2} = 1.25992$$

계속 반복 대입해나가면 다음을 얻는다.

$x_1 = 1.25992,\ x_2 = 1.31229,\ x_3 = 1.32235,\ x_4 = 1.32427,$
$x_5 = 1.32463,\ x_6 = 1.32470,\ x_7 = 1.32492,\ x_8 = 1.32472,$
$x_9 = 1.3472,\ \cdots\cdots$

소수 5자리까지 구하면 $x = 1.32472$이다.

고정점 반복법의 알고리즘은 다음과 같다.

Algorithm Iterate

1. Input $\{x, \varepsilon, k_{max}\}$
2. $x_1 = x_0$
3. For $k = 1$ to k_{max}
   - $x_2 = g(x_1)$
   - If $|x_2 - x_1| < \varepsilon$ then go to 4
   - Else $x_1 = x_2$
4. Output x_2

고정점 반복법의 수렴, 발산의 경우를 그래프상에서 살펴보자. $g(x)$의 고정점을 α라 하면, 곡선 $y = g(x)$와 직선 $y = x$의 교점의 좌표는 (α, α)이고, α가 해이다.

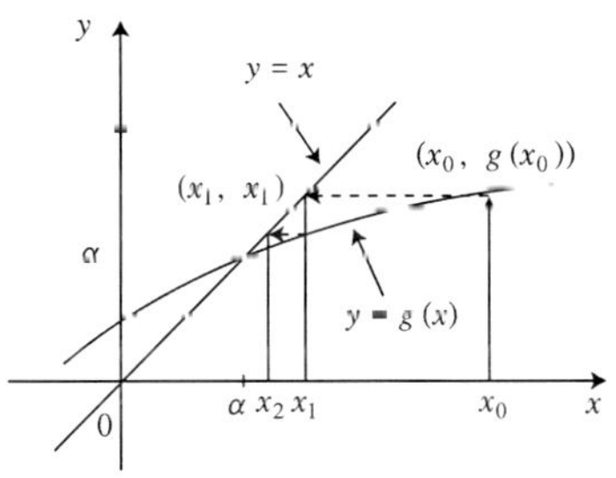

a. 단조이며 수렴인 경우($0 < g'(\alpha) < 1$)

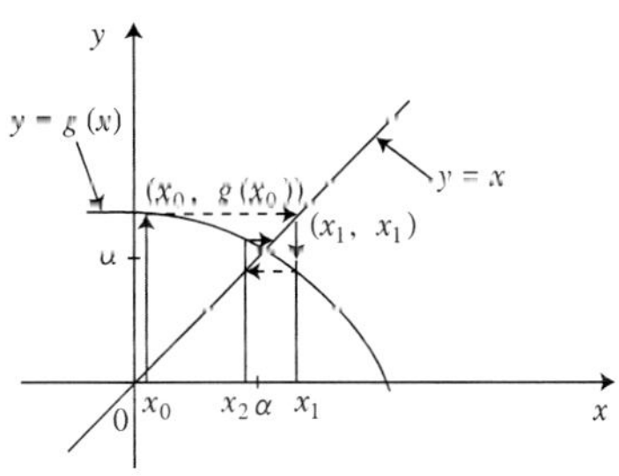

b. 진동하나 수렴인 경우($-1 < g'(\alpha) < 0$)

그림 3.8 수렴인 경우

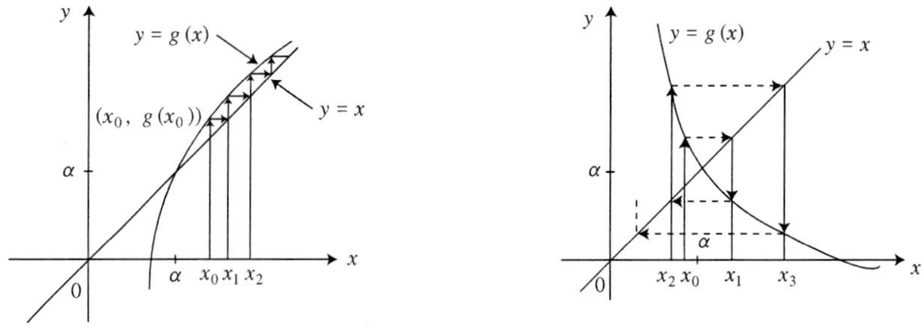

a. 단조이나 발산인 경우($1 < g'(\alpha)$)　　b. 진동하며 발산인 경우($g'(\alpha) < -1$)

그림 3.9 발산인 경우

반복식 $x_{n+1} = g(x_n)$ $(n = 1, 2, \cdots)$에서 $\{x_n\}$은 $|g'(\alpha)| < 1$인 경우 수렴하고, $0 < g'(\alpha) < 1$인 경우 단조수렴하며, $-1 < g'(\alpha) < 0$일 때 진동수렴한다.

3.1.2 수렴의 판단과 수렴속도

(1) 반복계산 횟수와 오차

반복식 $x = g(x)$에서 $|g'(\xi)| \le L < 1$이면, $e_n = x_n - \alpha$, $d_n = x_{n+1} - x_n$이라 할 때, (ξ는 x_n와 α 사이의 값)

$$|e_n| = |x_n - \alpha| = |g(x_{n-1}) - g(\alpha)| \le L|x_{n-1} - \alpha| \le \cdots \le L^n|x_0 - \alpha| \quad (1)$$

$$\begin{aligned} |d_n| &= |x_{n+1} - x_n| \\ &= |g(x_n) - g(x_{n-1})| \le L|x_n - x_{n-1}| \le \cdots \le L^n|x_1 - x_0| \end{aligned} \quad (2)$$

식 (1), (2)의 관계에서 미지인 $|e_n|$을 기지인 $|d_n|$으로 나타내보자.

$$\begin{aligned} |x_0 - \alpha| &= |x_0 - x_1 + x_1 - x_2 + x_2 - \cdots - \alpha| \\ &\le |x_1 - x_0| + |x_2 - x_1| + \cdots + |x_{n+1} - x_n| + \cdots \\ &\le (1 + L + L^2 + \cdots + L^n + \cdots)|x_1 - x_0| \\ &= \frac{1}{1-L}|x_1 - x_0| \end{aligned} \quad (3)$$

참값 α를 정확히 알 수 없으므로, $|e_n| = |x_n - \alpha|$도 정확히는 알 수 없으나 관계식 $|e_n| \le L^n|x_1 - x_0|$을 써서 오차의 한계가 $|e_n| \le \varepsilon$되도록 계산 횟수 n을 다음과 같이 정할 수 있다.

$$|e_n| \le L^n|x_0 - \alpha| \le L^n\frac{1}{1-L}|x_1 - x_0| \le \frac{1}{1-L}L^n|x_1 - x_0| \approx \frac{1}{1-L}|d_n| \quad (4)$$

따라서

$$|e_n| \le \frac{L^n|x_1 - x_0|}{1-L} < \varepsilon \text{ 에서 } L^n \ge \frac{\varepsilon(1-L)}{|x_1 - x_0|}$$

여기서 오차의 한계 ε에 적합한 반복 계산 횟수 n은

$$\boldsymbol{n \le \log_L \frac{\varepsilon(1-L)}{|x_1 - x_0|}} \tag{5}$$

로 구해진다.

예제 1 $x^3 - x - 1 = 0$의 구간 (1, 2) 내에 있는 근을 오차의 한계가 0.0005 이하가 되도록 반복식 $x_{n+1} = \sqrt[3]{x_n + 1}$을 사용할 때, 최소의 계산 횟수 n을 구하여라. 단, $x_0 = 1$이다.

풀이 $g'(x) = \dfrac{1}{3\sqrt[3]{(x+1)^2}}$, $x \ge 1$에서 $|g'(x)| \le \dfrac{1}{3\sqrt[3]{4}} = 0.21 = L$

$x_1 = \sqrt[3]{1+1} = 1.25992$이므로

$$n \le \log_{0.21} \frac{0.0005(1-0.21)}{1.25992 - 1} = \log_{0.21} 0.00152$$

$0.21^n \le 0.00152$에서 $n \log_e 0.21 \le \log_e 0.00152$

$-1.56065n \le -6.48925$에서 $n \ge 4.158 \quad \therefore n = 5$

식 (4)에서 L이 1에 가까우면 수렴이 늦고 오차도 크다는 것을 알 수 있고, 충분히 큰 k에 대하여 $|e_k|$는 $|d_k|$에 비례함을 알 수 있다. 식 (1), (2)에서

$$|x_k - \alpha| \le L|x_{k-1} - \alpha|, \text{ 즉 } |e_k| \le L|e_{k-1}|$$
$$|x_{k+1} - x_k| \le L|x_k - x_{k-1}|, \text{ 즉 } |d_k| \le L|d_{k-1}|$$

이므로, 적당히 큰 k에 대하여 근사적으로

$$L \approx \frac{|e_k|}{|e_{k-1}|},\ L \approx \frac{|d_k|}{|d_{k-1}|}$$

따라서 L이 1보다 작으면 $|e_k| < |e_{k-1}|$이고, $|d_k| < |d_{k-1}|$이므로, L이 작을 수록 $|e_k|$가 $|e_{k-1}|$에 비하여 작아지고, $|d_k|$가 $|d_{k-1}|$에 비하여 작아진다. 따라서 L이 작을 수록 $\{e_k\}$와 $\{d_k\}$가 빠르게 작아져서 수렴이 빠르다.

이상에서 $\dfrac{|e_k|}{|e_{k-1}|}$나, $\dfrac{|d_k|}{|d_{k-1}|}$가 충분히 큰 k에 대하여 L에 가까운 값을 취하므로, L이 수렴의 정도를 나타낸다고 할 수 있고, L이 작을 수록 수렴이 빠르다.

(2) 수렴속도

$g(x_k)$를 α를 중심으로 Taylor 전개하면

$$g(x_k) = g(\alpha) + (x_k - \alpha) g'(\alpha) + \frac{1}{2!}(x_k - \alpha)^2 g''(\alpha) + \cdots + \frac{1}{p!}(x_k - \alpha)^p g^{(p)}(\xi) \quad (6)$$

이 식을 써서 반복 계산법에서의 수렴 속도를 평가한다.

반복 계산 $x_{k+1} = g(x_k)$에 의하여 계산되는 수열 $\{x_k\}$가 α에 수렴하고,

$$g'(\alpha) = g''(\alpha) = \cdots = g^{(p-1)}(\alpha) = 0, \quad g^{(p)}(\alpha) \neq 0$$

이면, 식 (6)은 $g(x_k) = x_{k+1}$이고, $g(\alpha) = \alpha$이므로

$$g(x_k) - g(\alpha) = \frac{1}{p!}(x_k - \alpha)^p g^{(p)}(\xi)$$

$$x_{k+1} - \alpha = \frac{1}{p!} e_k^b g^{(p)}(\xi)$$

이므로

$$e_{k+1} = \frac{1}{p!} e_k^p g^{(p)}(\xi) \quad (7)$$

따라서 식 (7)에서

$$\frac{e_{k+1}}{e_k^p} = \frac{1}{p!} g^{(p)}(\xi) \fallingdotseq C$$

를 얻으며, 이 관계식에서 수렴의 정도를 다음과 같이 정의한다.

$$\lim_{k \to \infty} \left| \frac{e_{k+1}}{(e_k)^p} \right| = C\,(\text{상수}) \quad (8)$$

가 성립할 때, p를 **수렴차수**라 한다.

이 극한은 $k \to \infty$일 때 $|e_{k+1}| \simeq C\left|e_k^p\right|$이 성립된다는 것이다. 이것은 $|e_{k+1}|$이 작아지는 정도가 $C\left|e_k^p\right|$과 같다는 것이므로, 적당한 k에 대하여 $|e_k| < 1$이면, $|e_{k+1}| = |x_{k+1} - \alpha|$가 작아지는 정도가 e_k^p에 비례하므로, p가 클수록 수렴의 속도가 빨라짐을 알 수 있다.

$x = g(x)$의 근 α가 알려진 경우, α를 중심으로 $g(x_k)$를 전개한 다음 전개식을 써서 수렴차수 p를 알 수 있다.

$$e_{k+1} = x_{k+1} - \alpha = g(x_k) - g(\alpha) = g'(\alpha)(x_k - \alpha) + \frac{g''(\alpha)}{2!}(x_k - \alpha)^2 + \cdots \quad (9)$$

① $g'(\alpha) \neq 0$이면, $e_{k+1} \approx g'(\alpha) e_k$이므로, $|g'(\alpha)| < 1$이고 $g'(\alpha) \neq 0$이면

$$e_{k+1} = g'(\xi)\,e_k \text{ 에서 } \left|\frac{e_{k+1}}{e_k}\right| = |g'(\xi)| < 1$$

이므로, 이 경우는 1차 수렴이다.

② $g'(\alpha) = 0$이고 $g''(\alpha) \neq 0$이면, 식 (9)는 $e_{k+1} = \frac{1}{2}\,g''(\xi)\,e_k^2$이므로 반복법은 2차 수렴한다.

$f(x) = 0$의 근 α가 미지인 경우, 수렴하는 반복공식 $x_{k+1} = g(x_k)$에서 충분히 큰 k에 대하여

$$g(x_{k+1}) - g(x_k) = (x_{k+1} - x_k)\,g'(\eta),\ g'(\eta) \neq 0$$

이므로

$$x_{k+2} - x_{k+1} = (x_{k+1} - x_k)\,g'(\eta)$$
$$d_{k+1} = x_{k+2} - x_{k+1},\ d_k = x_{k+1} - x_k$$

이라 할 때, $g'(\eta) = C \neq 0$이면

$$\frac{d_{k+1}}{d_k} = \text{상수} = C,\ \text{즉 } d_{k+1} \approx C \cdot d_k$$

일 때, 근사적으로 $\frac{e_{k+1}}{e_k} \simeq \frac{d_{k+1}}{d_k} \simeq C$이므로, 고정점 반복법 $x_{k+1} = g(x_k)$는 1차 수렴한다.

예제 2 $f(x) = 3x^2 - 2x - 1 = 0$의 한 근 α는 1이다. $x(6x-2) = 3x^2 + 1$에서 반복공식 $x_{n+1} = \frac{3x_n^2 + 1}{6x_n - 2}$을 얻는다. 수렴차수를 구하여라.

해설 $g(x) = \frac{3x^2+1}{6x-2}$에서 $g(1) = 1,\ g'(x) = \frac{18x^2 - 12x - 6}{(6x-2)^2},\ g'(1) = 0,\ g''(1) \neq 0$

이므로, $g(x)$를 $x = 1$을 중심으로 전개하면, $g''(1) \neq 0$이므로,

$$g(x) = g(1) + g'(1)(x-1) + \frac{1}{2!}\,g''(\xi)(x-1)^2 = 1 + \frac{1}{2}\,g''(\xi)(x-1)^2$$
$$\therefore g(x_2) - g(1) = \frac{1}{2}\,g''(\xi)(x_2 - 1)^2 = C(x_2 - 1)^2$$

$g(x_2) = x_3,\ \ g(1) = 0$이므로, $e_3 = C(x_2 - 1)^2 = Ce_2^2\ (e_3 = x_3 - \alpha = x_3 - 1)$

따라서 $\frac{e_3}{e_2^2} = C$ 이므로 이 반복법은 2차 수렴한다.

3.1.3 축소사상의 원리

방정식 $f(x) = 0$의 근을 구하기 위하여 이것과 동치인 반복함수

$$x = g(x)$$

를 만들어 반복법으로 푸는 경우, 적당한 초기값 x_0를 선정하여 반복식

$$x_{n+1} = g(x_n) \quad (n = 0, 1, 2, \cdots)$$

을 써서 반복계산을 한다. 이 반복계산에서 $\{x_n\}$이 수렴하기 위해서는 $g(x)$는 어떤 유계폐구간 $I = [a, b]$에서 정의되고, $x_n \in I$일 때 $x_{n+1} \in I$가 되지 않으면 안 된다. 다음 정리는 수열 $\{x_n\}$이 구하는 해 α에 수렴하는 조건 및 초기 근사근 x_0가 포함될 구간을 설정하는 데 기초가 되는 정리이다.

> **축소사상의 원리**
>
> (1) 함수 $g(x)$는 유계폐구간 I에서 I에의 함수로서 $x_1, x_2 \in I$이면 $g(x_1)$, $g(x_2) \in I$이다.
>
> (2) $x_1, x_2 \in I$ 이면 $|g(x_1) - g(x_2)| \leq L|x_1 - x_2|$, $0 \leq L \leq 1$을 만족할 때, $x = g(x)$는 I 내에 단 하나의 해 α를 가지며, 임의의 $x_0 \in I$에서 시작하는 반복계산 $x_{n+1} = g(x_n)$에 의하여 얻어지는 $\{x_n\}$는 늘 α에 수렴한다.

조건 (1)를 **Lipschitz의 조건**, L을 **Lipschitz 상수**라 하고, (1), (2)를 만족하는 함수 $g(x)$를 **축소사상**이라 한다.

증명 ◈ 해의 존재 g는 I에서 I으로의 함수이므로, $I = [a, b]$라면

$$a < g(a), \quad g(b) < b$$

이다. $g(a) = a$ 또는 $g(b) = b$이면 a 또는 b가 해(근)이다. 그렇지 않으면

$$f(x) = x - g(x)$$

이라 놓을 때, $f(a)f(b) < 0$이므로 구간 (a, b) 사이에 근이 있다.

따라서 f가 I에서 연속이라면, 중간값

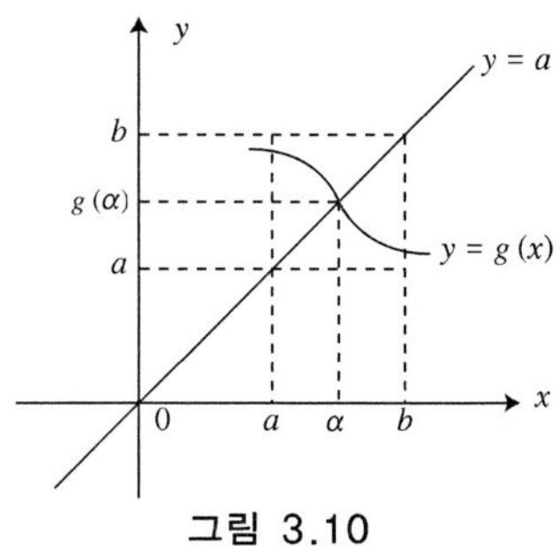

그림 3.10

의 정리에 의하여 $f(\alpha) = 0$이 되는 점 α가 구간 I 내에 존재한다.

해의 수렴성 $\{x_n\}$이 a에 수렴함을 밝힌다.

$$|x_{n+1} - \alpha| = |g(x_n) - g(\alpha)| \le L|x_n - \alpha| \le \cdots \le L^{n+1}|x_0 - \alpha|, \quad 0 \le L < 1$$

$0 < L < 1$이므로 $L^{n+1} \to 0\,(n \to \infty)$이다.
따라서 $x_n \to \alpha\,(n \to \infty)$ 이다.

해의 유일성 해 α 외에 해 $\beta = g(\beta)$가 있다면 (2)에서

$$|\beta - \alpha| = |g(\beta) - g(\alpha)| \le L|\beta - \alpha|$$

$L < 1$이므로, 이것은 모순이다. 따라서 해 α는 오직 하나이다.

반복계산으로 해를 구할 수 있는 근거는 다음 사실에 있다.

$\alpha = g(\alpha)$라 하고 $I = [\alpha - d, \alpha + d]$이라 할 때 I에서 $g(x)$가 축소사상이면, $x \in I$일 때, $g(x) \in I$이다.

증명 $x \in I$일 때, $L < 1$이므로

$$|g(x) - \alpha| = |g(x) - g(\alpha)| \le L|x - \alpha| \le Ld < d$$

따라서 $g(x)$는 α의 d 근방에 있으므로 $g(x) \in I$이다.
따라서 $x = g(x)$의 근 α를 포함하는 구간 I에서 $g(x)$가 축소사상이 되는 것이 반복법을 사용할 수 있는 근거가 된다.

보기1 방정식 $x = e^{-x}$의 해를 반복법으로 구할 때, 초기값이 들어갈 구간 I_0을 설정해보자.

해설 근 α는 구간 $[0, 1]$에 들어 있다.

(1) $I_0 = [0, 1]$로 하면 $x_1, x_2 \in I_0$일 때 $g'(x) = -e^{-x}$에서 $|g'(0)| = e^{-0} = 1$이므로 $L = 1$이 되어 부적합하다. 구간을 축소해야 한다.

(2) $I_0 = [0.5, 1]$로 하면, $e^{-x} = 0.5$에서 $x = \log 2 = 0.6991 \in I_0$이나 $x > \log 2$이면 $e^{-x} = g(x) < 0.5$이므로 $g(x) \in [0.5, 1]$되어 부적합하다.

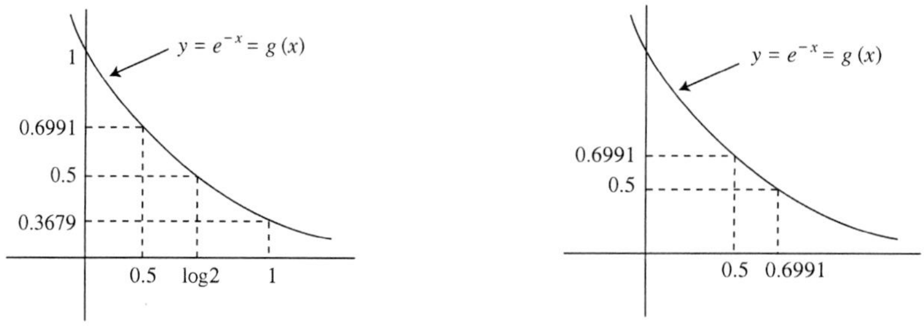

그림 3.11

(3) $I_0 = [0.5,\ 1]$에서 $g(x) = e^{-x} \in I_0$이고, $x \in [\log 2,\ 1]$에서 $g(x) \in [\log 2,\ 1]$이므로, I_0을 조절해야 한다.

(4) I_0의 상한을 조절한다. $g(x) = e^{-x} = 0.5$에서 $x = \log 2 = 0.6991$이다.
$g(x) = e^{-x} = 0.5$에서 $x = \log 2 = 0.6991$이다. $I_0 = [0.5,\ \log 2]$라면
$x_1, x_2 \in I_0$ 일 때 $g(x_1) \in I_0$, $g(x_2) \in I_0$ 이므로, $I_0 = [0.5 \log 2]$ 로 한다.

연습문제 (3.1)

1 반복법 $x = g(x)$에서 해를 α라 할 때, Lipschitz 상수 L은 $0 < L < 1$로 제한된다. 이 사실은 해 α에서 $g(x)$의 기울기 $|g'(\alpha)|$가 ☐보다 작음을 나타낸다. ☐안에 들어갈 값을 구하여라.

2 고정점 반복공식 $x_{n+1} = g(n)$을 설정할 때, 꼭 유의할 사항을 들어라.

3 고정점 반복식에서 $g(x)$가 연속이고, 고정점 반복법 $x_{n+1} = g(x_n)$에서 $\{x_n\}$이 α에 수렴하면, α는 $g(x)$의 고정점임을 밝혀라.

4 반복공식 $x = g(x)$에서 Lipschitz 상수 L을 도함수를 사용하지 않고, 근사적으로 구하는 공식을 유도하여라.

5 반복공식 $x_{n+1} = g(x_n)$이 수렴할 때, $\{x_n\}$은 적어도 1차 수렴함을 밝혀라.

연습문제(3.1) 풀이

1 $g'(\alpha)=\tan\theta$라면, $|g'(\alpha)|<L<1$이므로, □ 안은 1이다.

2 고정점 반복법의 반복함수 $x=g(x)$에서, 초기값을 x_0라면, $|g'(x_0)|<1$ 되게 $g(x)$를 정한다.

3 $\lim_{n\to\infty}x_n=\alpha$이라 하자. 반복공식 $x_{n+1}=g(x_n)$와 $\lim_{n\to\infty}x_n=\alpha$ 에서

$$\alpha=\lim_{n\to\infty}x_{n+1}=\lim_{n\to\infty}g(x_n)=g\left(\lim_{n\to\infty}x_n\right)=g(\alpha)$$

따라서 $\alpha=g(\alpha)$이므로, α는 $g(x)$의 고정점이다.

4 $|d_n|=|x_n-x_{n-1}|=|g(x_{n-1})-g(x_{n-2})|\le L|x_{n-1}-x_{n-2}|=L|d_{n-1}|$에서

$L=\frac{|d_n|}{|d_{n-1}|}=\frac{|x_n-x_{n-1}|}{|x_{n-1}-x_{n-2}|}$

5 $e_{n+1}=x_{n+1}-\alpha=g(x_n)-\alpha$

$=g(\alpha+e_n)-g(\alpha)=g'(\alpha+\theta_n e_n)e_n \quad (0<\theta_n<1)$

$g'(\alpha+\theta_n e_n)=g'(\alpha)+\varepsilon_n$ 이라면

$e_{n+1}=(g'(\alpha)+\varepsilon_n)e_n, \quad \varepsilon_n\to 0$

$\therefore \lim_{n\to\infty}\frac{e_{n+1}}{e_n}=g'(\alpha)$ 이므로, 수렴하는 반복법 $x_{n+1}=g(x_n)$은 적어도 1차 수렴한다.

3.2 비선형 방정식의 해법

3.2.1 2분법

$f(x)=0$의 근 α는 $x_0 \le x \le x_1$에서 $f(x)$가 연속이고, $f(x_0)f(x_1)<0$일 때, 근 α는 x_0와 x_1 사이에 있다.

제 1 근사근 x_2를 x_0와 x_1의 산술평균 $\frac{x_0+x_1}{2}$로 취할 때, $f(x_0)f(x_2)<0$이면, 제 2 근사근 x_3을

$$x_3=\frac{x_0+x_2}{2}$$

로 하고, $f(x_1)f(x_2)<0$이면, 제 2 근사근 x_3을

$$x_3=\frac{x_1+x_2}{2}$$

로 한다. 이렇게 반복해나가면 근이 존재하는 구간이 반복계산할 때마다 반으로 축소되어 약 20회 정도 반복하면, 필요한 정도의 해를 구할 수 있다.

근 α가 포함되는 구간의 폭이 $\frac{1}{2}$씩 축소되어 폭이 한 없이 감소되므로, $|x_{n+1}-x_n|<\varepsilon$(오차)가 되었을 때, x_n 또는 x_{n+1}을 근 α의 근사값으로 본다.

$I_0=[x_0, x_1]$이라 하고, 차례로 축소되는 구간을 $I_1, I_2, \cdots$이라 할 때, n번째의 구간 I_n을 $[x_n, x_{n+1}]$이라면, $a \in I_n \subset I_{n-1} \subset \cdots \subset I_0$이고

$$|x_{n+1}-x_n|=\left(\frac{1}{2}\right)^n|x_1-x_0|$$

이므로, 오차의 한계는

$$|e_n|=|x_n-\alpha| \le |x_{n+1}-x_n|=\left(\frac{1}{2}\right)^n|x_1-x_0| \tag{1}$$

오차가 ε이내가 되기 위한 반복횟수 n(α가 미지이므로 e_n도 미지이다)을 구하려면

$$|x_{n+1}-x_n|=\left(\frac{1}{2}\right)^n|x_1-x_0| \le \varepsilon$$

을 만족하는 n을 구하면 된다.

$$\left(\frac{1}{2}\right)^n \le \frac{\varepsilon}{|x_1 - x_0|} \text{에서 } 2^n \ge \frac{|x_1 - x_0|}{\varepsilon}$$

이므로

$$n \ge \log_2 \frac{|x_1 - x_0|}{\varepsilon} = \frac{\log|x_1 - x_0| - \log \varepsilon}{\log 2} \tag{2}$$

예제 1 $f(x) = x^3 - 9x + 1 = 0$의 근을 2분법으로 구하고, 오차가 $\varepsilon \le 10^{-5}$되는 반복 계산횟수 n을 구하여라. 단, $x_0 = 2,\ x_1 = 4$이다.

풀이 $f(2) = -9,\ f(4) = 29$ 이므로 근 α는 구간 $(2,\ 4)$ 사이에 있다.

$$\therefore x_2 = \frac{x_0 + x_1}{2} = \frac{2+4}{2} = 3\,(x_0 = 2,\ x_1 = 4)$$
$$f(2)f(3) < 0 \text{이므로 } x_3 = \frac{x_0 + x_2}{2} = \frac{2+3}{2} = 2.5$$
$$f(3)f(2.5) < 0 \text{이므로 } x_4 = \frac{x_2 + x_3}{2} = \frac{3+2.5}{2} = 2.75$$

반복해나가면

$$x_5 = 2.875,\quad x_6 = 2.9375,\quad x_7 = 2.96875,\quad x_8 = 2.953125$$
$$x_9 = 2.9453125,\quad x_{10} = 2.943354,\quad x_{11} = 2.9433594,\ \cdots$$

$\varepsilon = 10^{-5}$ 이라면 식 (2)에 의하여

$$n \ge \log_2 \frac{4-2}{10^{-5}} = \frac{\log 2 - (-5)}{\log 2} = \frac{5.3010}{0.3010} = 17.6$$

따라서 18회 반복하여야 한다.

2분법의 알고리즘은 다음과 같다.

Algorithm Bisection

1. Input $\{x_0,\ x_1,\ \varepsilon_1,\ \max\}$
2. $f_0 = f(x_0)$ and $f_1 = f(x_1)$
3. If $f_0 \cdot f_1 > 0$ then Stop
4. $x_2 = 0.5\,(x_0 + x_1),\ f_2 = f(x_2)$
5. If $|x_1 - x_0| \le \varepsilon$ or $|f_2| < \varepsilon_1$
    - then go to 6
    - Else
    - If $f_0 \cdot f_2 < 0$
        - Then
        - $x_1 = x_2$ and $f_1 = f_2$

Else

$x_0 = x_2$ and $f_0 = f_2$

go to 4

6. Output $\{x_2\}$

2분법에서는 $\left|\frac{e_{k+1}}{e_k}\right| \simeq \left|\frac{d_{k+1}}{d_k}\right| \fallingdotseq \frac{1}{2}$ 이므로 2분법은 1차수렴이다.

3.2.2 Newton-Raphson의 방법

(1) Newton-Raphson의 공식

방정식 $f(x)=0$의 해는 $y=f(x)$의 그래프에서 $y=0$을 만족하는 x값이 $f(x)=0$의 해이다. 만일 초기값을 x_0이라고 하면, 이 점에서 접선을 그을 때 접선이 x축과 만나는 점의 x좌표를 x_1이라 하고, 이 점에서 다시 y축과 평행으로 선분을 그어 곡선 $y=f(x)$와 만나는 교점을 (x_1, y_1)이라 하자. 이 점에서 다시 접선을 그어 x축과 만나는 점의 x좌표를 구한다.

이러한 과정을 되풀이하여 얻어지는 x좌표는 $f(x)=0$의 근 α에 점차적으로 접근한다. 그림 3.12의 점 (x_0, y_0)에서 접선 $y-f(x_0)=f'(x_0)(x-x_0)$을 그어 이 직선이 x축과 만나는 점의 x좌표 x_1은

$$0-f(x_0)=(x_1-x_0)f'(x_0)$$

에서 $f'(x_0) \neq 0$인 경우

$$x_1 = x_0 - \frac{f(x_0)}{f'(x_0)}$$

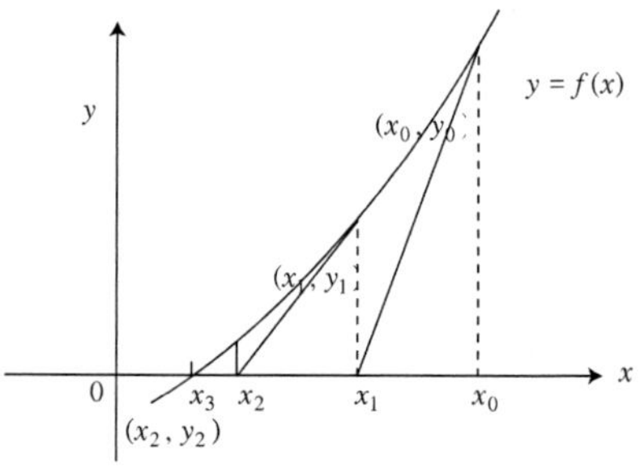

그림 3.12

마찬가지로 점 $(x_1, f(x_1))$에서 곡선 $y=f(x)$의 접선이 x축과 만나는 점의 x좌표 x_2를 구한다. 같은 과정을 반복해나가서 점 $(x_n, f(x_n))$에서 곡선 $y=f(x)$의 접선이 x축과 만나는 점의 x좌표 x_{n+1}을 구하는 반복 공식은 다음과 같다.

이 해법을 **Newton-Raphson의 방법**이라 한다.

Newton-Raphson의 반복공식

$$x_{n+1} = x_n - \frac{f(x_n)}{f'(x_n)} \quad (n=0, 1, 2, \cdots) \tag{1}$$

이 반복법을 간단히 **Newton의 방법**이라고 한다.

어떤 n에 대하여 $f'(x_n) = 0$이면, 다른 x_n를 취하여 시도해야 한다.

Newton의 공식은 Taylor의 1차의 근사공식

$$f(x_1) \simeq f(x_0) + (x_1 - x_0) f'(x_0)$$

에서도 얻을 수 있다.

예제 1 양수 a의 k제곱근 $(k \geq 2)$ $\sqrt[k]{a}$를 구하는 Newton의 반복공식을 구하여라.

풀이 $f(x) = x^k - a$ 라면, $f'(x) = kx^{k-1}$ 이므로 반복계산식은 다음과 같다.

$$x_{n+1} = x_n - \frac{x_n^k - a}{kx_n^{k-1}} = \frac{1}{k}\left[(k-1)x_n + \frac{a}{x_n^{k-1}}\right]$$

특히 $k = 2$이면 $f(x) = x^2 - a = 0$이므로, $\sqrt{a}$ $(a > 0)$를 구하는 반복공식은 $x_{n+1} = \frac{1}{2}\left(x_n + \frac{a}{x_n}\right)$이고, $k = 3$이면, $\sqrt[3]{a}$ $(a > 0)$을 구하는 반복계산식은 다음과 같다.

$$x_{n+1} = \frac{1}{3}\left(2x_n + \frac{a}{x_n^2}\right)$$

예제 2 $3x^3 - 2x - 1 = 0$의 근의 초기값을 $x_0 = 2$로 하여 Newton의 방법으로 풀어라.

풀이 $f(x) = 3x^3 - 2x - 1$이라면 $f'(x) = 9x^2 - 2$, $x_0 = 2$ 이므로

$$x_{n+1} = x_n - \frac{3x_n^3 - 2x_n - 1}{9x_n^2 - 2}, \quad x_0 = 2$$

$$x_1 = 2 - \frac{3 \times 8 - 2 \times 2 - 1}{9 \times 4 - 2} = 1.44$$

$$x_2 = 1.44 - \frac{3 \times 1.44^3 - 2 \times 1.44 - 1}{9 \times 1.44^2 - 2} = 1.44 - \frac{5.08}{16.7} = 1.14$$

$$x_3 = 1.14 - \frac{3 \times 1.14^3 - 2 \times 1.14 - 1}{9 \times 1.14^2 - 2} = 1.14 - \frac{1.16}{9.69} = 1.02$$

$$x_4 = 1.02 - \frac{3 \times 1.02^3 - 2 \times 1.02 - 1}{9 \times 1.02^2 - 2} = 1.02 - \frac{0.14}{7.36} = 1.00$$

이 되고 계속 계산해도 같은 결과이다. 사실상 $f(1) = 0$이므로 구하는 근은 $x = 1$이다.

구하는 근의 근사값의 오차를 ε 이하로 하려면, $|x_{n+1} - x_n| \le \varepsilon$일 때 x_{n+1}을 근사근으로 취하고, $|f(x_{n+1})| \simeq 0$일 때도 x_{n+1}을 근사근으로 취한다.

Newton법의 알고리즘은 다음과 같다.

Algorithm Newton Method

1. Input $\{x_0, \varepsilon_1, \varepsilon_2, k_{\max}\}$
2. $f_0 = f(x_0)$
3. For $k = 1$ to $k_{\max}$ do
   - $f_1 = f'(x_0)$ and $x_1 = x_0 - \dfrac{f_0}{f_1}$
   - $f_0 = f(x_1)$
   - If $|x_1 - x_0| < \varepsilon_1$ then output x_0
   - Else if $|f_0| < \varepsilon_2$ then
   - Output $\{x_1, f_0\}$ and Stop
   - Else
   - $x_0 = x_1$
4. Output x_0

순서도는 다음과 같다.

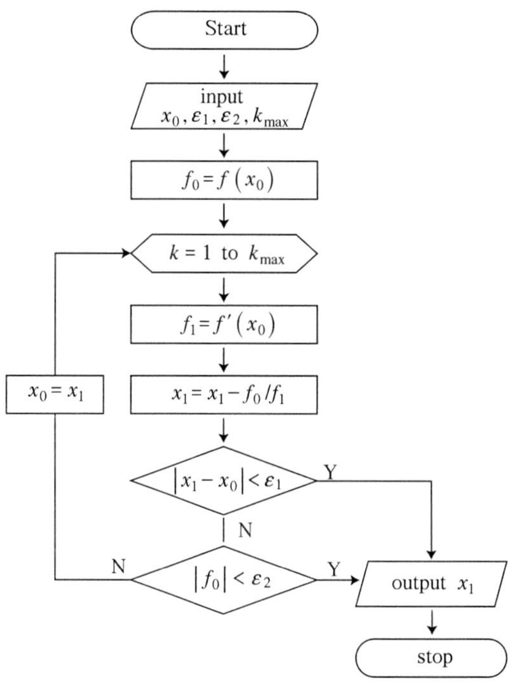

그림 3.13

예제 3

Newton법의 알고리즘에 따라서 방정식 $f(x)=e^x-3x=0$의 0과 1 사이에 있는 근을 소수 2자리까지 구하여라. 단, $x_0=0,\ \varepsilon_1=\varepsilon_2=0.005$로 한다.

풀이 $f(x)=e^x-3x,\ f'(x)=e^x-3$

$x_0=0,\ f_0=e^{x_0}-3x_0=e^0-0=1$

($k=1$) $f_1=f'(x_0)=e^{x_0}-3=e^0-3=-2,\ x_1=x_0-\dfrac{f_0}{f_1}=0-\dfrac{1}{-2}=0.5$

$|x_1-x_0|=|0.5-0|=0.5>\varepsilon_1,\ f_0=f(x_1)=f(0.5)=e^{0.5}-3(0.5)=1.487>\varepsilon_2$

$x_0=x_1=0.5$

($k=2$) $f_1=f'(x_0)=e^{x_0}-3=e^{0.5}-3=-1.351,\ \ f_0=0.149$

$x_1=x_0-\dfrac{f_0}{f_1}=0.5-\dfrac{0.149}{-1.351}=0.610$

$f_0=f(0.610)=e^{0.610}-3(0.610)=0.0010$

$|x_1-x_0|=|0.610-0.5|>\varepsilon_1,\ |f_0|=0.010>0.005=\varepsilon_2$

$x_0=x_1=0.610$

($k=3$) $f_1=f'(x_0)=e^{0.610}-3=-1.160,\ f_0=f(0.610)=e^{0.610}-3(0.610)=0.0104,$

$x_1=x_0-\dfrac{f_0}{f_1}=0.610-\dfrac{0.0104}{-1.160}=0.620$

$f_0=f(x_1)=f(0.620)=e^{0.620}-3(0.620)=0.0011<\varepsilon_2$

$|x_1-x_0|=0.620-0.610=0.01>\varepsilon_1,\ f_0=0.0011<\varepsilon_2$

구하는 근사근은 $x_1=0.620$

(2) Newton법의 수렴속도

Newton법의 반복공식에서 $g(x)=x-\dfrac{f(x)}{f'(x)}$이다.
미분에 의하여

$$g'(x)=1-\frac{\{f'(x)\}^2-f(x)f''(x)}{\{f'(x)\}^2}=\frac{f(x)f''(x)}{\{f'(x)\}^2} \tag{2}$$

$f(\alpha)=0$이므로,

$$g'(\alpha)=0$$

따라서 α를 포함하는 적당한 구간 I에서 $|g'(x)|<1$이 되므로, $g(x)$는 축소사상이 되어, $\{x_n\}$은 근 α에 수렴한다.

$$g''(\alpha)=\frac{f''(\alpha)}{f'(\alpha)} \tag{3}$$

은 일반적으로 0이 아니다.

따라서 $g(x_n)$을 α를 중심으로 전개하면

$$g(x_n) = g(\alpha) + g'(\alpha)(x_n - \alpha) + \frac{1}{2}g''(\xi)(x_n - \alpha)^2$$

$g(x_n) = x_{n+1}$, $g(\alpha) = \alpha$, $g'(\alpha) = 0$, $\frac{1}{2}|g''(\xi)| = M_2 \neq 0$이라면

$$x_{n+1} - \alpha = M_2(x_n - \alpha)^2 \text{에서 } e_{n+1} = M_2 \cdot e_n^2 \tag{4}$$

따라서 $\frac{e_{n+1}}{e_n^2} = M_2 \neq 0$이므로 $\{x_n\}$은 2차 수렴한다.

식 (3), (4)에서

$$M_2 \simeq \frac{1}{2}g''(\alpha) = \frac{f''(\alpha)}{2f'(\alpha)} \tag{5}$$

이므로, 식 (4)는 다음과 같이 나타내진다.

$$\frac{e_{n+1}}{e_n^2} \simeq \frac{f''(\alpha)}{2f'(\alpha)} \tag{6}$$

예제 4 $x = e^{-x}$의 해를 Newton법으로 풀 때, 근사근과 $\frac{e_{n+1}}{e_n^2}$의 값을 구하여라. 단, $x_0 = 0.5$이다.

풀이 $f(x) = x - e^{-x}$에서 $f'(x) = 1 + e^{-x}$, $f''(x) = -e^{-x}$

이므로, Newton의 반복공식은

$$x_{n+1} = x_n - \frac{f(x_n)}{f'(x_n)} = x_n - \frac{x_n - e^{-x_n}}{1 + e^{-x_n}} = \frac{(1 + x_n)e^{-x_n}}{1 + e^{-x_n}}$$

$x_0 = 0.5$일 때, $x_1 = \frac{1.5 \times e^{-0.5}}{1 + e^{-0.5}} = \frac{0.9098}{1.6065} = 0.5663$

$x_1 = 0.5663$일 때, $x_2 = 0.5667$, $x_3 = 0.5667$, $\cdots$

소수 4위까지 정확한 근 α의 근사값은

$$\alpha \simeq 0.5667$$

$$\begin{aligned}\left|e_{n+1}/e_n^2\right| &= |f''(\alpha)/2f'(\alpha)| = \left|-e^{-x_n}/2(1 + e^{-x_n})\right| \\ &= e^{-0.5667}/2(1 + e^{-0.5667}) = \frac{0.5674}{3.1348} \\ &= 0.181\end{aligned}$$

(3) 조립제법을 이용한 다항방정식의 해법

n차의 다항식 $p(x)$가 다음 형식

$$p(x) = a_0 x^n + a_1 x^{n-1} + \cdots + a_{n-2} x^2 + a_{n-1} x + a_n \tag{7}$$

을 가질 때, $p(x)$의 값을 구하는 **Horner의 방법** 또는 **조립제법**이라고 불리는 방법에 대한 알고리즘을 구해보자.

$p(x)$를 $x - x_0$로 나눈 몫을 $q(x)$, 나머지를 r_0이라 하면

$$p(x) = (x - x_0) q(x) + r_0$$

가 된다. 몫 $q(x)$는 $n-1$차 다항식이고, r_0는 상수이다. 몫 $q(x)$를

$$q(x) = b_0 x^{n-1} + b_1 x^{n-2} + \cdots + b_{n-3} x^2 + b_{n-2} x + b_{n-1}$$

이라 하고, $r_0 = b_n$이라면

$$p(x) = (x - x_0)(b_0 x^{n-1} + b_1 x^{x-2} + \cdots + b_{n-2} x + b_{n-1}) + b_n$$

우변을 진개하면

$$\begin{aligned} p(x) = b_0 x^n + (b_1 - x_0 b_0) x^{n-1} + \cdots + (b_k - x_0 b_{k-1}) x^{n-k} + \cdots \\ + (b_{n-1} - x_0 b_{n-2}) x + b_n - x_0 b_{n-1} \end{aligned} \tag{8}$$

계수 $b_k (k = 0, 1, \cdots, n)$는 식 (7)과 식 (8)의 계수를 비교함으로써 구해진다.

식 (7)과 식 (8)에서 x^{n-k}항의 계수를 비교하여

$$a_k = b_k - x_0 b_{k-1} \quad (k = 0, 1, \cdots, n)$$

이므로

$$b_k = a_k + x_0 b_{k-1} \ (단, b_0 = a_0)$$

에 의하여 b_k가 구해진다. 이 계산은 Horner의 방법으로 일려진 다음과 같은 조립제법으로 쉽게 구할 수 있다.

a_0	a_1	a_2	$\cdots$	a_k	$\cdots$	a_{n-2}	a_{n-1}	$a_n(x_0)$
	$x_0 b_0$	$x_0 b_1$	$\cdots$	$x_0 b_{k-1}$	$\cdots$	$x_0 b_{n-3}$	$x_0 b_{n-2}$	$x_0 b_{n-1}$
b_0	b_1	b_2	$\cdots$	b_k	$\cdots$	b_{n-2}	b_{n-1}	$b_n = p(x_0)$

b_n이 구하는 다항식의 값 $p(x_0)$이므로, $p(x_0) = r_0 = b_n$이다.

조립제법으로 $p(x_0)$를 구하는 알고리즘은 다음과 같다.

Algorithm synthetic division

1. Input $\{x_0, n, a_k, k=0, 1, \cdots, n\}$
2. $b_0 = a_0$
3. For $k=1$ to n

   $b_k = a_k + x_0 * b_{k-1}$
4. Output b_n

예제 5 다음 다항식에서 $p(3)$의 값을 구하여라.

$$p(x) = x^5 - 6x^4 + 8x^3 + 8x^2 + 4x - 40$$

풀이 $a_0 = 1,\ a_1 = -6,\ a_2 = 8,\ a_3 = 8,\ a_4 = 4,\ a_5 = -40$

이고, $x_0 = 3$이므로, 위 알고리즘을 실행하면 다음과 같다.

$$\begin{aligned}
b_0 &= a_0 = 1 \\
b_1 &= a_1 + x_0 b_0 = -6 + 3(1) = -3 \\
b_2 &= a_2 + x_0 b_1 = 8 + 3(-3) = -1 \\
b_3 &= a_3 + x_0 b_2 = 8 + 3(-1) = 5 \\
b_4 &= a_4 + x_0 b_3 = 4 + 3(5) = 19 \\
b_5 &= a_5 + x_0 b_4 = -40 + 3(19) = 17
\end{aligned}$$

이 계산을 조립제법으로 구하면 다음과 같다.

$$\begin{array}{rrrrrl}
1 & -6 & 8 & 8 & 4 & -40\,(3) \\
 & 3 & -9 & -3 & 15 & 57 \\
\hline
1 & -3 & -1 & 5 & 19 & \underline{|17} = b_5 = p(3)
\end{array}$$

구하는 값은

$$p(3) = 17$$

다항방정식의 근을 Newton법으로 구해보자. n차의 방정식

$$f(x) = a_0 x^n + a_1 x^{n-1} + a_2 x^{n-2} + \cdots + a_{n-1} x + a_n = 0$$

의 근은 일반적으로 복소근이 되는데, 실근을 Newton법으로 간단히 구하는 방법을 살펴보자. Newton의 반복공식

$$x_{k+1} = x_k - \frac{f(x_k)}{f'(x_k)} \quad (k = 0, 1, 2, \cdots)$$

에 의하여 근을 구할 때, $f(x_k)$, $f'(x_k)$의 계산은 조립제법으로 구한다.

x의 다항식 $f(x)$를 $x - x_k$로 나눌 때의 몫을

$$q(x) = b_0 x^{n-1} + b_1 x^{n-2} + b_2 x^{n-3} + \cdots + b_{n-2} x + b_{n-1}$$

이라 하고, 나머지를 b_n이라 하면

$$f(x) = (x - x_k)\, q(x) + b_n \tag{9}$$

이므로

$$f(x_k) = b_n$$

이고, $f(x_k)$는 $f(x)$를 $x - x_k$로 나눈 나머지이므로 조립제법으로 다음과 같이 구해진다.

a_0	a_1	$\cdots$	a_m	$\cdots$	a_{n-1}	a_n	(x_k)
	$b_0 x_k$	$\cdots$	$b_{m-1} x_k$	$\cdots$	$b_{n-2} x_k$	$b_{n-1} x_k$	
b_0	b_1	$\cdots$	b_m	$\cdots$	b_{n-1}	$b_n = f(x_k)$	

b_m $(m = 0, 1, \cdots, n)$은 다음 식의 반복계산으로 구해진다.

$$\begin{cases} \boldsymbol{b_0 = a_0} \\ \boldsymbol{b_m = a_m + x_k b_{m-1} \quad (m = 1, 2, \cdots, n)} \end{cases} \tag{10}$$

식 (10)에 의하여 차례로 b_m을 구하면 b_n이 구하는 $f(x_k)$이다.

$f'(x)$를 구하려면 식 (1)의 양변을 미분해서 얻는 식

$$f'(x) = q(x) + (x - x_k)\, q'(x)$$

에서 $x = x_k$라 놓으면 구하는 $f'(x_k)$는

$$f'(x_k) = q(x_k)$$

이므로, $f'(x_k)$는 $q(x)$를 $x - x_k$로 나눈 나머지이다.

$q(x)$를 $x - x_k$로 나눈 몫을 $h(x)$, 나머지를 c_{n-1}이라면

$$q(x) = (x - x_k)h(x) + c_{n-1}$$

에서 $$q(x_k) = c_{n-1} = f'(x_k)$$

이고, $$h(x) = c_0 x^{n-2} + c_1 x^{n-3} + \cdots + c_{n-3}x + c_{n-2}$$

이러면 c_0, c_1, $\cdots$, c_{n-1}은 다음과 같이 조립제법으로 구해진다.

b_0	b_1	$\cdots$	b_m	$\cdots$	b_{n-1}	(x_k)
	$c_0 x_k$	$\cdots$	$c_{m-1} x_k$	$\cdots$	$c_{n-2} x_k$	
c_0	c_1	$\cdots$	c_m	$\cdots$	$c_{n-1} = f'(x_k)$	

따라서 $f'(x_k) = c_{n-1}$은 다음 반복계산으로 구해진다.

$$\begin{cases} \mathbf{c_0 = b_0} \\ \mathbf{c_m = b_m + c_{m-1} x_k \quad (m = 1, 2, \cdots, n-1)} \end{cases} \tag{11}$$

예제 6 $f(x) = x^3 + 3x^2 + 3x + 1$에서 $f(1)$, $f'(1)$을 조립제법으로 구하여라.

풀이

1	3	3	1	(1)
	1	4	7	
1	4	7	8 = $f(1)$	
	1	5		
1	5	12 = $f'(1)$		

따라서 $f(1) = b_3 = 8$, $f'(1) = c_2 = 12$이다.

다항방정식

$$f(x) = a_0 x^n + a_1 x^{n-1} + \cdots + a_{n-1}x + a_n = 0$$

의 해를 Newton법으로 구하려면, 근사해 x_0에서 개량된 근 x_1을 반복식

$$x_1 = x_0 - \frac{f(x_0)}{f'(x_0)}$$

에 의하여 구할 때, $f(x_0)$은 식 (10)에 의하여

$$f(x_0) = a_n + b_{n-1}x_0 = b_n$$

이고, $f'(x_0)$는 식 (11)에 의하여

$$f'(x_0) = b_{n-1} + c_{n-2}x_0 = c_{n-1}$$

으로 구해서 Newton법의 공식에 대입하여 근사해 x_1은

$$x_1 = x_0 - \frac{b_n}{c_{n-1}}$$

으로 구해진다.

이렇게 얻은 근사해에서, 충분히 작은 양수 ε에 대하여

$$|x_1 - x_0| < \varepsilon$$

이면, x_1이 구하는 해이고, 그렇지 못하면, x_1을 x_0의 값으로 하고, 이 과정을 반복한다.

Newton의 방법에 의한 다항방정식의 해법 알고리즘은 다음과 같다.

Algorithm Newton's Method

1. Input $\{n,\ x_0,\ \varepsilon,\ a_i\ (i = 0, 1, \cdots, n)\}$
2. $b_0 = a_0,\ \ c_0 = b_0$
3. For $i = 1$ to $n - 1$
   - $b_i = a_i + b_{i-1}x_0$
   - $c_i = b_i + c_{i-1}x_0$
4. $r = a_n + b_{n-1}x_0$
5. $x_1 = x_0 - \dfrac{r}{c_{n-1}}$
6. If $|x_1 - x_0| < \varepsilon$ then output x_1
7. else If $|x_1 - x_0| \ge \varepsilon$ then
   $x_0 = x_1$ and go to 3

예제 7 $f(x) = x^3 - 3x - 11 = 0$의 해를 초기 근사근 $x_0 = 2$로 하고, 위 알고리즘에 의하여 수수 1위까지 구하여라. 단, $\varepsilon = 0.3$이다.

풀이 $x_0 = 2$, $|x_1 - x_0| < \varepsilon = 0.3$이면 반복계산은 멈춘다.

1° x_1을 구한다. $x_0 = 2$일 때 b_3과 c_2를 조립제법으로 구한다.

1	0	−3	−11	(2)
	2	4	2	
1	2	1	$-9 = b_3$	
	2	8		
1	4	$9 = c_2$		

$r = b_3 = -9,\ c_2 = 9$이므로 $x_1 = x_0 - \dfrac{b_3}{c_2} = 2 - \dfrac{-9}{9} = 3$

$|x_1 - x_0| = |3 - 2| = 1 > \varepsilon$이므로 $x_0 = 3\,(= x_1)$

2° x_1을 개량한다. $x_0 = 3$일 때 b_3, c_2를 조립제법으로 구한다.

$$
\begin{array}{ccccl}
1 & 0 & -3 & -11 & \ \ (3 \\
 & 3 & 9 & 18 & \\
\hline
1 & 3 & 6 & \underline{|7} & = b_3 \\
 & 3 & 18 & & \\
\hline
1 & 6 & \underline{|24} & = c_2 &
\end{array}
$$

$r = b_3 = 7,\ x_1 = x_0 - \dfrac{b_3}{c_2} = 3 - \dfrac{7}{24} = 2.708$

$|x_1 - x_0| = |2.708 - 3| = 0.292 < \varepsilon \quad \therefore x_1 = 2.708$

(4) 중근을 구하는 수정 Newton의 방법

방정식의 중근을 구하는 경우를 살펴보자. 만일

$$f(x) = (x - \alpha)^m h(x) \tag{12}$$

에서 $h(\alpha) \neq 0$이고 $h(x)$가 $x = \alpha$에서 연속이면, α는 방정식 $f(x) = 0$의 중복도 $m(> 1)$인 근이다.

$h(x)$가 $x = \alpha$에서 미분가능하면, 식 (12)에서

$$f(\alpha) = f'(\alpha) = \cdots = f^{(m-1)}(\alpha) = 0,\quad f^{(m)}(\alpha) \neq 0 \tag{13}$$

이 된다. 중근이 있는지가 불확실한 경우가 있다. 이런 경우 중근의 유무의 정확성을 높이는 한 가지 방법은 식 (12)를 써서 중근을 확인해 볼 수도 있다.

m중근을 구하는 Newton법의 반복공식을 어떻게 설정하면 수렴이 빨라지는지를 살펴보자.

α가 $f(x) = 0$의 m 중근이면, $f(x) = (x - \alpha)^m h(x)$이므로

$$f'(x) = (x - a)^m h'(x) + m(x - a)^{m-1} h(x) \tag{14}$$

식 (12), (14)를 반복함수 $g(x) = x - \dfrac{f(x)}{f'(x)}$에 대입하면

$$g(x) = x - \frac{(x - \alpha)h(x)}{mh(x) + (x - a)h'(x)} \tag{15}$$

이고, 미분하면

$$g'(x) = 1 - \frac{h(x)}{mh(x) + (x-a)h'(x)} - (x-a)\frac{d}{dx}\left[\frac{h(x)}{mh(x) + (x-\alpha)h'(x)}\right]$$

이고, $x = \alpha$일 때

$$g'(\alpha) = 1 - \frac{1}{m} \neq 0 \, (m > 1)$$

이므로 m 중근의 경우의 수렴차수는 1차이다.

평균값 정리에 의하면 이 사실은 다음과 같이 설명된다.

$$g(x_n) = g(\alpha) + g'(\xi)(x_n - \alpha)$$

이고, $x_{n+1} = g(x_n)$, $\alpha = g(\alpha)$이므로

$$\frac{x_{n+1} - \alpha}{x_n - \alpha} = g'(\xi) \text{ 에서 } \frac{e_{n+1}}{e_n} = g'(\xi) \simeq g'(\alpha) \neq 0 \qquad (16)$$

따라서 이 경우의 Newton법은 1차 수렴이다.

일반적으로 α가 m 중근이면 충분히 큰 n에 대하여 식 (16)에서

$$|e_{n+1}| \simeq \frac{m-1}{m}|e_n|, \ (m > 1) \qquad (17)$$

이 성립한다. 따라서 중근을 구하는 Newton법은 1차 수렴이다.

수렴속도를 높이기 위하여 $g'(\alpha) = 0$이 되는 함수 $g(x)$를

$f(x) = 0$의 m중근을 구하는 반복함수
$$\boldsymbol{x = g(x),\ g(x) = x - m\frac{f(x)}{f'(x)}}$$

(18)

로 정의한다. 이렇게 해도 $x = g(x)$의 근은 $f(x) = 0$의 근이 된다. 식 (18)에서

$$g'(\alpha) = 1 - \frac{m}{m} = 0$$

이므로, $g(x_n)$을 α를 중심으로 전개하면

$$g(x_n) = g(\alpha) + g'(\alpha)(x_n - \alpha) + \frac{1}{2}(x_n - \alpha)^2 g''(\xi)$$

단, ξ는 x_n과 α 사이의 값이다. 이 경우 $g'(\alpha) = 0$이므로

$$x_{n+1} - \alpha = \frac{1}{2}(x_n - \alpha)^2 g''(\xi)$$

따라서 반복공식

$$x_{n+1} = x_n - m\frac{f(x_n)}{f'(x_n)} \quad (n = 0,\ 1,\ 2,\ \cdots) \tag{19}$$

의 수렴차수는 2차이므로, 단근을 구하는 Newton법의 수렴차수와 같다.

이 방법을 **수정 Newton의 방법**이라고 한다.

> **예제 8** 방정식 $f(x) = x^3 - 3x + 2 = 0$의 중근의 초기값을 $x_0 = 1.2$로 하여, 수정 Newton의 반복법을 써서 중근을 구하여라.

풀이 $f(1) = 0,\ f'(x) = 3x^2 - 3,\ f''(x) = 6x$에서 $f(1) = f'(1) = 0,\ f''(1) \neq 0$이므로, $x = 1$은 $f(x) = 0$의 2중근이다. $m = 2$이므로

$$g(x) = x - 2\frac{f(x)}{f'(x)} = x - \frac{2(x^3 - 3x + 2)}{3x^2 - 3} = \frac{x^3 + 3x - 4}{3x^2 - 3}$$

반복공식은

$$x_{n+1} = \frac{x_n^2 + 3x_n - 4}{3x_n^2 - 3}$$

$x_0 = 1.2$일 때, $x_1 = \frac{1.328}{1.32} = 1.00606,\ x_2 = \frac{0.03647}{0.03647} = 1.00000$

이후의 반복계산 결과는 1.00000으로 이어진다.

구하는 2중근은 $x = 1$이다.

3.2.3 Secant 법

(1) Secant법의 반복공식

Secant법(할선법)은 Newton의 반복공식에서 $f'(x_0)$을 차분상 $\frac{f(x_1) - f(x_0)}{x_1 - x_0}$으로 바꾸어 놓은 반복법으로서 반복공식은 다음 식으로 주어진다.

$$x_2 = x_1 - \frac{f(x_1)(x_1 - x_0)}{f(x_1) - f(x_0)} \tag{1}$$

Secant법을 기하학적으로 살펴보자.

점 P_0와 점 P_1을 지나는 $f(x)$의 할선이 x축을 x_2에서 절단할 때, x_2가 최초의 근사해이다.

Secant법에서는 출발값 x_0과 x_1이 필요하나, 여기서는 도함수의 계산이 불필요하고, $f(x) = 0$의 근 α가 $\alpha \in (x_0,\ x_1)$ 되는 것이 반드시 요구되는 것도 아니다.

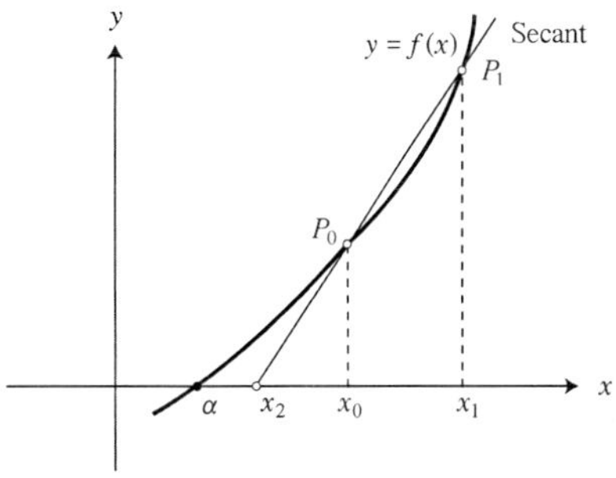

그림 3.14

계산공식 (1)을 정리하여

$$x_2 = \frac{x_0 f(x_1) - x_1 f(x_0)}{f(x_1) - f(x_0)} \tag{2}$$

로 나타내는 것은 좋지 않다. x_0와 x_1이 거의 같으면, 유효숫자의 손실을 가져올 수 있기 대문이다.

공식 (1)에서는 우변의 값은 x_1에 가까운 값을 취한다.
$f(x) = 0$의 근을 Secant법으로 구하는 과정은 다음과 같이 요약된다.

> ① 식 (1)을 씨시 x_2를 구힌디.
> ② (i) $f(x_2) = 0$이면 x_2가 $f(x) = 0$의 근이다.
> ③ (ii) $f(x_2) \neq 0$일 때
> 두 점 $(x_1,\ f(x_1))$과 $(x_2,\ f(x_2))$를 지나는 직선이 x축과 만나는 점의 x 좌표 x_3을 반복식(1)에 의하여 구한다.
>
> 이렇게 반복하여 얻어지는 $x_3,\ x_4,\ \cdots$은 차츰 근 α에 가까운 값을 취하게 된다.

예제 1 $x^3 - 9x + 1 = 0$의 근을 Secant법으로 풀어라.

풀이 $f(x) = x^3 - 9x + 1$에서 $f(2) = -9,\ f(4) = 29$이므로, $x_0 = 4,\ x_1 = 2$라면

$$x_2 = 2 - \frac{-9(2-4)}{-9-29} = 2.47368$$

식 (2)를 반복 사용하면

$x_3 = 2.73989,\ x_4 = 2.86125,\ x_5 = 2.91107,\ x_6 = 2.93816,$
$x_7 = 2.94104,\ x_8 = 2.94241,\ x_9 = 2.94256,\ x_{10} = 2.94278,\ \cdots$

구하려는 근 α는 $\alpha \simeq 2.9428$

예제 2 방정식 $f(x) = e^x - 3x = 0$의 근을 Secant법으로 풀어라.

풀이 $x_0 = 0.4,\ x_1 = 0.9,\ f(0.4) = 0.29,\ f(0.9) = -0.24$를 써서 푼다.

$$x_2 = 0.9 - \frac{-0.24\,(0.9 - 0.4)}{-0.24 - 0.29} = 0.67,\ f(0.67) = -0.56$$

반복공식 (1)을 반복사용하여 근사해를 구하기 위하여 $x_0 = 0.9,\ x_1 = 0.67$로 하여 x_2를 구하면 $x_2 = 0.60$이 된다. 이 반복계산을 계속하면 근 $\alpha = 0.6192$를 얻는다.

Secant법으로 근의 근사값 $x_3, x_4, \cdots$을 차례로 구하는 경우, $f(x_1)f(x_2) < 0$이 될 조건이 요구되지 않기 때문에 차례로 개선되는 근이 얼마나 근 α에서 떨어져 있는지는 알수 없으며, 근사근을 개량하는 데 양단 x_0과 x_1의 값은 교대로 계속 변한다.

Secant법의 알고리즘은 다음과 같다.

Algorithm Secant

1. Input $\{x_0,\ x_1,\ \varepsilon_1,\ \varepsilon_1,\ k_{max}\}$
2. $f_0 = f(x_0)$ and $f_1 = f(x_1)$
3. For $k = 1$ to k_{max}
   - $x_2 = x_1 - \dfrac{f_1}{f_1 - f_0}(x_1 - x_0)$
   - $f_2 = f(x_2)$
   - If $|x_2 - x_1| < \varepsilon_1$, or $|f_2| < \varepsilon_2$ then
   - Output $\{x_2,\ f_2\}$ and Stop
   - Else
   - $x_0 = x_1$ and $f_0 = f_1$
   - $x_1 = x_2$ and $f_1 = f_2$
4. Output { "Iteration over" }

(2) Secant법의 수렴속도

Secant법의 반복공식은

$$x_{n+1} = g(x_n) = x_n - f(x_n)\frac{x_n - x_{n-1}}{f(x_n) - f(x_{n-1})}$$

이다. 여기서

$$g(x) = x - f(x)\frac{x - x_{n-1}}{f(x) - f(x_{n-1})} \tag{3}$$

이라면 $f(\alpha) = 0$이므로

$$g(\alpha) = \alpha - f(\alpha)\frac{\alpha - x_{n-1}}{f(\alpha) - f(x_{n-1})} = \alpha$$

따라서 α는 $x = g(x)$의 근이다.

$$\begin{aligned} g'(x) = 1 &- f'(x)\frac{x - x_{n-1}}{f(x) - f(x_{n-1})} \\ &- f(x)\frac{f(x) - f(x_{n-1}) - f'(x)(x - x_{n-1})}{\{f(x) - f(x_{n-1})\}^2} \end{aligned}$$

이고, $f(\alpha) = 0$이므로

$$\begin{aligned} g'(\alpha) &= 1 - f'(\alpha)\frac{\alpha - x_{n-1}}{f(\alpha) - f(x_{n-1})} \\ &= \frac{f(\alpha) - f(x_{n-1}) - (\alpha - x_{n-1})f'(\alpha)}{f(\alpha) - f(x_{n-1})} \end{aligned} \tag{4}$$

Taylor 정리를 써서 $f(x_{n-1})$을 α를 중심으로 전개하면

$$f(x_{n-1}) = f(\alpha) + (x_{n-1} - \alpha)f'(\xi),\ f(\alpha) = 0$$
$$f(x_{n-1}) = f(\alpha) + (x_{n-1} - \alpha)f'(\alpha) + \frac{1}{2}(x_{n-1} - \alpha)^2 f''(\zeta)$$

이므로 식 (4)는

$$g'(\alpha) = \frac{-\frac{1}{2}(x_{n-1} - \alpha)^2 f''(\zeta)}{(\alpha - x_{n-1})f'(\xi)} = \frac{1}{2}(x_{n-1} - \alpha)\frac{f''(\zeta)}{f'(\xi)} \tag{5}$$

그런데 $g(x_n)$을 α에 관한 Taylor 전개를 제 2항까지 취하면($g'(\alpha) \neq 0$)

$$\begin{aligned} g(x_n) &\fallingdotseq g(\alpha) + (x_n - \alpha)g'(\alpha) \\ &= g(\alpha) + (x_n - \alpha)\frac{1}{2}(x_{n-1} - \alpha)\frac{f''(\zeta)}{f'(\xi)} \end{aligned} \tag{6}$$

이고, $g(x_n) = x_{n+1}$, $g(\alpha) = \alpha$이므로 식 (6)은

$$e_{n+1} = x_{n+1} - \alpha = g(x_n) - g(\alpha) = \frac{1}{2}(x_{n-1} - \alpha)(x_n - \alpha)\frac{f''(\zeta)}{f'(\xi)}$$
$$= \frac{f''(\zeta)}{2f'(\xi)}e_n e_{n-1} \tag{7}$$

단, ζ와 ξ는 x_{n-1}과 α 사이의 값이다.

수렴차수를 p라면

$$e_n \simeq c(e_{n-1})^p,\ e_{n+1} \simeq c(e_n)^p$$

이므로, 식 (7)에서 $\dfrac{f''(\zeta)}{2f'(\xi)} = k$ 라면

$$e_{n+1} \simeq c(e_n)^p = ke_n e_{n-1} \simeq ke_n \left(\frac{e_n}{c}\right)^{\frac{1}{p}} = kc^{-\frac{1}{p}}(e_n)^{1+\frac{1}{p}}$$

양변에서 e_n의 지수와 상수항을 비교하여

$$p = 1 + \frac{1}{p},\ k = \frac{f''(\zeta)}{2f'(\xi)},\ c = kc^{-\frac{1}{p}}$$

p의 값은 $p^2 - p - 1 = 0$에서 $p = \frac{1}{2}\left(1 \pm \sqrt{5}\right)$이다.

그런데 Secant법은 수렴하므로 $|p| > 1$이다. 따라서 Secant법의 수렴차수는

$$p = \frac{1}{2}\left(1 + \sqrt{5}\right) \fallingdotseq 1.618,\ \frac{1}{p} = 0.618 \tag{8}$$

이고, c의 값은 $c = kc^{-\frac{1}{p}}$ 에서 $k = c^{1+\frac{1}{p}} = c^p$이므로 $c = k^{\frac{1}{p}}$ 이다.

$$\therefore c = \left(\frac{f''}{2f'}\right)^{\frac{1}{p}} = \left(\frac{0.5f''}{f'}\right)^{0.618} \tag{9}$$

지금까지의 반복계산법에서 p와 c의 값을 표로 나타내면 다음과 같다.

계산법	수렴차수 p	c의 값
고정점 반복법	1	g'
2분법	1	0.5
Newton법	2	$0.5f''/f'$
Secant법	1.618	$\left(\frac{f''}{2f'}\right)^{0.618}$

3.2.4 Regula-Falsi의 방법

(1) 반복공식

이 방법은 선형보간법이다. 함수 $f(x)$가 구간 $(x_0,\ x_1)$에서 연속이고, $f(x_0)$과

$f(x_1)$이 서로 다른 부호를 가진다 하자. 두 점 $(x_0, f(x_0))$와 $(x_1, f(x_1))$을 지나는 직선의 방정식은

$$y - f(x_1) = \frac{f(x_1) - f(x_0)}{x_1 - x_0}(x - x_1)$$

이고, $y = 0$ 되는 x 좌표 x_2는 $f(x) = 0$의 근이고, 다음과 같다.

$$\boxed{x_2 = x_1 - \frac{f(x_1)}{f(x_1) - f(x_0)}(x_1 - x_0) = \frac{x_0 f(x_1) - x_1 f(x_0)}{f(x_1) - f(x_0)}} \quad (1)$$

이렇게 x_2를 구할 때 다음 세 가지 경우가 발생한다. 그림 3.15를 참조하라.

① $f(x_0)$과 $f(x_2)$의 부호가 서로 다르면, 근은 구간 (x_0, x_2) 사이에 있다.(그림 (a))
② $f(x_1)$과 $f(x_2)$의 부호가 서로 다르면, 근은 구간 (x_1, x_2) 사이에 있다.(그림 (b))
③ $f(x_2) = 0$이면, x_2가 구하려는 근 a이다.

(a)의 경우는 x_2를 x_1로 놓고, 식 (1)을 반복계산하여 새로운 x_2를 구한다.
(b)의 경우는 x_2를 x_0으로 놓고, 식 (1)을 반복계산하여 새로운 x_2를 구한다.

Regula-Falsi법에 의하면 근이 들어 있는 구간의 폭이 작아지기는 하지만, 근의 근방에서 곡선 $y = f(x)$가 아래로 凸이면 x_0이, 위로 凸이면 x_1이 고정되기 때문에 구간 $[x_0, x_1]$는 0에 수렴하지 않는다. 이 방법은 1차 수렴하나 2분법보다 빨리 수렴한다.

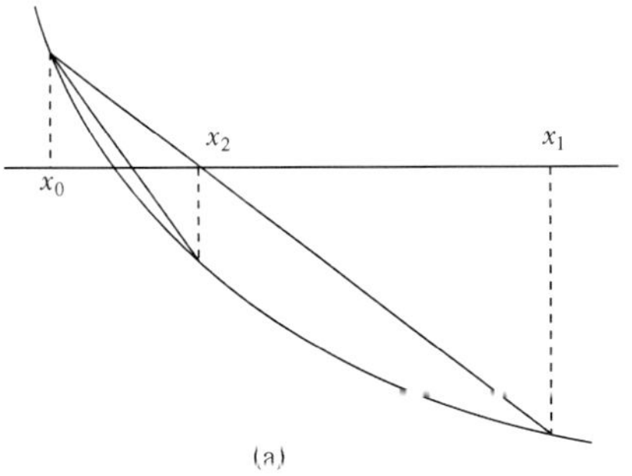

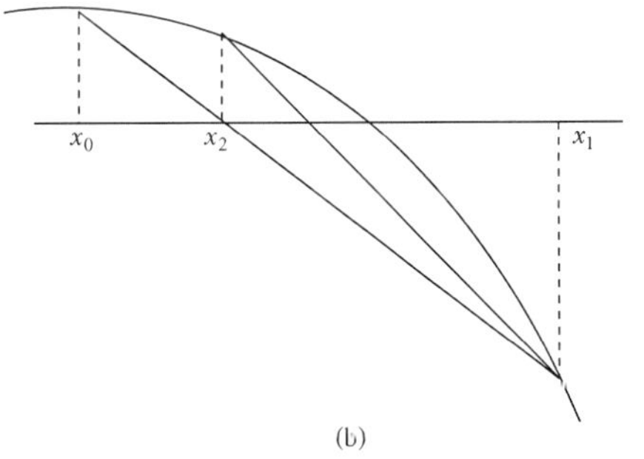

그림 3.15

이 해법에서 근의 초기값 x_0, x_1에 대하여 $f(x_0)f(x_1) < 0$이면 근 α는 $\alpha \in (x_0, x_1)$이고, 그림 (a), (b)의 경우

(a) 곡선이 아래로 凸인 경우 반복법으로 얻어지는 근사해는 감소수렴한다.
(b) 곡선이 위로 凸인 경우 반복법으로 얻어지는 근사해는 증가수렴한다.

Regula-Falsi법은 그림 3.15의 경우와 같을 때는 x_0이거나 x_1의 한쪽이 고정되므로, $|x_0 - x_1|$이 0에 수렴하지는 않는다. 따라서 이 방법에서의 수렴판정기준은

$$\left|\frac{(x_1 - x_0)f_1}{f_1 - f_0}\right| < \varepsilon, \text{ 또는 } |f_2| < \delta \tag{2}$$

로 해야 한다. 이 조건이 발생할 때, $\alpha \simeq x_2$로 한다.

> **예제 1**
>
> $f(x) = x^3 + x^2 - 3x - 3 = 0$의 구간 (1, 2) 사이에 있는 근을 Regula-Falsi법으로 풀어라.

풀이 1° $x_0 = 1.0$, $x_1 = 2.0$이라면 $f(x_0) = -4.0$, $f(x_1) = 3.0$이므로

$$x_2 = 2.0 - \frac{3.0}{3.0 - (-4.0)}(2.0 - 1.0) = 1.57142$$

$f''(1.57142) > 0$이므로 아래로 凸이다. $f(x_2) = -1.36449$이고, 구간 (1, 2)에서 곡선은 아래로 凸이므로 근은 구간 (1.57142, 2.0) 사이에 있다.

2° $x_0 = 1.57142$, $x_1 = 2.0$이라면

$$x_2 = 2.0 - \frac{3.0}{3.0 - (-1.36449)}(2 - 1.57142) = 1.70541$$

마찬가지로 반복계산하면 x_2의 값은 차례로 다음과 같이 얻어진다.

$x_0 = 1.70541$, $x_1 = 2.0$일 때, $x_2 = 1.72788$

$x_0 = 1.72788$, $x_1 = 2.0$일 때, $x_2 = 1.73140$

$x_0 = 1.73140$, $x_1 = 2.0$일 때, $x_2 = 1.73194$

마지막 근사해는 $x_2 = 1.73194$이고, 오차는 0.00011이다.

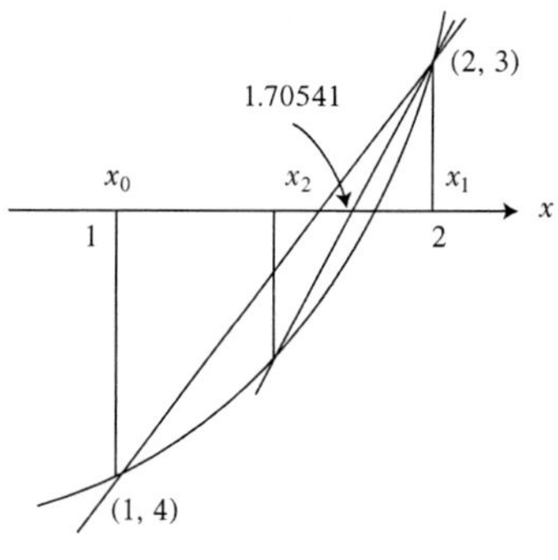

그림 3.16

(2) 알고리즘

Regula-Falsi법의 알고리즘은 다음과 같다.

Algorithm Regula-Falsi Method

1. Input $\{x_2, x_2, \varepsilon, \delta, k_{max}\}$
2. $f_0 = f(x_0)$, $f_1 = f(x_1)$
3. For $k = 1$ to k_{max} do

$$dx = \frac{(x_1 - x_0)f_1}{f_1 - f_0}$$

$x_2 = x_1 - dx$

$f_2 = f(x_2)$

If $|dx| < \varepsilon$ or $|f_2| < \delta$ then go to 4

Else

if $f_1 \cdot f_2 < 0$ then

$x_1 = x_2, \; f_1 = f_2$

Else

$x_0 = x_2, \; f_0 = f_2$

4. Output x_2

예제 2 Regula-Falsi법으로 다음 방정식의 근 가운데 구간[3, 4]에 들어 있는 근을 위 알고리즘에 따라 구하여라. 단, $x_0 = 3, \; x_1 = 4, \; \varepsilon = \delta = 0.001$이다.

$$f(x) = x^2 - 3x - 3 = 0$$

풀이 1. $x_2 = 3, \; x_2 = 4, \; \varepsilon = \delta = 0.001, \; k_{max} = 10$으로 하자.

2. $f_0 = f(x_0) = f(3) = -3, \; f_1 = f(x_1) = f(4) = 1$

3. $k=1$ $dx = \frac{(x_1 - x_0)f_1}{f_1 - f_0} = \frac{(4-3)(1)}{1-(-3)} = \frac{1}{4} = 0.25$

$x_2 = x_1 - dx = 4 - 0.25 = 3.75$

$f_2 = f(x_2) = f(3.75) = -0.1875, \; |dx| = 0.25 > \varepsilon, \; |f_2| = 0.1875 > \delta$

$f_1 f_2 < 0$ 이므로, $x_0 = x_2 = 3.75, \; \alpha \in (3.75, \; 4)$

$x_0 = 3.75, \; x_1 = 4, \; f_0 = f_2 = -0.1875, \; f_1 = 1$

$k=2$ $dx = \frac{(x_1 - x_0)f_1}{f_1 - f_0} = \frac{(4-3.75)(1)}{1-(-0.1875)} = 0.2105$

$\therefore x_2 = x_1 - dx = 4 - 0.2105 = 3.7895$

$f_2 = f(x_2) = f(3.7895) = -0.0082$

$|dx| = 0.2105 > \varepsilon, \; |f_2| = 0.0082 > \delta, \; f_1 \cdot f_2 < 0, \; f_0 f_2 > 0$이므로

$x_0 = 3.7895, \; x_1 = 4, \; f_0 = -0.0082, \; f_1 = 1$

$k=3$ $dx == \frac{(4-3.7895)(1)}{1-(-0.0082)} = 0.2088$

$\therefore x_2 = x_1 - dx = 4 - 0.2088 = 3.7912$

$|dx| > \varepsilon, \; |f_2| = |f(3.7912)| = 0.00040 < 0.001$

$\therefore \alpha = x_2 = 3.7912$

참값 $\alpha = \frac{3 + \sqrt{9+12}}{2} = 3.79128$

3.2.5 Aitken의 Δ^2 방법

반복법 $x_{n+1} = g(x_n)$이 1차 수렴할 때 $\lim_{n \to \infty} \frac{x_{n+1} - \alpha}{x_n - \alpha} = A\ (0 < |A| < 1)$이라면

$$x_{n+1} - \alpha = (A + \varepsilon_n)(x_n - \alpha).\ |A| < 1,\ \varepsilon_n \to 0 \tag{1}$$

이 성립한다. 따라서 충분히 큰 n에 대하여

$$x_{n+1} - \alpha \fallingdotseq A(x_n - \alpha),\ x_{n+2} - \alpha \simeq A(x_{n+1} - \alpha),\ |A| < 1 \tag{2}$$

가 성립 된다. 식 (2)의 두 식에서 A를 소거한다.

$$\frac{x_{n+1} - \alpha}{x_n - \alpha} \simeq \frac{x_{n+2} - \alpha}{x_{n+1} - \alpha} \tag{3}$$

또는

$$(x_{n+2} - \alpha)(x_n - \alpha) \simeq (x_{n+1} - \alpha)^2$$

전개하면

$$x_{n+2}x_n - \alpha(x_{n+2} + x_n) + \alpha^2 \simeq x_{n+1}^2 - 2\alpha x_{n+1} + \alpha^2$$

α에 관하여 풀면

$$\alpha(x_{n+2} - 2x_{n+1} + x_n) \simeq x_{n+2}x_n - x_{n+1}^2$$
$$\therefore \alpha \simeq \frac{x_{n+2}x_n - x_{n+1}^2}{x_{n+2} - 2x_{n+1} + x_n} = x_n - \frac{(x_{n+1} - x_n)^2}{x_{n+2} - 2x_{n+1} + x_n} \tag{4}$$

공식 (4)를 써서 새로운 수열 $\{y_n\}$을 다음과 같이 정의한다.

$$\boxed{y_n = x_n - \frac{(x_{n+1} - x_n)^2}{x_{n+2} - 2x_{n+1} + x_n} = x_n - \frac{(\Delta x_n)^2}{\Delta^2 x_n}\ (n = 0,\ 1,\ 2,\ \cdots)} \tag{5}$$

여기서 기호 $\Delta x_n = x_{n+1} - x_n$, $\Delta^2 x_n = \Delta x_{n+1} - \Delta x_n = (x_{n+2} - x_{n+1}) - (x_{n+1} - x_n) = x_{n+2} - 2x_{n+1} + x_n$를 사용하였으며, Δx_n을 제 1계차, $\Delta^2 x_n$을 제 2계차라고 한다.

식 (5)로 정의되는 수열 $\{y_n\}$은 수열 $\{x_n\}$보다 빨리 수렴한다. 이렇게 식 (5)에 의하여 근 α를 구하는 방법을 **Aitken의 Δ^2 방법**이라 한다. 흔히 x_n은 고정점 반복법으로 쉽게 구한다.

> 보기1　방정식 $x^2 - 2x - 3 = 0$의 양의 근을 Aiken의 Δ^2 방법으로 y_3을 구해보자. 단, $x_0 = 4$로 하고, x_n은 반복공식 $x_{n+1} = \sqrt{2x_n + 3}$에 의하여 구한다.

해설

$$y_n = x_n - \frac{(x_{n+1} - x_n)^2}{x_{n+2} - 2x_{n+1} + x_n} = x_n - \frac{(\Delta x_n)^2}{\Delta^2 x_n},\quad x_{n+1} = \sqrt{2x_n + 3}\ (n = 0,\ 1,\ 2,\ \cdots)$$

$x_0 = 4$를 고정점 반복공식 $x_{n+1} = \sqrt{2x_n + 3}$에 대입하여 $x_1,\ x_2,\ \cdots$을 차례로 구하고, Δx_n 및 $\Delta^2 x_n$을 구하면 다음과 같다.

n	x_n	Δx_n	$\Delta^2 x_n$
0	4.000		
		−0.6834	
1	3.3166		0.4705
		−0.2129	
2	3.1037		0.1436
		−0.0693	
3	3.0344		0.0463
		−0.0230	
4	3.0114		

이렇게 x_n을 구해나가면 근 α의 근사값을 구할 수 있으나, $x_0 = 4,\ x_1 = 3.3166,\ x_2 = 3.1037,\ x_3 = 3.0344,\ \Delta x_0 = -0.6834,\ \Delta x_1 = -0.2129,\ \Delta^2 x_0 = 0.4705,\ \Delta^2 x_1 - 0.1436$을 식 (5)에 대입하면

$$y_0 = 4 - \frac{(-0.6834)^2}{0.4705} = 3.0074,\ y_1 = 3.3166 - \frac{(-0.2129)^2}{0.1436} = 3.0010$$
$$y_2 = 3.1037 - \frac{(-0.0693)^2}{0.0436} = 3.0000$$

이고, y_2는 x_7의 값과 같다. 이 방법으로 고정점 반복법의 반복횟수를 반으로 줄여서 좋은 근사근을 구할 수 있다.

참고　Aieken의 Δ^2방법의 알고리즘은 연습문제 3.2 문제 7을 참조하라.

3.2.6 Steffenson의 방법

Aitken의 Δ^2 방법은 x_0을 초기 근사근으로 하고, $x_1,\ x_2,\ x_3,\ \cdots$을 고정점 반복법으로 일단 구해 놓고, $\Delta x_n,\ \Delta^2 x_n\ (n = 0,\ 1,\ 2,\ \cdots)$을 구한 다음에 $y_0,\ y_1,\ \cdots$을 구하는 2단계 해법으로 풀어야 한다.

좀더 빠르게 풀려면, 고정점 반복공식 $x_{n+1} = g(x_n)$을 써서 x_1과 x_2를 구하고, $\Delta x_0,\ \Delta^2 x_0$을 이용하여 최초의 근사해 $x_0^{(1)}(= y_0)$를 구한다. 두번째 근사해 $x_1^{(1)}$을 구하는 데 첫번째 얻는 근사해 $x_0^{(1)}$를 써서 고정점반복법으로 $x_1 = g(x_0^{(1)}),\ x_2 = g(x_1)$를 구하고 $\Delta x_1,\ \Delta^2 x_1$,을 구해서, Aitken 공식으로 $x_1^{(1)}$을 구한다.

이렇게 반복해나가면 더 빠르게 해에 근접한다.

이러한 해법을 **Steffensen의 방법**이라 한다.

> **예제 1** $f(x) = x^2 - 2x - 3 = 0$의 양의 근을 고정점 반복공식
>
> $$x_{n+1} = \sqrt{2x_n + 3},\ x_0 = 4$$
>
> 을 이용해서 Steffensen의 반복법으로 구하여라.

풀이 $x_n^{(1)} = x_n - \dfrac{(\Delta x_n)^2}{\Delta^2 x_n},\ x_0 = 4,\ g(x_n) = \sqrt{2x_n + 3}$

$n = 0$일 때; $x_1 = g(x_0) = g(4) = 3.3166,\ x_2 = g(x_1) = 3.1037$이므로

$$\Delta x_1 = x_2 - x_1 = -0.2129,\ \Delta x_0 = -0.6834,\ \Delta^2 x_0 = \Delta x_1 - \Delta x_0 = 0.4705$$

$$\therefore x_0^{(1)} = x_0 - \frac{(\Delta x_0)^2}{\Delta^2 x_0} = 4 - \frac{(-0.6834)^2}{0.4705} = 3.0074$$

$n = 1$일 때 $x_1 = g\left(x_0^{(1)}\right) = g(3.0074) = 3.0025,\ x_2 = g(x_1) = g(3.002) = 3.0008$이고
$\Delta x_0 = x_1 - x_0 = -0.0049,\ \Delta x_1 = x_2 - x_1 = -0.0017$이며, $\Delta^2 x_0 = 0.0032$이므로

$$x_1^{(1)} = x_1 - \frac{(\Delta x_1)^2}{\Delta^2 x_1} = 3.0025 - \frac{(-0.0017)^2}{0.0032} = 3.0016$$

이후에 얻어지는 근사근은 모두 3이 된다. 따라서 구하는 근사근은

$$\alpha = 3$$

이고, 이 근사근은 참값과 같다.

Steffensen 방법으로 방정식의 근을 구하는 알고리즘은 다음과 같다.

Algorithm Steffensen's Method

1. Input $\{x_0,\ \varepsilon,\ n_0\}$
2. $i = 1$
3. While $i < n_0$ do

   $x_1 = g(x_0)$

   $x_2 = g(x_1)$

   $x = x_0 - \dfrac{(x_1 - x_0)^2}{x_2 - 2x_1 + x_0}$

```
        If |x - x_2| < ε then output x
            Else
            i = i + 1
        x_0 = x
    4. Output ( 'Method failed after n_0 iteration n_0 =' ; n_0 )
       Stop
```

예제 2 Steffensen의 반복법으로 방정식 $x^3+4x^2-10=0$의 근을 초기값 $x_0=1.5$로 하여 구하여라. 단, $\varepsilon<10^{-5}$로 한다.

풀이 **1단계** 준방정식에서 고정점 반복식을 구하면

$$x^2(x+4)=10\text{에서 } x_{n+1}=\left(\frac{10}{x_n+4}\right)^{\frac{1}{2}}=g(x_n)\ \cdots\ ①$$

$x_0=1.5$를 반복공식 ①에 대입하여 x_1, x_2를 구한다.

$$x_1=\left(\frac{10}{1.5+4}\right)^{\frac{1}{2}}=1.348399725=g(x_0)$$

$$x_2=\left(\frac{10}{x_1+4}\right)^{\frac{1}{2}}=1.36737632=g(x_1)$$

이므로 근사근을 가속화하는 Aitken의 Δ^2 방법으로 $x_0^{(1)}$을 구하면

$$x_0^{(1)}=x_0-\frac{(x_1-x_0)^2}{x_2-2x_1+x_0}=1.365265224$$

$\left|x_0^{(1)}-x_2\right|>\varepsilon$이므로, $x_0=1.365265224$로 한다.

2단계 $x_0^{(1)}$을 x_0로 하여 반복공식 ①에 대입하여

$$x_1=\left(\frac{10}{1.365265224+4}\right)^{\frac{1}{2}}=1.365225534=g(x_0)$$

$$x_2=\left(\frac{10}{x_1+4}\right)^{\frac{1}{2}}=1.365230583=g(x_1)$$

이므로 가속화하는 Aitken의 Δ^2 방법에 의하여

$$x_1^{(1)}=x_1-\frac{(x_1-x_0)^2}{x_2-2x_1+x_0}=1.365230013$$

여기서 얻은 $x_1^{(1)}=1.365230013$은 소수점 아래 9위까지 정확하다.

3.2.7 Muller의 방법

Muller법은 2차식을 사용하는 보간법으로서 구하려는 근의 근방의 세 점 $(x_0, f(x_0))$, $(x_1, f(x_1))$, $(x_2, f(x_2))$에 2차다항식을 적합시켜서, 적합시킨 2차방정식의 근 x_3을 주어진 방정식 $f(x) = 0$이 근의 근사값으로서 취하는 방법이다.

근의 개량은 적합시킨 2차방정식의 근과 이에 가장 가까운 두 개의 근사근을 사용하여 위 방법을 반복한다. Muller법에서 근의 근방의 세 점을 지나는 2차함수를 간단히 구하기 위하여, 가운데 점 x_2에 y축이 지나도록 좌표축을 평행이동하면 3점을 지나는 2차함수는 간단히 구할 수 있다.

이 경우 $v = x - x_2$라 하고, 구하려는 2차함수를

$$p_2(v) = av^2 + bv + c \tag{1}$$

라고 하자.

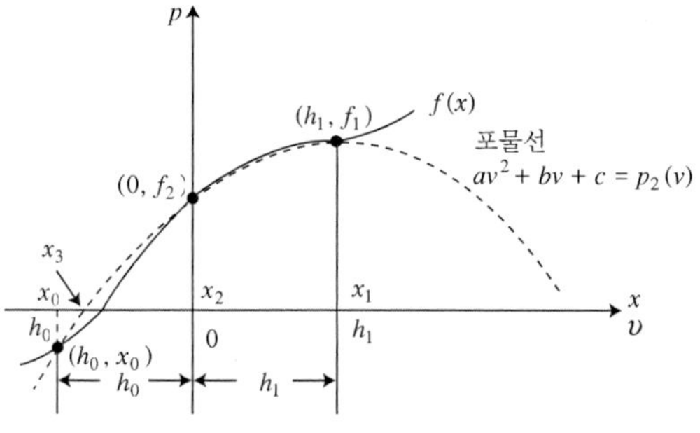

그림 3.17

$h_0 = x_0 - x_2$, $h_1 = x_1 - x_2$이라면 세 점 (x_0, f_0), (x_1, f_1), (x_2, f_2)의 좌표는 차례로 (h_0, f_0), (h_1, f_1), $(0, f_2)$가 된다. 이들 점의 좌표를 2차함수 $y = p_2(v)$에 대입한 다음 세 식에서 2차함수의 계수가 쉽게 구해진다.

$$\begin{aligned} v = 0 \ &;\ a(0)^2 + b(0) + c = f_2 \\ v = h_1 \ &;\ ah_1^2 + bh_1 + c = f_1 \\ v = h_0 \ &;\ ah_0^2 + bh_0 + c = f_0 \end{aligned} \tag{2}$$

첫째 방정식에서 $c = f_2$이고, 둘째, 셋째 방정식을 연립하여 a를 구하고, 둘째 방정식에서 b를 구하면 a, b, c는 다음과 같다.

$$a = \frac{h_0(f_1 - c) - h_1(f_0 - c)}{h_1^2 h_0 - h_1 h_0^2},\ b = \frac{f_1 - f_2 - ah_1^2}{h_1},\ c = f_2 \tag{3}$$

계수 a, b, c를 써서 방정식 $av^2 + bv + c = 0$의 근을 구한다. 이 경우 중점 x_2에 가장 가까운 근을 개량될 근으로 선택한다.

$$\upsilon = \frac{-b \pm \sqrt{b^2-4ac}}{2a} = \frac{b^2-(b^2-4ac)}{2a\left(-b \mp \sqrt{b^2-4ac}\right)} = -\frac{2c}{b \pm \sqrt{b^2-4ac}}$$

$x = x_2 + \upsilon$이므로

$$\boldsymbol{x = x_2 - \frac{2c}{b \pm \sqrt{b^2-4ac}} = x_2 - \frac{2c}{b + \mathrm{sgn}(b)\sqrt{b^2-4ac}}} \tag{4}$$

단, 분모의 절대값이 최대가 되도록 복호 ±부호는 sgn(b)로 하여 $b > 0$이면 +, $b < 0$이면 −, $b = 0$이면 어느 부호나 선택된다.

이렇게 구한 근이 x_2의 오른쪽에 있으면 이 근을 x_0으로 하고, 이 근과 x_2, x_1에 대한 점을 세 점으로 취하고, 이렇게 구한 근이 x_2의 왼쪽에 있으면 이 근을 x_1로 하고, 이 근과 x_0, x_2에 대한 점을 세 점으로 취해서 이들 3점을 지나는 2차함수를 구하여 새로운 근사해를 같은 방식으로 개량해나간다.

보기1 $f(x) = x^3 - 2x - 3 = 0$의 근의 초기 근사값을 $x_0 = 0, x_2 = 1$, $x_1 = 2$로 하여 Muller법으로 첫번째 근사근을 구해보자.

해설 $f(0) = -3$, $f(1) = -4$, $f(2) = 1$

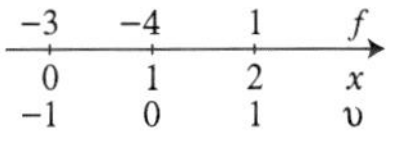

이므로, 구하려는 근은 분명히 $x_0 = 0$, $x_2 = 1$, $x_1 = 2$의 3수 사이에 있다.

$$\upsilon = x - x_2 = x - 1,\ h_0 = x_0 - x_2 = 0 - 1 = -1,\ h_1 = x_1 - x_2 = 2 - 1 = 1$$

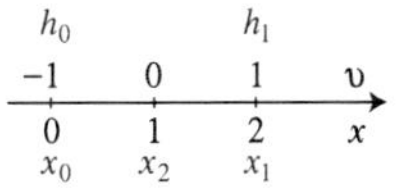

$p(\upsilon) = a\upsilon^2 + b\upsilon + c$이라면 $\upsilon = 0$, $h_1 = 1$, $h_0 = -1$에서

$p(0) = a(0^2) + b(0) + c = -4$에서 $c = -4$

$$\left.\begin{aligned} p(h_1) &= ah_1^2 + bh_1 + c = a + b - 4 = 1 \\ p(h_0) &= ah_0^2 + bh_0 + c = a - b - 4 = -3 \end{aligned}\right\}\text{에서 } a = 3,\ b = 2$$

구하는 2차 함수는

$$p(\upsilon) = 3\upsilon^2 + 2\upsilon - 4$$

이므로, $p(\upsilon) = 0$에서 $\upsilon = \dfrac{-1 \pm \sqrt{13}}{3} = \dfrac{-1 \pm 3.6056}{3} = \begin{cases} 0.8685 = \alpha \\ -1.5352 = \beta \end{cases}$

$b > 0$이므로, $\upsilon = \dfrac{-1 + \sqrt{13}}{3} = 0.8685 \therefore x = \upsilon + x_2 = 1.8685$

Muller법의 알고리즘은 다음과 같다.

Algorithm Muller's Method

1. Input {delta, eps, max, x_0, x_1, x_2}
2. For $k = 1$ to max

   0 $y_0 = f(x_0),\ y_1 = f(x_1),\ y_2 = f(x_2)$
   1 $h_0 = x_0 - x_2,\ h_1 = x_1 - x_2$
   2 $c = y_2,\ e_0 = y_0 - c,\ e_1 = y_1 - c$
   3 $\det = h_0 h_1 (h_0 - h_1)$
   4 $a = (e_0 h_1 - h_0 e_1) / \det$
   5 $b = (e_1 - a h_1^2) / h_1$
   6 If $b^2 > 4ac$ then $d = \text{sqrt}(b^2 - 4ac)$
   Else $d = 0$
   7 If $b < 0$ Then $d = -d$
   8 $v = -2c/(b + \text{sgn}(b))d$
   9 $x_3 = x_2 + v$
   10 If $x_3 > x_2$ then
   $x_0 = x_2,\ x_2 = x_3$, Else $x_1 = x_3$
   11 $dx = |x_3 - x_2|$
   12 *If* $dx <$ delta and $|y_2| <$ eps then
   output "A root of $f(x)$ is" x_2

3. If $dx >$ delta or $|y_2| >$ eps then
   print "Muller' s method did not find a root of $f(x) = 0$."

참고

$$\begin{cases} a h_0^2 + b h_0 = y_0 - c = e_0 \\ a h_1^2 + b h_1 = y_1 - c = e_1 \end{cases}$$

$$a = \frac{\begin{vmatrix} e_0 & h_0 \\ e_1 & h_1 \end{vmatrix}}{\begin{vmatrix} h_0^2 & h_0 \\ h_1^2 & h_1 \end{vmatrix}} = \frac{e_0 h_1 - e_1 h_0}{h_0 h_1 (h_0 - h_1)}$$

$b h_1 = e_1 - a h_1^2$에서

$$b = \left(e_1 - a h_1^2\right) / h_1 = \left(y_1 - c - a h_1^2\right) / h_1$$

$a v^2 + b v + c = 0$에서

$$v = \frac{-2c}{b + \text{sgn}(b) d}$$

3.2.8 Halley의 방법

$f(x)=0$의 근을 구하는 데, $f(x)$를 x_n을 중심으로 하는 Taylor 급수로 전개한 식

$$f(x)=f(x_n)+f'(x_n)(x-x_n)+\frac{f''(x_n)}{2!}(x-x_n)^2+\cdots \tag{1}$$

에서 우변의 전개식을 3항까지 취하고, $f(x_{n+1})\fallingdotseq 0$이라면

$$f(x_n)+f'(x_n)(x_{n+1}-x_n)+\frac{f''(x_n)}{2}(x_{n+1}-x_n)^2=0 \tag{2}$$

x_{n+1}에 관하여 풀기 위하여 $x_{n+1}-x_n$에 관하여 묶으면

$$(x_{n+1}-x_n)\left[f'(x_n)+\frac{f''(x_n)}{2}(x_{n+1}-x_n)\right]=-f(x_n) \tag{3}$$

$$\therefore x_{n+1}=x_n-\frac{f(x_n)}{f'(x_n)+\dfrac{f''(x_n)}{2}(x_{n+1}-x_n)} \tag{4}$$

그런데 Newton의 공식 $x_{n+1}-x_n=-\dfrac{f(x_n)}{f'(x_n)}$을 우변의 분모에 대입하면 다음과 같다.

Halley의 공식

$$\boldsymbol{x_{n+1}=x_n-\frac{f(x_n)}{f'(x_n)-\dfrac{f''(x_n)f(x_n)}{2f'(x_n)}}} \tag{5}$$

이 공식을 **Halley의 공식**이라 한다.

> **참고** 식 (1)에서 우변을 2항까지만 취하고, $f(x_{n+1})=0$이라면 Newton법의 반복공식이 얻어진다.

예제 1 $f(x)=x^3-x-10=0$의 근사근을 소수점 아래 여섯째 자리까지 구하여라.

풀이 $f(2)\cdot f(4)<0$이므로, 근은 구간 (2, 4) 안에 있다.

$f(x) = x^3 - x - 10$, $f'(x) = 3x^2 - 1$, $f''(x) = 6x$ 이므로 Halley의 공식에서

$$x_{n+1} = x_n - \frac{x_n^3 - x_n - 10}{3x_n^2 - 1 - \dfrac{6x_n(x_n^3 - x_n - 10)}{2(3x_n^2 - 1)}}$$

초기값을 $x_0 = 4$라 하면 $x_1 = 2.539466$, $x_2 = 2.31043$, $x_3 = 2.308707$, $x_4 = 2.308707$, …이므로 소수점 아래 6자리까지 정확한 근은 $x = 2.308707$ 이다.

Halley법의 수렴속도를 구해보자.

$$g(x) = x - \frac{f(x)}{f'(x) - \dfrac{f(x)f''(x)}{2f'(x)}}$$

이고, $x_{n+1} = g(x_n)$, $g(\alpha) = \alpha$ 이다. $g(x)$를 $x = \alpha$를 중심으로 전개하면

$$g(x) = g(\alpha) + g'(\alpha)(x-\alpha) + \frac{1}{2}g''(\alpha)(x-\alpha)^2 + \frac{1}{3!}g'''(\alpha)(x-\alpha)^3 + \cdots$$

Halley법에서

$$g'(\alpha) = g''(\alpha) = 0, \ g'''(\alpha) = \frac{3[f''(\alpha)]^2}{2[f'(\alpha)]^2} - \frac{f'''(\alpha)}{f'(\alpha)} \neq 0$$

이므로, $g(x)$를 3차항까지 전개하면

$$g(x) - g(\alpha) = K(x-\alpha)^3, \ k = \frac{1}{6}g'''(\xi)$$

따라서 수렴차수는 3차이다. Halley법은 Newton법보다 빨리 수렴한다.

3.2.9 Bairstow의 방법

$p(x)$가 n차와 다항식

$$p(x) = a_n x^n + a_{n-1}x^{n-1} + \cdots a_2 x^2 + a_1 x + a_0 \quad (1)$$

이라 하고, $p(x)$를 2차식 $x^2 - rx - s$로 나눌 때

$$p(x) = (x^2 - rx - s)Q(x) + u(x-r) + v \quad (2)$$

이라면, 몫 $Q(x)$는 $n-2$ 차의 다항식이고, 나머지는 1차식 $u(x-r) + v$ 이다.

몫 $Q(x)$를

$$Q(x) = b_n x^{n-2} + b_{n-1} x^{n-3} + \cdots b_4 x^2 + b_3 x + b_2$$

이라 하고, $u = b_1$, $v = b_0$ 라면 방정식 (2)는

$$\begin{aligned} p(x) = b_n x^n + (b_{n-1} - rb_n) x^{n-1} + (b_{n-2} - rb_{n-1} - sb_n) x^{n-2} + \cdots \\ + (b_k - rb_{k+1} - sb_{k+2}) x^k + \cdots + (b_1 - rb_2 - sb_3) x + b_0 - rb_1 - sb_2 \end{aligned} \tag{3}$$

다항식 (1)과 (3)에서 x^k의 계수를 비교하여 $Q(x)$의 계수 b_k를 구하는 점화식은

$$\boldsymbol{b_n = a_n,\ b_{n-1} = a_{n-1} + rb_n} \\ \boldsymbol{b_k = a_k + rb_{k+1} + sb_{k+2}\ (k = n-2,\ n-3,\ \cdots,\ 1,\ 0)} \tag{4}$$

이들 계산은 다음 표와 같이 계수 a_k를 차례로 가로로 나열하고, $b_k = a_k + sb_{k+2} + rb_{k+1}$을 다음 표와 같이 2차의 조립제법으로 계산한다.

계수 b_k는 a_k 아래에 있는 sb_{k+2}와 rb_{k+1}을 더해서 언는다.

2차 조립제법

a_n	a_{n-1}	a_{n-2}	a_{n-3}	$\cdots$	a_k	$\cdots$	a_2	a_1	a_0
		sb_n	sb_{n-1}	$\cdots$	sb_{k+2}	$\cdots$	sb_4	sb_3	sb_2
	rb_n	rb_{n-1}	rb_{n-2}	$\cdots$	rb_{k+1}	$\cdots$	rb_3	rb_2	rb_1
b_n	b_{n-1}	b_{n-2}	b_{n-3}	$\cdots$	b_k	$\cdots$	b_2	b_1	b_0

예제 1 $p(x) = x^5 + 6x^4 - 20x^2 + 22x + 8$을 $x^2 + 2x - 3$으로 나누는 일을 2차의 조립제법으로 계산하여라.

풀이 이 경우 $r = -2$, $s = 3$이다.

1	6	0	−20	22	8	
		3	12	−15	6	($s = 3$
	−2	−8	10	−4	−6	($r = -2$)
1	4	−5	2	3	8	
b_5	b_4	b_3	b_2	b_1	b_0	

따라서 다항식 $p(x)$는 다음과 같이 나타내진다.

$$p(x) = (x^2 + 2x - 3)(x^3 + 4x^2 - 5x + 2) + 3(x + 2) + 8$$

2차의 조립제법을 써서 $p(x)$의 2차 인수를 구하는 Bairstow의 방법을 알아보자.
다항식 $p(x)$를

$$x^2 - r_0 x - s_0$$

로 나눈 몫을 $Q(x)$이라면

$$p(x) = (x^2 - r_0 x - s_0)Q(x) + u(x - r_0) + v \tag{5}$$

로 나타내진다. u와 v가 작을 때, 2차식 $x^2 - r_0 x - s_0$은 $p(x)$의 인수에 가까워진다.
개량될 2차 인수

$$x^2 - r_1 x - s_1$$

은 $x^2 - r_0 x - s_0$보다 $p(x)$의 인수에 가깝게 되도록 새로운 값 r_1과 s_1을 구한다.
식 (5)의 u와 v를 r과 s의 함수라 하자. 즉

$$u = u(r, s),\ v = v(r, s)$$

새로운 r_1, s_1은 다음 관계

$$r_1 = r_0 + \Delta r,\ s_1 = s_0 + \Delta s \tag{6}$$

를 만족한다 하고, Δr, Δs를 구한다.
함수 u, v에 관하여 다음 근사식이 성립한다.

$$\begin{aligned} u(r_1, s_1) &\simeq u(r_0, s_0) + u_r(r_0, s_0)\Delta r + u_s(r_0, s_0)\Delta s \\ v(r_1, s_1) &\simeq v(r_0, s_0) + v_r(r_0, s_0)\Delta r + v_s(r_0, s_0)\Delta s \end{aligned} \tag{7}$$

새로운 r_1과 s_1이

$$u(r_1, s_1) = 0,\ v(r_1, s_1) = 0 \tag{8}$$

을 만족한다면 작은 Δr, Δs의 값은 다음 연립 1차 방정식에서 근사적으로 구해진다.

$$\begin{aligned} 0 &= u(r_0, s_0) + u_r(r_0, s_0)\Delta r + u_s(r_0, s_0)\Delta s \\ 0 &= v(r_0, s_0) + v_r(r_0, s_0)\Delta r + v_s(r_0, s_0)\Delta s \end{aligned} \tag{9}$$

이 식의 편도함수 u_r, u_s 및 v_r, v_s가 구해지면 Δr과 Δs는 Cramer의 공식에 의하여 구할 수 있다. 이들 편도함수를 구해보자.

① 식 (4)에서 $b_n = a_n$이고, a_n은 r, s에 무관하므로

$$\frac{\partial}{\partial r} b_n = 0,\ \frac{\partial}{\partial s} b_n = 0 \tag{10}$$

② 모든 $a_k (k = n, \cdots, 1, 0)$가 r, s에 무관한 상수이므로 식 (4)에서

$b_{n-1} = a_{n-1} + rb_n$에서 $\quad \dfrac{\partial}{\partial r} b_{n-1} = \dfrac{\partial}{\partial r} a_{n-1} + \dfrac{\partial}{\partial r} rb_n = 0 + b_n = b_n$

$$\frac{\partial}{\partial s} b_{n-1} = \frac{\partial}{\partial s} a_{n-1} + r \frac{\partial}{\partial s} b_n = 0 + r \cdot 0 = 0 \; \left(\frac{\partial}{\partial s} b_n = \frac{\partial}{\partial s} a_n = 0 \right)$$

$$\frac{\partial}{\partial s} b_{n-2} = \frac{\partial}{\partial s} (a_{n-2} + sb_n + rb_{n-1}) = \frac{\partial}{\partial s} a_{n-2} + \frac{\partial}{\partial s} sb_n + r \frac{\partial}{\partial s} b_{n-1} = b_n$$

이상에서 $$\frac{\partial}{\partial r} b_{n-1} = \frac{\partial}{\partial s} b_{n-2} (= b_n) \tag{11}$$

③ $b_{n-2} = rb_{n-1} + sb_n + a_{n-2}$, $\; b_{n-3} = rb_{n-2} + sb_{n-1} + a_{n-3}$을 r, s에 관하여 각각 편미분하면

$$\frac{\partial}{\partial r} b_{n-2} = b_{n-1} + r \frac{\partial}{\partial r} b_{n-1} + s \frac{\partial}{\partial r} b_n = b_{n-1} + rb_n$$

$$\frac{\partial}{\partial s} b_{n-3} = b_{n-1} + r \frac{\partial}{\partial s} b_{n-2} + s \frac{\partial}{\partial s} b_{n-1} = b_{n-1} + rb_n$$

따라서

$$\frac{\partial}{\partial r} b_{n-2} = \frac{\partial}{\partial s} b_{n-3} \tag{12}$$

일반적으로 다음 관계가 성립한다.

$$\frac{\partial}{\partial r} b_k = \frac{\partial}{\partial s} b_{k-1} \; (k = n-1, \cdots, 2, 1) \tag{13}$$

식 (4)에서 다음 관계가 성립된다.

$$\frac{\partial}{\partial r} b_k = b_{k+1} + r \frac{\partial}{\partial r} b_{k+1} + s \frac{\partial}{\partial r} b_{k+2} \; (k = n-2, \cdots, 1, 0) \tag{14}$$

여기서

$$\frac{\partial}{\partial r} b_k = c_{k+1} \tag{15}$$

이라면 식 (14)에서

$$c_{k+1} = b_{k+1} + rc_{k+2} + sc_{k+3}, \quad c_{n+1} = c_{n+2} = 0 \quad (k - n - 1, \cdots, 1, 0) \tag{16}$$

또는 첨자를 하나 낮추어서

$$\boxed{\mathbf{c_k = b_k + rc_{k+1} + sc_{k+2} \; (k = n, n-1, \cdots, 1)}} \tag{17}$$

이 된다. 식 (4)와 식 (17)을 비교하면, 식 (17)은 식 (4)의 a_k를 b_k로, b_k를 c_k로 바꾸

어 놓은 식이다. 그래서 a_k 에서 $b_k(k=n, \cdots, 1, 0)$를 구하는 방법과 같은 방법으로 b_k 에서 c_k를 구할 수 있다.

$Q(x)$를 (x^2-rx-s)로 나눈 나머지를 $c_3(x-r)+c_2$라 하자.

식 (13)에서와 마찬가지로

$$\frac{\partial}{\partial r}c_k=\frac{\partial}{\partial s}c_{k-1}(k=n, \cdots, 3, 2) \tag{18}$$

을 얻고, $u=b_1$, $v=b_0$이고, 식 (13)과 식 (15)에 의하여

$$\begin{aligned} u_r=\frac{\partial}{\partial r}b_1=c_2,\ u_s=\frac{\partial}{\partial s}b_1=\frac{\partial}{\partial r}b_2=c_3 \\ v_r=\frac{\partial}{\partial r}b_0=c_1,\ v_s=\frac{\partial}{\partial s}b_0=\frac{\partial}{\partial r}b_1=c_2 \end{aligned} \tag{19}$$

$u(r_0, s_0)=b_1$이고, $v(r_0, s_0)=b_0$이므로, 연립 1차방정식

$$\begin{cases} v_r\Delta r+v_s\Delta s=-v(r_0, s_0) \\ u_r\Delta r+u_s\Delta s=-u(r_0, s_0) \end{cases}$$

에서 $v_r=c_1$, $v_s=c_2$, $u_r=c_2$, $u_s=c_3$이므로

$$\begin{cases} c_1\Delta r+c_2\Delta s=-b_0 \\ c_2\Delta r+c_3\Delta s=-b_1 \end{cases} \tag{20}$$

Cramer의 공식에 의하여 Δr, Δs를 구해서

$$r_1=r_0+\Delta r,\ s_1=s_0+\Delta s$$

에 대입하면 r, s에 대한 개량된 근사값 r_1, s_1이 얻어진다.

r과 s에 대한 좋은 근사값이 찾아질 때까지 위 과정을 반복한다.

2차의 조립제법으로 b_k를 계산하는 표에서 c_k도 같은 방법으로 다음 표와 같이 구할 수 있다.

Bairstow 방법에 관한 표

	a_n	a_{n-1}	a_{n-2}	a_{n-3}	$\cdots$	a_3	a_2	a_1	a_0
s)			sb_n	sb_{n-1}	$\cdots$	sb_5	sb_4	sb_3	sb_2
r)		rb_n	rb_{n-1}	rb_{n-2}	$\cdots$	rb_4	rb_3	rb_2	rb_1
	b_n	b_{n-1}	b_{n-2}	b_{n-3}	$\cdots$	b_3	b_2	b_1	b_0
s)			sc_n	sc_{n-1}	$\cdots$	sc_5	sc_4	sc_3	
r)		rc_n	rc_{n-1}	rc_{n-2}	$\cdots$	rc_4	rc_3	rc_2	
	c_n	c_{n-1}	c_{n-2}	c_{n-3}	$\cdots$	c_3	c_2	c_1	

예제 2 $p(x)=x^4+x^3+3x^2+4x+6$에 대하여 $r_0=-2.1$, $s_0=-1.9$로 하여 $r_1, s_1, r_2, s_2, \cdots$을 구하고 Bairstow의 방법을 써서 $p(x)$의 2차 인수를 구하여라.

풀이 r_1과 s_1을 계산하는 표는 다음과 같다.

	1.000	1.000	3.000	4.000	6.000
$s=-1.9$			−1.900	2.090	−6.478
$r=-2.1$		−2.100	2.310	−7.161	2.249
	1.000	−1.100	3.410	$b_1=-1.071$	$b_0=1.770$
			−1.900	6.080	
		−2.100	6.720	−17.283	
	$c_k=1.000$	$c_3=-3.200$	$c_2=8.230$	$c_1=-12.274$	

Δr과 Δs를 구할 연립 1차방정식

$$-12.274\ \Delta r+8.230\ \Delta s=-1.770$$
$$8.230\ \Delta r-3.200\ \Delta s=1.071$$

을 풀어서

$$\Delta r=0.1107.\ \Delta s=-0.0499$$

이므로

$$r_1=-2.1+\Delta r=-1.9893$$
$$s_1=-1.9+\Delta s=-1.9499$$

마찬가지로 이러한 과정을 반복하여

$$r_2=-2.0000,\ s_2=-2.0000$$

구하는 2차인수 $Q(x)=x^2+2x+2$

참고 $p(x)=x^4+x^3+3x^2+4x+6=(x^2+2x+2)(x^2-x+3)$

예제 2와 같이 반복계산하여 얻어지는 수열 r_i, s_i는 $r=-2$, $s=-2$에 수렴한다. 따라서 $p(x)$는 다음과 같이 인수분해된다.

$$p(x)=(x^2+2x+2)(x^2-x+3)$$

Bairstow법의 알고리즘은 다음과 같다.

Algorithm Bairstow's Method

1. $\delta = 10^{-5}$
2. Input n, $a_n (n = 0, 1, \cdots, n)$
3. Input r, s
4. $b_{n+1} = b_{n+2} = 0$, $c_{n+1} = c_{n+2} = 0$
5. For $j = 1$ to 100 until $\varepsilon \leq \delta$

    for $k = n$ downto 0

    $b_k = a_k + rb_{k+1} sb_{k+2}$ $\quad$ a_k, b_k 의 계산

    $c_k = b_k + rc_{k+1} + sc_{k+2}$ $\quad$ $(k = n, \cdots, 0)$

    det = $c_3 \cdot c_1 - c_2 \cdot c_2$ $\quad$ ⋯ Δr, Δs 의 분모

    dr의 분자 = $c_2 \cdot b_1 - c_3 \cdot b_0$

    ds의 분자 = $c_2 \cdot b_0 - c_1 \cdot b_1$

    If det = 0 then

    $dr = 0.05 \cdot r$, $ds = 0.05 \cdot s$

    else

    dr = dr의 분자/det, ds = ds의 분자/det

    $\varepsilon = |dr| + |ds|$ $\quad$ ⋯ 오차

    $r = r + dr$, $s = s + ds$ $\quad$ ⋯ 새로운 r, s

6. If $\varepsilon \leq \delta$ then $\quad$ ⋯ 오차의 한계

    output r, s

7. If $\varepsilon > \delta$ then

    print "Bairstows method did not find a quadratic factor"

예제 3 $p(x) = x^4 + 2x^3 - x^2 - 2x + 1$의 2차인수를 Bairstow 방법의 알고리즘에 따라 $r_0 = 1$, $s_0 = -1$로 하여 $j = 2$까지에서 r, s을 구하여라.

풀이 $p(x) = (x^2 - r_0 s - s_0)(b_2 x^2 + b_1 x + b_0) + u(x-1) + v$

($j = 1$) 2. $\delta = 10^{-5}$, $a_4 = 1$, $a_3 = 2$, $a_2 = -1$, $a_1 = -2$, $a_0 = 1$

3. $r_0 = 1$, $s_0 = -1$

4. $b_5 = b_6 = 0$, $c_5 = c_6 = 0$

5. $k = n = 4$ 일 때, $b_4 = c_4 = 1$

$k = 3$일 때, $b_3 = a_3 + r_0 b_4 + sb_5 = 2 + 1 \cdot 1 = 3$

$c_3 = b_3 + r_0 c_4 + s_0 c_5 = 3 + 1 \cdot 1 = 4$

$k = 2$일 때, $b_2 = a_2 + r_0 b_3 + s_0 b_4 = -1 + 1 \cdot 3 - 1 \cdot 1 = 1$

$c_2 = b_2 + r_0 c_3 + s_0 c_4 = 1 + 1 \cdot 4 - 1 \cdot 1 = 4$

$k = 1$일 때, $b_1 = a_1 + rb_2 + sb_3 = -2 + 1 \cdot 1 - 1(3) = -4$

$c_1 = b_1 + rc_2 + sc_3 = -4 + 1 \cdot 4 - 1 \cdot 4 = -4$

$k = 0$일 때, $b_0 = a_0 + rb_1 + sb_2 = 1 + 1(-4) - 1 \cdot 1 = -4$

$c_0 = b_0 + rc_1 + sc_2 = -4 + 1 \cdot (-4) - 1 \cdot 4 = -12$

$\det = c_3 c_1 - c_2 \cdot c_2 = 4(-4) - 4^2 = -32$

dr의 분자 $= c_2 b_1 - c_3 b_0 = 4(-4) - 4(-4) = 0$

ds의 분자 $= c_2 b_0 - c_1 \cdot b_1 = 4 \cdot (-4) + 4 \cdot (-4) = -32$

$dr = \dfrac{0}{-32} = 0,\ ds = \dfrac{-32}{-32} = 1$

$\varepsilon = |dr| + |ds| = 0 + 1 = 1 > \delta$

$r = r + dr = 1 + 0 = 1$

$s = s + ds = -1 + 1 = 0$

($j = 2$) 3. $r = 1,\ s = 0$

4. $b_5 = b_6 = 0,\ c_5 = c_6 = 0$

5. $k = 4$일 때, $b_4 = c_4 = 1$

$k = 3$일 때, $b_3 = a_3 + r_0 b_4 + s_0 b_5 = 2 + 1 \cdot 1 + 0 = 3$

$c_3 = b_5 + r_0 c_4 + s_0 c_5 = 3 + 1 \cdot 1 + 0 = 4$

$k = 2$일 때, $b_2 = a_2 + r_0 b_3 + s_0 b_4 = -1 + 1 \cdot 3 = 2$

$c_2 = b_2 + r_0 c_3 + s_0 c_4 = 2 + 1 \cdot 4 + 0 = 6$

$k = 1$일 때, $b_1 = a_1 + r_0 b_2 + s_0 b_3 = -2 + 1 \cdot 2 + 0 = 0$

$c_1 = b_1 + rc_2 + sc_3 = 0 + 1 \cdot 6 + 0 = 6$

$k = 0$일 때, $b_0 = a_0 + rb_1 + sb_2 = 1 + 1 \cdot 0 + 0 = 1$

$c_0 = b_0 + rc_1 + sc_2 = 1 + 1 \cdot 6 + 0 = 7$

$\det = c_3 c_1 - c_2 c_2 = 4 \cdot 6 - 6 \cdot 6 = -12$

dr의 분자 $= c_2 b_1 - c_3 b_0 = 6 \cdot 0 - 4 \cdot 0 = 0$

ds의 분자 $= c_2 b_0 - c_1 b_1 = 6 \cdot 1 - 6 \cdot 0 = 6$

$dr = \dfrac{0}{-12} = 0,\ ds = \dfrac{6}{-12} = -0.5$

$\varepsilon = |dr| + |ds| = 0 + 0.5 > \delta$

$\therefore r = r + dr = 1 + 0 = 1$

$s = s + ds = 0 - 0.5 = -0.5$

참고

		$a_n : 1$	2	−1	−2	1
$j = 1$	$s = -1$			−1	−3	−1
	$r = 1$		1	3	1	−4
		$b_4 = 1$	$b_3 = 3$	$b_2 = 1$	$b_1 = -4$	$b_0 = -4$
	$s = -1$			−1	−4	
	$r = 1$		1	4	4	
		$c_4 = 1$	$c_3 = 4$	$c_2 = 4$	$c_1 = -4$	

$r = r + dr = 1 + 0 = 1,\ s = s + ds = -1 + 1 = 0$

$j = 2$		1	2	−1	−2	1
	$s = 0$			0	0	0
	$r = 1$		1	3	2	0
		$b_4 = 1$	$b_3 = 3$	$b_2 = 2$	$b_1 = 0$	$b_0 = 1$
	$s = 0$			0	0	0
	$r = 1$		1	4	6	6
		$c_4 = 1$	$c_3 = 4$	$c_2 = 6$	$c_1 = 6$	$c_0 = 7$

같은 방법으로 반복계산하면

$$dr = 0,\ ds = 0$$

이 되므로, $r = r + dr = 1,\ s = s + ds = -1$, 구하는 2차인수는 $x^2 - x + 1$

연습문제 (3.2)

1 2분법으로 방정식의 근을 소수 k 자리까지 구하는 경우의 오차의 한계가 10^{-k} (계산오차는 소수 $k + 1$자리를 잘라 올리거나, 잘라 내렸을 경우)이라 하고, 근의 초기구간 (a, b)의 폭이 1인 경우의 반복횟수를 구하여라.

2 다항방정식 $f(x) = x^3 - 3x^2 - x + 9 = 0$의 구간 $(-2, -1.5)$ 사이에 있는 근을 근의 오차가 0.5×10^{-6} 미만이 되게 2분법으로 근을 구하려면 몇회의 반복계산이 필요한가?

3 방정식 $f(x)=x^3-3x^2-x+9=0$의 근을 Regula-Falsi법과 Secant법으로 풀어라. 단, $x_0=-2$로 하고, x_2까지를 구하여라.

4 $f(x)=x^4-5x^2+4=0$의 근을 Newton법으로 구하여라.
단, 초기 근사근 $x_0=1$로 하고, 근의 오차의 한계는 $e=10^{-6}$으로 한다.

5 $f(x)=0$의 근을 구하는 데 근사근 x_0를 중심으로 $f(x)$의 Taylor 전개를 다음과 같이 구한다.

$$f(x)=f(x_0)+f'(x_0)(x-x_0)+\frac{f''(\xi)}{2!}(x-x_0)^2$$

이 식을 이용하여 Newton법 공식을 구하여라.

6 Regula-Falsi법으로 다음 방정식을 풀어라.

$$f(x)=x^2-1=0$$

단, $x_0=0$, $x_1=2$로 하고, 오차의 한계는 0.003으로 한다.

7 Aitken의 Δ^2방법으로 방정식의 해를 구하는 알고리즘을 구하여라.

연습문제(3.2) 풀이

1 $\left(\frac{1}{2}\right)^n \le 10^{-k}$에서 $-n\log_{10}2 \le -k$에서 $n \ge \frac{k}{\log_{10}2}$ $\therefore n=\left[\frac{k}{0.3010}\right]+1$

2 구간 (a, b)에 2분법을 회 반복하면, n 번째 반복 구간의 길이는 $\frac{b-a}{2^n}$이므로, 근의 오차를 ε 미만이 되게 하려면 $\frac{b-a}{2^n}<\varepsilon$되어야 하므로, 반복횟수 n은

$$n>\log_2\frac{b-a}{\varepsilon}$$

문제에서 $n>\log_2\frac{-1.5-(-2)}{0.5\times10^{-6}}=\log_2\frac{0.5}{0.5\times10^{-6}}=\log_2 10^6 \simeq 19.93$

$\therefore n \ge 20$(회)

3

Regula-Falsi법			Secant법		
n	x_n	$f(x_n)$	n	x_n	$f(x_n)$
0	−2	−9	0	−2	−9
1	−1.5	0.3750	1	−1	6
2	−1.52	0.076992	2	−1.4	1.776
3	−1.524	0.016666	3	−1.499	0.389743

4 $x_0 = 1$이라면, $f(x_0) = 0$이므로, $x_0 = 1$은 근이다. 당연히 $f'(x_0) = 4 - 10 = -6$에서 $x_1 = 1 - \frac{0}{-6} = 1$, 이 값은 $x_0 = x_1$이므로, 오차$=0$이고, $x = 1$은 근의 하나이다.

$f(x) = (x-1)(x^3 + x^2 - 4x - 4)$, $g(x) = x^3 + x^2 - 4x - 4 = 0$의 근을 Newton법으로 구한다. 구하는 해는 $x_1 = 1.0$, $x_2 = 2.0$, $x_3 = 1.0$, $x_4 = -2.0$이다.

5 $x = x_0 + h$이라면

$$f(x_0 + h) = f(x_0) + hf'(x_0) + \frac{h^2}{2} f''(x_0 + \theta h) \quad (0 < \theta < 1)$$

h^2이 충분히 작으면, $\frac{h^2}{2} f''(x_0 + \theta h)$를 무시해서

$$f(x_0 + h) = f(x_0) + hf'(x_0) = 0 \quad \therefore h = -\frac{f(x_0)}{f'(x_0)}$$

제 2의 근사근 x_1은 $\quad x_1 = x_0 + h_1 = x_0 - \frac{f(x_0)}{f'(x_0)}$

차례로 근사근 구하는 다음 공식이 Newton의 공식이다.

$$x_n = x_{n-1} - \frac{f(x_n)}{f'(x_n)} \quad (n = 1, 2, \cdots)$$

6 $k = 1$; $f(x_0) = f(0) = -1$, $f(x_1) = f(2) = 3$이므로 $f(x_0)f(x_1) < 0$

$$x_2 = \frac{x_0 f_1 - x_1 f_0}{f_1 - f_0} = \frac{0(3) - 2(-1)}{3 - (-1)} = \frac{2}{4} = 0.5$$

$k = 2$; $f(0.50) = -0.75$이므로 2단계에서는

$x_0 = 0.5$, $f(0.50) = -0.75$, $x_1 = 2$, $f(x_1) = f(2) = 3$이므로, $f_0 = -0.75$, $f_1 = 3$

$$x_2 = \frac{0.5(3) - 2(-0.75)}{3 - (-0.75)} = \frac{3}{3.75} = 0.8$$

$k = 3$; $f(0.8) < 0$이고, $f(2) = 3$이므로, $x_0 = 0.8$, $x_1 = 2$로 한다.

$x_0 = 0.8$, $f_0 = 0.8^2 - 1 = -0.36$, $x_1 = 2$, $f_1 = 3$이므로

$$x_2 = \frac{0.8(3) - 2(-0.36)}{3 - (-0.36)} = \frac{3.12}{3.36} = 0.928571$$

$k = 4$; 마찬가지로 계산하면 $x_2 = 0.975610$

계속 반복계산을 하면

$k = 5$일 때, $x_2 = 0.991803$이고, $k = 6$일 때, $x_2 = 0.997260$

참값은 $x = 1$이므로 오차의 한계는 $|E| = 1 - 0.997260 < 0.003$ 이므로, 구하는 근사값은 $k = 6$에서 $x = 0.997$

7 Algorithm Aitken's Δ^2 method

1. Input $\{x_0, \varepsilon, n_0\}$
2. $i = 1$
3. while $i < n_0$ do
   - $x_1 = g(x_0)$
   - $x_2 = g(x_1)$
   - $\Delta x_0 = x_1 - x_0$
   - $\Delta x_1 = x_2 - x_1$
   - $\Delta^2 x_0 = \Delta x_1 - \Delta x_0$
   - $x = x_0 - \dfrac{(\Delta x_0)^2}{(\Delta^2 x_0)}$
   - If $|x - x_2| < \varepsilon$ then go to 4
   - else
   - $i = i + 1$
   - $x_0 = x$
4. output x_0

3.3 비선형 연립방정식의 해법

3.3.1 고정점 반복법

(1) 고정점 반복법

반복법은 비선형 연립방정식에도 확장된다. 2변수의 비선형 연립방정식의 해법에 적용해보자.

보기1 다음 비선형 연립방정식의 해를 구해보자.

$$\begin{cases} f_1(x,\ y) = x^2 - 2x - y + 0.5 = 0 & \cdots \quad ① \\ f_2(x,\ y) = x^2 + 4y^2 - 4 = 0 & \cdots \quad ② \end{cases}$$

해설1 ①은 포물선이고, ②는 타원이며, 이 연립방정식의 해는 이 포물선과 타원의 교점의 좌표이다.

①, ②의 그래프를 그려보면 다음과 같다.

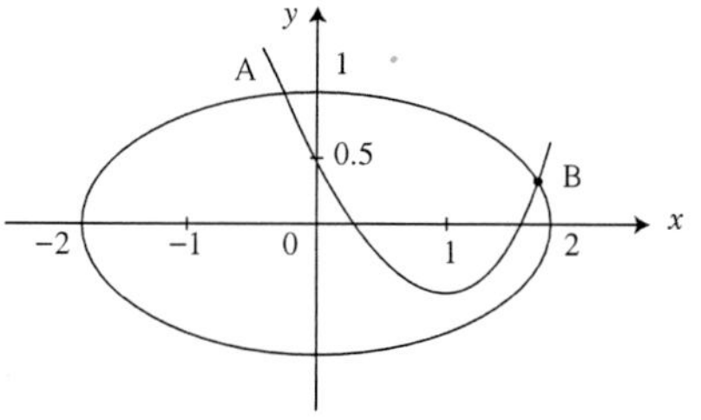

그림 3.18

연립방정식 ①. ②를 고정점 반복함수로 변형한다. 식 ①은 x의 1차항에 관하여 풀고, 식 ②는

$$x^2 + 4y^2 - 8y - 4 = -8y$$

로 바꾸어서 우변의 y에 관하여 풀면 다음과 같다.

$$\begin{cases} x = \dfrac{x^2 - y + 0.5}{2} & \cdots \quad ③ \\ y = \dfrac{-x^2 - 4y^2 + 8y + 4}{8} & \cdots \quad ④ \end{cases}$$

이렇게 변형한 이유는 잠시뒤로 미루자.

식 ③, ④를 고정점 반복식으로 나타내면

$$(A)\quad \begin{cases} x_{k+1} = g_1(x_k,\ y_k) = \dfrac{x_k^2 - y_k + 0.5}{2} & \cdots \text{⑤} \\ y_{k+1} = g_2(x_k,\ y_k) = \dfrac{-x_k^2 - 4y_k^2 + 8y_k + 4}{8} & \cdots \text{⑥} \end{cases}$$

(1) 초기 근사근을 $(x_0,\ y_0) = (0,\ 1)$로 하자.

$$x_1 = \frac{0^2 - 1 + 0.5}{2} = -0.25,\ y_1 = \frac{-0^2 - 4 \times 1^2 + 8 \times 1 + 4}{8} = 1.0$$

이들 값을 ⑤, ⑥에 대입하면

$$x_2 = -0.25, \qquad y_2 = 1.00$$

이들 값을 다시 ⑤, ⑥에 대입하면

$$x_3 = -0.21875, \qquad y_3 = 0.9921875$$

계속 대입해나가면

$$x_n \to -0.2222\cdots,\ y_n \to 0.9938\cdots$$

이 되어 하나의 근사해를 얻는다.

(2) 초기 근사해를 $(x_0,\ y_0) = (2,\ 0)$으로 하자.

$$x_1 = \frac{2^2 - 0 + 0.5}{2} = 2.25,\ y_1 = \frac{-2^2 - 4 \times 0 + 8 \times 0 + 4}{8} = 0$$

이들 값을 ⑤, ⑥에 계속 대입해나가면

$$(x_2,\ y_2) = (2.78125,\ -0.13285),$$
$$(x_3,\ y_3) = (4.184082,\ -0.6085510),\ \cdots$$

충분히 큰 k의 값에 대하여 x는 대단히 큰 값을, y는 대단히 작은 값을 갖게 되어 해를 얻을 수 없다.

해설2 다음은 연립방정식을 아래와 같이 바꾸어서 고정점 반복법으로 풀어 보자.

식 ①, ②를

$$\begin{cases} x^2 - 4x - y + 0.5 = -2x \\ x^2 + 4y^2 - 11y - 4 = -11y \end{cases}$$

로 바꾸면, 다음 고정점 반복식을 얻는다.

$$(B)\quad \begin{cases} x_{k+1} = \dfrac{-x_k^2 + 4x_k - y_k - 0.5}{2} & \cdots ⑦ \\ y_{k+1} = \dfrac{-x_k^2 - 4y_k^2 + 11y_k + 4}{11} & \cdots ⑧ \end{cases}$$

초기 근사해를 $(x_0,\ y_0) = (2,\ 0)$으로 하고, 반복식 ⑦, ⑧에 대입하면 해는 다음과 같이 구해진다.

$$(x_1 = 1.75,\ y_1 = 0.00),\ (x_2 = 1.71875,\ y_2 = 0.0852273),\ \cdots$$
$$(x_{24} = 1.900677,\ y_{24} = 0.3112186),\ \cdots$$

(2) 고정점 반복법의 수렴조건

비선형 연립방정식

$$f_1(x,\ y) = 0,\ f_2(x,\ y) = 0$$

의 반복 함수를다음과 같이 정한다.

$$\begin{aligned} x &= g_1(x,\ y) \quad \cdots ① \\ y &= g_2(x,\ y) \quad \cdots ② \end{aligned} \qquad (1)$$

이 반복식이 고정점을 포함한 영역에서 1계 편미분이 가능하고 연속이라 하자. ①, ②의 초기 근사해를 $(x_0,\ y_0)$, 고정점을 $(\alpha,\ \beta)$라 할 때, 다음 관계가 성립한다.

고정점반복법의 수렴조건

방정식 (1)의 근사해 $(x_0,\ y_0)$가 충분히 $(\alpha,\ \beta)$에 가깝고

$$\begin{aligned} \left|\frac{\partial}{\partial x} g_1(\alpha,\beta)\right| + \left|\frac{\partial}{\partial y} g_1(\alpha,\beta)\right| < 1 \\ \left|\frac{\partial}{\partial x} g_2(\alpha,\beta)\right| + \left|\frac{\partial}{\partial y} g_2(\alpha,\beta)\right| < 1 \end{aligned} \qquad (2)$$

이면, 반복 공식

$$x_{k+1} = g_1(x_k,\ y_k),\ y_{k+1} = g_2(x_k,\ y_k)\quad (k = 0,\ 1,\ 2,\ \cdots)$$

은 고정점 $(\alpha,\ \beta)$에 수렴한다.

보기2 앞의 보기1의 반복공식 (A)는 점(−0.2, 1.0)에 수렴하는지를 살펴보자.

해설 보기1의 식 ③, ④에서 다음 편도함수를 얻는다.

$$\frac{\partial}{\partial x} g_1(x, y) = x, \; \frac{\partial}{\partial y} g_1(x, y) = -\frac{1}{2}$$
$$\frac{\partial}{\partial x} g_2(x, y) = -\frac{x}{4}, \; \frac{\partial}{\partial y} g_2(x, y) = -y + 1$$

$-0.5 < x < 0.5,\ 0.5 < y < 1.5$를 만족하는 모든 (x, y)에 대하여 편도함수는

$$\left|\frac{\partial}{\partial x} g_1(x, y)\right| + \left|\frac{\partial}{\partial y} g_1(x, y)\right| = |x| + |-0.5| < 1$$
$$\left|\frac{\partial}{\partial x} g_2(x, y)\right| + \left|\frac{\partial}{\partial y} g_2(x, y)\right| = \left|-\frac{x}{4}\right| + |-y+1| < 0.625 < 1$$

이고, 편도함수는 연속이므로, 고정점 반복식 (A)는 고정점 $(\alpha, \beta) \approx (-0.2222146, 0.9938684)$에 수렴한다.

반복 함수 ③, ④의 다른 고정점 $(\alpha, \beta) = (1.90068, 0.31122)$에서 편도함수의 값들은 비선형 연립방정식 (1)의 수렴조건 (2)를 만족하지 않는다.

$$\left|\frac{\partial}{\partial x} g_1(1.90068, 0.31122)\right| + \left|\frac{\partial}{\partial y} g_1(1.90068, 0.31122)\right| = 2.40068 > 1$$
$$\left|\frac{\partial}{\partial x} g_2(1.90068, 0.31122)\right| + \left|\frac{\partial}{\partial y} g_2(1.90068, 0.31122)\right| = 1.16395 > 1$$

따라서 반복공식 (B)는 초기 근사해 $(x_0, y_0) = (2.0, 0.0)$에 수렴하지 않는다.

비선형 3원 연립 방정식의 수렴조건

비선형 3원 연립방정식

$$x = g_1(x, y, z), \quad y = g_2(x, y, z), \quad z = g_3(x, y, z)$$

에서 초기해 (x_0, y_0, z_0)가 해 (α, β, γ)에 충분히 가까운 값으로 다음 3조건식

$$\left|\frac{\partial}{\partial x} g_1(\alpha, \beta, \gamma)\right| + \left|\frac{\partial}{\partial y} g_1(\alpha, \beta, \gamma)\right| + \left|\frac{\partial}{\partial z} g_1(\alpha, \beta, \gamma)\right| < 1$$
$$\left|\frac{\partial}{\partial x} g_2(\alpha, \beta, \gamma)\right| + \left|\frac{\partial}{\partial y} g_2(\alpha, \beta, \gamma)\right| + \left|\frac{\partial}{\partial z} g_2(\alpha, \beta, \gamma)\right| < 1 \qquad (3)$$
$$\left|\frac{\partial}{\partial x} g_3(\alpha, \beta, \gamma)\right| + \left|\frac{\partial}{\partial y} g_3(\alpha, \beta, \gamma)\right| + \left|\frac{\partial}{\partial z} g_3(\alpha, \beta, \gamma)\right| < 1$$

을 만족하면, 다음 반복공식은 해 (α, β, γ)에 수렴한다.

$$x_{k+1} = g_1(x_k, y_k, z_k),\ y_{k+1} = g_2(x_k, y_k, z_k),\ z_{k+1} = g_3(x_k, y_k, z_k) \quad (4)$$

3.3.2 Newton의 방법

(1) Newton의 방법

Newton법은 다음과 같은 비선형 연립방정식

$$f(x,\ y)=0, \quad g(x,\ y)=0 \tag{1}$$

의 실수해를 구하는 경우에 확장할 수 있다.

이 경우 2변수 함수의 Taylor 전개를 이용한다. $(x_0,\ y_0)$를 해의 초기값이라 할 때, 점 $(x_0,\ y_0)$를 중심으로 함수 $f(x_0+dx,\ y_0+dy)$, $g(x_0+dx,\ y_0+dy)$를 전개하면

$$\begin{aligned} f(x_0+dx,\ y_0+dy) &= f(x_0,\ y_0)+f_x(x_0,\ y_0)dx+f_y(x_0,\ y_0)dy \\ &+\frac{1}{2}\left[f_{xx}(x_0,\ y_0)dx^2+2f_{xy}(x_0,\ y_0)dxdy+f_{yy}(x_0,\ y_0)dy^2\right]+\cdots \end{aligned} \tag{2}$$

$$\begin{aligned} g(x_0+dx,\ y_0+dy) &= g(x_0,\ y_0)+g_x(x_0,\ y_0)dx+g_y(x_0,\ y_0)dy \\ &+\frac{1}{2}\left[g_{xx}(x_0,\ y_0)dx^2+2g_{xy}(x_0,\ y_0)dxdy+g_{yy}(x_0,\ y_0)dy^2\right]+\cdots \end{aligned} \tag{3}$$

Newton법은 위 Taylor 전개식을 1계 편도함수의 항까지만 취하는 방법이다.

이 경우 $f(x,\ y)=0$, $g(x,\ y)=0$의 근사값을 x_0+dx, y_0+dy이라면

$$f(x_0+dx,\ y_0+dy)=0, \quad g(x_0+dx,\ y_0+dy)=0 \tag{4}$$

이므로 식 (2), (3)에서 다음 연립방정식을 얻는다.

$$\begin{cases} f_x(x_0,\ y_0)dx+f_y(x_0,\ y_0)dy=-f(x_0,\ y_0) \\ g_x(x_0,\ y_0)dx+g_y(x_0,\ y_0)dy=-g(x_0,\ y_0) \end{cases} \tag{5}$$

dx, dy를 구하기 위하여 위 연립방정식을 행렬로 나타내면

$$\begin{aligned} &\begin{bmatrix} f_x & f_y \\ g_x & g_y \end{bmatrix}\begin{bmatrix} dx \\ dy \end{bmatrix}=\begin{bmatrix} -f_0 \\ -g_0 \end{bmatrix} \\ &J=\begin{bmatrix} f_x & f_y \\ g_x & g_y \end{bmatrix}=\frac{\partial(f,\ g)}{\partial(x,\ y)} \end{aligned} \tag{6}$$

행렬 J를 f, g의 x, y에 관한 **Jacobian**이라 한다.

행렬 J의 역행렬을 J^{-1}로 나타내면 dx, dy는

$$\begin{bmatrix} dx \\ dy \end{bmatrix}=J^{-1}\begin{bmatrix} -f_0 \\ -g_0 \end{bmatrix} \tag{7}$$

로 구해진다.

이렇게 구한 dx, dy를 써서 다음 근사해를 얻는다.

$$x_1 = x_0 + dx,\ y_1 = y_1 + dy \tag{8}$$

Jacobian을 써서 근사해를 나타내면

$$\boxed{\begin{bmatrix} \boldsymbol{x_1} \\ \boldsymbol{y_1} \end{bmatrix} = \begin{bmatrix} \boldsymbol{x_0} \\ \boldsymbol{y_0} \end{bmatrix} - \begin{bmatrix} \dfrac{\partial(\boldsymbol{f}, \boldsymbol{g})}{\partial(\boldsymbol{x}, \boldsymbol{y})} \end{bmatrix}^{-1}_{\substack{x = x_0 \\ y = y_0}} \begin{bmatrix} \boldsymbol{f_0} \\ \boldsymbol{g_0} \end{bmatrix}} \tag{9}$$

가 된다. 이 x_1, y_1의 값을 다시 x_0, y_0라 하여 새로운 근사해를 얻기 위하여 dx, dy를 구하여 식 (8)에 의하여 근사해를 개량해나간다.

이 해법은 1변수에서의 Newton법을 2변수에 확장한 것이다. 이러한 계산을 반복할 때, $|dx|$, $|dy|$의 값이 미리 정한 대단히 작은 양수 ε보다 작거나, 작은 양수 δ에 대하여 $|f(x_0 + dx,\ y_0 + dy)| \leq \delta$, $|g(x_0 + dx,\ y_0 + dy)| \leq \delta$이면, $x = x_0 + dx$, $y = y_0 + dy$를 해로 한다.

> **참고** $f(x) = 0$의 근의 초기값을 x_0이라 할 때, $f(x_0 + dx)$를 x_0을 중심으로 전개하면 $f(x_0 + dx) = f(x_0) + f'(x_0)\,dx + \cdots$이 된다. 근의 근사값을 $x_0 + dx$라면 $f(x_0 + dx) = 0$이고, $|dx|$는 충분히 작을 때, $f(x_0) + f'(x_0)\,dx \fallingdotseq 0$이라면, $dx = -\dfrac{f(x_0)}{f'(x_0)}$ 이므로
>
> $$x_1 = x_0 + dx = x_0 - \frac{f(x_0)}{f'(x_0)}$$
>
> 가 된다. 이 방법이 1변수인 경우의 Newton법이다.

1변수인 경우의 Newton법의 공식과 2변수인 경우의 Newton법의 공식을 비교해보자.

1변수인 경우	2변수인 경우
$x_1 = x_0 - (f'_0)^{-1} f_0$	$\begin{bmatrix} x_1 \\ y_1 \end{bmatrix} = \begin{bmatrix} x_0 \\ y_0 \end{bmatrix} - \left(\dfrac{\partial(f, g)}{\partial(x, y)}\right)^{-1} \begin{bmatrix} f_0 \\ g_0 \end{bmatrix}$

2변수에서는 1변수에서의 점 x, x_0는 벡터 $x = \begin{bmatrix} x \\ y \end{bmatrix}$, $x_0 = \begin{bmatrix} x_0 \\ y_0 \end{bmatrix}$로 바뀌고, x_0에서의 도함수 f'_0의 역수 $(f'_0)^{-1}$는 f, g의 x_0, y_0에서의 Jacobian(행렬) $J = \dfrac{\partial(f, g)}{\partial(x, y)}$(행렬)의 역행렬 $J^{-1} = \left(\dfrac{\partial(f, g)}{\partial(x, y)}\right)^{-1}_{\substack{x = x_0 \\ y = y_0}}$로 바뀌고, (x_0, y_0)에서의 함수값 f_0는 (x_0, y_0)에서의 함수행렬 $\begin{pmatrix} f_0 \\ g_0 \end{pmatrix}$로 바뀌었다.

> **참고** 수의 역수와 행렬에서 역행렬은 유사한 성질을 갖고 있다.
> 수 $a \neq 0$의 역수는 $\frac{1}{a}$, 행렬 $A \neq O$의 역행렬은 A^{-1}이고,
>
> $$a \cdot \frac{1}{a} = 1, \ A \cdot A^{-1} = I$$
>
> 이다.

예제 1 해의 초기값 (x_0, y_0)를 (1, 1)로 하여 다음 비선형 연립방정식을 풀어라.

$$\begin{aligned} f(x, y) &= x^2 + y^2 - 4 = 0 \\ g(x, y) &= x^2/9 + y^2 - 1 = 0 \end{aligned} \quad \cdots \text{①}$$

풀이 $f_x(x, y) = 2x, \ f_y(x, y) = 2y$
$g_x(x, y) = 2x/9, \ g_y(x, y) = 2y$

1단계 우선 $x_0 = 1, \ y_0 = 1$이라면

$$\begin{bmatrix} 2.0 & 2.0 \\ 0.222 & 2.0 \end{bmatrix} \begin{bmatrix} dx \\ dy \end{bmatrix} = \begin{bmatrix} 2.0 \\ -0.111 \end{bmatrix} \quad \cdots \text{②}$$

식 ②를 dx, dy에 관하여 풀어서

$$\begin{aligned} dx &= 1.1875, \ x_0 + dx = 2.1875 \to x_0 \\ dy &= -0.1875, \ y_0 + dy = 0.8125 \to y_0 \end{aligned}$$

2단계 $x_0 = 2.1875, \ y_0 = 0.8125$라 하고, 새로운 근사해 x_1과 y_1을 구한다.

$$\begin{bmatrix} 4.375 & 1.625 \\ 0.486 & 1.625 \end{bmatrix} \begin{bmatrix} dx \\ dy \end{bmatrix} = \begin{bmatrix} -1.445 \\ -0.192 \end{bmatrix}$$

이것을 풀어서

$$\begin{aligned} dx &= -0.322, \ x_1 = x_0 + dx = 1.8655 \to x_0 \\ dy &= -0.0128, \ y_1 = y_0 + dy = 0.7907 \to y_0 \end{aligned}$$

4단계에서 $x_0 = 1.8374, \ y_0 = 0.79055$이고, $f(x_0, y_0) = 0.011088$, $g(x_0, y_0) = 0.000084$ 이므로, 4단계에서 좋은 근사해가 얻어진다.

비선형 연립방정식의 해를 구하는 공식 (9)

$$\begin{bmatrix} x_1 \\ y_1 \end{bmatrix} = \begin{bmatrix} x_0 \\ y_0 \end{bmatrix} - \left[\frac{\partial(f, g)}{\partial(x, y)} \right]^{-1}_{\substack{x = x_0 \\ y = y_0}} \begin{bmatrix} f_0 \\ g_0 \end{bmatrix}$$

를 벡터표시로 나타내면

$$\boldsymbol{x}_1 = \boldsymbol{x}_0 - J(\boldsymbol{x}_0)^{-1} \cdot \boldsymbol{f}(\boldsymbol{x}_0) \tag{10}$$

이고, 우변을 $\boldsymbol{g}(\boldsymbol{x}_0)$라면

$$\boldsymbol{x}_1 = \boldsymbol{g}(\boldsymbol{x}_0)$$

벡터 함수 $\boldsymbol{g}(\boldsymbol{x})$는 일반적으로 n차원 공간내의 어떤 영역 D_0에서 연속일 때, $\boldsymbol{x} \in D_0$인 모든 $\boldsymbol{x}$에 대하여

$$\| \boldsymbol{g}'(\boldsymbol{x}) \| \le L < 1 \tag{12}$$

이면, 반복공식

$$\boldsymbol{x}_1 = \boldsymbol{g}(\boldsymbol{x}_0) \quad (k = 0, 1, \cdots) \tag{13}$$

에 의하여 얻어지는 벡터열 $\{\boldsymbol{x}_k\}$는 D_0내의 유일한 해 $\boldsymbol{x}$에 수렴한다. 단, $\|\boldsymbol{g}(\boldsymbol{x})\|$는 벡터 함수 $\boldsymbol{g}(\boldsymbol{x})$의 norm이다.

예제 2 다음 비선형 연립방정식의 해를 구하는데, 해의 초기값을 $\left[x_1^{(0)}, x_2^{(0)}\right] = [1.0, -2.0]$로 하여 Newton법으로 근사해 $\left(x_1^{(1)}, x_2^{(1)}\right)$을 구하여라.

$$\begin{cases} f_1(x_1, x_2) = x_1^2 + x_2^2 - 2x_1 - 3 = 0 & \cdots ① \\ f_2(x_1, x_2) = x_1 x_2 + 1 = 0 & \cdots ② \end{cases}$$

풀이 방정식 ①, ②의 그래프를 그리면 오른쪽과 같다.

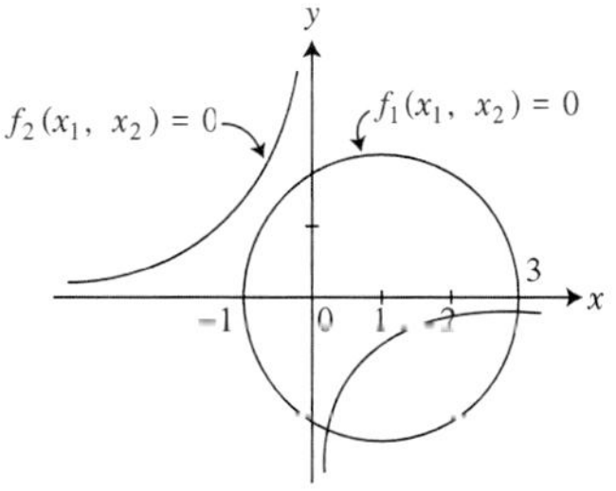

그림 3.19

Jacobian J는

$$J = \begin{bmatrix} 2(x_1 - 1) & 2x_2 \\ x_2 & x_1 \end{bmatrix}$$

이므로, J의 역행렬 J^{-1}는

$$J^{-1} = \frac{1}{2x_1(x_1-1) - 2x_2^2} \begin{bmatrix} x_1 & -2x_2 \\ -x_2 & 2(x_1 - 1) \end{bmatrix}$$

$$\boldsymbol{g}(\boldsymbol{x}_0) = \boldsymbol{x}_0 - J(\boldsymbol{x}_0)^{-1} \boldsymbol{f}(\boldsymbol{x}_0)$$

$$\boldsymbol{g}(\boldsymbol{x}) = \begin{bmatrix} x_1 \\ x_2 \end{bmatrix} - \frac{1}{2\left(x_1^2 - x_2^2 - x_1\right)} \begin{bmatrix} x_1 & -2x_2 \\ -x_2 & 2(x_1 - 1) \end{bmatrix} \begin{bmatrix} f_1(x_1, x_2) \\ f_2(x_1, x_2) \end{bmatrix}$$

$x_1^{(0)}=1,\ x_2^{(0)}=-2$일 때, $f_1=1^2+(-2)^2-2(1)-3=0,\ f_2=1(-2)+1=-1$ 이므로

$$\boldsymbol{g}(\boldsymbol{x}_0)=\begin{bmatrix}1\\-2\end{bmatrix}-\frac{1}{2(1-4-1)}\begin{bmatrix}1&4\\2&0\end{bmatrix}\begin{bmatrix}0\\-1\end{bmatrix}=\begin{bmatrix}1\\-2\end{bmatrix}+\frac{1}{8}\begin{bmatrix}-4\\0\end{bmatrix}=\begin{bmatrix}0.5\\-2\end{bmatrix}$$

따라서 $x_1^{(1)}=0.5,\ x_2^{(1)}=-2$

예제 3 비선형 연립방정식

$$\begin{cases}f(x,\ y)=x^2+y^2-9=0\\g(x,\ y)=x+y-1=0\end{cases}$$

의 근 가운데 제4사분면에 있는 해를 Newton법으로 구하여라.
단, $x_0=2,\ y_0=0$로 하고, 반복계산은 2단계까지 하여라.

풀이 $J=\begin{bmatrix}\frac{\partial f}{\partial x}&\frac{\partial f}{\partial y}\\\frac{\partial g}{\partial x}&\frac{\partial g}{\partial y}\end{bmatrix}=\begin{bmatrix}2x&2y\\1&1\end{bmatrix}$이므로, Newton의 반복계산식에 의한 근사해

$\begin{cases}x_1=x_0+dx\\y_1=y_0+dy\end{cases}$에 대입할 $dx,\ dy$는 다음 식 $J\begin{bmatrix}dx\\dy\end{bmatrix}=-\begin{bmatrix}f_0\\g_0\end{bmatrix}$에서 구한다.

$$\begin{bmatrix}2x_0&2y_0\\1&1\end{bmatrix}\begin{bmatrix}dx\\dy\end{bmatrix}=-\begin{bmatrix}x_0^2+y_0^2-9\\x_0+y_0-1\end{bmatrix}$$

1단계 $x_0=2,\ y_0=0$이므로,
$\begin{bmatrix}4&0\\1&1\end{bmatrix}\begin{bmatrix}dx\\dy\end{bmatrix}=-\begin{bmatrix}-5\\1\end{bmatrix}$에서

$$\begin{cases}dx=1.25\\dy=-2.25\end{cases}\quad\therefore\begin{cases}x_1=x_0+dx=3.25\to x_0\\y_1=x_0+dx=-2.25\to y_0\end{cases}$$

2단계 $\begin{bmatrix}6.5&-4.5\\1&1\end{bmatrix}\begin{bmatrix}dx\\dy\end{bmatrix}=-\begin{bmatrix}6.625\\0\end{bmatrix}$에서

$$\begin{cases}dx=-0.602273\\dy=0.602273\end{cases}\quad\therefore\begin{cases}x_1=2.64773\\y_1=-1.64773\end{cases}$$

5단계까지 계산하면 $x_1=2.56155,\ y_1=-1.56155$이고,

$$f(2.56155,\ -1.56155)=0.000002,\ g(2.56155,\ -1.56155)=0$$

이므로, $x_1=2.56155,\ y_1=-1.56155$는 좋은 근사해이다.

2차원 비선형 연립방정식의 Newton법의 알고리즘은 다음과 같다. 단, $f_1(x, y) = 0$, $f_2(x, y) = 0$에서 초기 근사해는 (p_0, q_0)라 하자.

Algorithm Newton's Method for two Dimensions

1. Input p_0, q_0, ε … 초기값, $\varepsilon = 0.005$
2. $u_0 = f_1(p_0, q_0)$, $v_0 = f_2(p_0, q_0)$ … 함수값
3. For $k = 1$ to max
   - 3.1 $d_{1,1} = \frac{\partial}{\partial x} f_1(p_0, q_0)$, $d_{1,2} = \frac{\partial}{\partial y} f_1(p_0, q_0)$ … 편도함수 계산
   - 3.2 $d_{2,1} = \frac{\partial}{\partial x} f_2(p_0, q_0)$, $d_{2,2} = \frac{\partial}{\partial y} f_2(p_0, q_0)$
     det $= d_{1,1} \cdot d_{2,2} - d_{1,2} \cdot d_{2,1}$
     if Det = 0 then
     $dp = 0$, $dq = 0$
     else
     $dp = (u_0 \cdot d_{2,2} - v_0 \cdot d_{1,2})$/ det
     $dq = (v_0 \cdot d_{1,1} - u_0 \cdot d_{2,1})$/ det … 연립방정식의 풀이
   - 3.3 $p_1 = p_0 + dp$, $q_1 = q_0 + dq$ … 해의 개량
   - 3.4 $u_1 = f_1(p_1, q_1)$, $v_1 = f_2(p_1, q_1)$ … 새 함수값 계산
     if $|dp| < \varepsilon$, $|dq| < \varepsilon$ then output p_1, q_1
     else
     $p_0 = p_1$, $q_0 = q_1$, $u_0 = u_1$, $v_0 = v_1$
4. End

예제 4 다음 연립방정식을 위 알고리즘에 따라 풀어라.

$$\begin{cases} f_1(x, y) = x^2 - 2x - y + 0.5 = 0 \\ f_2(x, y) = x^2 + 4y^2 - 4 = 0 \end{cases}$$

단, 해 (p, q)의 초기값 $p_0 = 2.00$, $q_0 = 0.25$로 한다.

풀이 (1단계) 1. $p_0 = 2.00$, $q_0 = 0.25$

2. $\begin{bmatrix} u_0 \\ v_0 \end{bmatrix} = \begin{bmatrix} f_1(2.00,\ 0.25) \\ f_2(2.00,\ 0.25) \end{bmatrix} = \begin{bmatrix} 0.25 \\ 0.25 \end{bmatrix}$

3. $p_0 = 2.0,\ q_0 = 0.25$에서

3.1
$$d_{1,1} = \frac{\partial f_1}{\partial x} = 2x - 2 = 2,\ d_{1,2} = \frac{\partial f_1}{\partial y} = -1,$$
$$d_{2,1} = \frac{\partial f_2}{\partial x} = 2x = 4,\ d_{2,2} = \frac{\partial f_2}{\partial y} = 8y = 2$$
$$J(0.2,\ 0.25) = \begin{bmatrix} 2x-2 & -1 \\ 2x & 8y \end{bmatrix}_{\substack{x=2.0 \\ y=0.25}} = \begin{bmatrix} 2.0 & -1.0 \\ 4.0 & 2.0 \end{bmatrix}$$

$u_0 = f_1(2.0,\ 0.25) = 0.25$

$v_0 = f_2(2.0,\ 0.25) = 0.25$

$p,\ q$의 증분을 $dp,\ dq$라면

$$J\begin{bmatrix} dp \\ dq \end{bmatrix} = \begin{bmatrix} d_{1,1} & d_{1,2} \\ d_{2,1} & d_{2,2} \end{bmatrix}\begin{bmatrix} dp \\ dq \end{bmatrix} = \begin{bmatrix} 2.0 & -1.0 \\ 4.0 & 2.0 \end{bmatrix}\begin{bmatrix} dp \\ dq \end{bmatrix} = -\begin{bmatrix} u_0 \\ v_0 \end{bmatrix} = -\begin{bmatrix} 0.25 \\ 0.25 \end{bmatrix}$$

3.2
$$\text{del} = \begin{vmatrix} 2.0 & -1.0 \\ 4.0 & 2.0 \end{vmatrix} = 8.0 \neq 0$$

$$dp = \begin{vmatrix} -u_0 & d_{1,2} \\ -v_0 & d_{2,2} \end{vmatrix} \Big/ \text{del} = \begin{vmatrix} -0.25 & -1.0 \\ -0.25 & 2.0 \end{vmatrix} \Big/ 8.0$$
$$= -[0.25(2.0) - (-1.0)(0.25)]/8.0 = -0.09375$$

$$dq = \begin{vmatrix} d_{1,1} & -u_0 \\ d_{2,1} & -v_0 \end{vmatrix} \Big/ \text{del} = \begin{vmatrix} 2.0 & -0.25 \\ 4.0 & -0.25 \end{vmatrix} \Big/ 8.0$$
$$= [2(-0.25) + 0.25(4)]/8.0 = 0.0625$$

3.3 $p_1 = p_0 + dp = 0.2 - 0.09375 = 1.90625$

$q_1 = q_0 + dq = 0.25 + 0.0625 = 0.3125$

3.4 $|dp| = 0.09375 > 0.0005(=\varepsilon)$

$|dq| = 0.0625 > 0.0005(=\varepsilon)$

2단계 계산을 반복한다.

$$\begin{bmatrix} p_0 \\ q_0 \end{bmatrix} = \begin{bmatrix} 1.90625 \\ 0.3125 \end{bmatrix}\text{에서} \begin{bmatrix} dp \\ dq \end{bmatrix} = \begin{bmatrix} 0.00556 \\ 0.0013 \end{bmatrix},\ |dp| > \varepsilon,\ |dq| > \varepsilon\text{이므로}$$

3단계 계산을 반복한다. 이 경우 $|dp| = 0.0002 < \varepsilon$, $|dq| = 0.000001 < \varepsilon$이므로 구하는 근사해는

$$x = 1.90068 \qquad y = 0.31122$$

(2) 수정 Newton의 방법

비선형 연립방정식

$$f(x,\ y)=0, \quad g(x,\ y)=0$$

의 근사해를 $x=x_0+dx,\ y=y_0+dy$이라면, 다음 근사식을 얻는다.

$$\begin{aligned} f(x_0+dx,\ y_0+dy) &= f(x_0,\ y_0)+f_x dx+f_y dy \\ &\quad +\frac{1}{2}\left(f_{xx}dx^2+2f_{xy}dxdy+f_{yy}dy^2\right)\simeq 0 \\ g(x_0+dx,\ y_0+dy) &= g(x_0,\ y_0)+g_x dx+g_y dy \\ &\quad +\frac{1}{2}\left(g_{xx}dx^2+2g_{xy}dxdy+g_{yy}dy^2\right)\simeq 0 \end{aligned} \tag{1}$$

식 (1)를 $dx,\ dy$에 관하여 정돈하면

$$-f(x_0,\ y_0)=\left(f_x+\frac{f_{xx}dx}{2}+\frac{f_{xy}dy}{2}\right)dx+\left(f_y+\frac{f_{yy}dy}{2}+\frac{f_{xy}dx}{2}\right)dy \tag{2}$$

$$-g(x_0,\ y_0)=\left(g_x+\frac{g_{xx}dx}{2}+\frac{g_{xy}dy}{2}\right)dx+\left(g_y+\frac{g_{yy}dy}{2}+\frac{g_{xy}dx}{2}\right)dy \tag{3}$$

$f(x,\ y)=0$에서 y를 고정시킬 때와 x를 고정시킬 때

$$\begin{aligned} &f+f_x dx\simeq 0 \text{ 이므로 } dx=-\frac{f}{f_x}, \\ &f+f_y dy\simeq 0 \text{ 이므로 } dy=-\frac{f}{f_y}, \end{aligned} \tag{4}$$

$g(x,\ y)=0$에 대하여도 마찬가지로 얻는 관계식

$$g+g_x dx\simeq 0, \quad g+g_y dy\simeq 0$$

에서

$$dx\simeq -\frac{g}{g_x},\ dy\simeq -\frac{g}{g_y} \tag{5}$$

(4)의 관계를 식 (2)에 대입하고, (5)의 관계를 식 (3)에 대입하면, 다음 식을 얻는다.

$$\begin{aligned} &\left(f_x-\frac{f_{xx}f}{2f_x}-\frac{f_{xy}f}{2f_y}\right)dx+\left(f_y-\frac{f_{yy}f}{2f_y}-\frac{f_{xy}f}{2f_x}\right)dy=-f(x_0,\ y_0) \\ &\left(g_x-\frac{g_{xx}g}{2g_x}-\frac{g_{xy}g}{2g_y}\right)dx+\left(g_y-\frac{g_{yy}g}{2g_y}-\frac{g_{xy}g}{2g_x}\right)dy=-g(x_0,\ y_0) \end{aligned} \tag{6}$$

식 (6)을 dx, dy에 관하여 풀어서 $(x_0+dx,\ y_0+dy)$를 방정식 (1)의 근사해로 한다. 이렇게 $x_0+dx,\ y_0+dy$를 구하는 방법이 **수정 Newton법**이다.

수정 Newton법의 근사해의 정도도 Newton법에서와 같이 ε을 미리 정해둔 수렴 판정을 위한 작은 양수라 할 때, 만일 $|dx|>\varepsilon$ 또는 $|dy|>\varepsilon$이면 x_0+dx를 x_0로, y_0+dy를 y_0로 바꾸어 놓고 위 조작을 반복하며, $|dx|\le\varepsilon, |dy|\le\varepsilon$이거나 작은 양수 δ에 대하여 $|f(x_0+dx,\ y_0+dy)|\le\delta$, $|g(x_0+dx,\ y_0+dy)|\le\delta$이면 반복계산을 중지하고, $x_0+dx,\ y_0+dy$를 구하는 해의 근사값으로 한다.

예제 1 해의 초기근사값 $(x_0,\ y_0)$를 $(1,\ 1)$로 하여, 다음 비선형 연립방정식의 해를 수정 Newton법으로 구하여라. 단, $\varepsilon=\delta=0.05$로 한다.

$$f(x,\ y)=x^2+y^2-4=0, \quad g(x,\ y)=\frac{x^2}{9}+y^2-1=0$$

풀이 각 반복계산마다 다음 선형 연립방정식을 dx, dy에 관하여 푼다.

$$\begin{bmatrix} f_x-\dfrac{f_{xx}f}{2f_x}-\dfrac{f_{xy}f}{2f_y} & f_y-\dfrac{f_{yy}f}{2f_y}-\dfrac{f_{xy}f}{2f_x} \\ g_x-\dfrac{g_{xx}g}{2g_x}-\dfrac{g_{xy}g}{2g_y} & g_y-\dfrac{g_{yy}g}{2g_y}-\dfrac{g_{xy}g}{2g_x} \end{bmatrix}\begin{bmatrix} dx \\ dy \end{bmatrix}=\begin{bmatrix} -f(x_0,\ y_0) \\ -g(x_0,\ y_0) \end{bmatrix}$$

여기서

$$f=x^2+y^2-4, \quad g=\frac{x^2}{9}+y^2-1$$
$$f_x=2x, \quad f_{xx}=2, \quad f_y=2y, \quad f_{yy}=2$$
$$g_x=\frac{2x}{9}, \quad g_{xx}=\frac{2}{9}, \quad g_g=2y, \quad g_{xy}=0, \quad g_{yy}=2$$

1단계 우선 $x_0=1,\ y_0=1$이라면

$$f(x_0,\ y_0)=1+1-4=-2,\ g(x_0,\ g_0)=\frac{1}{9}+1-1=0.111$$

$$f_x-\frac{f_{xx}f}{2f_x}-\frac{f_{xy}f}{2f_x}=2-\frac{2\cdot(-2)}{2\cdot 2}-\frac{0\cdot(-2)}{2\cdot 2}=3$$

마찬가지로 계산하면, $f_y-\dfrac{f_{yy}f}{2f_y}-\dfrac{f_{xy}f}{2f_x}=3$

$$g_x-\frac{g_{xx}g}{2g_x}-\frac{g_{xy}g}{2g_y}=0.166,\ g_y-\frac{g_{yy}g}{2g_y}-\frac{g_{xy}g}{2g_x}=1.944$$

이므로

$$\begin{bmatrix} 3.0 & 3.0 \\ 0.166 & 1.944 \end{bmatrix}\begin{bmatrix} dy \\ dy \end{bmatrix}=\begin{bmatrix} 2.0 \\ -0.111 \end{bmatrix}$$

이것을 풀어서

$$dx = 0.7916, \quad x_0 + dx = 1.7916 \to x_0$$
$$dy = -0.125, \quad y_0 + dy = 0.8750 \to y_0$$

(2단계) $x_0 = 1.7916,\ y_0 = 0.8750$이라면

$$\begin{bmatrix} 3.5901 & 1.764 \\ 0.3640 & 1.680 \end{bmatrix}\begin{bmatrix} dx \\ dy \end{bmatrix} = \begin{bmatrix} 0.0246 \\ -0.1222 \end{bmatrix}$$

이고, 이것을 풀어라.

$$dx = 0.0477, \quad x_0 + dx = 1.8393 \to x_0$$
$$dy = -0.0831, \quad y_0 + dy = 0.7919 \to y_0$$

$x_0 = 1.8393,\ y_0 = 0.7919$이라면 $\delta = 0.05$일 때

$$f(x_0,\ y_0) = 0.0101 < \delta, \quad g(x_0,\ y_0) = 0.0030 < \delta$$

이므로, $x_0,\ y_0$가 좋은 근사해가 된다.

이 수정 Newton법에 의하면 2회의 반복계산 결과가 Newton법 3회의 반복계산 결과와 같은 정도의 해가 얻어졌다. 일반적으로 수정 Newton법은 Newton법보다 빨리 수렴하지만, 각 반복단계에서 Newton법보다 계산과정이 증가하는 결점이 있다.

연습문제(3.3)

1 다음 비선형 연립방정식을 Newton의 방법으로, 2회 수정한 근사값 $(x_1^{(2)},\ x_2^{(2)})$를 구하여라.

$$\begin{cases} f_1(x_1,\ x_2) = x_1^2 + x_2^2 - 2x_1 - 3 = 0 \\ f_2(x_1,\ x_2) = x_1 x_2 - 1 = 0 \end{cases}$$

단, x_1과 x_2의 초기값은 $x_1^{(0)} = 1.0,\ x_2^{(0)} = -2.0$으로 한다.

2 다음 연립방정식을 다음 반복공식에 의하여 $(x_2,\ y_2)$를 구하여라.

$$\begin{cases} f_1(x,\ y) = x^2 - 2x - y + 0.5 = 0 \\ f_2(x,\ y) = x^2 + 4y^2 - 4 = 0 \end{cases}$$

$$\text{반복공식}\begin{cases} x_{k+1} = \frac{1}{2}\left(x_k^2 - y_k + 0.5\right) \\ y_{k+1} = \frac{1}{8}\left(-x_k^2 - 4y_k^2 + 8y_k + 4\right) \end{cases} \text{단, } \begin{cases} x_0 = 0 \\ y_0 = 1 \end{cases}$$

3 다음 연립방정식을 고정점 반복법으로 $(x_2,\ y_2)$를 구하여라.

(1) $\begin{cases} x = g_1(x,\ y) = \frac{1}{8}(8x - 4x^2 + y^2 + 1) \\ y = g_2(x,\ y) = \frac{1}{4}(2x - x^2 + 4y - y^2 + 3) \end{cases}$ 단, $(x_0,\ y_0) = (1.1,\ 2.0)$

(2) $\begin{cases} x = g_1(x,\ y) = \frac{1}{2}(2x - x^2 + y) \\ y = g_2(x,\ y) = \frac{1}{9}(2x - x^2 + 8) + \frac{1}{4}(4y - y^2) \end{cases}$ 단, $(x_0,\ y_0) = (1.4,\ 2.0)$

4 다음 비선형 연립방정식을 Newton법으로 $x_2,\ y_2$를 구하여라.단, $(x_0,\ y_0)$ (1, 1)이다.

$$\begin{cases} x^3 - 3xy^2 = 4 \\ 3x^2y - y^3 = 2 \end{cases}$$

연습문제(3.3) 풀이

1 Step 1. $J = \begin{bmatrix} 2x_1 - 2 & 2x_2 \\ x_2 & x_1 \end{bmatrix},\ J^{-1} = \dfrac{1}{2\left\{x_1(x_1 - 1) - x_2^2\right\}}\begin{bmatrix} x_1 & -2x_2 \\ -x_2 & 2x_1 - 2 \end{bmatrix}$

$$\begin{bmatrix} dx_1 \\ dx_2 \end{bmatrix} = J^{-1}\begin{bmatrix} -f_1 \\ -f_2 \end{bmatrix} = \frac{1}{2\{1(1-1) - (-2)^2\}}\begin{bmatrix} 1.0 & 4.0 \\ 2.0 & 0 \end{bmatrix}\begin{bmatrix} 0 \\ 3 \end{bmatrix} = \begin{bmatrix} -1.5 \\ 0 \end{bmatrix}$$

$\therefore x_1^{(1)} = x_1^{(0)} + dx_1 = 1.0 - 1.5 = -0.5,\ x_2^{(1)} = x_2^{(0)} + dx_2 = -2.0 + 0 = -2.0$

Step 2. $x_1^{(1)} = -0.5,\ x_2^{(1)} = -2.0,\ f_1 = 2.25,\ f_2 = 0$

$$\begin{bmatrix} dx_1 \\ dx_2 \end{bmatrix} = J^{-1} \begin{bmatrix} -f_1 \\ -f_2 \end{bmatrix} = \frac{1}{2\{-0.5(-1.5)-(-2)^2\}} \begin{bmatrix} -0.5 & 4 \\ 2.0 & -3 \end{bmatrix} \begin{bmatrix} -2.25 \\ 0 \end{bmatrix}$$

$$= \begin{bmatrix} -0.173 \\ -0.6692 \end{bmatrix}$$

$$\therefore\ x_1^{(2)} = x_1^{(1)} + dx_1 = -0.5 - 0.173 = -0.673$$

$$x_2^{(2)} = x_2^{(1)} + dx_2 = -2.0 - 0.692 = -2.692$$

2 다음 반복함수에 $(x_0 = 0,\ y_0 = 1)$을 대입하여 $(x_2,\ y_2)$을 구한다.

$$\begin{cases} x_{k+1} = \dfrac{x_k^2 - y_k + 0.5}{2} \\ y_{k+1} = \dfrac{-x_k^2 - 4y_k^2 + 8y_k + 4}{8} \end{cases}$$

$x_0 = 0,\ y_0 = 1$일 때

$x_1 = \frac{1}{2}(0 - 1 + 0.5) = -0.25,\ y_1 = \frac{1}{8}[0 - 4(1) + 8(1) + 4] = 1$

$(x_1,\ y_1)$의 값을 다시 반복공식에 대입한다.

$x_2 = \frac{1}{2}\left[(-0.25)^2 - 1 + 0.5\right] = -0.21875$

$y_2 = \frac{1}{8}\left[-(-0.25)^2 - 1(1^2) + 8(1) + 4\right] = 0.9921875$

3 (1) $J(x,\ y) = \begin{bmatrix} 1-x & y/4 \\ (1-x)/2 & (2-y)/2 \end{bmatrix},\ J(1.1,\ 2.0) = \begin{bmatrix} -0.1 & 0.5 \\ -0.05 & 0.0 \end{bmatrix}$

$(x_0,\ y_0) = (1.1,\ 2.0),\ (x_1,\ y_1) = (1.42,\ 1.982222),$

$(x_2,\ y_2) = (1.4029111,\ 1.9803210)$

(2) $J(x,\ y) = \begin{bmatrix} 1-x & 1/2 \\ 2(1-x)/9 & (2-y)/2 \end{bmatrix},\ J(1.4,\ 2.0) = \begin{bmatrix} -0.4 & 0.5 \\ -0.088889 & 0.0 \end{bmatrix}$

$(x_0,\ y_0) = (1.4,\ 2.0),\ (x_1,\ y_1) = (1.42,\ 1.982222),$

$(x_2,\ y_2) = (1.4029111,\ 1.9803210)$

4 $f_1(x,\ y) = x^3 - 3xy^2 - 4 = 0$

$f_2(x,\ y) = 3x^2 y - y^3 - 2 = 0$

$$J = \begin{bmatrix} 3(x^2 - y^2) & -6xy \\ 6xy & 3(x^2 - y^2) \end{bmatrix}$$

반복공식

$$x_{k+1} = x_k + dx_k$$
$$y_{k+1} = y_k + dy_k$$

$$J\begin{bmatrix} dx_k \\ dy_k \end{bmatrix} = \begin{bmatrix} 3[(x_k^2 - y_k^2) & -6x_k y_k \\ 6x_k y_k & 3(x_k^2 - y_k^2) \end{bmatrix}\begin{bmatrix} dx_k \\ dy_k \end{bmatrix}$$

$$d\begin{bmatrix} -f_1 \\ -f_2 \end{bmatrix} = -\begin{bmatrix} x_k^2 - 3x_k y_k^2 - 4 \\ 3x_k^2 y_k - y_k^2 - 2 \end{bmatrix}$$

$x_0 = y_0 = 1$이므로

1단계; $\begin{bmatrix} 0 & -6 \\ 6 & 0 \end{bmatrix}\begin{bmatrix} dx_0 \\ dy_0 \end{bmatrix} = -\begin{bmatrix} -6 \\ 0 \end{bmatrix}$에서 $\begin{cases} dx_0 = 0 \\ dy_0 = -1 \end{cases}$ $\therefore \begin{cases} x_1 = 1 \\ y_1 = 0 \end{cases}$

2단계; $\begin{bmatrix} 3 & 0 \\ 0 & 3 \end{bmatrix}\begin{bmatrix} dx_1 \\ dy_1 \end{bmatrix} = -\begin{bmatrix} -3 \\ -2 \end{bmatrix}$에서 $\begin{cases} dx_1 = 1 \\ dy_1 = 2/3 \end{cases}$ $\therefore \begin{cases} x_2 = 2 \\ y_2 = 0.66666667 \end{cases}$

Chapter 4

행렬과 행렬식

4.1 행렬

4.1.1 행렬의 연산

(1) 행렬의 연산

mn 개의 실수 $a_{ij}(i=1, 2, \cdots\cdots, m;\ j=1, 2, \cdots\cdots, n)$을 다음과 같이 세로와 가로로 나열한 것을 (m, n) **행렬**이라 한다.

$$A=(a_{ij})=\begin{bmatrix} a_{11}\,a_{12}\cdots\cdots a_{1n} \\ a_{21}\,a_{22}\cdots\cdots a_{2n} \\ \cdots\ \cdots\ \cdots\cdots\ \cdots \\ a_{m1}\,a_{m2}\cdots\cdots a_{mn} \end{bmatrix}$$

여기서 a_{ij}를 A의 $(i,\ j)$ **요소**라 한다.

행렬 A에서 요소를 가로로 취한 $(a_{11}, a_{12}, \cdots\cdots, a_{1n})$을 **제1행**, 또는 **제1행 벡터**, $(a_{21}, a_{22}, \cdots\cdots, a_{2n})$을 **제2행**, 또는 **제2행 벡터**, $\cdots\cdots$, $(a_{m1}, a_{m2}, \cdots\cdots, a_{mn})$을 **제 m행**, 또는 **제 m행 벡터**라 한다.

또, 성분을 세로로 취할 때 차례로 **제1열**, **제2열**, $\cdots\cdots$, **제 n열** 또는, **제1열 벡터**, **제2열 벡터**, $\cdots\cdots$, **제 n열 벡터**라 한다.

행렬 $A=(a_{ij})$, $B=(b_{ij})$ $(i=1, \cdots\cdots, m; j=1, \cdots\cdots, n)$에서 행렬 A와 B와 합 $A+B$를 다음과 같이 정의한다.

$$A+B=\begin{bmatrix} a_{11}+b_{11}\ a_{12}+b_{12}\cdots\cdots a_{1n}+b_{1n} \\ a_{21}+b_{21}\ a_{22}+b_{22}\cdots\cdots a_{2n}+b_{2n} \\ \cdots\cdots\cdots\cdots\ \cdots\cdots\cdots\cdots\ \cdots\cdots\cdots\cdots \\ a_{m1}+b_{m1}\,a_{m2}+b_{m2}\cdots\cdots a_{mm}+b_{mn} \end{bmatrix}=(a_{ij}+b_{ij})$$

행렬 A, B의 차 $A-B$는

$$A-B=\begin{bmatrix} a_{11}-b_{11} & a_{12}-b_{12} & \cdots & a_{1n}-b_{1n} \\ a_{21}-b_{21} & a_{22}-b_{22} & \cdots & a_{2n}-b_{2n} \\ \cdots\cdots & \cdots\cdots & \cdots & \cdots\cdots \\ a_{m1}-b_{m1} & a_{m2}-b_{m2} & \cdots & a_{mn}-b_{mn} \end{bmatrix}=(a_{ij}-b_{ij})$$

로 정의하고, $-B=(-b_{ij})$로 정의한다.

행렬 $A=(a_{ij})$의 상수 k 배를

$$kA=(ka_{ij})$$

로 정의한다. 즉, 행렬 A의 스칼라 k 배는 행렬 A의 모든 성분에 k를 곱한 행렬로 정의한다. 특히 모든 요소가 0인 행렬을 **영행렬**이라 하고 대문자 O로 나타내고, 정방행렬의 대각요소는 모두 1이고, 다른 요소가 모두 0인 행렬을 **단위행렬**이라하고, E 또는 I로 나타낸다.

예제 1 $A=\begin{bmatrix}-1 & 2\\ 7 & 5\\ 3 & -4\end{bmatrix}$, $B=\begin{bmatrix}-2 & 3\\ 1 & -4\\ -9 & 7\end{bmatrix}$일 때, 다음을 구하여라.

(1) $2A$ (2) $3B$ (3) $2A-3B$

풀이 (1) $2A=\begin{bmatrix}-2 & 4\\ 14 & 10\\ 6 & -8\end{bmatrix}$ (2) $3B=\begin{bmatrix}-6 & 9\\ 3 & -12\\ -27 & 21\end{bmatrix}$

(3) $2A-3B=\begin{bmatrix}-2+6 & 4-9\\ 14-3 & 10+12\\ 6+27 & -8-21\end{bmatrix}=\begin{bmatrix}4 & -5\\ 11 & 22\\ 33 & -29\end{bmatrix}$

행렬 A, B, C는 (m, n)행렬이고, p, q가 스칼라일 때, 행렬의 합에 관하여 다음 법칙이 성립한다.

(1) $B+A=A+B$ ······ 교환법칙
(2) $O+A=A+O=A$ ······ 가법의 항등원
(3) $A-A=A+(-A)=O$ ······ 가법의 역원
(4) $(A+B)+C=A+(B+C)$ ······ 결합법칙
(5) $(p+q)A=pA+qA$ ······ 스칼라에 관한 분배법칙
(6) $p(A+B)=pA+pB$ ······ 행렬에 관한 분배법칙
(7) $p(qA)=(pq)A$ ······ 스칼라에 관한 결합법칙

행렬 $A=(a_{ij})$, $B=(b_{ij})$가 (m, n)행렬일 때, 합 $C=A+B$는

$$C=(c_{ij})=(a_{ij}+b_{ij})\ (1\le i\le m;\ 1\le j\le n)$$

로 구해지므로, 행렬의 합을 구하는 알고리즘은 다음과 같다.

> **Algorithm Matrix Addition**
>
> 1. Input $\{m, n\}$
> 2. Input $a_{i,j}$, $b_{i,j}$ $(i = 1 \text{ to } m,\ j = 1 \text{ to } n)$
> 3. For i = 1 to m do
>   - For j = 1 to n do
>   - $c_{i,j} = a_{i,j} + b_{i,j}$
> 4. For i = 1 to m do
>   - for j = 1 to n do
>   - output $c_{i,j}$

(2) 행렬의 곱

다음은 행렬의 곱에 관하여 알아보자.

3행 4열의 행렬 $A = (a_{ij})$와 4행 5열의 행렬 $B = (b_{jk})$의 곱 $C = (c_{ik})$를 구하는 방법을 살펴보자.

$$A = \begin{bmatrix} a_{11} & a_{12} & a_{13} & a_{14} \\ a_{21} & a_{22} & a_{23} & a_{24} \\ a_{32} & a_{32} & a_{33} & a_{34} \end{bmatrix},\ B = \begin{bmatrix} b_{11} & b_{12} & b_{13} & b_{14} & b_{15} \\ b_{21} & b_{22} & b_{23} & b_{24} & b_{25} \\ b_{31} & b_{32} & b_{33} & b_{34} & b_{35} \\ b_{41} & b_{42} & b_{43} & b_{44} & b_{45} \end{bmatrix}$$

일 때, $(c_{ik}) = C = AB$라면

$$\begin{aligned} c_{11} &= a_{11}b_{11} + a_{12}b_{21} + a_{13}b_{31} + a_{14}b_{41} \\ c_{12} &= a_{11}b_{12} + a_{12}b_{22} + a_{13}b_{32} + a_{14}b_{42} \\ &\cdots\cdots \\ c_{ik} &= a_{i1}b_{1k} + a_{i2}b_{2k} + a_{i3}b_{3k} + a_{i4}b_{4k} \\ &\cdots\cdots \\ c_{35} &= a_{31}b_{15} + a_{32}b_{25} + a_{33}b_{35} + a_{34}b_{45} \end{aligned}$$

로 정의한다. 즉, 곱 AB의 (i, k) 요소는 A의 i행과 B의 k열의 대응하는 위치에 있는 요소의 곱의 합이다.

일반적으로 $A = (a_{ij})$가 $m \times l$ 행렬이고, $B = (b_{jk})$가 $l \times n$ 행렬일 때, $AB = (c_{ik})$는 $(m \times n)$ 행렬이고 c_{ik}는 다음 식에 의하여 구해진다.

$$c_{ik} = \sum_{j=1}^{l} a_{ij} b_{jk}$$

행렬의 곱을 반복식으로 나타내면

$$c_{ik} = c_{ik} + a_{ij} b_{jk} \quad (i = 1, 2, \cdots\cdots, m; k = 1, 2, \cdots\cdots, n)$$

이다. 단, 우변에 있는 c_{ik}의 초기값은 0이다.

$i = 1$일 때, $k = 1, 2, \cdots\cdots, n$에서 1행 $c_{11}, c_{12}, \cdots\cdots, c_{1n}$이 구해지고, $i = 2$일 때, $k = 1, 2, \cdots\cdots, n$에서 2행 $c_{21}, c_{22}, \cdots\cdots, c_{2n}$이 구해진다. 마찬가지로, $i = 3$일 때, 3행 $c_{31}, \cdots\cdots, c_{3n}$이 구해지고, $i = m$일 때, m행 $c_{m1}, \cdots\cdots, c_{mn}$이 구해진다.

예제 2 $\begin{bmatrix} 2 & -1 & -1 \\ 0 & -1 & 3 \end{bmatrix} \begin{bmatrix} -2 & 1 \\ 0 & -1 \\ 1 & 2 \end{bmatrix}$를 계산하여라.

풀이 곱 $= \begin{bmatrix} 2(-2) - 1(0) - 1(1) & 2(1) - 1(-1) - 1(2) \\ 0(-2) - 1(0) + 3(1) & 0(1) - 1(-1) + 3(2) \end{bmatrix} = \begin{bmatrix} -5 & 1 \\ 3 & 7 \end{bmatrix}$

행렬의 곱에서 교환법칙은 성립하지 않으므로

$$AB \neq BA$$

보기1 $A = \begin{bmatrix} 1 & -2 & 3 \\ 2 & 5 & -1 \\ 0 & -3 & 4 \end{bmatrix}$, $B = \begin{bmatrix} 2 & 3 & 1 \\ 4 & -1 & 2 \\ -5 & 2 & -3 \end{bmatrix}$일 때, $AB \fallingdotseq BA$인지를 살펴보자.

해설 $AB = \begin{bmatrix} -21 & 11 & -12 \\ 29 & -1 & 15 \\ -20 & 29 & -12 \end{bmatrix}$, $BA = \begin{bmatrix} 14 & 8 & 7 \\ 14 & -19 & 21 \\ -19 & 29 & -29 \end{bmatrix}$이므로, $AB \fallingdotseq BA$

행렬의 곱에 관하여 다음 성질이 성립한다. 단, A는 $m \times l$ 행렬, B는 $l \times n$ 행렬, C는 $n \times k$ 행렬이고, p, q는 스칼라이다.

(8) $A(BC) = (AB)C$ ………………………… 결합법칙
(9) $E_m A = AE_l = A$ ………………………… 단위행렬
(10) $p(AB) = (pA)B = A(pB)$ ………………………… 스칼라 결합법칙

$A = (a_{ik})$, $B = (b_{kj})$의 곱을 $C = (c_{ij})$이라면 $c_{ij} = \sum_{k=1}^{l} a_{ik} b_{kj} (1 \leq i \leq m, 1 \leq j \leq l)$이므로 행렬의 곱을 구하는 알고리즘은 다음과 같다.

```
Algorithm Matrix Multiplication

1. Input  m, n, l
2. For k = 1 to l to                                  … A의 입력
   │ For i = 1 to m do
   └─ └─ Input a[i,k]
3. For j = 1 to n do                                   … B의 입력
   │ For k = 1 to l do
   └─ └─ Input b[k,j]
4. For i = 1 to m do                                   … c_ij의 초기값
   │ for j = 1 to n do
   │     Sum = 0
   │     for k = 1 to l do                             … c_ij의 계산
   │     └─ Sum = Sum + a[i,k] * b[k,j]
   │         c[i,j] = Sum
   └──── output c[i,j]
```

4.1.2 여러 가지 행렬

행렬 A가 다음과 같은 $(n\times n)$ 행렬일 때, A를 n차의 **정방행렬**이라 한다.

$$A=\begin{bmatrix} a_{11} & a_{12} & \cdots\cdots & a_{1n} \\ a_{21} & a_{22} & \cdots\cdots & a_{2n} \\ \cdots & \cdots & \cdots\cdots & \cdots \\ a_{n1} & a_{n2} & \cdots\cdots & a_{nn} \end{bmatrix}$$

정방행렬 A의 좌상에서 우하로의 대각선상에 있는 요소 $a_{11}, a_{22}, \cdots\cdots, a_{nn}$을 **대각요소**라 한다. 대각요소 이외의 모든 요소가 0인 행렬을 **대각행렬**이라 한다. 특히 대각요소가 모두 1인 대각행렬을 **단위행렬**이라 하고, E 또는 I로 나타낸다.

$$E=\begin{bmatrix} 1 & 0 & \cdots\cdots & 0 \\ 0 & 1 & \cdots\cdots & 0 \\ \cdots & \cdots & \cdots\cdots & \cdots \\ 0 & 0 & \cdots\cdots & 1 \end{bmatrix}$$

n차의 단위행렬을 E_n로 나타낼 때, A가 $n\times p$ 행렬이고, B가 $m\times n$ 행렬일 때

$$E_n A = A,\quad BE_n = B$$

가 성립한다. 행렬 E는 행렬의 곱셈에서 수 1과 같은 역할을 한다.

(m, n) 행렬 $A=(a_{ij})$에 대하여 1행을 1열로, 2행을 2열로, $\cdots$, m 행의 m 열로 바꾸어 되는 (n, m) 행렬 (a_{ji})를 A의 전치 행렬이라 하고, A' 또는 A^t로 나타낸다. 즉

$$A=\begin{bmatrix} a_{11} & a_{12} & \cdots & a_{1n} \\ a_{21} & a_{22} & \cdots & a_{2n} \\ \cdots & \cdots & \cdots & \cdots \\ a_{m1} & a_{m2} & \cdots & a_{mn} \end{bmatrix}, \quad A'=\begin{bmatrix} a_{11} & a_{21} & \cdots & a_{m1} \\ a_{12} & a_{22} & \cdots & a_{m2} \\ \vdots & \vdots & \cdots & \vdots \\ a_{1n} & a_{2n} & \cdots & a_{mn} \end{bmatrix}$$

가령

$$A=\begin{bmatrix} 1 & 2 & 3 & 4 \\ 5 & 6 & 7 & 8 \\ -4 & -3 & -2 & -1 \end{bmatrix} \text{이면, } A'=\begin{bmatrix} 1 & 5 & -4 \\ 2 & 6 & -3 \\ 3 & 7 & -2 \\ 4 & 8 & -1 \end{bmatrix}$$

전치 행렬에서 다음 성질이 성립한다.

(1) $(A')'=A$

(2) $(\alpha A)'=\alpha A'$

(3) $(A+B)'=A'+B'$

(4) $(AC)'=C'A'$

정방행렬 $A=(a_{ij})$에서 $A'=A$, 즉 $a_{ij}=a_{ji}$일 때, A를 **대칭행렬**이라 한다. 특히 $a_{ij}=a_{ji}=0\,(i\neq j)$인 대칭행렬은 대각행렬이 된다.

대칭행렬에서 대각요소 $a_{ii}\,(i=1, 2, \cdots, n)$에 관하여 대칭인 위치의 요소는 서로 같다. 즉, $a_{ij}=a_{ji}$이다.

행렬 $A=(a_{ij})$에서 $A'=-A$, 즉 정방행렬에서 $a_{ij}=-a_{ji}$가 성립할 때, A를 **교대행렬**이라 한다.

교대행렬에서 $i=j$ 되는 대각요소는 $a_{ii}=-a_{ii}\,(i=1, 2, \cdots, n)$이므로, $2a_{ii}=0$에서 $a_{ii}=0$이다. 따라서 대각요소는 모두 0이다.

예제 1 다음 정방 행렬 A의 전치행렬 A'을 구하고, 다음 정방 행렬 B가 교대행렬일 때, 행렬 B의 요소 b_1, b_2, c_1, c_2를 구하여라.

$$A=\begin{bmatrix} 1 & 2 & 3 \\ 2 & 0 & -5 \\ 3 & -5 & 4 \end{bmatrix} \qquad B=\begin{bmatrix} 0 & 8 & 3 \\ b_1 & b_2 & -4 \\ c_1 & c_2 & 0 \end{bmatrix}$$

풀이 전치행렬 A'과 B는 다음과 같다.

$$A' = \begin{bmatrix} 1 & 2 & 3 \\ 2 & 0 & -5 \\ 3 & -5 & 4 \end{bmatrix}, \quad B = \begin{bmatrix} 0 & 8 & 3 \\ -8 & 0 & -4 \\ -3 & 4 & 0 \end{bmatrix}$$

이므로, $b_1 = -8,\ b_2 = 0,\ c_1 = -3,\ c_2 = 4$이다.

A를 정방행렬이라 하면, $(A + A')' = A' + A'' = A' + A = A + A'$ ……… ①
이므로 $A + A'$은 대칭행렬이다.

행렬 $A - A'$에 대하여 $(A - A')' = A' - A'' = A' - A = -(A - A')$ …… ②
이므로, $A - A'$은 교대행렬이다.

①, ②에서

$$(A + A') + (A - A') = 2A$$

이므로

$$A = \frac{1}{2}[(A + A') + (A - A')]$$

따라서 모든 정방행렬 A는 대칭행렬 $A + A'$과 교대행렬 $A - A'$의 평균과 같다.

4.1.3 역행렬

A를 n차의 정방행렬, E를 n차의 단위행렬이라 할 때, $AB = E$를 만족하는 행렬 B를 A의 **역행렬**이라 하고, 역행렬은 단 하나가 존재하며, $AA^{-1} = A^{-1}A = E$가 된다. $n = 3$인 다음 행렬 A의 역행렬을 구해보자.

$$A = \begin{bmatrix} a_{11} & a_{12} & a_{13} \\ a_{21} & a_{22} & a_{23} \\ a_{31} & a_{32} & a_{33} \end{bmatrix} \text{의 역행렬을 } X = \begin{bmatrix} x_{11} & x_{12} & x_{13} \\ x_{21} & x_{22} & x_{23} \\ x_{31} & x_{32} & x_{33} \end{bmatrix}$$

이라면, 역행렬의 정의에서

$$\begin{bmatrix} a_{11} & a_{12} & a_{13} \\ a_{21} & a_{22} & a_{23} \\ a_{32} & a_{32} & a_{33} \end{bmatrix} \begin{bmatrix} x_{11} & x_{12} & x_{13} \\ x_{21} & x_{22} & x_{23} \\ x_{31} & x_{32} & x_{33} \end{bmatrix} = \begin{bmatrix} 1 & 0 & 0 \\ 0 & 1 & 0 \\ 0 & 0 & 1 \end{bmatrix}$$

위 행렬의 곱은 행렬의 곱의 성질에서 다음과 같이 세 개의 방정식으로 분해된다.

$$\begin{bmatrix} a_{11} & a_{12} & a_{13} \\ a_{21} & a_{22} & a_{23} \\ a_{31} & a_{32} & a_{33} \end{bmatrix} \begin{bmatrix} x_{11} \\ x_{21} \\ x_{31} \end{bmatrix} = \begin{bmatrix} 1 \\ 0 \\ 0 \end{bmatrix}, \quad \begin{bmatrix} a_{11} & a_{12} & a_{13} \\ a_{21} & a_{22} & a_{23} \\ a_{31} & a_{32} & a_{33} \end{bmatrix} \begin{bmatrix} x_{12} \\ x_{22} \\ x_{32} \end{bmatrix} = \begin{bmatrix} 0 \\ 1 \\ 0 \end{bmatrix},$$

$$\begin{bmatrix} a_{11} & a_{12} & a_{13} \\ a_{21} & a_{22} & a_{23} \\ a_{31} & a_{32} & a_{33} \end{bmatrix} \begin{bmatrix} x_{13} \\ x_{23} \\ x_{33} \end{bmatrix} = \begin{bmatrix} 0 \\ 0 \\ 1 \end{bmatrix}$$

따라서 역행렬의 요소는 이들 3원 연립 1차방정식의 3개조에서 미지수 $x_{ij}(i = 1\sim3, j = 1\sim3)$를 구하면 된다. 이들 3조의 연립방정식은 계수행렬이 모두 같으므로, 다음과 같이 A와 E를 함께 나열하여 소거법으로 역행렬을 구할 수 있다.

$$\begin{bmatrix} a_{11}^{(0)} & a_{12}^{(0)} & a_{13}^{(0)} & 1 & 0 & 0 \\ a_{21}^{(0)} & a_{22}^{(0)} & a_{23}^{(0)} & 0 & 1 & 0 \\ a_{31}^{(0)} & a_{32}^{(0)} & a_{33}^{(0)} & 0 & 0 & 1 \end{bmatrix}$$

소거법에 의하여 단계적으로 계수행렬을 단위행렬로 바꾸어 나간다. 즉

$$\begin{bmatrix} 1 & a_{12}^{(1)} & a_{13}^{(1)} & a_{14}^{(1)} & 0 & 0 \\ 0 & a_{22}^{(1)} & a_{23}^{(1)} & a_{24}^{(1)} & 1 & 0 \\ 0 & a_{32}^{(1)} & a_{33}^{(1)} & a_{34}^{(1)} & 0 & 1 \end{bmatrix} \Rightarrow \begin{bmatrix} 1 & 0 & a_{13}^{(2)} & a_{14}^{(2)} & a_{15}^{(2)} & 0 \\ 0 & 1 & a_{23}^{(2)} & a_{24}^{(2)} & a_{25}^{(2)} & 0 \\ 0 & 0 & a_{33}^{(2)} & a_{34}^{(2)} & a_{35}^{(2)} & 1 \end{bmatrix}$$

$$\Rightarrow \begin{bmatrix} 1 & 0 & 0 & a_{14}^{(3)} & a_{15}^{(3)} & a_{16}^{(3)} \\ 0 & 1 & 0 & a_{24}^{(3)} & a_{25}^{(3)} & a_{26}^{(3)} \\ 0 & 0 & 1 & a_{34}^{(3)} & a_{35}^{(3)} & a_{36}^{(3)} \end{bmatrix}$$

이렇게 계수행렬을 단위행렬로 변환하면 4, 5, 6열로 되는 다음 행렬이 구하는 역행렬이 된다.

$$A^{-1} = \begin{bmatrix} a_{14}^{(3)} & a_{15}^{(3)} & a_{16}^{(3)} \\ a_{24}^{(3)} & a_{25}^{(3)} & a_{26}^{(3)} \\ a_{34}^{(3)} & a_{35}^{(3)} & a_{36}^{(3)} \end{bmatrix}$$

이 역행렬 A^{-1}의 연산은 $[A \mid E] \to [A^{-1}A \mid A^{-1}E] \to [E \mid A^{-1}]$로 변환되어서 A^{-1}가 구해진다.

정방행렬 A의 역행렬이 존재할 때, A를 **정칙행렬**이라 한다.

보기1 다음 행렬을 소거법에 의하여 역행렬 A^{-1}를 구해보자.

$$A = \begin{bmatrix} 1 & 1 & 2 \\ 3 & 0 & 8 \\ 2 & 3 & 3 \end{bmatrix}$$

해설 $a'_{\kappa j} = a_{\kappa j} / a_{\kappa\kappa}$을 $k = 1$에서부터 단계적으로 규준화하여 새로운 k 행을 만든다. (a'_{kj}은 a_{kj}가 바뀐 값)

다음은 k행을 제외한 모든 $i\,(i \neq k)$ 행에서 k 행의 각 요소에 $a_{i\kappa}$ 를 곱한 것을 빼는 소거계산

$$a'_{ij} = a_{ij} - a_{i\kappa} \cdot a'_{\kappa j}\,(i = 1,\ 2,\ 3\,(i \fallingdotseq k);\ j = k,\ \cdots,\ 6)$$

으로 i행 k열의 요소를 소거한다. 이상의 2단계 계산과정을 $k = 1$에서 $k = 3$까지 차례로 반복해나가면 4열 ~ 6열에 구하려는 역행렬이 구해진다.

$k = 1$일 때 $(i = 2,\ 3;\ j = 1\sim6)$

$$\left[\begin{array}{ccc|ccc} 1 & 1 & 2 & 1 & 0 & 0 \\ 3 & 0 & 8 & 0 & 1 & 0 \\ 2 & 3 & 3 & 0 & 0 & 1 \end{array}\right] \to \left[\begin{array}{ccc|ccc} 1 & 1 & 2 & 1 & 0 & 0 \\ 0 & -3 & 2 & -3 & 1 & 0 \\ 0 & 1 & -1 & -2 & 0 & 1 \end{array}\right]$$

$k = 2$일 때 $(i = 1,\ 3;\ j = 2\sim6)$

$$\to \left[\begin{array}{ccc|ccc} 1 & 0 & 8/3 & 0 & 1/3 & 0 \\ 0 & 1 & -2/3 & 1 & -1/3 & 0 \\ 0 & 0 & -1/3 & -3 & 1/3 & 1 \end{array}\right]$$

$k = 3$일 때 $(i = 1,\ 2;\ j = 3\sim6)$

$$\to \left[\begin{array}{ccc|ccc} 1 & 0 & 0 & -24 & 3 & 8 \\ 0 & 1 & 0 & 7 & -1 & -2 \\ 0 & 0 & 1 & 9 & -1 & -3 \end{array}\right] \text{이므로 } A^{-1} = \begin{bmatrix} -24 & 3 & 8 \\ 7 & -1 & -2 \\ 9 & -1 & -3 \end{bmatrix}$$

n차 정방행렬의 역행렬은 다음 과정을 반복하여 구한다.

제 k행을 축요소 $a_{\kappa\kappa}$ ($k = 1$에서 차례로 n까지)로 나누어, 새로운 k행을 만든다.

새로운 k행 : $a'_{\kappa j} = a_{\kappa j} / a_{\kappa\kappa}\ (k = 1\sim n;\ j = k\sim2n)$ (1)

다음은 i행(k행 제외) k열 성분을 소거하기 위하여 i행 성분 a_{ik}에 a'_{kj}를 곱한 것을 i형 성분 a_{ij}에서 빼는 조작으로, 새 i행의 성분을

새 i행 성분 : $a'_{ij} = a_{ij} - a_{i\kappa} \cdot a'_{\kappa j}\ (j = k\sim2n)$ (2)

에 의하여 구한다. k는 (1), (2)과정을 실시하는 단계를 나타낸다.
(1), (2)의 조작을 반복한다. $k = 1$ to n까지 실시하면 $n + 1$열에서 $2n$까지에서 얻어지는 행렬은 A의 역행렬이 된다.

예제 1

다음 행렬 A의 역행렬을 Gauss의 소거법으로 구하여라.

$$A = \begin{bmatrix} 2 & 3 & 4 \\ 3 & 5 & 2 \\ 4 & 3 & 30 \end{bmatrix}$$

풀이 Gauss의 소거법 (1), (2)를 반복시행하면 다음과 같이 역행렬이 구해진다.

행번호	행렬변형			역행렬계산			설명
①	2	3	4	1	0	0	
②	3	5	2	0	1	0	
③	4	3	30	0	0	1	
④	1	$\frac{3}{2}$	2	$\frac{1}{2}$	0	0	①/2
⑤	0	$\frac{1}{2}$	−4	$-\frac{3}{2}$	1	0	②−3×④
⑥	0	−3	22	−2	0	1	③−4×④
⑦	1	0	14	5	−3	0	④$-\frac{3}{2}$×⑧
⑧	0	1	−8	−3	2	0	2×⑤
⑨	0	0	−2	−11	6	1	⑥−(−3)×⑧
⑩	1	0	0	−72	39	7	⑦−14×⑫
⑪	0	1	0	41	−22	−4	⑧−(−8)×⑫
⑫	0	0	1	$\frac{11}{2}$	−3	$-\frac{1}{2}$	⑨/(−2)

따라서 구하는 역행렬은

$$A^{-1}=\begin{bmatrix} -72 & 39 & 7 \\ 41 & -22 & -4 \\ \frac{11}{2} & -3 & -\frac{1}{2} \end{bmatrix}$$

n 차의 정방행렬 $A=(a_{ij})$의 역행렬을 구하는 알고리즘은 다음과 같다.

Algorithm of inverse matrix

1. Input $a_{i,j}(i=1, 2, \cdots, m;\ j=1, 2, \cdots, 2m)$
2. $n=2m$
3. For $k=1$ to m … k 열의 규준화
   - $P=a_{kk}$
   - for $j=k$ to n
     - $a_{k,j}=a_{k,j}/P$
4. For $j=k$ to n
   - $a_{i,j}=a_{i,j}-a_{i,k}*a_{k,j}$ … 새 $a_{i,j}$의 계산
5. $l=m+1$

6. For $i = 1$ to m … A^{-1}의 출력
  for $j = l$ to n
    output $a_{i,j}$

예제 2 다음 행렬의 역행렬을 위 알고리즘에 따라서 구하여라.

$$A = \begin{bmatrix} 2 & 0 & 1 \\ 3 & 2 & 5 \\ 1 & -1 & 0 \end{bmatrix}$$

풀이

$$\left[\begin{array}{ccc|ccc} 2 & 0 & 1 & 1 & 0 & 0 \\ 3 & 2 & 5 & 0 & 1 & 0 \\ 1 & -1 & 0 & 0 & 0 & 1 \end{array}\right]$$

$k = 1$

$$\left[\begin{array}{ccc|ccc} 1 & 0 & 0.5 & 0.5 & 0 & 0 \\ 3-1\times 3 & 2-0\times 3 & 5-0.5\times 3 & 1-0.5\times 3 & 1-0\times 3 & 0-0\times 3 \\ 1-1 & -1-0 & 0-0.5 & 0-0.5 & 0-0 & 1-0 \end{array}\right]$$

$$= \left[\begin{array}{ccc|ccc} 1 & 0 & 0.5 & 0.5 & 0 & 0 \\ 0 & 2 & 3.5 & -1.5 & 1 & 0 \\ 0 & -1 & -0.5 & -0.5 & 0 & 1 \end{array}\right]$$

$k = 2$

$$\left[\begin{array}{ccc|ccc} 1 & 0 & 0.5 & 0.5 & 0 & 0 \\ 0 & 1 & 1.75 & -0.75 & 0.5 & 0 \\ 0 & -1+1 & -0.5+1.75 & -0.5-0.75 & 0+0.5 & 1+0 \end{array}\right]$$

$$= \left[\begin{array}{ccc|ccc} 1 & 0 & 0.5 & 0.5 & 0 & 0 \\ 0 & 1 & 1.75 & -0.75 & 0.5 & 0 \\ 0 & 0 & 1.25 & -1.25 & 0.5 & 1 \end{array}\right]$$

$k = 3$

$$\left[\begin{array}{ccc|ccc} 1 & 0 & 0 & 0.5+0.5 & 0-0.2 & 0-0.4 \\ 0 & 1 & 0 & -0.75+1.75 & 0.5 \quad 0.7 & 1.4 \\ 0 & 0 & 1 & -1 & 0.4 & 0.8 \end{array}\right]$$

$$= \left[\begin{array}{ccc|ccc} 1 & 0 & 0 & 1 & -0.2 & -0.4 \\ 0 & 1 & 0 & 1 & -0.2 & -1.4 \\ 0 & 0 & 1 & -1 & 0.4 & 0.8 \end{array}\right]$$

검산

$$\begin{bmatrix} 2 & 0 & 1 \\ 3 & 2 & 5 \\ 1 & -1 & 0 \end{bmatrix} \begin{bmatrix} 1 & -0.2 & -0.4 \\ 1 & -0.2 & -1.4 \\ -1 & 0.4 & 0.8 \end{bmatrix} = \begin{bmatrix} 1 & 0 & 0 \\ 0 & 1 & 0 \\ 0 & 0 & 1 \end{bmatrix}$$

연습문제 (4.1)

1 $A=\begin{bmatrix} 2 & 3 & 0 \\ 6 & -5 & 4 \end{bmatrix}, \begin{bmatrix} -1 & 2 & 2 \\ 7 & 0 & 8 \end{bmatrix}$ 일 때, 다음을 구하여라.

(1) $A+B$ (2) $A-B$ (3) $4A$

2 $A=\begin{bmatrix} 1 & 3 \\ 2 & 1 \end{bmatrix}, B=\begin{bmatrix} 2 & 0 & 4 \\ 3 & -2 & 6 \end{bmatrix}$ 일 때, AB를 구하여라.

3 $A=\begin{bmatrix} 2 & 3 \\ 4 & 5 \end{bmatrix}$ 를 A의 대칭행렬과 A의 교대행렬의 합으로 나타내어라.

4 정방행렬 A가 $A'A=AA'=E$(단위행렬)일 때, A를 직교행렬이라 한다.
$A=\begin{bmatrix} \cos\theta & -\sin\theta \\ \sin\theta & \cos\theta \end{bmatrix}$ 는 직교행렬임을 밝혀라.

5 다음 행렬 A의 역행렬은 오른쪽 행렬 B 임을 밝혀라.

$$A=\begin{bmatrix} 1 & 0 & 2 \\ 2 & -1 & 3 \\ 4 & 1 & 8 \end{bmatrix}, \qquad B=\begin{bmatrix} -11 & 2 & 2 \\ -4 & 0 & 1 \\ 6 & -1 & -1 \end{bmatrix}$$

6 n 차의 정방행렬 A와 B가 정칙행렬이면, 곱 AB와 BA는 정칙이고,

$$(AB)^{-1}=B^{-1}A^{-1}$$

임을 밝혀라.

7 정방행렬 A가 정칙이면, 그의 전치행렬 A'도 정칙행렬임을 밝혀라.
또한 $(A')^{-1}=(A^{-1})$임을 밝혀라.

8 대각행렬 $A=\begin{bmatrix} a & 0 & 0 \\ 0 & b & 0 \\ 0 & 0 & c \end{bmatrix}$ 는 $abc \neq 0$ 이면 정칙이고, 그의

역행렬은 $A^{-1}=\begin{bmatrix} a^{-1} & 0 & 0 \\ 0 & b^{-1} & 0 \\ 0 & 0 & c^{-1} \end{bmatrix}$ 임을 밝혀라.

9 다음 등식을 증명하여라.

$$\begin{bmatrix} \lambda & 1 \\ 0 & \lambda \end{bmatrix}^n = \begin{bmatrix} \lambda^n & n\lambda^{n-1} \\ 0 & \lambda^n \end{bmatrix}$$

10 A는 (2×3)행렬이다. $E_2 A = AE_3 = A$임을 밝혀라. 단, E_2는 2×2 단위행렬, E_3은 3×3 단위행렬이다.

11 $A = \begin{bmatrix} a & b \\ c & d \end{bmatrix}$가 정칙행렬일 때, A^{-1}는 다음과 같음을 밝혀라.

$$A^{-1} = \frac{1}{ad-bc}\begin{bmatrix} d & -b \\ -c & a \end{bmatrix}$$

연습문제(4.1) 풀이

1 (1) $A+B = \begin{bmatrix} 1 & 5 & 2 \\ 13 & -5 & 12 \end{bmatrix}$ (2) $A-B = \begin{bmatrix} 3 & 1 & -2 \\ -1 & -5 & -4 \end{bmatrix}$

(3) $4A = \begin{bmatrix} 8 & 12 & 0 \\ 24 & -20 & 16 \end{bmatrix}$

2 $AB = \begin{bmatrix} 1\times 2+3\times 3 & 1\times 0+3\times(-2) & 1\times 4+3\times 6 \\ 2\times 2+1\times 3 & 2\times 0+1\times(-2) & 2\times 4+1\times 6 \end{bmatrix} = \begin{bmatrix} 11 & -6 & 22 \\ 7 & -2 & 14 \end{bmatrix}$

3 $A = \frac{1}{2}[(A+A')+(A-A')] = \frac{1}{2}\left\{\left(\begin{bmatrix} 2 & 3 \\ 4 & 5 \end{bmatrix}+\begin{bmatrix} 2 & 4 \\ 3 & 5 \end{bmatrix}\right)+\left(\begin{bmatrix} 2 & 3 \\ 4 & 5 \end{bmatrix}-\begin{bmatrix} 2 & 4 \\ 3 & 5 \end{bmatrix}\right)\right\}$

4 $A = \begin{bmatrix} \cos\theta & -\sin\theta \\ \sin\theta & \cos\theta \end{bmatrix}$, $A' = \begin{bmatrix} \cos\theta & \sin\theta \\ -\sin\theta & \cos\theta \end{bmatrix}$이므로

$$AA' = \begin{bmatrix} \cos^2\theta+\sin^2\theta & \sin\theta\cos\theta-\sin\theta\cos\theta \\ \sin\theta\cos\theta-\cos\theta\sin\theta & \sin^2\theta+\cos^2\theta \end{bmatrix} = \begin{bmatrix} 1 & 0 \\ 0 & 1 \end{bmatrix}$$

이므로, A는 직교행렬이다.

5 $BA = \begin{bmatrix} -11 & 2 & 2 \\ -4 & 0 & 1 \\ 6 & -1 & -1 \end{bmatrix} \begin{bmatrix} 1 & 0 & 2 \\ 2 & -1 & 3 \\ 4 & 1 & 8 \end{bmatrix} = \begin{bmatrix} 1 & 0 & 0 \\ 0 & 1 & 0 \\ 0 & 0 & 1 \end{bmatrix} = E$

이므로, A의 역행렬은 B이다. ($BA = E$이면, $AB = E$이다)

6 $(B^{-1}A^{-1})(AB) = B^{-1}(A^{-1}A)B = B^{-1}(EB) = E$

$$(AB)(B^{-1}A^{-1}) = A(BB^{-1})A^{-1} = A(EA^{-1}) = AA^{-1} = E$$

이므로, AB의 역행렬은 $B^{-1}A^{-1}$이다.
마찬가지로 BA가 정칙이면,

$$(BA)^{-1} = A^{-1}B^{-1}$$

이다.

7 A가 정칙행렬일 때 $|A'| = |A| \neq 0$이므로, A'도 정칙행렬이다.

$$\{A'(A^{-1})'\}' = \{(A^{-1})'\}'(A')' = A^{-1}A = E$$

따라서 $A'(A^{-1})' = E$이므로 $(A')^{-1} = (A^{-1})'$이다.
따라서 A'가 정칙이면(좌변), 그의 역행렬 $(A')^{-1} = (A^{-1})'$ 이다.

8 $AA^{-1} = \begin{bmatrix} 1 & 0 & 0 \\ 0 & 1 & 0 \\ 0 & 0 & 1 \end{bmatrix}$이므로, A의 역행렬은 $A' = \begin{bmatrix} a^{-1} & 0 & 0 \\ 0 & b^{-1} & 0 \\ 0 & 0 & c^{-1} \end{bmatrix}$이다.

9 $\lambda = 1$일 때, 좌변 $= \begin{bmatrix} \lambda & 1 \\ 1 & \lambda \end{bmatrix}^1$, 우변 $= \begin{bmatrix} \lambda & 1 \\ 0 & \lambda \end{bmatrix}$이므로, 좌변=우변

$$n = k\text{일 때, } \begin{bmatrix} \lambda & 1 \\ 1 & \lambda \end{bmatrix}^k = \begin{bmatrix} \lambda^k & k\lambda^{k-1} \\ 0 & \lambda^k \end{bmatrix} \quad \cdots ①$$

을 가정하면

$$\begin{bmatrix} \lambda & 1 \\ 0 & \lambda \end{bmatrix}^{k+1} = \begin{bmatrix} \lambda & 1 \\ 0 & \lambda \end{bmatrix}^k \begin{bmatrix} \lambda & 1 \\ 0 & \lambda \end{bmatrix} = \begin{bmatrix} \lambda^k & k\lambda^{k-1} \\ 0 & \lambda^k \end{bmatrix} \begin{bmatrix} \lambda & 1 \\ 0 & \lambda \end{bmatrix} = \begin{bmatrix} \lambda^{k+1} & (k+1)\lambda^k \\ 0 & \lambda^{k+1} \end{bmatrix} \cdots ②$$

이 식의 우변은 식 ①의 우변의 k에 $k+1$을 대입한 식이므로, 준식은 $n = k+1$일 때도 성립한다. 따라서 준식은 모든 n의 값에 대하여 성립한다.

10 $A=\begin{bmatrix} a_{11} & a_{12} & a_{13} \\ a_{21} & a_{22} & a_{23} \end{bmatrix}$이라 하자.

(1) $\begin{bmatrix} 1 & 0 \\ 0 & 1 \end{bmatrix}\begin{bmatrix} a_{11} & a_{12} & a_{13} \\ a_{21} & a_{22} & a_{23} \end{bmatrix}=\begin{bmatrix} a_{11}+0 & a_{12}+0 & a_{13}+0 \\ a_{21}+0 & a_{22}+0 & a_{23}+0 \end{bmatrix}=A$

(2) $\begin{bmatrix} a_{11} & a_{12} & a_{13} \\ a_{21} & a_{22} & a_{23} \end{bmatrix}\begin{bmatrix} 1 & 0 & 0 \\ 0 & 1 & 0 \\ 0 & 0 & 1 \end{bmatrix}=\begin{bmatrix} a_{11}+0+0 & 0+a_{12}+0 & 0+0+a_{13} \\ a_{21}+0+0 & 0+a_{22}+0 & 0+0+a_{23} \end{bmatrix}=A$

11
$$\begin{aligned} AA^{-1} &= \begin{bmatrix} a & b \\ c & d \end{bmatrix}\left(\frac{1}{ad-bc}\begin{bmatrix} d & -b \\ -c & a \end{bmatrix}\right) \\ &= \frac{1}{ad-bc}\begin{bmatrix} a & b \\ c & d \end{bmatrix}\begin{bmatrix} d & -b \\ -c & a \end{bmatrix} = \frac{1}{ad-bc}\begin{bmatrix} ad-bc & -ab+ab \\ cd-cd & -bc+ad \end{bmatrix} \\ &= \begin{bmatrix} 1 & 0 \\ 0 & 1 \end{bmatrix} = E_2 \end{aligned}$$

따라서 $A^{-1}=\frac{1}{ad-bc}\begin{bmatrix} d & -b \\ -c & a \end{bmatrix}$이다.

4.2 행렬의 LU 분해

4.2.1 LU 분해

(1) L의 대각요소를 1로 하는 LU 분해

정칙행렬 A를 상삼각행렬 U와 하삼각행렬 L의 곱으로(U와 L 가운데 어느 한 쪽의 대각 요소는 모두 1이다)

$$A = LU$$

와 같이 나타내는 것을 **삼각분해** 또는 LU **분해**라고 한다.

LU 분해에는 다음 두 가지 방식이 있다.

① 행렬 L의 대각요소를 1로 하는 경우

$$LU = \begin{bmatrix} 1 & 0 & 0 \\ l_{21} & 1 & 0 \\ l_{31} & l_{32} & 1 \end{bmatrix} \begin{bmatrix} u_{11} & u_{12} & u_{13} \\ 0 & u_{22} & u_{23} \\ 0 & 0 & u_{33} \end{bmatrix} = \begin{bmatrix} a_{11} & a_{12} & a_{13} \\ a_{21} & a_{22} & a_{23} \\ a_{31} & a_{32} & a_{33} \end{bmatrix} = A \tag{1}$$

이 관계가 만족되게 미지의 요소 l_{ij}와 u_{ij}를 차례로 정해나간다.

② U의 대각요소를 1로 하는 경우

$$LU = \begin{bmatrix} l_{11} & 0 & 0 \\ l_{21} & l_{22} & 0 \\ l_{31} & l_{32} & l_{33} \end{bmatrix} \begin{bmatrix} 1 & u_{12} & u_{13} \\ 0 & 1 & u_{23} \\ 0 & 0 & 1 \end{bmatrix} = \begin{bmatrix} a_{11} & a_{12} & a_{13} \\ a_{21} & a_{22} & a_{23} \\ a_{31} & a_{32} & a_{33} \end{bmatrix} = A \tag{2}$$

$LU = A$가 되게 미지의 요소 l_{ij}와 u_{ij}를 차례로 정해나간다.

보기1 다음 행렬 A를 LU 분해한다. 단, L의 대각요소는 모두 1이다.

$$A = \begin{bmatrix} 4 & 3 & 2 \\ -2 & -4 & 5 \\ 1 & 2 & 6 \end{bmatrix} = \begin{bmatrix} 1 & 0 & 0 \\ l_{21} & 1 & 0 \\ l_{31} & l_{32} & 1 \end{bmatrix} \begin{bmatrix} u_{11} & u_{12} & u_{13} \\ 0 & u_{22} & u_{23} \\ 0 & 0 & u_{33} \end{bmatrix}$$

해설 (1단계) 우변의 행렬의 곱과 좌변의 행렬의 각 요소를 비교하여 U의 1행과 L의 1열의 요소를 구한다. U의 1행은 A의 1행으로하고 L의 1열의 요소 $l_{i1}(i = 2,\ 3)$은 A의 1열의 요소를 $a_{11} = 4$로 나눈 것이다.

$1 \cdot u_{11} = a_{11} = 4,\ 1 \cdot u_{12} = a_{12} = 3,\ 1 \cdot u_{13} = a_{13} = 2$에서 U의 1행을 구한다.

$l_{21}u_{11} = a_{21} = 2$에서 $u_{11} = 4$이므로 $l_{21} = \frac{a_{21}}{u_{11}} = \frac{-2}{4} = -0.5$, $l_{31}u_{11} = a_{31} = 1$에서 $l_{31} = \frac{a_{31}}{u_{11}} = \frac{1}{4} = 0.25$에서 L의 1열을 구한다.

(2단계) 1단계에서 구한 값을 써서 U의 2행과 L의 2열의 요소를 구한다.

$$\begin{bmatrix} 1 & 0 & 0 \\ -0.5 & 1 & 0 \\ 0.25 & l_{32} & 1 \end{bmatrix}\begin{bmatrix} 4 & 3 & 2 \\ 0 & u_{22} & u_{23} \\ 0 & 0 & u_{33} \end{bmatrix} = \begin{bmatrix} 4 & 3 & 2 \\ -2 & -4 & 5 \\ 1 & 2 & 6 \end{bmatrix}$$

U의 2열 요소 u_{22}와 u_{23}와 L의 2열의 요소 l_{32}를 구한다.

$l_{21}u_{12} + 1 \cdot u_{22} = a_{22}$ 에서 $-0.5(3) + u_{22} = -4$ 이므로, $u_{22} = -2.5$

$l_{21}u_{13} + 1 \cdot u_{23} = a_{23}$ 에서 $-0.5(2) + u_{23} = 5$ 이므로, $u_{23} = 6$

$0.25(3) + l_{32}u_{22} = 2$ 이므로, $l_{32} = -0.5$

(3단계) 이들 값을 써서 U의 나머지 요소 u_{33}을 구한다.

$$l_{31} \cdot u_{13} + l_{32}u_{23} + u_{33} = a_{33} \text{에서 } u_{33} = 6 - 0.25(2) - (-0.5)(6) = 8.5$$

구하는 LU 분해는 다음과 같다.

$$LU = \begin{bmatrix} 1 & 0 & 0 \\ -0.5 & 1 & 0 \\ 0.25 & -0.5 & 1 \end{bmatrix}\begin{bmatrix} 4 & 3 & 2 \\ 0 & -2.5 & 6 \\ 0 & 0 & 8.5 \end{bmatrix}$$

예제 1 다음 행렬 A의 LU 분해를 구하여라.

$$A = \begin{bmatrix} 1 & 4 & 5 \\ 4 & 20 & 32 \\ 5 & 32 & 64 \end{bmatrix} = \begin{bmatrix} 1 & 0 & 0 \\ l_{21} & 1 & 0 \\ l_{31} & l_{32} & 1 \end{bmatrix}\begin{bmatrix} u_{11} & u_{12} & u_{13} \\ 0 & u_{22} & u_{23} \\ 0 & 0 & u_{33} \end{bmatrix}$$

풀이 (1단계) A의 1행 요소를 U의 1행 요소로하고, L의 1열 요소 $l_{i1}(i = 2, 3)$은 A의 1열 요소를 a_{11}로 나눈 값이다.

$$u_{11} = 1,\ u_{12} = 4,\ u_{13} = 5 \text{ 이고, } l_{21} = \frac{a_{21}}{a_{11}} = \frac{4}{1} = 4,\ l_{31} = \frac{a_{31}}{a_{11}} = \frac{5}{1} = 5$$

(2단계) 행렬 L의 1열의 요소 l_{21}, l_{31}을 A의 1행에 곱하여 A의 2행, 3행에서 빼서 U의 1열요소를 소거한다. L의 요소는 승수이고, U의 요소는 A에서 소거 계산을 한 결과이다.

$$\begin{bmatrix} 1 & 4 & 5 \\ 4 & 20 & 32 \\ 5 & 32 & 64 \end{bmatrix} = \begin{bmatrix} 1 & 0 & 0 \\ 4 & 1 & 0 \\ 5 & l_{32} & 1 \end{bmatrix} \begin{bmatrix} 1 & 4 & 5 \\ 0 & u_{22} & u_{23} \\ 0 & 0 & u_{33} \end{bmatrix}$$

연산은 A의 1행의 요소에 $l_{21} = 4$를 곱하여 A의 2행에서 빼고, A의 1행의 요소에 $l_{31} = 5$를 곱해서 A의 3행에서 빼서 U의 2행과 3행의 요소를 정한다.

$$u_{22} = 20 - 4(4) = 4, \quad u_{23} = 32 - 5(4) = 12$$
$$u_{32} = 32 - 5(4) = 12, \quad u_{33} = 64 - 5(5) = 39$$

이상의 계산결과에서 다음을 얻는다.

$$\begin{bmatrix} 1 & 4 & 5 \\ 4 & 20 & 32 \\ 5 & 32 & 64 \end{bmatrix} = \begin{bmatrix} 1 & 0 & 0 \\ 4 & 1 & 0 \\ 5 & l_{32} & 1 \end{bmatrix} \begin{bmatrix} 1 & 4 & 5 \\ 0 & 4 & 12 \\ 0 & 12 & 39 \end{bmatrix}$$

3단계 행렬 L의 3행과 U의 3열의 곱에서 u_{33}을 구한다.(점선내의 처리)
승수 $l_{32} = \frac{12}{4} = 3$ 이므로, $u_{32} = 12 - 3(4) = 0$, $u_{33} = 39 - 12(3) = 3$
계산 결과는 다음과 같다. 이것으로 A의 LU 분해가 완성된다.

$$\begin{bmatrix} 1 & 4 & 5 \\ 4 & 20 & 32 \\ 5 & 32 & 64 \end{bmatrix} = \begin{bmatrix} 1 & 0 & 0 \\ 4 & 1 & 0 \\ 5 & 3 & 1 \end{bmatrix} \begin{bmatrix} 1 & 4 & 5 \\ 0 & 4 & 12 \\ 0 & 0 & 3 \end{bmatrix}$$

(2) U의 대각요소를 1로 하는 LU 분해

행렬 A의 LU 분해에서 U의 대각요소를 1로 하는 경우를 살펴보자. A가 3×3 행렬이라면

$$L = \begin{bmatrix} l_{11} & 0 & 0 \\ l_{21} & l_{22} & 0 \\ l_{31} & l_{32} & l_{33} \end{bmatrix}, \ U = \begin{bmatrix} 1 & u_{12} & u_{13} \\ 0 & 1 & u_{23} \\ 0 & 0 & 1 \end{bmatrix}$$

이다. $A = LU$가 되게 미지의 요소 l_{ij}와 u_{ij}를 정해나간다.

보기2 다음 행렬 A의 LU 분해에서 U의 대각요소가 1이 되게 LU 분해를 구해보자.

$$A = \begin{bmatrix} 1 & 4 & 5 \\ 4 & 20 & 32 \\ 5 & 32 & 64 \end{bmatrix}$$

해설 행렬 A의 LU 분해에서 U의 대각요소를 모두 1로 한다.

$$\begin{bmatrix} l_{11} & 0 & 0 \\ l_{21} & l_{22} & 0 \\ l_{31} & l_{32} & l_{33} \end{bmatrix} \begin{bmatrix} 1 & u_{12} & u_{13} \\ 0 & 1 & u_{23} \\ 0 & 0 & 1 \end{bmatrix} = \begin{bmatrix} 1 & 4 & 5 \\ 4 & 20 & 32 \\ 5 & 32 & 64 \end{bmatrix}$$

1단계 L의 1열과 U의 1행의 요소를 구한다.

$l_{11} = 1,\ l_{21} = 4,\ l_{31} = 5$ (A의 1행이 L의 1열이 된다)

$l_{11}u_{12} = 4,\ l_{11}u_{13} = 5$에서 $u_{12} = 4/1 = 4,\ u_{13} = 5/1 = 5$

U의 1행의 요소는 A의 1행 요소를 a_{11}로 나눈 값이다.

2단계 위에서 구한 값을 써서 L의 2열과 U의 2행의 요소를 구한다.

$$\begin{bmatrix} 1 & 0 & 0 \\ 4 & l_{22} & 0 \\ 5 & l_{32} & l_{33} \end{bmatrix} \begin{bmatrix} 1 & 4 & 5 \\ 0 & 1 & u_{23} \\ 0 & 0 & 1 \end{bmatrix} = \begin{bmatrix} 1 & 4 & 5 \\ 4 & 20 & 32 \\ 5 & 32 & 64 \end{bmatrix}$$

$4(4) + l_{22} = 20,\ 4(5) + l_{22}u_{23} = 32$에서 $l_{22} = 4,\ u_{23} = 3$

3단계 위에서 구한 값을 써서 L의 3행의 요소 l_{32}, l_{33}을 구한다.

$$\begin{bmatrix} 1 & 0 & 0 \\ 4 & 4 & 0 \\ 5 & l_{32} & l_{33} \end{bmatrix} \begin{bmatrix} 1 & 4 & 5 \\ 0 & 1 & 3 \\ 0 & 0 & 1 \end{bmatrix} = \begin{bmatrix} 1 & 4 & 5 \\ 4 & 20 & 32 \\ 5 & 32 & 64 \end{bmatrix}$$

$5(4) + l_{32}(1) = 32,\ 5(5) + 3l_{32} + l_{33} = 64$에서 $l_{32} = 12,\ l_{33} = 3$

구하는 행렬, L, U는

$$L = \begin{bmatrix} 1 & 0 & 0 \\ 4 & 4 & 0 \\ 5 & 12 & 3 \end{bmatrix},\ U = \begin{bmatrix} 1 & 4 & 5 \\ 0 & 1 & 3 \\ 0 & 0 & 1 \end{bmatrix}$$

$$LU = \begin{bmatrix} 1 & 0 & 0 \\ 4 & 4 & 0 \\ 5 & 12 & 3 \end{bmatrix} \begin{bmatrix} 1 & 4 & 5 \\ 0 & 1 & 3 \\ 0 & 0 & 1 \end{bmatrix} = \begin{bmatrix} 1 & 4 & 5 \\ 4 & 20 & 32 \\ 5 & 32 & 64 \end{bmatrix} = A$$

(3) 쌍 LU 분해

4×4의 행렬 A의 **쌍 LU 분해**의 순서와 조작법을 살펴보자.

$$LU = \begin{bmatrix} 1 & 0 & 0 & 0 \\ l_{21} & 1 & 0 & 0 \\ l_{31} & l_{32} & 1 & 0 \\ l_{41} & l_{42} & l_{43} & 1 \end{bmatrix} \begin{bmatrix} u_{11} & u_{12} & u_{13} & u_{14} \\ 0 & u_{22} & u_{23} & u_{24} \\ 0 & 0 & u_{33} & u_{34} \\ 0 & 0 & 0 & u_{44} \end{bmatrix} = \begin{bmatrix} a_{11} & a_{12} & a_{13} & a_{14} \\ a_{21} & a_{22} & a_{23} & a_{24} \\ a_{31} & a_{32} & a_{33} & a_{34} \\ a_{41} & a_{42} & a_{43} & a_{44} \end{bmatrix} = A \quad (3)$$

A의 쌍 LU 분해는 L의 l_{ij}와 U의 u_{ij} 요소를 하나의 행렬로 다음과 같이

$$A \rightarrow \begin{bmatrix} u_{11} & u_{12} & u_{13} & u_{14} \\ l_{21} & u_{22} & u_{23} & u_{24} \\ l_{31} & l_{32} & u_{33} & u_{34} \\ l_{41} & l_{42} & e_{43} & u_{44} \end{bmatrix} = A_1$$

로 나타내는 LU 분해를 말한다. L, U의 대각요소는 분명하므로 생략한다.

쌍 LU 분해의 단계별 연산과정은 A의 LU 분해과정을 단지 하나의 행렬에서 이루는 데 불과하나, 연산에 혼돈이 일어나지 않게 유의해야 한다.

행렬 A에서 쌍 LU 분해 A_1을 유도하는 각 연산단계를 살펴 보자.

(1단계) A_1의 1행, 1열의 요소를 구한다.
A의 1행의 요소는 U의 1행의 요소로 하고, L의 1열의 요소 $l_{i1}(i = 2, 3, 4)$는 A의 1열의 요소 $a_{i1}(i = 2 \sim 4)$를 a_{11}로 나눈 것이다.
$u_{11} = a_{11}$, $u_{12} = a_{12}$, $u_{13} = a_{13}$, $u_{14} = a_{14}$이고,
$l_{21}u_{11} = a_{21}$, $l_{31}u_{11} = a_{31}$, $l_{41}u_{11} = a_{41}$ $(u_{11} = a_{11})$이므로

$$\boldsymbol{u_{1j} = a_{1j} \ (j = 1,\ 2,\ 3,\ 4)} \\ \boldsymbol{l_{i1} = a_{i1} / a_{11} = a_{i1} / u_{11} \ (i = 2,\ 3,\ 4)} \tag{4}$$

(2단계) A_1의 2행을 a_{22}를 기준으로 규준화하고, L의 2열 요소 $l_{i2} = a_{i2} / a_{22}(i = 3, 4)$를 구한다. 2열의 승수 l_{32}, l_{42}를 A의 2행에 곱하여 A의 3행, 4행에서 빼서 $a_{i2}(i = 3, 4)$를 소거한다.

$$l_{i2} = a_{i2} / a_{22} (i = 3,\ 4)$$

$a_{i2}(i = 2, 3, 4)$의 소거는 다음 연산으로 이루어진다.

$$\left.\begin{aligned} a_{2j}^{(1)} &= a_{2j} - l_{21} a_{1j}^{(1)} \ (j = 2,\ 3,\ 4) \\ a_{3j}^{(1)} &= a_{3j} - l_{31} a_{1j}^{(1)} \ (j = 2,\ 3,\ 4) \\ a_{4j}^{(1)} &= a_{4j} - l_{41} a_{1j}^{(1)} \ (j = 2,\ 3,\ 4) \end{aligned}\right\} \Leftrightarrow \begin{aligned} & a_{ij}^{(1)} = a_{ij} - l_{i1} a_{1j}^{(1)} = u_{ij} \\ & (i = 2,\ 3,\ 4;\ j = 2,\ 3,\ 4) \end{aligned} \tag{5}$$

2단계의 시행의 결과에서 다음 행렬 A_2를 얻는다.

$$A_1 \rightarrow \begin{bmatrix} a_{11} & u_{12} & u_{13} & u_{14} \\ l_{21} & a_{22}^{(1)} & a_{23}^{(1)} & a_{24}^{(1)} \\ l_{31} & a_{32}^{(1)} & a_{33}^{(1)} & a_{34}^{(1)} \\ l_{41} & a_{42}^{(1)} & a_{43}^{(1)} & a_{44}^{(1)} \end{bmatrix} = A_2$$

3단계 3단계는 행렬 A_2에서 점선부분의 행렬 B_2에 대하여 1단계와 2단계의 조작을 한다. B_2의 1행은 그대로 두고, B_2의 1행에 승수 $l_{i2}=a_{i2}^{(1)}/a_{22}^{(1)}\ (i=3,\ 4)$를 곱하여 B_2의 2행, 3행에서 빼서 $a_{33}^{(2)}$, $a_{34}^{(2)}$ 및 $a_{43}^{(2)}$, $a_{44}^{(2)}$를 얻는 연산은 다음과 같다.

$$\left.\begin{aligned} a_{3j}^{(2)} &= a_{3j}^{(1)} - l_{32}a_{2j}^{(1)} \quad (j=3,\ 4) \\ a_{4j}^{(2)} &= a_{4j}^{(1)} - l_{42}a_{2j}^{(1)} \quad (j=3,\ 4) \end{aligned}\right\} \Leftrightarrow \begin{aligned} a_{ij}^{(2)} &= a_{ij}^{(1)} - l_{i2}a_{2j}^{(2)} \\ &(i=3,\ 4;\ j=3,\ 4) \end{aligned} \tag{6}$$

2단계 시행의 결과에서 다음 행렬 A_3를 얻는다.

$$A_2 \rightarrow \begin{bmatrix} u_{11} & u_{12} & u_{13} & u_{14} \\ l_{21} & u_{22} & u_{23} & u_{24} \\ l_{31} & l_{32} & a_{33}^{(2)} & a_{34}^{(2)} \\ l_{41} & l_{42} & a_{43}^{(2)} & a_{44}^{(2)} \end{bmatrix} = A_3$$

4단계 3단계는 행렬 A_3에서 점선으로 싸인 행렬 B_3에 대하여 2단계와 같은 연산을 실시한다. B_3의 1행은 그대로 둔다.

$$l_{43} = a_{43}^{(2)}/a_{33}^{(2)} \ \text{(소거법에 이용될 승수)}$$

$$\left.\begin{aligned} a_{43}^{(3)} &= a_{43}^{(2)} - l_{43}\ a_{33}^{(2)} \\ a_{44}^{(3)} &= a_{44}^{(2)} - l_{43}\ a_{34}^{(2)} \end{aligned}\right\} \Leftrightarrow a_{ij}^{(3)} = a_{ij}^{(2)} - l_{i3}^{(2)}\ a_{3j}^{(2)} \quad (i=4;\ j=4) \tag{7}$$

4단계 시행의 결과는 다음과 같다.

$$A_3 \rightarrow \begin{bmatrix} u_{11} & u_{12} & u_{13} & u_{14} \\ l_{21} & u_{22} & u_{23} & u_{24} \\ l_{31} & l_{32} & u_{33} & u_{34} \\ l_{41} & l_{42} & l_{43} & a_{44}^{(3)} \end{bmatrix} = A_4$$

따라서 A의 쌍 LU 분해는 다음과 같다. $a_{44}^{(3)}=u_{44}$이다.

$$A_4 = \begin{bmatrix} u_{11} & u_{12} & u_{13} & u_{14} \\ l_{21} & u_{22} & u_{23} & u_{24} \\ l_{31} & l_{32} & u_{33} & u_{34} \\ l_{41} & l_{42} & l_{43} & u_{44} \end{bmatrix}$$

예제 2 다음 행렬 A를 쌍 LU 분해하여라. 단, 하삼각 행렬 L의 대각 요소는 모두 1이다.

$$A=\begin{bmatrix}1&2&1&4\\2&0&4&3\\4&2&2&1\\-3&1&3&2\end{bmatrix}$$

풀이

$$A=\begin{bmatrix}1&2&1&4\\2&0&4&3\\4&2&2&1\\-3&1&3&2\end{bmatrix}\rightarrow\begin{bmatrix}1&2&1&4\\l_{21}&a_{22}^{(1)}&a_{23}^{(1)}&a_{24}^{(1)}\\l_{31}&a_{32}^{(1)}&a_{33}^{(1)}&a_{34}^{(1)}\\l_{41}&a_{42}^{(1)}&a_{43}^{(1)}&a_{44}^{(1)}\end{bmatrix}=A_1$$

1단계 A의 1행을 그대로 두고, 1열의 각 행 요소는 $l_{i1}=a_{i1}/a_{11}(i=2,3,4)$에서 $l_{21}=2/1=2$, $l_{31}=4/1=4$, $l_{41}=-3/1=-3$이고, 1행에 승수 2, 4, −3을 곱해서 A의 2행, 3행, 4행에서 빼는 소거계산으로 다음(점선부분)을 얻는다.

$$A_1\rightarrow\begin{bmatrix}1&2&1&4\\2&-4&2&-5\\4&-6&-2&-15\\-3&7&6&14\end{bmatrix}=A_2$$

2단계 A_2에서 점선으로 되는 (3×3)행렬 B_2를 1단계 연산과 같은 방법으로 처리한다.

B_2의 1행을 그대로 두고, 1행에 승수 $l_{32}=\frac{-6}{-4}=\frac{3}{2}$, $l_{42}=\frac{7}{-4}$를 곱한 것을 B_2의 2행, 3행에서 빼는 계산 결과는 다음과 같다.

$$A_2\rightarrow\begin{bmatrix}1&2&1&4\\2&-4&2&-5\\4&\frac{3}{2}&-5&-\frac{15}{2}\\-3&-\frac{7}{4}&\frac{19}{2}&\frac{21}{4}\end{bmatrix}=A_3$$

3단계 A_3에서 점선으로 된 (2×2)행렬 B_3에 2단계와 같은 방법으로 처리한다. 승수 $l_{43}=\frac{19}{2}/(-5)=-\frac{19}{10}$를 B_3의 1행 2열의 요소 $-\frac{15}{2}$에 곱한 값을 B_3의 2행 2열의 요소 $\frac{21}{4}$에서 빼서 u_{44}를 얻는다. 계산 결과는 다음과 같다.

$$A_3\rightarrow\begin{bmatrix}1&2&1&4\\2&-4&2&-5\\4&\frac{3}{2}&-5&-\frac{15}{2}\\-3&-\frac{7}{4}&-\frac{19}{10}&-9\end{bmatrix}$$

이것은 A의 쌍 LU 분해의 결과이다.

검산

$$LU = \begin{bmatrix} 1 & 0 & 0 & 0 \\ 2 & 1 & 0 & 0 \\ 4 & \frac{3}{2} & 1 & 0 \\ -3 & -\frac{7}{4} & -\frac{19}{10} & 1 \end{bmatrix} \begin{bmatrix} 1 & 2 & 1 & 4 \\ 0 & -4 & 2 & -5 \\ 0 & 0 & -5 & -\frac{15}{2} \\ 0 & 0 & 0 & -9 \end{bmatrix} = \begin{bmatrix} 1 & 2 & 1 & 4 \\ 2 & 0 & 4 & 3 \\ 4 & 2 & 2 & 1 \\ -3 & 1 & 3 & 2 \end{bmatrix} = A$$

(4) 쌍 LU 분해의 알고리즘

L, U의 요소를 성분이 0인 것과 1인 것을 제외하고, 한 행렬로 나타내면 다음과 같다.

$$\begin{bmatrix} u_{11} & u_{12} & u_{13} & u_{14} \\ l_{21} & u_{22} & u_{23} & u_{24} \\ l_{31} & l_{32} & u_{33} & u_{34} \\ l_{41} & l_{42} & l_{43} & u_{44} \end{bmatrix} \Leftarrow \begin{bmatrix} 1 & 0 & 0 & 0 \\ l_{21} & 1 & 0 & 0 \\ l_{31} & l_{32} & 1 & 0 \\ l_{41} & l_{42} & l_{43} & 1 \end{bmatrix} \begin{bmatrix} u_{11} & u_{12} & u_{13} & u_{14} \\ 0 & u_{22} & u_{23} & u_{24} \\ 0 & 0 & u_{33} & u_{34} \\ 0 & 0 & 0 & u_{44} \end{bmatrix} = \begin{bmatrix} a_{11} & a_{12} & a_{13} & a_{14} \\ a_{21} & a_{22} & a_{23} & a_{24} \\ a_{31} & a_{32} & a_{33} & a_{34} \\ a_{41} & a_{42} & a_{43} & a_{44} \end{bmatrix}$$

왼쪽 행렬과 같은 분해가 쌍분해(bi-factorization)이다.

L와 U는 다음과 같이 구해나간다.

이하 설명은 4×4행렬 A의 쌍 LU 분해 방법을 설명한다.

1단계 1행과 1열의 계산

A의 1열 $a_{21} \sim a_{41}$을 a_{11}로 나누어서 승수 l_{21}, l_{31}, l_{41}을 구한다. U의 1행은 A의 1행으로 한다.

나머지 모든 요소는 다음의 소거법으로 구한다.

소거법에 쓰이는 승수 l_{21}, l_{31}, l_{41}은 다음과 같이 정한다.

$$l_{21} = \frac{a_{21}}{a_{11}},\ l_{31} = \frac{a_{31}}{a_{11}},\ l_{41} = \frac{a_{41}}{a_{11}}$$

이들 승수를 차례로 A의 1행(1열 제외)에 곱하여 A의 2행, 3행, 4행에서 뺀다.

이러한 연산에 대한 단계별 알고리즘은 다음과 같다. 알고리즘은 A가 $n \times n$ 행렬인 경우이다.

```
for r = 2 to n do
│ l_{r,1} = a_{r,1}^{(1)} / a_{1,1}^{(1)}                   … 승수계산
│ for c = 2 to n do                                          (8)
└─└─ a_{r,c}^{(2)} = a_{r,c}^{(1)} - l_{r,1} * a_{1,c}^{(1)}   … 소거계산
```

a_{rc}에서 이 알고리즘으로 변형된 것을 $a_{rc}^{(2)}$로 표기하면, 1단계 계산결과는 다음과 같다. 단, $a_{11}^{(1)} = u_{11}$이고, $a_{12}^{(1)} = u_{12}$, ⋯, $a_{1n}^{(1)} = u_{1n}$이다.

$$\begin{array}{cccc} a_{11}^{(1)} & a_{12}^{(1)} & a_{13}^{(1)} & a_{14}^{(1)} \\ l_{21} & a_{22}^{(2)} & a_{23}^{(2)} & a_{24}^{(2)} \\ l_{31} & a_{32}^{(2)} & a_{33}^{(2)} & a_{34}^{(2)} \\ l_{41} & a_{42}^{(2)} & a_{43}^{(2)} & a_{44}^{(2)} \end{array} \tag{9}$$

(2단계) 2행과 2열의 계산(점선내의 계산)

2행의 요소 $a_{2j}^{(2)} (j = 2, 3, 4)$는 그대로 두고, 3행, 4행의 3열, 4열의 요소를 소거하기 위하여 승수 l_{32}, l_{42}를 다음과 같이 구한다.

$$l_{32} = \frac{a_{32}^{(2)}}{a_{22}^{(2)}},\ l_{42} = \frac{a_{42}^{(2)}}{a_{22}^{(2)}} \tag{10}$$

다음은 2행에 승수 l_{32}, l_{42}를 곱하여 3행, 4행(1, 2열제외)에서 빼는 다음 소거계산을 한다.

$$a_{33}^{(3)} = a_{33}^{(2)} - l_{32} \cdot a_{23}^{(2)},\ a_{34}^{(3)} = a_{34}^{(2)} - l_{32} \cdot a_{24}^{(2)} \tag{11}$$

배열 (9)의 3행에서 4행에 있는 요소를 소거하는 데 승수 $l_{r2} (r = 3, 4)$를 써서 소거하는 알고리즘은 다음과 같다.

```
for r = 3 to n do
│ l_{r,2} = a^{(2)}_{r,2} / a^{(2)}_{22}          … 승수계산
│ for c = 3 to n do
└─└─ a^{(3)}_{r,c} = a^{(2)}_{r,c} - l_{r,c} * a^{(2)}_{2,c}    … 소거계산
```
(12)

2단계 계산 결과는 다음과 같이 된다. $a_{rc}^{(3)}$은 소거법으로 $a_{rc}^{(2)}$가 바뀐 값이다.

$$\begin{array}{cccc} a_{11}^{(1)} & a_{12}^{(1)} & a_{13}^{(1)} & a_{14}^{(1)} \\ l_{21} & a_{22}^{(2)} & a_{13}^{(2)} & a_{24}^{(2)} \\ l_{31} & l_{32} & a_{33}^{(3)} & a_{34}^{(3)} \\ l_{41} & l_{42} & a_{43}^{(3)} & a_{44}^{(3)} \end{array} \tag{13}$$

p단계 이것은 일반단계이다. p열의 $p+1$행에서 n행까지에서 승수 l_{rp}를 구하고, 소거계산을 실시하는 알고리즘은 다음과 같다.

```
for r = p + 1 to n do
│  l_rp = a_rp^(p) / a_pp^(p)                  … 승수계산
│  for c = p + 1 to n do
└─ └─ a_rc^(p+1) = a_rc^(p) - l_rp * a_pc^(p)   … 소거계산
```
(14)

완성된 쌍 LU 분해의 결과는 다음과 같다.

$$
\begin{matrix}
a_{11}^{(1)} & a_{12}^{(1)} & a_{13}^{(1)} & a_{14}^{(1)} \\
l_{21} & a_{22}^{(2)} & a_{23}^{(2)} & a_{24}^{(2)} \\
l_{31} & l_{32} & a_{33}^{(3)} & a_{34}^{(3)} \\
l_{41} & l_{42} & l_{43} & a_{44}^{(4)}
\end{matrix}
$$

이것으로 쌍 LU 분해가 끝난다. 이 배열에서 L의 대각성분 1이 표시되어 있지 않고, L과 U의 0요소가 생략되어 L과 U를 하나의 배열로 표시한 것이다. 이 분해에서 $a_{ij}^{(p)}=u_{ij}$이다. ($p=1, 2, \cdots, n$)

4.2.2 LU 분해에 의한 연립 1차 방정식의 해법

다음 연립 1차 방정식

$$AX=\boldsymbol{b} \tag{1}$$

에서 A를 LU 분해하여 $A=LU$라면, 식 (1)은

$$AX=LUX=\boldsymbol{b} \tag{2}$$

이고, $\boldsymbol{Y}=U\boldsymbol{X}$로 정의하면 방정식 (6)은 다음과 같이 풀 수 있다.

우선 $L\boldsymbol{Y}=\boldsymbol{b}$를 $\boldsymbol{Y}$에 관하여 풀고, 다음 $U\boldsymbol{X}=\boldsymbol{Y}$를 $\boldsymbol{X}$에 관하여 푼다.

3원 연립 1차 방정식에서 상수벡터 $\boldsymbol{b}$를 $[b_1, b_2, b_3]'$이라 하자.

방정식 $LY=B$는 다음과 같은 연립방정식

$$
\begin{aligned}
y_1 \qquad\qquad\qquad &= b_1 \\
l_{21}y_1+y_2 \qquad\quad &= b_2 \\
l_{31}y_1+l_{32}y_2+y_3 &= b_3
\end{aligned} \tag{3}
$$

이 되므로, y_1, y_2, y_3은 전진대입법으로 풀어나간다.

다음은 식 (7)에서 구한 y_1, y_2, y_3을 써서 $UX = Y$에서 $X = (x_1, x_2, x_3)'$을 구한다. $UX = Y$를 연립방정식으로 나타내면

$$\begin{aligned} u_{11}x_1 + u_{12}x_2 + u_{13}x_3 &= y_1 \\ u_{22}x_2 + u_{23}x_3 &= y_2 \\ u_{33}x_3 &= y_3 \end{aligned} \tag{4}$$

이고, x_1, x_2, x_3는 후퇴대입법으로 구해간다.

예제 1 다음 연립방정식의 계수행렬을 LU 분해하여 해를 구하여라.

$$\begin{cases} 2x_1 + 4x_2 - 6x_3 = -4 \\ x_1 + 5x_2 + 3x_3 = 10 \\ x_1 + 3x_2 + 2x_3 = 5 \end{cases}$$

풀이 1° 계수행렬 A를 LU 분해하기 위하여 다음과 같이 나타낸다.

$$\begin{bmatrix} 1 & 0 & 0 \\ l_{21} & 1 & 0 \\ l_{31} & l_{32} & 1 \end{bmatrix} \begin{bmatrix} 2 & 4 & -6 \\ 0 & u_{22} & u_{23} \\ 0 & 0 & u_{33} \end{bmatrix} = \begin{bmatrix} 2 & 4 & -6 \\ 1 & 5 & 3 \\ 1 & 3 & 2 \end{bmatrix} \quad ①$$

$A = (a_{ij})$라 하자. $l_{21} = \frac{a_{21}}{a_{11}} = \frac{1}{2}$, $l_{31} = \frac{a_{31}}{a_{11}} = \frac{1}{2}$이므로 식 ①의 우변 행렬의 1행 (2, 4, −6)에 $l_{21} = 0.5$를 곱한 것을 2행 (1, 5, 3)에서 빼서 $u_{22} = 5 - 4\left(\frac{1}{2}\right) = 3$, $u_{23} = 3 - (-6)\left(\frac{1}{2}\right) = 6$을 얻고, $l_{31} = 0.5$이므로, 1행 (2, 4, −6)에 0.5를 곱한 것을 A의 3행 (1, 3, 2)에서 빼서 U의 (3, 2) 요소 $a_{32}^{(2)}$와 (3, 3) 요소 $a_{33}^{(2)}$을 얻는다.

$$a_{32}^{(2)} = 3 - 4(0.5) = 1, \quad a_{33}^{(2)} = 2 - (6)(0.5) = 5$$

이상의 계산결과는 다음과 같다.

$$A = \begin{bmatrix} 1 & 0 & 0 \\ 0.5 & 1 & 0 \\ 0.5 & l_{32} & 1 \end{bmatrix} \begin{bmatrix} 2 & 4 & -6 \\ 0 & 3 & 6 \\ 0 & 1 & 5 \end{bmatrix}$$

$l_{32} = \frac{1}{3}$이므로, U의 2행 [0, 3, 6]에 $\frac{1}{3}$을 곱한 것을 3행 [0, 1, 5]에서 빼서 u_{32}, u_{33}은 다음과 같다.

$$u_{32} = 1 - 3\left(\frac{1}{3}\right) = 0, \; u_{33} = 5 - 6\left(\frac{1}{3}\right) = 3$$

이상의 계산 결과로 A의 LU 분해는 다음과 같다.

$$A=\begin{bmatrix}1 & 0 & 0\\ 0.5 & 1 & 0\\ 0.5 & \frac{1}{3} & 1\end{bmatrix}\begin{bmatrix}2 & 4 & -6\\ 0 & 3 & 6\\ 0 & 0 & 3\end{bmatrix}$$

2° $LY=\boldsymbol{b}$, $UX=\boldsymbol{Y}$를 푼다.

$$AX=LUX=\boldsymbol{b}\text{에서 } UX=\boldsymbol{Y}\text{라면 } LY=\boldsymbol{b}$$

(1) 먼저 $LY=\boldsymbol{b}$에서 Y를 구한다.

$$LY=\begin{bmatrix}1 & 0 & 0\\ 0.5 & 1 & 0\\ 0.5 & \frac{1}{3} & 1\end{bmatrix}\begin{bmatrix}y_1\\ y_2\\ y_3\end{bmatrix}=\begin{bmatrix}-4\\ 10\\ 5\end{bmatrix}$$

$$\text{또는}\begin{cases}y_1 & =-4 \quad \cdots\cdots ①\\ 0.5y_1+y_2 & =10 \quad \cdots\cdots ②\\ 0.5y_1+\frac{1}{3}y_2+y_3 & =5 \quad \cdots\cdots ③\end{cases}$$

전진대입법으로, y_1, y_2, y_3을 차례로 구한다.

①에서 $y_1=-4$, ②에서 $y_2=10-0.5y_1=10-0.5(-4)=12$

③에서 $y_3=5-0.5y_1-\frac{1}{3}y_2=5-0.5(-4)-\frac{1}{3}(12)=3$

(2) 다음은 $UX=\boldsymbol{Y}$에서 $\boldsymbol{X}$를 구한다.

$$\begin{bmatrix}2 & 4 & -6\\ 0 & 3 & 6\\ 0 & 0 & 3\end{bmatrix}\begin{bmatrix}x_1\\ x_2\\ x_3\end{bmatrix}=\begin{bmatrix}-4\\ 12\\ 3\end{bmatrix}$$

$$\text{또는}\begin{cases}2x_1+4x_2-6x_3 & =-4 \quad \cdots\cdots ④\\ \qquad\quad 3x_2+6x_3 & =12 \quad \cdots\cdots ⑤\\ \qquad\qquad\quad 3x_3 & =3 \quad \cdots\cdots ⑥\end{cases}$$

⑥에서 $x_3=1$, ⑤에서 $3x_2=12-6x_3=12-6(1)=6 \therefore x_2=2$

④에서 $2x_1=-4-4x_2+6x_3=-4-4(2)+6(1)=-6 \therefore x_1=-3$

답 $x_1=-3$, $x_2=2$, x_3-1

예제 2

계수행렬을 삼각분해하여 나음 연립방정식을 풀어라.

$$\begin{bmatrix}4 & 1 & 2\\ 1 & 3 & 1\\ 1 & 2 & 5\end{bmatrix}\begin{bmatrix}x_1\\ x_2\\ x_3\end{bmatrix}=\begin{bmatrix}16\\ 10\\ 12\end{bmatrix}$$

단, U의 대각요소를 모두 1로 한다.

풀이

$$L = \begin{bmatrix} l_{11} & 0 & 0 \\ l_{21} & l_{22} & 0 \\ l_{31} & l_{32} & l_{33} \end{bmatrix},\ U = \begin{bmatrix} 1 & u_{12} & u_{13} \\ 0 & 1 & u_{23} \\ 0 & 0 & 1 \end{bmatrix},\ A = \begin{bmatrix} 4 & 1 & 2 \\ 1 & 3 & 1 \\ 1 & 2 & 5 \end{bmatrix}$$

(1) $LU = A$에서 양변의 행렬의 대응하는 요소를 비교하여 L, U를 구한다.

1단계 L의 1열의 요소는 A의 1열의 요소와 같다.

$$l_{11} = a_{11} = 4,\ l_{21} = a_{21} = 1,\ l_{31} = a_{31} = 1$$

U의 1행의 요소는 A의 1행을 $a_{11} = 4$로 나눈 것이다.

$$u_{11} = \frac{a_{11}}{a_{11}} = 1,\ u_{12} = \frac{a_{12}}{a_{11}} = \frac{1}{4},\ u_{13} = \frac{a_{13}}{a_{11}} = \frac{2}{4} = \frac{1}{2}$$

이상의 결과에서 A의 LU 분해의 1단계 결과는 다음과 같다.

$$\begin{bmatrix} 4 & 0 & 0 \\ 1 & l_{22} & 0 \\ 1 & l_{32} & l_{33} \end{bmatrix} \begin{bmatrix} 1 & \frac{1}{4} & \frac{1}{2} \\ 0 & 1 & u_{23} \\ 0 & 0 & 1 \end{bmatrix} = \begin{bmatrix} 4 & 1 & 2 \\ 1 & 3 & 1 \\ 1 & 2 & 5 \end{bmatrix}$$

2단계 L의 2열과 U의 2행의 나머지 요소를 구한다.

$$1 \cdot \frac{1}{4} + l_{22} = 3\text{에서 } l_{22} = \frac{11}{4}$$

$$1 \cdot \frac{1}{2} + \frac{11}{4} u_{23} = 1\text{에서 } u_{23} = \frac{2}{11}$$

이상의 결과에서 A의 LU 분해는 다음과 같이 바뀐다.

$$\begin{bmatrix} 4 & 0 & 0 \\ 1 & \frac{11}{4} & 0 \\ 1 & l_{32} & l_{33} \end{bmatrix} \begin{bmatrix} 1 & \frac{1}{4} & \frac{1}{2} \\ 0 & 1 & \frac{2}{11} \\ 0 & 0 & 1 \end{bmatrix} = \begin{bmatrix} 4 & 1 & 2 \\ 1 & 3 & 1 \\ 1 & 2 & 5 \end{bmatrix}$$

3단계 L의 3행의 요소 l_{32}, l_{33}을 구한다.

$$1 \cdot \frac{1}{4} + l_{32} \cdot 1 = 2\text{에서 } l_{32} = \frac{7}{4}$$

$$1 \cdot \frac{1}{2} + l_{32} \cdot \frac{2}{11} + l_{33} \cdot 1 = 5\text{에서 } l_{33} = 5 - \frac{1}{2} - \frac{7}{22} = \frac{92}{22} = \frac{46}{11}$$

이상의 계산으로 A의 LU 분해는 다음과 같이 된다.

$$A = \begin{bmatrix} 4 & 0 & 0 \\ 1 & \frac{11}{4} & 0 \\ 1 & \frac{7}{4} & \frac{46}{11} \end{bmatrix} \begin{bmatrix} 1 & \frac{1}{4} & \frac{1}{2} \\ 0 & 1 & \frac{2}{11} \\ 0 & 0 & 1 \end{bmatrix} = \begin{bmatrix} 4 & 1 & 2 \\ 1 & 3 & 1 \\ 1 & 2 & 5 \end{bmatrix}$$

(2) $\boldsymbol{Ax} = \boldsymbol{b}$의 계수행렬 A가 삼각분해가 되어서 $A = LU$이라면

$$\boldsymbol{LUx} = \boldsymbol{b}$$

이렇게 변형된 연립방정식을 다음과 같이 2단계 ①과 ②에서 해를 구한다.

① 우선 $\boldsymbol{y} = \boldsymbol{Ux}$라 하고, $\boldsymbol{Ly} = \boldsymbol{b}$를 $\boldsymbol{y}$에 관하여 푼다.

② 다음에 $\boldsymbol{Ux} = \boldsymbol{y}$를 $\boldsymbol{x}$에 관하여 푼다.

①
$$L\boldsymbol{y} = \begin{bmatrix} 4 & 0 & 0 \\ 1 & \frac{11}{4} & 0 \\ 1 & \frac{7}{4} & \frac{46}{11} \end{bmatrix} \begin{bmatrix} y_1 \\ y_2 \\ y_3 \end{bmatrix} = \begin{bmatrix} 16 \\ 10 \\ 12 \end{bmatrix}$$

이 연립방정식을 전진대입법으로 푼다.

$4y_1 = 16$ 에서 $y_1 = 4$

$y_1 + \frac{11}{4} y_2 = 10$ 에서 $y_2 = \frac{4}{11}(10 - 4) = \frac{24}{11}$

$y_1 + \frac{7}{4} y_2 + \frac{46}{11} y_3 = 12$ 에서 $y_3 = \frac{11}{46}\left(12 - 4 - \frac{7}{4} \times \frac{24}{11}\right) = 1$

② $\boldsymbol{Ux} = \boldsymbol{y}$에서 $\boldsymbol{x}$를 구한다.

$$U\boldsymbol{x} = \begin{bmatrix} 1 & \frac{1}{4} & \frac{1}{2} \\ 0 & 1 & \frac{2}{11} \\ 0 & 0 & 1 \end{bmatrix} \begin{bmatrix} x_1 \\ x_2 \\ x_3 \end{bmatrix} = \begin{bmatrix} 4 \\ \frac{24}{11} \\ 1 \end{bmatrix}$$

$\boldsymbol{x}$는 후퇴대입법으로 구한다.

$x_3 = 1$

$x_2 + \frac{2}{11} x_3 = \frac{24}{11}$ 에서 $x_2 = \frac{24}{11} - \frac{2}{11} \times 1 = 2$

$x_1 + \frac{1}{4} x_2 + \frac{1}{2} x_3 = 4$ 에서 $x_1 = 4 - \frac{1}{4} \times 2 - \frac{1}{2} \times 1 = 3$

구하는 해는

$$x_1 = 3,\ x_2 = 2,\ x_3 = 1$$

이다.

연습문제(4.2)

1 다음 행렬 A를 다음 두 가지 경우에 대한 LU 분해를 구하여라.

$$A=\begin{bmatrix}2 & -1 & -1\\ 0 & -4 & 2\\ 0 & -3 & 0\end{bmatrix}$$

(1) L의 대각성분이 모두 1인 경우 (2) U의 대각성분이 모두 1인 경우

2 다음 행렬 A를 쌍 LU 분해하여라. 단, U의 대각요소는 모두 1로 한다.

$$A=\begin{bmatrix}3 & -1 & 2\\ 1 & 2 & 3\\ 2 & -2 & -1\end{bmatrix}$$

3 다음 행렬 A를 LU 분해하여라.

$$A=\begin{bmatrix}4 & 3 & -1\\ -2 & -4 & 5\\ 1 & 2 & 6\end{bmatrix}=\begin{bmatrix}1 & 0 & 0\\ 0 & 1 & 0\\ 0 & 0 & 1\end{bmatrix}\begin{bmatrix}4 & 3 & -1\\ -2 & -4 & 5\\ 1 & 2 & 6\end{bmatrix}$$

단, 우변의 단위 행렬을 행렬 L로, 우변을 행렬 A를 행렬 U로 유도하여라.

연습문제(4.2) 풀이

1

(1) $$A=\begin{bmatrix}2 & -1 & -1\\ 0 & -4 & 2\\ 6 & -3 & 0\end{bmatrix}=\begin{bmatrix}1 & 0 & 0\\ 0 & 1 & 0\\ 3 & 0 & 1\end{bmatrix}\begin{bmatrix}2 & -1 & -1\\ 0 & -4 & 2\\ 0 & 0 & 3\end{bmatrix}$$

(2) $$A=\begin{bmatrix}2 & -1 & -1\\ 0 & -4 & 2\\ 6 & -3 & 0\end{bmatrix}=\begin{bmatrix}2 & 0 & 0\\ 0 & -4 & 0\\ 6 & 0 & 3\end{bmatrix}\begin{bmatrix}1 & -\frac{1}{2} & -\frac{1}{2}\\ 0 & 1 & -\frac{1}{2}\\ 0 & 0 & 1\end{bmatrix}$$

2 $\begin{bmatrix} 3 & -1 & 2 \\ 1 & 2 & 3 \\ 2 & -2 & -1 \end{bmatrix} = \begin{bmatrix} l_{11} & u_{12} & u_{13} \\ l_{21} & l_{22} & u_{23} \\ l_{31} & l_{32} & l_{33} \end{bmatrix} \Leftarrow \begin{bmatrix} l_{11} & 0 & 0 \\ l_{21} & l_{22} & 0 \\ l_{31} & l_{32} & l_{33} \end{bmatrix} \begin{bmatrix} 1 & u_{12} & u_{13} \\ 0 & 1 & u_{23} \\ 0 & 0 & 1 \end{bmatrix}$

이라 하고, L과 U의 값을 구하면

$$A = \begin{bmatrix} \textcircled{3} & -1 & 2 \\ 1 & 2 & 3 \\ 2 & -2 & -1 \end{bmatrix} \to \begin{bmatrix} 3 & -\frac{1}{3} & \frac{2}{3} \\ 1 & \textcircled{\frac{7}{3}} & \frac{7}{3} \\ 2 & -\frac{4}{3} & -\frac{7}{3} \end{bmatrix} \to \begin{bmatrix} 3 & -\frac{1}{3} & \frac{2}{3} \\ 1 & \frac{7}{3} & 1 \\ 2 & -\frac{4}{3} & -1 \end{bmatrix}$$

L와 U는 다음과 같다.

$$L = \begin{bmatrix} 3 & 0 & 0 \\ 1 & \frac{7}{3} & 0 \\ 2 & -\frac{4}{3} & -1 \end{bmatrix}, \; U = \begin{bmatrix} 1 & -\frac{1}{3} & \frac{2}{3} \\ 0 & 1 & 1 \\ 0 & 0 & 1 \end{bmatrix}$$

3 $l_{21} = \dfrac{-2}{4} = -0.5$, $l_{31} = \dfrac{1}{4} = 0.25$를 행렬 A의 1행에 곱하여 2행, 3행에서 빼면

$$A = \begin{bmatrix} 1 & 0 & 0 \\ -0.5 & 1 & 0 \\ 0.25 & 0 & 1 \end{bmatrix} \begin{bmatrix} 4 & 3 & -1 \\ 0 & -2.5 & 4.5 \\ 0 & 1.25 & 6.25 \end{bmatrix}$$

$l_{32} = \dfrac{1.25}{-2.5} = -0.5$를 U가 될 행렬 2행에 곱하여 3행에서 뺀다. 이 승수 l_{32}는 L의 (3, 2) 요소가 된다.

이상의 연산으로 A는 다음과 같이 LU 분해가 된다.

$$A = \begin{bmatrix} 1 & 0 & 0 \\ -0.5 & 1 & 0 \\ 0.25 & -0.5 & 1 \end{bmatrix} \begin{bmatrix} 4 & 3 & -1 \\ 0 & -2.5 & 4.5 \\ 0 & 0 & 8.5 \end{bmatrix}$$

4.3 행렬식

4.3.1 행렬식의 정의

(1) 2차의 행렬식

2×2행렬

$$A = \begin{bmatrix} a_1 & a_2 \\ b_1 & b_2 \end{bmatrix}$$

에서 $a_1 b_2 - a_2 b_1$을 행렬 A의 **행렬식**의 값이라 한다. 또 이와 같은 행렬식을 2차의 행렬식이라 하고, 기호

$$|A| = \begin{vmatrix} a_1 & a_2 \\ b_1 & b_2 \end{vmatrix} = a_1 b_2 - a_2 b_1 \tag{1}$$

로 나타낸다. 이 행렬식의 값은 오른쪽 그림과 같이 기억하면 편리한다.

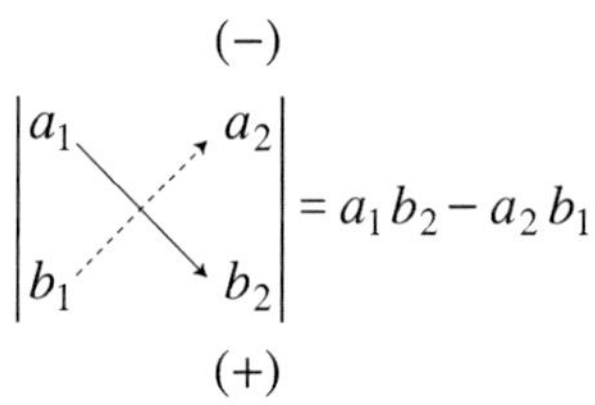

행렬식의 정의에서 다음 성질이 있음을 알 수 있다.

① $\begin{vmatrix} a_1 & a_2 \\ b_1 & b_2 \end{vmatrix} = \begin{vmatrix} a_1 & b_1 \\ a_2 & b_2 \end{vmatrix}$

② $\begin{vmatrix} ka_1 & ka_2 \\ b_1 & b_2 \end{vmatrix} = k\begin{vmatrix} a_1 & a_2 \\ b_1 & b_2 \end{vmatrix}, \begin{vmatrix} ka_1 & a_2 \\ kb_1 & b_2 \end{vmatrix} = k\begin{vmatrix} a_1 & a_2 \\ b_1 & b_2 \end{vmatrix}$

③ $\begin{vmatrix} a_1 + a'_1 & a_2 + a'_2 \\ b_1 & b_2 \end{vmatrix} = \begin{vmatrix} a_1 & a_2 \\ b_1 & b_2 \end{vmatrix} + \begin{vmatrix} a'_1 & a'_2 \\ b_1 & b_2 \end{vmatrix}, \begin{vmatrix} a_1 + a'_1 & a_2 \\ b_1 + b'_1 & b_2 \end{vmatrix} = \begin{vmatrix} a_1 & a_2 \\ b_1 & b_2 \end{vmatrix} + \begin{vmatrix} a'_1 & a_2 \\ b'_1 & b_2 \end{vmatrix}$

④ $\begin{vmatrix} a_1 & a_2 \\ b_1 & b_2 \end{vmatrix} = -\begin{vmatrix} b_1 & b_2 \\ a_1 & a_2 \end{vmatrix}, \begin{vmatrix} a_1 & a_2 \\ b_1 & b_2 \end{vmatrix} = -\begin{vmatrix} a_2 & a_1 \\ b_2 & b_1 \end{vmatrix}$

⑤ $\begin{vmatrix} a_1 & a_2 \\ ka_1 & ka_2 \end{vmatrix} = 0, \begin{vmatrix} a_1 & ka_1 \\ b_1 & kb_1 \end{vmatrix} = 0$

⑥ $\begin{vmatrix} a_1 & a_2 \\ b_1 & b_2 \end{vmatrix} = \begin{vmatrix} a_1 + kb_1 & a_2 + kb_2 \\ b_1 & b_2 \end{vmatrix}, \begin{vmatrix} a_1 & a_2 \\ b_1 & b_2 \end{vmatrix} = \begin{vmatrix} a_1 + ka_2 & a_2 \\ b_1 + kb_2 & b_2 \end{vmatrix}$

이들 성질을 말로 표현하면 다음과 같다.

① 행렬식에서 행과 열을 차례로 바꾸어도 그 값은 변하지 않는다.

② 행렬식에서 한 행(또는 한 열)의 원소를 동시에 k 배하면 행렬식의 값은 k 배가 된다.

③ 행렬식은 그의 한 행(또는 한 열)에 나열된 성분에 대하여, 1차제차식이다.

④ 행렬식에서 그의 2개의 행(또는 2개의 열)을 바꾸면, 그 행렬식의 값은 부호만 바뀐다.

⑤ 행렬식에서 2개의 행(또는 2개의 열)의 성분이 비례하면, 그 행렬식의 값은 0이 된다.

⑥ 한 행(또는 한 열)의 k 배를 다른 행(또는 열)에 더하여도 행렬식의 값은 변하지 않는다.

(2) 3차의 행렬식

3×3행렬

$$A = \begin{bmatrix} a_1 & a_2 & a_3 \\ b_1 & b_2 & b_3 \\ c_1 & c_2 & c_3 \end{bmatrix}$$

에 대하여

$$\begin{vmatrix} a_1 & a_2 & a_3 \\ b_1 & b_2 & b_3 \\ c_1 & c_2 & c_3 \end{vmatrix} = a_1 b_2 c_3 + a_2 b_3 c_1 + a_3 b_1 c_2 - a_1 b_3 c_2 - a_2 b_1 c_3 - a_3 b_2 c_1 \quad (2)$$

를 행렬 A의 **3차의 행렬식**이라 하고, 좌변의 기호 또는 단지 $|A|$로 나타낸다. 이 행렬식의 값(우변의 전개식)은 다음 그림과 같이 기억하면 편리하다.

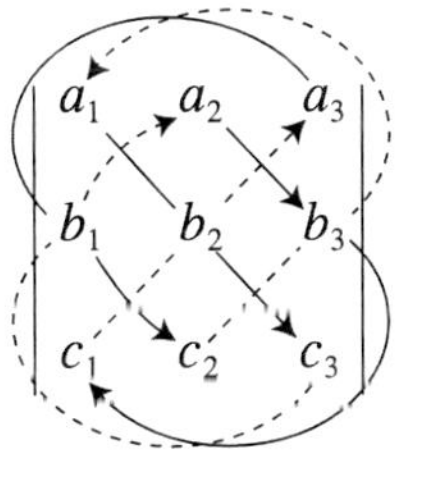

실선의 곱에는 +부호, 점선의 곱에는 −부호를 붙인다.

2차 행렬식의 성질이 3차 행렬식에도 그대로 성립된다. 이들을 열거하면 다음과 같다.

①′ $\begin{vmatrix} a_1 & a_2 & a_3 \\ b_1 & b_2 & b_3 \\ c_1 & c_2 & c_3 \end{vmatrix} = \begin{vmatrix} a_1 & b_1 & c_1 \\ a_2 & b_2 & c_2 \\ a_3 & b_3 & c_3 \end{vmatrix}$

②′ $\begin{vmatrix} ka_1 & ka_2 & ka_3 \\ b_1 & b_2 & b_3 \\ c_1 & c_2 & c_3 \end{vmatrix} = k\begin{vmatrix} a_1 & a_2 & a_3 \\ b_1 & b_2 & b_3 \\ c_1 & c_2 & c_3 \end{vmatrix}, \begin{vmatrix} ka_1 & a_2 & a_3 \\ kb_1 & b_2 & b_3 \\ kc_1 & c_2 & c_3 \end{vmatrix} = k\begin{vmatrix} a_1 & a_2 & a_3 \\ b_1 & b_2 & b_3 \\ c_1 & c_2 & c_3 \end{vmatrix}$

③′ $\begin{vmatrix} a_1+a'_1 & a_2+a'_2 & a_3+a'_3 \\ b_1 & b_2 & b_3 \\ c_1 & c_2 & c_3 \end{vmatrix} = \begin{vmatrix} a_1 & a_2 & a_3 \\ b_1 & b_2 & b_3 \\ c_1 & c_2 & c_3 \end{vmatrix} + \begin{vmatrix} a'_1 & a'_2 & a'_3 \\ b_1 & b_2 & b_3 \\ c_1 & c_2 & c_3 \end{vmatrix}$

④′ $\begin{vmatrix} a_1 & a_2 & a_3 \\ b_1 & b_2 & b_3 \\ c_1 & c_2 & c_3 \end{vmatrix} = -\begin{vmatrix} b_1 & b_2 & b_3 \\ a_1 & a_2 & a_3 \\ c_1 & c_2 & c_3 \end{vmatrix}$

⑤′ $\begin{vmatrix} a_1 & a_2 & a_3 \\ ka_1 & ka_2 & ka_3 \\ c_1 & c_2 & c_3 \end{vmatrix} = 0, \quad \begin{bmatrix} a_1 & ka_1 & a_3 \\ b_1 & kb_1 & b_3 \\ c_1 & kc_1 & c_3 \end{bmatrix} = 0$

⑥′ $\begin{vmatrix} a_1 & a_2 & a_3 \\ b_1 & b_2 & b_3 \\ c_1 & c_2 & c_3 \end{vmatrix} = \begin{vmatrix} a_1+kb_1 & a_2+kb_2 & a_3+kb_3 \\ b_1 & b_2 & b_3 \\ c_1 & c_2 & c_3 \end{vmatrix}$

예제 1 다음 행렬식의 값을 구하여라.

(1) $\begin{vmatrix} 5 & 4 \\ 2 & 3 \end{vmatrix}$ (2) $\begin{vmatrix} 2 & 1 & 3 \\ 4 & 6 & -1 \\ 5 & 1 & 0 \end{vmatrix}$

풀이 (1) $\begin{vmatrix} 5 & 4 \\ 2 & 3 \end{vmatrix} = 5 \cdot 3 - 4 \cdot 2 = 7$

(2) $\begin{vmatrix} 2 & 1 & 3 \\ 4 & 6 & -1 \\ 5 & 1 & 0 \end{vmatrix} = 2 \cdot 6 \cdot 0 + 1 \cdot (-1) \cdot 5 + 3 \cdot 4 \cdot 1 - 3 \cdot 6 \cdot 5 - 1 \cdot 4 \cdot 0 - 2 \cdot (-1) \cdot 1 = -81$

(3) 행렬식의 전개

보기1 다음 식이 성립함을 밝혀보자.

$$\begin{vmatrix} a_1 & a_2 & a_3 \\ b_1 & b_2 & b_3 \\ c_1 & c_2 & c_3 \end{vmatrix} = a_1\begin{vmatrix} b_2 & b_3 \\ c_2 & c_3 \end{vmatrix} - a_2\begin{vmatrix} b_1 & b_3 \\ c_1 & c_3 \end{vmatrix} + a_3\begin{vmatrix} b_1 & b_2 \\ c_1 & c_2 \end{vmatrix}$$

$$= a_1\begin{vmatrix} b_2 & b_3 \\ c_2 & c_3 \end{vmatrix} - b_1\begin{vmatrix} a_2 & a_3 \\ c_2 & c_3 \end{vmatrix} + c_1\begin{vmatrix} a_2 & a_3 \\ b_2 & b_3 \end{vmatrix}$$

(우변을 3차 **행렬식의 전개**이라 하고, 우변의 위쪽 전개식을 1행에 따른 전개식, 아래 전개식을 1열에 따른 전개식이라 한다.)

해설

$$|A| = \begin{vmatrix} a_1 & a_2 & a_3 \\ b_1 & b_2 & b_3 \\ c_1 & c_2 & c_3 \end{vmatrix} = a_1 b_2 c_3 + a_2 b_3 c_1 + a_3 b_1 c_2 - a_1 b_3 c_2 - a_2 b_1 c_3 - a_3 b_2 c_1$$

$$= a_1(b_2 c_3 - b_3 c_2) - a_2(b_1 c_3 - b_3 c_1) + a_3(b_1 c_2 - b_2 c_1)$$

$$= a_1 \begin{vmatrix} b_2 & b_3 \\ c_2 & c_3 \end{vmatrix} + a_2(-1) \begin{vmatrix} b_1 & b_3 \\ c_1 & c_3 \end{vmatrix} + a_3 \begin{vmatrix} b_1 & b_2 \\ c_1 & c_2 \end{vmatrix}$$

마찬가지로 전개식을 a_1, b_1, c_1에 관하여 묶으면 둘째 전개식을 얻는다.

여기서 $A_{11} = \begin{vmatrix} b_2 & b_3 \\ c_2 & c_3 \end{vmatrix}$, $A_{12} = -\begin{vmatrix} b_1 & b_3 \\ c_1 & c_3 \end{vmatrix}$, $A_{13} = \begin{vmatrix} b_1 & b_2 \\ c_1 & c_2 \end{vmatrix}$를 1행의 요소 a_1, a_2, a_3의 **여인자**라고 한다.

여인자를 써서 $|A|$를 1행에 따라 전개하면 다음과 같다.

$$|A| = a_1 A_{11} + a_2 A_{12} + a_3 A_{13}$$

일반적으로 n차의 행렬식 $|A|$의 전개식은 다음과 같다. 단, $A = (a_{ij})$이다.

$$|A| = a_{i1} A_{i1} + a_{i2} A_{i2} + \cdots + a_{in} A_{in} \cdots \text{제 } i \text{ 행에 관한 전개}$$

$$|A| = a_{1j} A_{1j} + a_{2j} A_{2j} + \cdots + a_{nj} A_{nj} \cdots \text{제 } j \text{ 행에 관한 전개}$$

$|A|$에서 제 i 행에 제 k 행의 성분을 대입하면, i 행과 k 행의 성분이 일치되므로, 이 행렬식의 값은 0이 된다. 즉,

$$a_{k1} A_{i1} + a_{k2} A_{i2} + \cdots + a_{kn} A_{in} = 0 \quad (i \neq k)$$

단, A_{ij}는 $|A|$의 i 행과 j 열을 제거한 $n-1$차 행렬식에 부호 $(-1)^{i+j}$를 부친 행렬식이다. 이것은 $|A|$의 $(i,\ j)$ 성분의 여인자이다.

예제 2 다음 행렬식의 값을 구하여라. 또 제1행에 관하여 전개하여라.

$$D = \begin{vmatrix} 3 & 2 & 1 \\ 2 & 5 & 3 \\ 3 & 4 & 2 \end{vmatrix}$$

풀이 3차행렬식의 성질 ①′~④′를 이용하여 다음과 같이 변형한다.

$$D = \begin{vmatrix} 3 & 2 & 1 \\ 2 & 5 & 3 \\ 3 & 4 & 2 \end{vmatrix} = \begin{vmatrix} 1 & -3 & -2 \\ 2 & 5 & 3 \\ 0 & 2 & 1 \end{vmatrix}$$ (제 1행에서 제 2행을 빼고, 제 3행에서 제 1행을 뺀다.)

$$= \begin{vmatrix} 1 & -3 & -2 \\ 0 & 11 & 7 \\ 0 & 2 & 1 \end{vmatrix}$$ (제 1행의 2배를 제 2행에서 뺀다.)

$$= 1 \cdot \begin{vmatrix} 11 & 7 \\ 2 & 1 \end{vmatrix} \quad \text{(제 1열에 따라서 전개한다.)}$$

$$= 11 \cdot 1 - 7 \cdot 2 = -3$$

보기 1의 전개식(제 1행에 관한 전개)을 이용하면

$$D = 3\begin{vmatrix} 5 & 2 \\ 4 & 2 \end{vmatrix} - 2\begin{vmatrix} 2 & 3 \\ 3 & 2 \end{vmatrix} + 1\begin{vmatrix} 2 & 5 \\ 3 & 4 \end{vmatrix} = 3 \cdot (-2) - 2 \cdot (-5) + 1 \cdot (-7) = -3$$

4.3.2 Cramer의 공식

연립방정식

$$\begin{cases} a_1 x + b_1 y = c_1 \\ a_2 x + b_2 y = c_2 \end{cases} \text{단,} \begin{vmatrix} a_1 & b_1 \\ a_2 & b_2 \end{vmatrix} \neq 0 \tag{1}$$

을 x, y에 관하여 연립하여 풀면

$$x = \frac{b_2 c_1 - b_1 c_2}{a_1 b_2 - a_2 b_1}, \; y = \frac{a_1 c_2 - a_2 c_1}{a_1 b_2 - a_2 b_1} \tag{2}$$

가 된다. 이 결과를 행렬로 나타내면 다음과 같다.

$$\boxed{\boldsymbol{x} = \frac{\begin{vmatrix} \boldsymbol{c_1} & \boldsymbol{b_1} \\ \boldsymbol{c_2} & \boldsymbol{b_2} \end{vmatrix}}{\begin{vmatrix} \boldsymbol{a_1} & \boldsymbol{b_1} \\ \boldsymbol{a_2} & \boldsymbol{b_2} \end{vmatrix}}, \quad \boldsymbol{y} = \frac{\begin{vmatrix} \boldsymbol{a_1} & \boldsymbol{c_1} \\ \boldsymbol{a_2} & \boldsymbol{c_2} \end{vmatrix}}{\begin{vmatrix} \boldsymbol{a_1} & \boldsymbol{b_1} \\ \boldsymbol{a_2} & \boldsymbol{b_2} \end{vmatrix}}} \tag{3}$$

마찬가지로 3원 연립 1차 방정식

$$\begin{cases} a_1 x + b_1 y + c_1 z = d_1 \\ a_2 x + b_2 y + c_2 z = d_2 \\ a_3 x + b_3 y + c_3 z = d_3 \end{cases} \text{단,} \begin{vmatrix} a_1 & b_1 & c_1 \\ a_2 & b_2 & c_2 \\ a_3 & b_3 & c_3 \end{vmatrix} \neq 0$$

의 해는

$$x=\frac{\begin{vmatrix} d_1 & b_1 & c_1 \\ d_2 & b_2 & c_2 \\ d_3 & b_3 & c_3 \end{vmatrix}}{\begin{vmatrix} a_1 & b_1 & c_1 \\ a_2 & b_2 & c_2 \\ a_3 & b_3 & c_3 \end{vmatrix}}, \quad y=\frac{\begin{vmatrix} a_1 & d_1 & c_1 \\ a_2 & d_2 & c_2 \\ a_3 & d_3 & c_3 \end{vmatrix}}{\begin{vmatrix} a_1 & b_1 & c_1 \\ a_2 & b_2 & c_2 \\ a_3 & b_3 & c_3 \end{vmatrix}}, \quad z=\frac{\begin{vmatrix} a_1 & b_1 & d_1 \\ a_2 & b_2 & d_2 \\ a_3 & b_3 & d_3 \end{vmatrix}}{\begin{vmatrix} a_1 & b_1 & c_1 \\ a_2 & b_2 & c_2 \\ a_3 & b_3 & c_3 \end{vmatrix}} \tag{4}$$

로 나타내진다.

이 해법을 **Cramer의 해법**이라 하고, 공식 (3), (4)를 **Cramer의 공식**이라 한다.

이 해법은 4원 이상의 연립 1차 방정식에 대하여도 그대로 확장된다. 다음 절에서 살펴본다.

예제 1 2×2 행렬 $A=\begin{bmatrix} a & b \\ c & d \end{bmatrix}$의 역행렬을 구하여라. 단, $ad-bc \fallingdotseq 0$이다.

풀이 구하는 역행렬을

$$A^{-1}=\begin{bmatrix} x_1 & y_1 \\ x_2 & y_2 \end{bmatrix}$$

이라면

$$AA^{-1}=\begin{bmatrix} a & b \\ c & d \end{bmatrix}\begin{bmatrix} x_1 & y_1 \\ x_2 & y_2 \end{bmatrix}$$
$$=\begin{bmatrix} ax_1+bx_2 & ay_1+by_2 \\ cx_1+dx_2 & cy_1+dy_2 \end{bmatrix}=\begin{bmatrix} 1 & 0 \\ 0 & 1 \end{bmatrix}$$

이 식에서 다음 연립방정식을 얻는다.

$$\begin{cases} ax_1+bx_2=1 \\ cx_1+dx_2=0 \end{cases} \quad \begin{cases} ay_1+by_2=0 \\ cy_1+dy_2=1 \end{cases}$$

$|A|=ad-bc\neq 0$이므로, Cramer의 공식(4)에 의하여

$$x_1=\frac{1}{|A|}\begin{vmatrix} 1 & b \\ 0 & d \end{vmatrix}=\frac{d}{|A|}, \quad x_2=\frac{1}{|A|}\begin{vmatrix} a & 1 \\ c & 0 \end{vmatrix}=\frac{-c}{|A|}$$
$$y_1=\frac{1}{|A|}\begin{vmatrix} 0 & b \\ 1 & d \end{vmatrix}=\frac{-b}{|A|}, \quad y_2=\frac{1}{|A|}\begin{vmatrix} a & 0 \\ c & 1 \end{vmatrix}=\frac{a}{|A|} \tag{5}$$

따라서

$$A^{-1}=\begin{bmatrix} a & b \\ c & d \end{bmatrix}^{-1}=\begin{bmatrix} x_1 & y_1 \\ x_2 & y_2 \end{bmatrix}=\begin{bmatrix} d/|A| & -b/|A| \\ -c/|A| & a/|A| \end{bmatrix}$$
$$=\frac{1}{|A|}\begin{bmatrix} d & -b \\ -c & a \end{bmatrix}$$

이 역행렬을 구하는데 식 (5)는 자주 쓰이므로 기억해 두면 편리하다.

연립 1차 방정식

$$\begin{aligned} &a_{11}x_1+a_{12}x_2+\cdots+a_{1n}x_n=b_1 \quad \cdots① \\ &a_{21}x_1+a_{22}x_2+\cdots+a_{2n}x_n=b_2 \quad \cdots② \\ &\cdots\cdots\cdots\cdots\cdots\cdots\cdots\cdots\cdots\cdots\cdots\cdots \\ &a_{n1}x_1+a_{n2}+x_2+\cdots+a_{nn}x_n=b_n \quad \cdots ⓝ \end{aligned} \tag{6}$$

에서 계수행렬 $A=(a_{ij})$의 행렬식 $|A|\neq 0$일 때, 연립방정식 (6)은 유일한 해를 갖는다.

식 (6)에서 계수행렬을 A, 미지수의 열벡터를 $\boldsymbol{x}$, 우변의 상수 열벡터를 $\boldsymbol{b}$라 하자.

$$|A|=\begin{bmatrix} a_{11} & a_{12} & \cdots & a_{1n} \\ a_{21} & a_{22} & \cdots & a_{2n} \\ \cdots & \cdots & \cdots & \cdots \\ a_{n1} & a_{n2} & \cdots & a_{nn} \end{bmatrix}, \quad \boldsymbol{x}=\begin{bmatrix} x_1 \\ x_2 \\ \vdots \\ x_n \end{bmatrix}, \quad \boldsymbol{b}=\begin{bmatrix} b_1 \\ b_2 \\ \vdots \\ b_n \end{bmatrix}$$

방정식 (6)의 식 ①, ②, …, ⓝ의 양변에 행렬식 $|A|$의 제 k 열의 여인자 A_{1k}, A_{2k}, …, A_{nk}를 차례로 곱하여 변끼리 더하면

$$\begin{aligned} &(a_{11}A_{1k}+a_{21}A_{2k}+\cdots a_nA_{nk})x_1+(a_{12}A_{1k}+a_{22}A_{2k}+\cdots+a_{n2}A_{nk})x_2+\cdots \\ &+(a_{1k}A_{1k}+a_{2k}A_{2k}+\cdots+a_{nk}A_{nk})x_k+\cdots+(a_{1n}A_{1k}+a_{2n}A_{2k}+\cdots+a_{nn}A_{nk})x_n \\ &=b_1A_{1k}+b_2A_{2k}+\cdots+b_nA_{nk} \end{aligned}$$

이들 식에서

$$\begin{aligned} &a_{1j}A_{1k}+a_{2j}A_{2k}+\cdots+a_{nj}A_{nk}=0 \quad (j\neq k) \\ &a_{1k}A_{1k}+a_{2k}A_{2k}+\cdots+a_{nk}A_{nk}=|A| \end{aligned}$$

이고,

$$b_1A_{1k}+b_2A_{2k}+\cdots+b_nA_{nk}=A_k$$

이라면

$$|A|x_k=A_k$$

$|A| \neq 0$이면

$$x_k = \frac{A_k}{|A|} \quad (k = 1,\ 2,\ \cdots,\ n) \tag{7}$$

단, A_k는 $|A|$에서 k 열을 상수열 $\boldsymbol{b}$로 바꾼 행렬식이다.

다음 3원 연립 1차 방정식은 Cramer 공식으로 풀어보자.

3원 연립 1차 방정식

$$\begin{cases} a_{11}x_1 + a_{12}x_2 + a_{13}x_3 = a_{14} & \cdots \text{①} \\ a_{21}x_1 + a_{22}x_2 + a_{23}x_3 = a_{24} & \cdots \text{②} \\ a_{31}x_1 + a_{32}x_2 + a_{33}x_3 = a_{34} & \cdots \text{③} \end{cases} \tag{8}$$

의 해를 구하는 Cramer의 공식을 구한다.

계수행렬 A의 행렬식 $|A| \neq 0$일 때 연립방정식 (8)의 해는 다음과 같다.

$$x_1 = \frac{1}{|A|}\begin{vmatrix} a_{14} & a_{12} & a_{13} \\ a_{23} & a_{22} & a_{23} \\ a_{34} & a_{32} & a_{33} \end{vmatrix}$$

$$x_2 = \frac{1}{|A|}\begin{vmatrix} a_{11} & a_{14} & a_{13} \\ a_{21} & a_{24} & a_{23} \\ a_{31} & a_{34} & a_{33} \end{vmatrix} \tag{9}$$

$$x_3 = \frac{1}{|A|}\begin{vmatrix} a_{11} & a_{12} & a_{14} \\ a_{21} & a_{22} & a_{24} \\ a_{31} & a_{32} & a_{34} \end{vmatrix}$$

예제 2 다음 연립방정식을 Cramer 공식을 써서 풀어라.

$$\begin{cases} x_1 + x_2 - x_3 = -2 \\ 2x_1 + x_2 + 2x_3 = 3 \\ -x_1 - x_2 + 2x_3 = 4 \end{cases}$$

풀이

$$|A| = \begin{vmatrix} 1 & 1 & -1 \\ 2 & 1 & 2 \\ -1 & -1 & 2 \end{vmatrix} = -1 \neq 0$$

$$x_1 = \frac{1}{-1}\begin{vmatrix} -2 & 1 & -1 \\ 3 & 1 & 2 \\ 4 & -1 & 2 \end{vmatrix} = \frac{1}{-1} = -1,\ x_2 = \frac{1}{-1}\begin{vmatrix} 1 & -2 & -1 \\ 2 & 3 & 2 \\ -1 & 4 & 2 \end{vmatrix} = \frac{-1}{-1} = 1,$$

$$x_3 = \frac{1}{-1}\begin{vmatrix} 1 & 1 & -2 \\ 2 & 1 & 3 \\ -1 & -1 & 4 \end{vmatrix} = \frac{-2}{-1} = 2$$

4.3.3 상삼각행렬을 이용한 행렬식의 값

행렬식의 값을 구하거나, 변형하는 데 행렬식의 다음 성질이 이용된다.

(1) 어느 행에 0이 아닌 수 k를 곱하면, 행렬식의 값은 k 배가 된다.

(2) 어느 행에 0이 아닌 수를 곱한 것을 다른 행에 더하여도 행렬식의 값은 같다.

(3) 어느 2행을 바꾸면, 행렬식의 값은 부호만 바뀐다.

$$(1)\quad \begin{vmatrix} ka_1 & ka_2 & ka_3 \\ b_1 & b_2 & b_3 \\ c_1 & c_2 & c_3 \end{vmatrix} = k\begin{vmatrix} a_1 & a_2 & a_3 \\ b_1 & b_2 & b_3 \\ c_1 & c_2 & c_3 \end{vmatrix}$$

$$(2)\quad \begin{vmatrix} a_1 & a_2 & a_3 \\ b_1+ka_1 & b_2+ka_2 & b_3+ka_3 \\ c_1 & c_2 & c_3 \end{vmatrix} = \begin{vmatrix} a_1 & a_2 & a_3 \\ b_1 & b_2 & b_3 \\ c_1 & c_2 & c_3 \end{vmatrix}$$

$$(3)\quad \begin{vmatrix} a_1 & a_2 & a_3 \\ c_1 & c_2 & c_3 \\ b_1 & b_2 & b_3 \end{vmatrix} = -\begin{vmatrix} a_1 & a_2 & a_3 \\ b_1 & b_2 & b_3 \\ c_1 & c_2 & c_3 \end{vmatrix}$$

예제 1 다음 행렬식에서 행렬 A를 상삼각행렬로 만들어서 $|A|$의 값을 구하여라.

$$|A| = \begin{vmatrix} 3 & 1 & 2 \\ 6 & -3 & 4 \\ 1 & 2 & -1 \end{vmatrix}$$

풀이

$$|A| = 3\begin{vmatrix} 1 & \frac{1}{3} & \frac{2}{3} \\ 6 & -3 & 4 \\ 1 & 2 & -1 \end{vmatrix} 3\begin{vmatrix} 1 & \frac{1}{3} & \frac{2}{3} \\ 0 & -5 & 0 \\ 0 & \frac{5}{3} & -\frac{5}{3} \end{vmatrix} = 3(-5)\begin{vmatrix} 1 & 0 & \frac{2}{3} \\ 0 & 1 & 0 \\ 0 & 0 & -\frac{5}{3} \end{vmatrix}$$

$$= 3(-5)\left[1\cdot(1)\cdot\left(-\frac{5}{3}\right)\right] = 25$$

반복계산으로 행렬식의 값을 구하는 방법을 정리해보자.

$$|A| = \begin{vmatrix} a_{11} & a_{12} & a_{13} \\ a_{21} & a_{22} & a_{23} \\ a_{31} & a_{32} & a_{33} \end{vmatrix} \tag{1}$$

$|A|$의 값을 다음과 같이 구한다.

(1) 행렬식 (1)의 요소 a_{11}로 1행의 모든 요소를 나누고, 1열의 다른 행의 요소가 0이 되게 1행을 써서 소거하면

$$|A| = a_{11}\begin{vmatrix} 1 & a'_{12} & a'_{13} \\ 0 & a'_{22} & a'_{23} \\ 0 & a'_{32} & a'_{33} \end{vmatrix} = a_{11}|A_1| \qquad (2)$$

으로 변형된다.

(2) 다음 $|A_1|$의 2행2열의 요소로 2행을 나누고, 이 2행을 써서 3행 2열의 요소를 0이 되게 소거하면

$$|A_1| = a'_{22}\begin{vmatrix} 1 & a'_{12} & a'_{13} \\ 0 & 1 & a'_{23} \\ 0 & 0 & a''_{33} \end{vmatrix} = a'_{22}|A_2|$$

(3) 따라서 구하는 행렬식 $|A|$의 값은

$$|A| - a_{11}\cdot a'_{22}|A_2| = a_{11}\cdot a'_{22}\cdot a''_{33}$$

이러한 해법은 연립방정식의 해법에 유사한 계산 방법으로서 행렬식의 값을 쉽게 구할 수 있는 방법이다.

예제 2 다음 행렬식 $|A|$의 값을 행렬 A를 상삼각행렬로 변형하여 행렬식 $|A|$의 값을 구하여라.

$$|A| = \begin{vmatrix} 4 & 2 & 0 \\ 0 & -1 & 5 \\ -3 & -4 & 2 \end{vmatrix}$$

풀이

$$|A| = 4\begin{vmatrix} 1 & \frac{1}{2} & 0 \\ 0 & -1 & 5 \\ -3 & -4 & 2 \end{vmatrix} = 4\begin{vmatrix} 1 & \frac{1}{2} & 0 \\ 0 & -1 & 5 \\ 0 & -\frac{5}{2} & 2 \end{vmatrix}$$

$$- 4(-1)\begin{vmatrix} 0 & \frac{1}{2} & 0 \\ 0 & 1 & -5 \\ 0 & 0 & -\frac{21}{2} \end{vmatrix} - 4(-1)\left(-\frac{21}{2}\right)\begin{vmatrix} 1 & \frac{1}{2} & 0 \\ 0 & 1 & -5 \\ 0 & 0 & 1 \end{vmatrix}$$

$$= 4(-1)\left(-\frac{21}{2}\right)(1) = 42$$

앞 예제의 계산 과정은 크게 두가지 산법으로 이루어진다.

1° 최초 a_{11} 요소로 1행의 요소를 나누어서 (1, 1) 요소를 1로 만들고, a_{11}을 행렬식 기호 앞에 승수로 나간다.

2° 다음은 새로운 1행을 써서 2행, 3행의 1열의 요소를 0으로 소거한다. 이 경우 행렬식의 값이 변하지 않으려면 a_{22}가 새로운 행렬식의 기호 앞에 나가는 승수가 되고, 새로운 행렬식의 2행을 써서 3행 이후의 2열요소를 0으로 하는 소거 연산을 한다.

3° 끝으로 3행을 2°에서 얻은 행렬식의 a_{33}으로 나누어 a_{33}을 행렬식 기호 앞으로 승수로 내놓는다. 새로운 행렬은 상삼각행렬이 되고, 대각선 요소는 모두 1이 된다. 이상의 반복계산으로 얻는 각 단계에서 승수의 곱이 구하는 행렬식의 값이 된다.

> **참고** 행렬 A를 상삼각행렬로 바꾸면 대각 요소의 곱이 행렬식 $|A|$의 값이 되나, 대각선 요소가 1이 되게 하는 연산을 하면, 소거계산이 간단하고, 각 승수의 곱이 $|A|$의 값이 된다.

예제 3 다음 행렬식 $|A|$의 행렬 A를 상삼각행렬로 바꾸어서 $|A|$의 값을 구하여라.

$$|A| = \begin{vmatrix} 2 & 1 & 3 \\ 0 & 5 & -2 \\ 1 & -3 & 4 \end{vmatrix}$$

풀이 **1단계** $a_{11} = 2$ 이므로, 1행을 2로 나누고, 2를 승수로 행렬식 기호 앞으로 내놓으면

$$|A| = 2\begin{vmatrix} 1 & \frac{1}{2} & \frac{3}{2} \\ 0 & 5 & -2 \\ 1 & -3 & 4 \end{vmatrix} = 2|A_1|, \ \det = 2$$

A의 1열의 2행, 3행 요소 a_{21}, a_{31}을 소거법으로 0으로 한다.

$$|A_1| = \begin{vmatrix} 1 & \frac{1}{2} & \frac{3}{2} \\ 0 & 5 & -2 \\ 1 & -3 & 4 \end{vmatrix} = \begin{vmatrix} 1 & \frac{1}{2} & \frac{3}{2} \\ 0 & 5 & -2 \\ 0 & -\frac{7}{2} & \frac{5}{2} \end{vmatrix}$$

2단계 $|A_1|$의 $a_{22} = 5$ 이므로, 2행을 5로 나누고, 5를 승수로 행렬식 기호 앞으로 내놓으면

$$|A_1| = 5\begin{vmatrix} 1 & \frac{1}{2} & \frac{3}{2} \\ 0 & 1 & -\frac{2}{5} \\ 0 & -\frac{7}{2} & \frac{5}{2} \end{vmatrix} = 5|A_2|,\ \det = 2 \times 5$$

$|A_2|$의 3행 2열의 요소를 소거법으로 0으로 만든다.

$$|A_2| = \begin{vmatrix} 1 & \frac{1}{2} & \frac{3}{2} \\ 0 & 1 & -\frac{2}{5} \\ 0 & 0 & \frac{11}{10} \end{vmatrix}$$

3단계 $|A_2|$의 $a_{33} = \frac{11}{10}$ 이므로 3행을 $\frac{11}{10}$로 나누고, $\frac{11}{10}$을 승수로 내놓는다.

$$|A_2| = \frac{11}{10}\begin{vmatrix} 1 & \frac{1}{2} & \frac{3}{2} \\ 0 & 1 & -\frac{2}{5} \\ 0 & 0 & 1 \end{vmatrix} = \frac{11}{10}|A_3|, \qquad \det = 2 \times 5 \times \frac{11}{10} = 11$$

A_3이 상삼각행렬이고, 대각선 요소가 모두 1이므로, $|A_3| = 1$이다. 따라서 $|A|$의 값은 3단계에서 얻는 $\det = 2 \times 5 \times \frac{11}{10} = 11$이다. 2단계에서 얻은 $\det = 2 \times 5$에 $|A_2|$의 3행 3열의 요소 $\frac{11}{10}$을 곱해도 $|A|$의 값이 구해진다.

```
Algorithm Determinant

1. Input (a_ij, i = 1 to n), j = 1 to n)
2. det = 1.0                                  … 행렬식의 값의 초기값
3. For k = 1 to n                             … k는 소거 단계의 순번
   |  P = a_kk
   |  forj = k to n
   |  |  a_kj = a_kj / P        … 각 단계에서 a_k,k 요소를 1로 한다.
   |  |  k1 = k + 1
   |  └─det = det * P                         … k 단계까지의 det의 값
   |  for i = 1 to n                          … 소거계산
   |  |  for j = k1 to n
   |  |  |
   |  |     a_ij = a_ij − a_ik * a_kj
4. output  det
```

예제 4

다음 행렬식의 값을 앞의 알고리즘에 따라 구하여라.

$$|A| = \begin{vmatrix} 2 & 3 & 1 \\ -1 & 1 & 2 \\ 4 & 6 & -3 \end{vmatrix}$$

풀이 **k = 1** 1행의 요소를 알고리즘 3에 따라 2로 나눈다.

$$|A| = 2\begin{vmatrix} 1 & \frac{3}{2} & \frac{1}{2} \\ -1 & 1 & 2 \\ 4 & 6 & -3 \end{vmatrix} = 2|A_1| \qquad \det = 2$$

$|A_1|$의 1열의 2행, 3행의 요소를 알고리즘 3에 따라 소거한다.

$$\begin{aligned} i = 2:\ & a_{21} = a_{21} - a_{21} \times a_{11} = -1 - 1 \times (-1) = 0 \\ & a_{22} = a_{22} - a_{21} \times a_{12} = 1 - \frac{3}{2} \times (-1) = \frac{5}{2} \\ & a_{23} = a_{23} - a_{21} \times a_{13} = 2 - (-1) \times \left(\frac{1}{2}\right) = \frac{5}{2} \\ i = 3:\ & a_{31} = a_{31} - a_{31} \times a_{11} = 4 - 4 \times 1 = 0 \\ & a_{32} = a_{32} - a_{31} \times a_{12} = 6 - 4\left(\frac{3}{2}\right) = 0 \\ & a_{33} = a_{33} - a_{31} \times a_{13} = -3 - 4\left(\frac{1}{2}\right) = -5 \end{aligned}$$

따라서 $|A_1|$은 다음과 같이 된다.

$$|A_1| = \begin{vmatrix} 1 & \frac{3}{2} & \frac{1}{2} \\ 0 & \frac{5}{2} & \frac{5}{2} \\ 0 & 0 & -5 \end{vmatrix}$$

k = 2 2행의 요소를 알고리즘 3에 의해서 $\frac{5}{2}$로 나눈다.

$$|A_1| = \frac{5}{2}\begin{vmatrix} 1 & \frac{3}{2} & \frac{1}{2} \\ 0 & 1 & 1 \\ 0 & 0 & -5 \end{vmatrix} = \frac{5}{2}|A_2| \qquad \det = 2\left(\frac{5}{2}\right)$$

2행의 요소를 써서 3행 2열의 요소를 0으로 소거한다.

$$\begin{aligned} & a_{32} = a_{32} - a_{32} \times a_{22} = 0 - 0 \times 1 = 0 \\ & a_{33} = a_{33} - a_{32} \times a_{23} = -5 - 0 \times 1 = -5 \end{aligned}$$

k = 3 3행의 요소를 3행 3열의 요소 −5로 나눈다.

$$|A_2| = -5\begin{vmatrix} 1 & \frac{3}{2} & \frac{1}{2} \\ 0 & 1 & 1 \\ 0 & 0 & 1 \end{vmatrix} = -5|A_3|,\ \det = 2\left(\frac{5}{2}\right)(-5) = -25$$

A_2가 상삼각행렬이므로, 이 행렬식의 값은 대각요소의 곱이므로 −5이다. 따라서 준 행렬식 $|A|$의 값은 $k = 2$ 에서의 det의 값에 −5를 곱한 값이므로

$$|A| = \det = 2\left(\frac{5}{2}\right)(-5) = -25$$

참고 3단계는 생략하고, $|A| = \det \times (|A_2|$ 의 대각선 요소의 곱 $)$으로 해도 된다.

연습문제 (4.3)

1 다음 행렬식의 값을 구하여라.

(1) $\begin{vmatrix} 1 & 2 \\ 3 & 4 \end{vmatrix}$ (2) $\begin{vmatrix} 2 & 4 & 1 \\ 1 & 3 & 2 \\ 3 & 0 & 1 \end{vmatrix}$ (3) $\begin{vmatrix} 1 & 2 & 5 \\ 2 & 4 & 0 \\ 3 & 6 & 2 \end{vmatrix}$

2 다음 왼쪽 행렬식에서 오른쪽 행렬식을 유도하고, 이 행렬식의 값을 구하여라.

(1) $\begin{vmatrix} 1 & 1 & 2 \\ 3 & 1 & 2 \\ 2 & 4 & 5 \end{vmatrix} = \begin{vmatrix} 1 & 1 & 2 \\ 0 & -2 & -4 \\ 0 & 2 & 1 \end{vmatrix}$ (2) $\begin{vmatrix} 1 & 2 & 3 \\ 1 & 1 & 2 \\ 2 & 4 & 7 \end{vmatrix} = \begin{vmatrix} 1 & 0 & 0 \\ 1 & -1 & -1 \\ 2 & 0 & 1 \end{vmatrix}$

3 다음 연립방정식을 Cramer의 공식을 써서 풀어라.

$$\begin{cases} 2x + 3y + 4z = 1 \\ 4x + 2y + 3z = 3 \\ 3x + 4y + 2z = 5 \end{cases}$$

4 다음 행렬이 정칙행렬이다. x의 조건을 구하여라.

$$A = \begin{bmatrix} 1 & x & x \\ x & 1 & x \\ x & x & 1 \end{bmatrix}$$

5 다음 행렬식의 값을 Algorithm Determinat에 의해서 구하여라.

$$|A| = \begin{vmatrix} 2 & 0 & 6 \\ -1 & 5 & 4 \\ 3 & -5 & 7 \end{vmatrix}$$

6 2개의 정방행렬 $A = (a_{ij})$, $B = (b_{ij})$에 대하여

$$|AB| = |A||B|$$

임을 밝혀라.

7 행렬식의 성질을 써서 다음 행렬식의 값을 구하여라.

$$|A| = \begin{vmatrix} 2 & 3 & 4 \\ -1 & -4 & 7 \\ 5 & 2 & -9 \end{vmatrix}$$

8 다음 연립방정식을 Cramer 공식을 써서 풀어라.

(1) $\begin{cases} x_1 + x_2 - x_3 = -2 \\ 2x_1 + x_2 + 2x_3 = 3 \\ -x_1 - x_2 + 2x_3 = 4 \end{cases}$ (2) $\begin{cases} 2x_1 + x_2 + x_3 = 5 \\ x_1 + 2x_2 + x_3 = 6 \\ 3x_1 \qquad + x_3 = 4 \end{cases}$

9 다음 행렬식 $|A|$를 $|A| = k|B|$꼴로 변환하여 $|A|$의 값을 구하여라. 단, B는 상 삼각행렬이다.

$$|A| = \begin{vmatrix} 2 & 4 & 6 \\ 2 & 6 & -2 \\ -1 & 1 & -2 \end{vmatrix}$$

10 다음 행렬식의 값을 제1행에 따라 전개하여 구하여라.

$$|A| = \begin{vmatrix} 1 & 3 & 2 & -1 \\ 0 & 2 & 1 & 0 \\ -1 & 3 & 1 & 0 \\ 2 & 0 & 2 & 1 \end{vmatrix}$$

연습문제(4.3) 풀이

1 (1) −2 (2) 17 (3) 0

2 (1) $\begin{vmatrix}1&1&2\\3&1&2\\2&4&5\end{vmatrix}=\begin{vmatrix}1&1&2\\3-1\times3&1-1\times3&2-2\times3\\2-1\times2&4-1\times2&5-2\times2\end{vmatrix}=\begin{vmatrix}1&1&2\\0&-2&-4\\0&2&1\end{vmatrix}$

$=\begin{vmatrix}-2&-4\\2&1\end{vmatrix}=-2+8=6$

(2) $\begin{vmatrix}1&2&3\\1&1&2\\2&4&7\end{vmatrix}=\begin{vmatrix}1&2-1\times2&3-1\times3\\1&1-1\times2&2-1\times3\\2&4-2\times2&7-2\times3\end{vmatrix}=\begin{vmatrix}1&0&0\\1&-1&-1\\2&0&1\end{vmatrix}$

$=\begin{vmatrix}-1&-1\\0&1\end{vmatrix}=-1+0=-1$

3 $D=\begin{vmatrix}2&3&4\\4&2&3\\3&4&2\end{vmatrix}=\begin{vmatrix}2&3&4\\0&-4&-5\\0&-0.5&-4\end{vmatrix}=2\begin{vmatrix}-4&-5\\-0.5&-4\end{vmatrix}=2(16-2.5)=27$

$x=\frac{1}{D}\begin{vmatrix}1&3&4\\3&2&3\\5&4&2\end{vmatrix}=\frac{1}{27}\begin{vmatrix}1&3&4\\0&-7&-9\\0&-11&-18\end{vmatrix}=\frac{1}{27}\begin{vmatrix}-7&-9\\-11&-18\end{vmatrix}$

$=\frac{1}{27}(126-99)=\frac{27}{27}=1$

$y=\frac{1}{D}\begin{vmatrix}2&1&4\\4&3&3\\3&5&2\end{vmatrix}=\frac{1}{27}\begin{vmatrix}2&1&4\\0&1&-5\\0&3.5&-4\end{vmatrix}=\frac{2}{27}\begin{vmatrix}1&-5\\3.5&-4\end{vmatrix}$

$=\frac{2}{27}(-4+17.5)=\frac{2}{27}(13.5)=1$

$z=\frac{1}{D}\begin{vmatrix}2&3&1\\4&2&3\\3&4&5\end{vmatrix}=\frac{1}{27}\begin{vmatrix}2&3&1\\0&-4&1\\0&-0.5&3.5\end{vmatrix}=\frac{2}{27}\begin{vmatrix}-4&1\\-0.5&3.5\end{vmatrix}$

$=\frac{2}{27}(-14+0.5)=-1$

4 A가 정칙행렬이면 $|A| \neq 0$이다.

$$|A| = \begin{vmatrix} 1 & x & x \\ x & 1 & x \\ x & x & 1 \end{vmatrix} = 1 + x^3 + x^3 - (x^2 + x^2 + x^2)$$

$$= 2x^3 - 3x^2 + 1 = (x-1)(2x^2 - x - 1) \neq 0$$

$\therefore\ x - 1 \neq 0$에서 $x \neq 1$이고, $2x^2 - x - 1 \neq 0$에서 $x \neq -\frac{1}{2}, 1$

5 det = 1.0, $p = a_{11} = 2$(a'_{ij}은 a_{ij}가 변한 값)

($k = 1$) $j = 1$ to 3; $a'_{11} = 2/2 = 1,\ a'_{12} = 0/2 = 0,\ a'_{13} = 6/2 = 3$
$i \neq 1,\ i = 2$에서 $j = 2$일 때, $a'_{22} = a_{22} - a_{21}a'_{12} = 5 - (-1)(0) = 5$
$j = 3$일 때, $a'_{23} = a_{23} - a_{21} \cdot a'_{13} = 4 - (-1)(3) = 7$
$i = 3$일 때, $j = 2$에서 $a'_{32} = a_{32} - a_{31} \cdot a_{12} = -5 - 3(0) = -5$
$j = 3$에서 $a_{33} = a_{33} - a_{31} \cdot a_{13} = 7 - 3(3) = -2$
1단계 ($k = 1$) 계산으로 다음 계산결과가 얻어진다.

$$\begin{vmatrix} 2 & 0 & 6 \\ -1 & 5 & 4 \\ 3 & -5 & 7 \end{vmatrix} \rightarrow 2\begin{vmatrix} 1 & 0 & 3 \\ 0 & 5 & 7 \\ 0 & -5 & -2 \end{vmatrix},\ \text{det} = 2$$

($k = 2$) $p = a_{22} = 5$(a'_{ij} 은 a_{ij} 가 변한 값)
$j = 2$ to $3: a'_{22} = a_{22}/5 = 1,\ a'_{23} = a_{23}/5 = 7/5 = 1.4$
$k = 1$에서와 마찬가지로 소거계산을 하면

$$|A| = 2 \times 5\begin{vmatrix} 1 & 0 & 3 \\ 0 & 1 & 1.4 \\ 0 & 0 & 5 \end{vmatrix},\ \text{det} = 2 \times 5 = 10$$

2단계 ($k = 2$) 계산의 실행결과는 다음과 같다.

$$\begin{vmatrix} 1 & 0 & 3 \\ 0 & 5 & 7 \\ 0 & -5 & -2 \end{vmatrix} \rightarrow 5\begin{vmatrix} 1 & 0 & 3 \\ 0 & 1 & 1.4 \\ 0 & 0 & 5 \end{vmatrix},\ \text{det} = \text{det} * p = 2 \times 5 = 10$$

($k = 3$) 3단계 ($k = 3$) 계산의 결과는 다음과 같다.

$$\begin{vmatrix} 1 & 0 & 3 \\ 0 & 1 & 1.4 \\ 0 & 0 & 5 \end{vmatrix} \to 5\begin{vmatrix} 1 & 0 & 0 \\ 0 & 1 & 1.4 \\ 0 & 0 & 1 \end{vmatrix},\ \det = 10 * 5 = 50$$

6 $$|AB| = \left|\begin{bmatrix} a_{11} & a_{12} \\ a_{21} & a_{22} \end{bmatrix}\begin{bmatrix} b_{11} & b_{12} \\ b_{21} & b_{22} \end{bmatrix}\right| = \begin{vmatrix} a_{11}b_{11}+a_{12}b_{21} & a_{11}b_{12}+a_{12}b_{22} \\ a_{21}b_{11}+a_{22}b_{21} & a_{21}b_{12}+a_{22}b_{22} \end{vmatrix}$$

$$= \begin{vmatrix} a_{11}b_{11} & a_{11}b_{12} \\ a_{21}b_{11} & a_{21}b_{12} \end{vmatrix} + \begin{vmatrix} a_{11}b_{11} & a_{12}b_{22} \\ a_{21}b_{11} & a_{22}b_{22} \end{vmatrix} + \begin{vmatrix} a_{12}b_{21} & a_{11}b_{12} \\ a_{22}b_{21} & a_{21}b_{12} \end{vmatrix} + \begin{vmatrix} a_{12}b_{21} & a_{12}b_{22} \\ a_{22}b_{21} & a_{22}b_{22} \end{vmatrix}$$

$$= b_{11}b_{12}\begin{vmatrix} a_{11} & a_{11} \\ a_{21} & a_{21} \end{vmatrix} + b_{11}b_{22}\begin{vmatrix} a_{11} & a_{12} \\ a_{21} & a_{22} \end{vmatrix} + b_{21}b_{12}\begin{vmatrix} a_{12} & a_{11} \\ a_{22} & a_{21} \end{vmatrix} + b_{21}b_{22}\begin{vmatrix} a_{12} & a_{12} \\ a_{22} & a_{22} \end{vmatrix}$$

$$= \begin{vmatrix} a_{11} & a_{12} \\ a_{21} & a_{22} \end{vmatrix}(b_{11}b_{22} - b_{12}b_{21}) = \begin{vmatrix} a_{11} & a_{12} \\ a_{21} & a_{22} \end{vmatrix} \cdot \begin{vmatrix} b_{11} & b_{12} \\ b_{21} & b_{22} \end{vmatrix} = |A||B|$$

7 $$\begin{vmatrix} 2 & 3 & 4 \\ -1 & -4 & 7 \\ 5 & 2 & -9 \end{vmatrix} = \begin{vmatrix} 2 & 1 & 0 \\ -1 & -3 & 9 \\ 5 & -3 & -19 \end{vmatrix} = \begin{vmatrix} 0 & 1 & 0 \\ 5 & -3 & 9 \\ 11 & -3 & -19 \end{vmatrix} = (-1)\begin{vmatrix} 5 & 9 \\ 11 & -19 \end{vmatrix} = 194$$

8 (1) $$|A| = \begin{vmatrix} 1 & 1 & -1 \\ 2 & 1 & 2 \\ -1 & -1 & 2 \end{vmatrix} = -1$$

$$x_1 = \frac{1}{-1}\begin{vmatrix} -2 & 1 & -1 \\ 3 & 1 & 2 \\ 4 & -1 & 2 \end{vmatrix} = -1,\ x_2 = \frac{1}{-1}\begin{vmatrix} 1 & -2 & -1 \\ 2 & 3 & 2 \\ -1 & 4 & 2 \end{vmatrix} = 1$$

$$x_3 = \frac{1}{-1}\begin{vmatrix} 1 & 1 & -2 \\ 2 & 1 & 3 \\ -1 & -1 & 4 \end{vmatrix} = \frac{-2}{-1} = 2$$

(2) $$|A| = \begin{vmatrix} 2 & 1 & 1 \\ 1 & 2 & 1 \\ 3 & 0 & 1 \end{vmatrix} = 0,\quad \begin{cases} 2x_1 + x_2 = 5 - x_3 \\ x_1 + 2x_2 = 6 - x_3 \end{cases}$$

에서 $D = \begin{vmatrix} 2 & 1 \\ 1 & 2 \end{vmatrix} = 3,\ x_1 = \frac{1}{3}\begin{vmatrix} 5 - x_3 & 1 \\ 6 - x_3 & 2 \end{vmatrix} = \frac{4}{3} - \frac{1}{3}x_3,$

$$x_2 = \frac{1}{3}\begin{vmatrix} 2 & 5 - x_3 \\ 1 & 6 - x_3 \end{vmatrix} = \frac{7}{3} - \frac{1}{3}x_3$$

구하는 해는 $x_1 = \frac{4}{3} - \frac{1}{3}\lambda,\ x_2 = \frac{7}{3} - \frac{1}{3}\lambda,\ \lambda = x_3$(임의 값)

$$9\quad |A| = 2\begin{vmatrix} 1 & 2 & 3 \\ 2 & 6 & -2 \\ -1 & 1 & -2 \end{vmatrix} = 2\begin{vmatrix} 1 & 2 & 3 \\ 0 & 2 & -8 \\ 0 & 3 & 1 \end{vmatrix}$$

$$= 2(2)\begin{vmatrix} 1 & 2 & 3 \\ 0 & 1 & -4 \\ 0 & 3 & 1 \end{vmatrix} = 2(2)\begin{vmatrix} 1 & 2 & 3 \\ 0 & 1 & -4 \\ 0 & 0 & 13 \end{vmatrix}$$

$$= 2(2)(1 \times 1 \times 13) = 52$$

$$10\quad |A| = 1A_{11} + 3A_{12} + 2A_{13} - A_{14}$$

$$= 1(-1)^{1+1}\begin{vmatrix} 2 & 1 & 0 \\ 3 & 1 & 0 \\ 0 & 2 & 1 \end{vmatrix} + 3(-1)^{1+2}\begin{vmatrix} 0 & 1 & 0 \\ -1 & 1 & 0 \\ 2 & 2 & 1 \end{vmatrix}$$

$$+ 2(-1)^{1+3}\begin{vmatrix} 0 & 2 & 0 \\ -1 & 3 & 0 \\ 2 & 0 & 1 \end{vmatrix} + (-1)(-1)^{1+4}\begin{vmatrix} 0 & 2 & 1 \\ -1 & 3 & 1 \\ 2 & 0 & 2 \end{vmatrix}$$

$$= \{(2+0+0) - (0+0+3)\} - 3\{0+0+0 - (0+0-1)\}$$
$$+ 2\{(0+0+0) - (0+0-2)\} + \{(0+4+0) - (6+0-4)\}$$
$$= (2-3) - 3(0+1) + 2(0+2) + (4-2) = 2$$

Chapter 5

연립 1차 방정식과 고유값

5.1 연립 1차 방정식의 해법

5.1.1 연립 1차 방정식의 소거법에 의한 해법

(1) Gauss의 소거법

연립 1차 방정식

$$
\begin{aligned}
&a_{11}x_1 + a_{12}x_2 + \cdots + a_{1j}x_j + \cdots + a_{1n}x_n = a_{1,n+1} \\
&a_{21}x_1 + a_{22}x_2 + \cdots + a_{2j}x_j + \cdots + a_{2n}x_n = a_{2,n+1} \\
&\cdots\cdots\cdots\cdots\cdots\cdots\cdots\cdots\cdots\cdots\cdots\cdots \\
&a_{n1}x_1 + a_{n2}x_2 + \cdots + a_{nj}x_j + \cdots + a_{nn}x_n = a_{n,n+1}
\end{aligned}
\tag{1}
$$

의 **Gauss의 소거법**에 의한 해법을 살펴보자. 식 (1)은

$$
\begin{bmatrix} a_{11} & a_{12} & \cdots & a_{1n} \\ a_{21} & a_{22} & \cdots & a_{2n} \\ & \vdots & & \\ a_{n1} & a_{n2} & \cdots & a_{nn} \end{bmatrix}
\begin{bmatrix} x_1 \\ x_2 \\ \vdots \\ x_n \end{bmatrix}
=
\begin{bmatrix} a_{1,n+1} \\ a_{2,n+1} \\ \vdots \\ a_{n,n+1} \end{bmatrix}
\tag{2}
$$

로 표시된다. 좌변의 계수에 우변의 상수 열벡터를 부쳐서 다음과 같이 나타낸 행렬을 **확대 계수행렬**이라 한다.

$$
\begin{bmatrix} a_{11} & a_{12} & \cdots & a_{1n} & a_{1,n+1} \\ a_{21} & a_{22} & \cdots & a_{2n} & a_{2,n+1} \\ \cdots & \cdots & \cdots & \cdots & \vdots \\ a_{n1} & a_{n2} & \cdots & a_{nn} & a_{n,n+1} \end{bmatrix}
$$

연립 1차 방정식 (1)의 소거법이란, 비지수를 각 소거단계마다 1개씩 소거하여 계수행렬을 상삼각행렬로 만들어서 해를 구하는 방법이 있다.

식 (2)의 우변의 계수 행렬을 써서 상삼각 행렬로 만드는 과정을 쉽게 이해하기 위하여 3원 연립방정식에 대하여 살펴보자. 3원 연립방정식을

$$
\begin{aligned}
a_{11}x_1 + a_{12}x_2 + a_{13}x_3 &= a_{14} \quad \cdots\cdots \text{ ①} \\
a_{21}x_1 + a_{22}x_2 + a_{23}x_3 &= a_{24} \quad \cdots\cdots \text{ ②} \\
a_{31}x_1 + a_{32}x_2 + a_{33}x_3 &= a_{34} \quad \cdots\cdots \text{ ③}
\end{aligned}
\qquad (3)
$$

이라 하자.

첫째 식을 그대로 두고, 식 ①을 써서 식 ②, ③에서 x_1항을 소거하고, 다음은 둘째 식을 써서 세째 식에서 x_2항을 소거한다. 그러면 식 (3)은

$$
\begin{aligned}
a_{11}x_1 + a_{12}x_2 + a_{13}x_3 &= a_{14} \\
a_{22}x_2 + a_{23}x_3 &= a_{24} \\
a_{33}x_3 &= a_{34}
\end{aligned}
$$

의 꼴로 변형된다. 단, 새로운 a_{ij}를 다시 a_{ij}로 나타냈다.

실제 계산과정은 확대 계수행렬만으로 다음과 같이 이루어진다.

연립방정식 $AX = C$의 확대 계수행렬을 $A \mid C$ 라면

$$
A \mid C = \begin{bmatrix} a_{11} & a_{12} & a_{13} & a_{14} \\ a_{21} & a_{22} & a_{23} & a_{24} \\ a_{31} & a_{32} & a_{33} & a_{34} \end{bmatrix} \rightarrow \begin{bmatrix} a_{11} & a_{12} & a_{13} & a_{14} \\ 0 & a_{22} - a_{21} \times \frac{a_{12}}{a_{11}} & a_{23} - a_{21} \times \frac{a_{13}}{a_{11}} & a_{24} - a_{21} \times \frac{a_{14}}{a_{11}} \\ 0 & a_{32} - a_{31} \times \frac{a_{12}}{a_{11}} & a_{33} - a_{31} \times \frac{a_{13}}{a_{11}} & a_{34} - a_{31} \times \frac{a_{14}}{a_{11}} \end{bmatrix}
$$

$$
\left.\begin{aligned}
a_{2j} &= a_{2j} - a_{21} \cdot \frac{a_{1j}}{a_{11}} \\
a_{3j} &= a_{3j} - a_{31} \cdot \frac{a_{1j}}{a_{11}}
\end{aligned}\right\}
\quad \begin{aligned} & a_{ij} = a_{ij} - a_{i1} \frac{a_{1j}}{a_{11}} \quad (1\text{단계}) \\ & (i = 2,\ 3;\ j = 2,\ 3,\ 4) \end{aligned}
\qquad (4)
$$

$$
\rightarrow \begin{bmatrix} a_{11} & a_{12} & a_{13} & a_{14} \\ 0 & a_{22} & a_{23} & a_{24} \\ 0 & a_{32} & a_{33} & a_{34} \end{bmatrix} \rightarrow \begin{bmatrix} a_{11} & a_{12} & a_{13} & a_{14} \\ 0 & a_{22} & a_{23} & a_{24} \\ 0 & 0 & a_{33} - a_{32} \cdot \frac{a_{23}}{a_{22}} & a_{34} - a_{32} \cdot \frac{a_{24}}{a_{22}} \end{bmatrix} \rightarrow \left| \begin{matrix} a_{11} & a_{12} & a_{13} & a_{14} \\ 0 & a_{22} & a_{23} & a_{24} \\ 0 & 0 & a_{32} & a_{33} \end{matrix} \right|
$$

$$
a_{3j} = a_{3j} - a_{32} \frac{a_{2j}}{a_{22}} \quad (j = 3,\ 4)\,(2\text{단계}) \qquad (5)
$$

식 (4), (5)를 한 식으로 나타내면 다음과 같이 한 식으로 나타내진다.

$$
a_{ij} = a_{ij} - a_{ik} \cdot \frac{a_{kj}}{a_{kk}} \quad (k = 1,\ 2;\ i = k+1,\ \cdots,\ 3;\ j = k+1,\ \cdots,\ 4)
$$

일반적으로 확대 계수행렬이 $n \times (n+1)$ 행렬이면

확대계수행렬의 소거계산

$$
\boldsymbol{a_{ij} = a_{ij} - a_{ik} \frac{a_{kj}}{a_{kk}} \quad (k = 1 \text{ to } n-1;\ i = k+1 \text{ to } n;\ j = k+1 \text{ to } n+1)} \qquad (6)
$$

이렇게 확대 계수행렬을 변형해나가면, 연립방정식 (3)은 다음 식 (6)의 꼴이 된다.

계산된 a_{ij}을 다시 a_{ij}로 나타내면 컴퓨터의 메모리양을 줄일 수 있고, 반복계산식을 얻을 수 있는 이점이 있다.

$$\begin{aligned} a_{11}x_1 + a_{12}x_2 + a_{13}x_3 &= a_{14} \cdots\cdots \text{①} \\ a_{22}x_2 + a_{23}x_3 &= a_{24} \cdots\cdots \text{②} \\ a_{33}x_3 &= a_{34} \cdots\cdots \text{③} \end{aligned} \qquad (7)$$

식 (7)을 행렬로 나타내면

$$\begin{bmatrix} a_{11} & a_{12} & a_{13} \\ 0 & a_{22} & a_{23} \\ 0 & 0 & a_{33} \end{bmatrix} \begin{bmatrix} x_1 \\ x_2 \\ x_3 \end{bmatrix} = \begin{bmatrix} a_{14} \\ a_{24} \\ a_{34} \end{bmatrix} \qquad (8)$$

꼴이 된다. 소거법으로 처리된 a_{ij}를 다음 단계의 계산에서 다시 a_{ij}로 나타냈다.

이렇게 차례로 x_2항, x_3항, $\cdots$ 을 소거해나가는 것을 **전진소거법**이라 한다.

해는 역으로 아래 식에서부터 위 식으로 대입에 의하여 구해나간다. 이렇게 해를 구해나가는 것을 **후퇴대입법**이라 한다.

예제 1 다음 연립방정식을 Gauss의 소거법으로 풀어라.

$$\begin{cases} x_1 + 2x_2 + x_3 = 8 \\ 2x_1 + x_2 + x_3 = 7 \\ x_1 + x_2 + 2x_3 = 9 \end{cases}$$

풀이 확대 계수행렬을 써서 전진소거법으로 소거한다.

$$\begin{bmatrix} 1 & 2 & 1 & 8 \\ 2 & 1 & 1 & 7 \\ 1 & 1 & 2 & 9 \end{bmatrix} \to \begin{bmatrix} 1 & 2 & 1 & 8 \\ 0 & -3 & -1 & -9 \\ 0 & -1 & 1 & 1 \end{bmatrix} \to \begin{bmatrix} 1 & 2 & 1 & 8 \\ 0 & -3 & -1 & -9 \\ 0 & 0 & \frac{4}{3} & 4 \end{bmatrix}$$

소거계산이 끝난 행렬에서 다음 연립방정식을 얻는다

$$\begin{aligned} x_1 + 2x_2 + x_3 &= 8 \quad \cdots\cdots \text{①} \\ -3x_2 - x_3 &= -9 \quad \cdots\cdots \text{②} \\ \tfrac{4}{3}x_3 &= 4 \quad \cdots\cdots \text{③} \end{aligned}$$

③에서 $x_3 = 3$, ②에서 $3x_2 = -x_3 + 9 = -3 + 9 = 6 \therefore x_2 = 2$

①에서 $x_1 = 8 - 2x_2 - x_3 = 8 - 2(2) - 3 = 1$

구하는 해는 $x_1 = 1,\ x_2 = 2,\ x_3 = 3$이다.

Gauss 소거법의 알고리즘은 다음과 같다.

Algorithm Gaussian Elimination

```
1. Input n
2. For i = 1 to n
   │ for j = 1 to n + 1
   └─└─Input a(i,j)
3. For k = 1 to n − 1                              … 소거계산
   │ for j = k to n + 1
   │    a(k,j) = a(k,j) / a(k,k)                  … 전반계산
   │    for i = k + 1 to n                         … 후반계산
   └────└─a(i,j) = a(i,j) − a(i,k) * a(k,j)        (전진소거)
4. x(n) = a(n,n+1) / a(n,n)
   For k = n − 1 down to 1                         … 후퇴대입
   │  s = 0
   │ for j = k + 1 to n
   │ └─s = s + a(k,j) * x(k)                       … Σ_k a(k,k+1) x(k)의 계산
   └─ x(k) = (a(k,n+1) − s) / a(k,k)               … x(k)의 계산식
5. For i = 1 to n
   output x(i)                                     … x(i)의 출력
```

예제 2 다음 연립방정식을 Gauss의 소거법 알고리즘에 따라 풀어라.

$$\begin{cases} 2x+4y+6z=6 & \cdots\cdots ① \\ 3x+8y+7z=15 & \cdots\cdots ② \\ 5x+7y+21z=24 & \cdots\cdots ③ \end{cases} \qquad A=\begin{bmatrix} 2 & 4 & 6 & 6 \\ 3 & 8 & 7 & 15 \\ 5 & 7 & 21 & 24 \end{bmatrix}$$

풀이 (1) $k=1$일 때

$p=a_{1,1}=2$

$j=1$ to n (1행을 $p=a_{1,1}$로 나눈다)

$$a_{1,1}=a_{1,1}/p=2/2=1,\ a_{1,2}=4/2=2,\ a_{1,3}=6/2=3,\ a_{14}=6/2=3$$

$$A_1=\begin{bmatrix} 1 & 2 & 3 & 3 \\ 3 & 8 & 7 & 15 \\ 5 & 7 & 21 & 24 \end{bmatrix}$$ 에서 1행을 써서 2행, 3행의 1열 성분을 0이 되게 소거한다.(전진소거)

$j=1$ to 4, $i=2$ to 3

$$i = 2;\ a_{2,j} = a_{2,j} - 3 * a_{1,j} \qquad i = 3;\ a_{3,j} = a_{3,j} - 5 * a_{1,j} \qquad j = 2,\ 3,\ 4 \qquad A_2 = \begin{bmatrix} 1 & 2 & 3 & 3 \\ 0 & 2 & -2 & 6 \\ 0 & -3 & 6 & 9 \end{bmatrix}$$

1단계 시행의 결과는 행렬 A_2가 된다.

(2) $k = 2$일 때

$p = a_{2,2} = 2$

$j = 2$ to 4 (2행을 $p = a_{2,2} = 2$로 나눈다.)

$$a'_{2,2} = a_{2,2}/2 = 1,\ a'_{2,3} = a_{2,3}/2 = -1,\ a'_{24} = a_{24}/2 = 3$$

$$A_2 = \begin{bmatrix} 1 & 2 & 3 & 3 \\ 0 & 1 & -1 & 3 \\ 0 & -3 & 6 & 9 \end{bmatrix} \cdots a'_{2j} = a_{2j}/a_{22} = a_{2j}/2$$

$j = 2$ to 4

$$a'_{3,2} = a_{3,2} - a_{3,2} \cdot a_{2,2} = -3 - (-3)(1) = 0$$
$$a'_{3,3} = a_{3,3} - a_{3,2} \cdot a_{2,3} = 6 - (-3)(-1) = 3$$
$$a'_{3,4} = a_{3,4} - a_{3,2} \cdot a_{2,4} = 9 - (-3)(3) = 18$$

2단계 시행의 결과는 행렬 A_3과 같다. 후퇴대입으로 z, y, x를 구한다.

$$A_3 = \begin{bmatrix} 1 & 2 & 3 & 3 \\ 0 & 1 & -1 & 3 \\ 0 & 0 & 3 & 18 \end{bmatrix} \Rightarrow \begin{cases} x + 2y + 3z = 3 & \cdots\cdots ① \\ y - z = 3 & \cdots\cdots ② \\ 3z = 18 & \cdots\cdots ③ \end{cases}$$

③에서 $z = 18/3 = 6$

②에서 $y = 3 + z = 3 + 6 = 9$

①에서 $x = 3 - 2y - 3z = 3 - 2(9) - 3(6) = -33$

(2) Gauss-Jordan의 소거법

주어진 연립 1차 방정식이 식 (1)의 꼴로 주어져 있고, 계수 행렬을 A, 식 (1)의 우변의 상수 열벡터를 C라 하자. 행렬 A에 우변의 상수 열벡터 C를 추가한 확대 계수 행렬을 사용한다.

확대 계수행렬 $A \mid C$의 A에 A^{-1}를 왼쪽에서 곱하면

$$A^{-1}(A \mid C) - A^{-1}A \mid A^{-1}C \rightarrow E \mid A^{-1}C$$

가 되어 A가 단위행렬로 변환되면, 상수 열벡터 C는 $A^{-1}C$가 된다. 따라서 방정식 (3)은

$$AX = C \text{에서 } A^{-1}AX = A^{-1}C \text{로 변환하면 } X = A^{-1}C$$

로 변환되어, 구하는 해 X는

$$X = A^{-1}C$$

가 된다. 연립 1차 방정식의 이러한 해법을 **Gauss-Jordan의 소거법**이라 한다.

방정식 $AX = C$에서 $A^{-1}(AX) = A^{-1}C$, 즉 $X = A^{-1}C$를 만드는 과정은 계수행렬 A를 단위행렬로 변환하는 소거과정으로 이루어진다. A가 단위행렬로 변환되면 우변의 상수 열벡터 C는 해 $A^{-1}C$로 된다.

보기1 다음 연립방정식을 Gauss-Jordan의 소거법으로 풀어보자.

$$\begin{bmatrix} 2 & 1 & 1 \\ 1 & 2 & 1 \\ 1 & 1 & 2 \end{bmatrix}\begin{bmatrix} x_1 \\ x_2 \\ x_3 \end{bmatrix} = \begin{bmatrix} 7 \\ 8 \\ 9 \end{bmatrix}$$

해설

$$A \mid C = \begin{bmatrix} 2 & 1 & 1 & 7 \\ 1 & 2 & 1 & 8 \\ 1 & 1 & 2 & 9 \end{bmatrix} \xrightarrow{①} \begin{bmatrix} 1 & \frac{1}{2} & \frac{1}{2} & \frac{7}{2} \\ 0 & \frac{3}{2} & \frac{1}{2} & \frac{9}{2} \\ 0 & \frac{1}{2} & \frac{3}{2} & \frac{11}{2} \end{bmatrix} \xrightarrow{②} \begin{bmatrix} 1 & 0 & \frac{1}{3} & 2 \\ 0 & 1 & \frac{1}{3} & 3 \\ 0 & 0 & \frac{4}{3} & 4 \end{bmatrix}$$

$$\xrightarrow{③} \begin{bmatrix} 1 & 0 & 0 & 1 \\ 0 & 1 & 0 & 2 \\ 0 & 0 & 1 & 3 \end{bmatrix}$$

① 1행을 2로 나눈 새 1행을 써서 소거법으로 1열의 2행, 3행 요소를 소거한다.

② 2행을 $\frac{3}{2}$으로 나눈 새로운 2행을 써서 소거법으로 1행과 3행의 2열의 요소를 소거한다.

③ 3행을 $\frac{4}{3}$로 나눈 새 3행을 써서 소거법으로 1행과 2행의 3열의 요소를 소거한다. 이상의 조작으로, 계수행렬 A는 단위행렬이 되므로, 4열의 상수 열벡터는 해가 된다.

Gauss-Jordan의 소거법의 알고리즘은 다음과 같다.

Algorithm Gauss-Jordan method

1. Input $a_{i,j}$ $(i = 1 \text{ to } n,\ j = 1 \text{ to } n+1)$
2. for $k = 1$ to n … 전진소거
   2.1 $k_1 = k + 1$
   2.2 for $j = k_1$ to $n + 1$
   $a_{k,j} = a_{k,j} / a_{k,k}$ … 기준화

```
2.3 for i = 1 to n                              … 소거계산
    if (i ≠ k) then
    for j = k to n + 1
    └─ a_{i,j} = a_{i,j} − a_{i,k} * a_{k,j}
    └─ output a_{i,n+1}                         … 해의 출력
```

예제 3 다음 연립방정식을 Gauss-jordan의 방법으로 풀어라.

$$2x_1 + x_2 - x_3 = 5 \quad \cdots\cdots \text{①}$$
$$x_1 - 2x_2 + x_3 = 0 \quad \cdots\cdots \text{②}$$
$$x_1 - x_2 - 2x_3 = 1 \quad \cdots\cdots \text{③}$$

풀이

$$\begin{bmatrix} 2 & 1 & -1 & 5 \\ 1 & -2 & 1 & 0 \\ 1 & -1 & -2 & 1 \end{bmatrix} \rightarrow \begin{bmatrix} 1 & \frac{1}{2} & -\frac{1}{2} & \frac{5}{2} \\ 0 & -\frac{5}{2} & \frac{3}{2} & -\frac{5}{2} \\ 0 & -\frac{3}{2} & -\frac{3}{2} & -\frac{3}{2} \end{bmatrix} \rightarrow \begin{bmatrix} 1 & 0 & -\frac{1}{5} & 2 \\ 0 & 1 & -\frac{3}{5} & 1 \\ 0 & 0 & -\frac{12}{5} & 0 \end{bmatrix}$$

$$\rightarrow \begin{bmatrix} 1 & 0 & 0 & 2 \\ 0 & 1 & 0 & 1 \\ 0 & 0 & 1 & 0 \end{bmatrix} \Leftrightarrow \begin{matrix} 1x_1 + 0x_2 + 0x_3 = 2 \\ 0x_1 + 1x_2 + 0x_3 = 1 \\ 0x_1 + 0x_2 + 1x_3 = 0 \end{matrix}$$

따라서 구하는 해는 $x_1 = 2,\ x_2 = 1,\ x_3 = 0$

참고 해 $x_1 = 2,\ x_2 = 1,\ x_3 = 0$은 위의 계산과정의 어느 계산단계에서도 해가 되어야 한다.

5.1.2 연립 1차 방정식의 반복법에 의한 근사해법

(1) Jacobi의 반복법

연립방정식 (1)은 간단히

$$a_{i1}x_1 + a_{i2}x_2 + \cdots + a_{in}x_n = a_{i,n+1} \quad (i = 1, 2, \cdots, n) \tag{1}$$

로 나타내진다. 식 (1)에서 x_i는 다음과 같다.

$$\boldsymbol{x_i^{(k+1)} = \frac{1}{a_{ii}}\left(a_{i,n+1} - \sum_{\substack{j=1 \\ i \neq j}}^{n} a_{ij}\, x_i^{(k)}\right) \quad (i = 1, 2, \cdots, n)} \tag{2}$$

이 식의 우변에 한 근사해 $\boldsymbol{x}^{(0)}=(x_1^0, x_2^0, \cdots, x_n^0)$을 대입하여 얻어지는 근사해 $\boldsymbol{x}^{(1)}=(x_1^1, x_2^1, \cdots, x_n^1)$을 다시 식 (2)에 대입하여 다음 근사해 $\boldsymbol{x}^{(2)}=(x_1^2, x_2^2, \cdots, x_n^2)$을 얻는다.

초기해 $\boldsymbol{x}^{(0)}$에서 출발하여 차례로 얻는 근사해 $\boldsymbol{x}^{(1)}, \boldsymbol{x}^{(2)}, \boldsymbol{x}^{(3)}, \cdots$를 수정하여 수렴하는 근사해를 구하는 반복법을 **Jacobi의 반복법**이라 한다.

구하는 근사해는 충분히 작은 양수 ε에 대하여 $\left|x_i^{(k+1)}-x_i^{(k)}\right|<\varepsilon$이면, $x_i^{(k+1)}$을 구하는 근사해로 한다.

예제 1 다음 연립방정식을 Jacobi의 반복법으로 초기 해를 $\boldsymbol{x}^{(0)}=(1, 1, 2)'$로 하여 $\boldsymbol{x}^{(1)}, \boldsymbol{x}^{(2)}, \boldsymbol{x}^{(3)}$을 구하라.

$$\begin{bmatrix} 2 & 1 & 1 \\ 1 & 2 & 1 \\ 1 & 1 & 2 \end{bmatrix}\begin{bmatrix} x_1 \\ x_2 \\ x_3 \end{bmatrix}=\begin{bmatrix} 7 \\ 8 \\ 9 \end{bmatrix}$$

풀이

$$x_1^{(k+1)}=\frac{1}{2}(7-x_2^{(k)}-x_3^{(k)})$$
$$x_2^{(k+1)}=\frac{1}{2}(8-x_1^{(k)}-x_3^{(k)})$$
$$x_3^{(k+1)}=\frac{1}{2}(9-x_1^{(k)}-x_2^{(k)})$$

$x^{(0)}=\begin{bmatrix} 1 \\ 1 \\ 1 \end{bmatrix}$이라 하고, ①, ②, ③에 대입하여 근사해를 구해나가면

$$\boldsymbol{x}^{(1)}=\begin{bmatrix} 2 \\ 2.5 \\ 3.5 \end{bmatrix}, \ \boldsymbol{x}^{(2)}=\begin{bmatrix} 0.5 \\ 1.25 \\ 2.25 \end{bmatrix}, \ \boldsymbol{x}^{(3)}=\begin{bmatrix} 1.75 \\ 2.625 \\ 3.125 \end{bmatrix}$$

반복을 계속하면, 수렴하는 다음 해를 얻는다.

$$x_1 \to 1, \ x_2 \to 2, \ x_3 \to 3$$

Jacobi의 반복법은 수렴이 늦고, 때로는 수렴하지 않는다.
다음 연립방정식

$$\begin{cases} -2x+\ \ y+5z=15 \\ \ \ 4x-8y+\ \ z=-21 \\ \ \ 4x-\ \ y+\ \ z=7 \end{cases} \tag{3}$$

에서 Jacobi 반복식은 수렴하지 않는다.

$$\begin{cases} x^{(k+1)} = \frac{1}{2}(-15 + y^{(k)} + 5z^{(k)}) \\ y^{(k+1)} = \frac{1}{8}(21 + 4x^{(k)} + z^{(k)}) \\ z^{(k+1)} = 7 - 4x^{(k)} + y^{(k)} \end{cases}$$

초기 근사값을 $x_0 = 1,\ y_0 = 2,\ z_0 = 2$이라면

$$x^{(1)} = -1.5,\ y^{(1)} = 3.375,\ z^{(1)} = 5.00$$

이 새로운 점 $P_1(-1.5, 3.375, 5.00)$은 $P_0(1, 2, 2)$보다 참해 (2, 4, 3)에서 멀어지고 있다. 위 반복식을 계속 사용하면 발산하는 수열이 만들어진다.

계수행렬 A에서

$$|a_{k,k}| > |a_{k,1}| + \cdots + |a_{k,k-1}| + |a_{k,k+1}| + \cdots + |a_{k,n}| \quad (k = 1, 2, \cdots, n) \tag{4}$$

즉, 대각선 성분의 절대값이 같은 행의 다른 요소의 절대값의 합보다 크다는 것이 초기값 $x^{(0)}$에 관계 없이 Jacobi법이 수렴하는 충분조건이다.

보기1 연립방정식 (3)에서 수렴될 반복식을 구해보자.

해설 첫째 방정식에서 $|5| > |-2| + |1| = 3$

둘째 방정식에서 $|-8| > |4| + |1| = 5$

세째 방정식에서 $|4| > |-1| + |1| = 2$

이므로 반복식은 첫째 방정식은 z에 관하여, 둘째 방정식은 y에 관하여, 세째 방정식은 x에 관하여 나타내서

$$z_{i+1} = \frac{1}{5}(15 + 2x_i - y_i)$$
$$y_{i+1} = \frac{1}{8}(21 + 4x_i + z_i)$$
$$x_{i+1} = \frac{1}{4}(7 + y_i - z_i)$$

로 하면, 어떤 출발 초기값에 대하여도 수렴하는 근사해를 얻는다.

이렇게 반복식을 구할 때 연립방정식에서 계수의 절대값이 최대인 계수를 **축**(pivot)이라 한다. 이 반복식을 반복시행하면 참해 $x = 2,\ y = 4,\ z = 3$에 수렴하는 근사해를 얻는다.

(2) Gauss-Seidel의 반복법

예제를 들어서 Gauss-Seidel의 반복법을 소개한다.

보기2 다음 방정식을 풀어보자.

$$\begin{cases} 4x_1 - x_2 + x_3 = 4 \\ x_1 + 6x_2 + 2x_3 = 9 \\ -x_1 - 2x_2 + 5x_3 = 2 \end{cases}$$

해설 이 연립방정식을 계수의 절대값이 가장 큰 미지수에 관하여 풀어서 다음과 같은 반복식을 얻는다.

$$\begin{cases} x_1^{(k+1)} = \frac{1}{4}(4 + x_2^{(k)} - x_3^{(k)}) & \cdots\cdots ① \\ x_2^{(k+1)} = \frac{1}{6}(9 - x_1^{(k+1)} - 2x_3^{(k)}) & \cdots\cdots ② \\ x_3^{(k+1)} = \frac{1}{5}(2 + x_1^{(k+1)} + 2x_2^{(k+1)}) & \cdots\cdots ③ \end{cases}$$

초기 근사해 $x_2^{(0)} = x_3^{(0)} = 0$을 식 ①에 대입하고, $x_1^{(1)} = 1$, $x_3^{(0)}$을 식 ②에 대입하고, $x_1^{(1)}$, $x_2^{(1)}$을 식 ③에 대입하여

$$\begin{cases} x_1^{(1)} = \frac{1}{4}(4 + 0 - 0) = 1 \\ x_2^{(1)} = \frac{1}{6}(9 - 1 - 0) = \frac{4}{3} = 1.33\cdots \\ x_3^{(1)} = \frac{1}{5}\left(2 + 1 + \frac{8}{3}\right) = \frac{17}{15} = 1.13\cdots \end{cases}$$

위에서 구한 값 $x_2^{(1)}$, $x_3^{(1)}$을 다시 식 ①에 대입하고, $x_1^{(2)}$, $x_3^{(1)}$을 식 ②에 대입하고, $x_1^{(2)}$, $x_2^{(2)}$을 식 ③에 대입하여

$$\begin{cases} x_1^{(2)} = \frac{1}{4}\left(4 + \frac{4}{3} - \frac{17}{15}\right) = \frac{63}{60} = 1.05 \\ x_2^{(2)} = \frac{1}{6}\left(9 - \frac{63}{60} - \frac{2\times 17}{15}\right) = \frac{341}{360} = 0.947\cdots \\ x_3^{(2)} = \frac{1}{5}\left(2 + \frac{63}{60} + \frac{2\times 341}{360}\right) = \frac{89}{90} = 0.98\cdots \end{cases}$$

이렇게 근사해를 반복 대입하여 새로운 근사해를 구해나가는 방법을 **Gauss-Seidel의 반복법**이라 한다.
이 방법을 반복하면 다음 해를 얻는다.

$$x_1 \to 1,\ x_2 \to 1,\ x_3 \to 1$$

이 방법은 Jacobi법과 유사하나, Jacobi법에서는 $k-1$번째의 근사해 $x_i^{(k)}$를 구하는 데, $x_j^{(k-1)}$에서 얻은 근사해를 대입하여 $x_i^{(k)}$의 근사값을 구했으나, Gauss-Seidel법은 $x_i^{(k)}$의 근사값을 구하는 데, 이미 개량된 $x_j^{(k)}$의 값을 이용하여 다음 해를 개량하는 방법이다.

예제 2 다음 연립방정식을 Gauss–Seidel법으로 풀어라.

$$\begin{bmatrix} 2 & -1 & 0 \\ -1 & 2 & -1 \\ 0 & -1 & 2 \end{bmatrix} \begin{bmatrix} x_1 \\ x_2 \\ x_3 \end{bmatrix} = \begin{bmatrix} 7 \\ 1 \\ 1 \end{bmatrix}$$

단, $x_2^{(0)} = 0$, $x_3^{(0)} = 0$으로 한다.

풀이 Gauss–Seidel법의 반복공식은 다음과 같다.

$$\begin{cases} x_1^{(k+1)} = \frac{1}{2}(7 + x_2^{(k)}) \\ x_2^{(k+1)} = \frac{1}{2}(1 + x_1^{(k+1)} + x_3^{(k)}) \\ x_3^{(k+1)} = \frac{1}{2}(1 + x_2^{(k+1)}) \end{cases}$$

k	$x_1^{(k)}$	$x_2^{(k)}$	$x_3^{(k)}$
1	3.5	2.25	1.625
2	4.625	3.625	2.3125
3	5.3125	4.3125	2.65625
4	5.65625	4.65625	2.828125
5	5.828125	4.828125	2.9140625
6	5.9140625	4.9140625	2.9570313
7	5.9570313	4.9570313	2.9785157

참해는 $x_1 = 6$, $x_2 = 5$, $x_3 = 3$이다.

이 방법은 오차가 매회 거의 일정한 상수배로 감소하므로 1차 수렴을 한다.

계산기를 사용할 때, Jacobi법에서는 $x^{(k)}$와 $x^{(k+1)}$에 대한 메모리가 따로따로 필요하지만 Gauss–Seidel법에서는 미지수를 위한 메모리는 꼭 n개만으로 된다. 따라서 프로그램도 간단하고, Gauss–Seidel법이 Jacobi법보다 수렴도 빠르다.

Gauss–Seidel법의 알고리즘은 다음과 같다.

Algorithm Gauss–Seidel method

1. input $a_{i,j}$, $x_i^{(0)}$ ($i = 1$ to m, $j = 1$ to n) $E = 0.00001$, max $= 99$
2. $n = m + 1$ … m은 미지수의 개수
3. For $i = 1$ to m
   $x_i^{(0)} = 0$ … [x_i의 초기값을 모두 0으로 준다.

```
4. while k < max do
    for i = 1 to m
        x_i = a_{i,n}
        for j = 1 to m
            if i ≠ j then
            x_i = x_i − a_{i,j} * x_j^(0)          … a_ii x_i = a_{i,n} − Σ_{i=1, i≠j}^{m} a_ij x_j
        x_i = x_i / a_{i,j}
        sd = 0
    for j = i to m
        sd = sd + |x_j^(k) − x_{j−1}^(k−1)|        … sd = Σ|x_j^(k) − x_{j−1}^(k−1)|
    If sd < E then
        go to 6
    else
    k = k + 1
5. If sd > E then print "not converge"
6. output x_i (i = 1 to m)
```

예제 3 다음 연립방정식을 위 알고리즘에 따라서 풀어라.

$$2x_1 - x_2 + x_3 = 2 \quad \cdots\cdots ①$$
$$x_1 + 2x_2 + x_3 = 4 \quad \cdots\cdots ②$$
$$x_1 + 2x_2 - 3x_3 = 0 \quad \cdots\cdots ③$$

풀이 **step2.** $n = 3 + 1 = 4$

step3. 모든 x_i의 초기값 $x_i^{(0)}$을 0으로 준다.

step4. 구하려는 미지수의 값 x_i를 차례로 구해나간다.

다음 반복식에 $x_2^{(0)} = 0,\ x_3^{(0)} = 0$을 대입하여 근사해를 구한다.

$$2x_1^{(k+1)} = 2 + x_2^{(k)} - x_3^{(k)} \quad \cdots\cdots ①$$
$$2x_2^{(k+1)} = 4 - x_1^{(k+1)} - x_3^{(k)} \quad \cdots\cdots ②$$
$$3x_3^{(k+1)} = 0 + x_1^{(k+1)} + 2x_2^{(k+1)} \quad \cdots\cdots ③$$

$x_2^{(0)} = 0,\ x_3^{(0)} = 0$을 ①에 대입하여 $x_1^{(1)} = 1$을 얻고 $x_1^{(1)} = 1,\ x_3^{(0)} = 0$을 ②에 대입하여 $x_2^{(1)}$을 얻고, $x_1^{(1)},\ x_2^{(1)}$을 ③에 대입하여 $x_3^{(1)}$을 얻는다.

①에서 $2x_1^{(1)} = 2 + 0 - 0 = 2,\ x_1^{(1)} = 1$

②에서 $2x_2^{(1)} = 4 - 1 - 0 = 3,\ x_2^{(1)} = 1.5$
③에서 $3x_3^{(1)} = 0 + 1 + 3 = 4,\ x_3^{(1)} = 1.33333$

step4에서 얻은 $x_1^{(1)},\ x_2^{(1)},\ x_3^{(1)}$의 근사도를 살펴본다.

$$\left|x_1^{(1)} - x_1^{(0)}\right| = 1,\ \left|x_2^{(1)} - x_2^{(0)}\right| = 1.5,\ \left|x_3^{(1)} - x_3^{(0)}\right| = 1.3333$$

$sd = 1 + 1.5 + 1.3333 > E$

근사정도가 안맞아서 $x_1^{(1)},\ x_2^{(1)},\ x_3^{(1)}$을 써서 step4를 반복한다.

step4. $2x_1^{(2)} = 2 + 1.5 - 1.3333 = 2.1667,\quad x_1^{(2)} = 1.0833$
$2x_2^{(2)} = 4 - 1.0833 - 1.3333 = 1.5834,\quad x_2^{(2)} = 0.7917$
$3x_3^{(2)} = 0 + 1.0833 + 1.5834 = 2.6667,\quad x_3^{(2)} = 0.8889$

$\left|x_1^{(2)} - x_1^{(1)}\right| = |1.0833 - 1|,\ \left|x_2^{(2)} - x_2^{(1)}\right| = |0.7917 - 1.5|,$
$\left|x_3^{(2)} - x_3^{(1)}\right| = |1.3333 - 1.3333| = 0$
이므로, $sd = 0.0833 + 0.7083 + 0 > E$

$sd > E$이므로, $x_1^{(2)},\ x_2^{(2)},\ x_3^{(2)}$를 써서 step4를 반복하여 해를 개량한다.

step4. $2x_1^{(3)} = 2 + x_2^{(2)} - x_3^{(2)} = 2 + 0.7917 - 0.8889 = 1.9028,\quad x_1^{(3)} = 0.9514$
$2x_2^{(3)} = 4 - x_1^{(3)} - x_3^{(2)} = 4 - 0.9514 - 0.8889 = 2.1597,\quad x_2^{(3)} = 1.0798$
$3x_3^{(3)} = 0 + x_1^{(3)} + 2x_2^{(3)} = 0.9514 + 2.1596 = 3.111,\quad x_3^{(3)} = 1.037$

$\left|x_1^{(3)} - x_1^{(2)}\right| = |0.9514 - 1.0833|, \left|x_2^{(3)} - x_2^{(2)}\right| = |1.0798 - 0.7917|,$
$\left|x_3^{(3)} - x_3^{(2)}\right| = |1.037 - 0.8889|$이므로 $sd > E$

$sd > E$이므로, $x_1^{(3)},\ x_x^{(3)},\ x_3^{(3)}$를 써서 step4를 반복하여 해를 개량한다.

step4. $2x_1^{(4)} = 2 + x_2^{(3)} - x_3^{(3)} = 2 + 1.0798 - 1.037 = 2.0428,\quad x_1^{(4)} = 1.0214$
$2x_2^{(4)} = 4 - x_1^{(4)} - x_3^{(3)} = 4 - 1.0214 - 1.037 = 1.9416,\quad x_2^{(4)} - 0.9708$
$3x_3^{(4)} = 0 + x_1^{(4)} + 2x_2^{(4)} = 1.0214 + 2(0.9708) = 2.963,\quad x_3^{(4)} = 0.9877$

$sd = \left|x_1^{(4)} - x_1^{(3)}\right| + \left|x_2^{(4)} - x_2^{(3)}\right| + \left|x_3^{(4)} - x_3^{(3)}\right| > E$이므로 다시 해를 개량한다.
해를 개량하는 반복계산을 계속하면, $x_1 \to 1,\ x_2 \to 1,\ x_3 \to 1$에 수렴한다.

step6. $x_1 \to 1,\ x_2 \to 1,\ x_3 \to 1$

연습문제(5.1)

1 다음 연립방정식을 Gauss의 단순 소거법(계수행렬을 상삼각행렬로 변형하고, 후퇴대입법으로 해를 구한다)으로 해를 구하여라.

$$\begin{cases} x_1 + 2x_2 + x_3 + 4x_4 = 13 \\ 2x_1 + 4x_3 + 3x_4 = 28 \\ 4x_1 + 2x_2 + 2x_3 + x_4 = 20 \\ -3x_1 + x_2 + 3x_3 + 2x_4 = 6 \end{cases}$$

2 다음 연립방정식을 Gauss의 단순소거법으로 풀어라.

$$\begin{cases} 3x_1 + x_2 + 2x_3 = 13 \\ 5x_1 + x_2 + 3x_3 = 20 \\ 4x_1 + 2x_2 + x_3 = 13 \end{cases}$$

3 문제 2의 연립방정식을 Gauss-Jordan의 소거법으로 풀어라.

4 다음 연립방정식을 Gauss-Seidel의 방법으로 풀어라. 단, $x_2^{(0)} = x_3^{(0)} = 0$이다.

$$\begin{cases} 2x_1 + x_2 - x_3 = 1 \\ x_1 - 2x_2 + x_3 = 6 \\ x_1 + x_2 - 2x_3 = -3 \end{cases}$$

5 다음 연립방정식을 Jacobi의 반복법으로 풀어라.

$$\begin{cases} 4x_1 - x_2 + x_3 = 7 \\ 4x_1 - 9x_2 + x_3 = -21 \\ -2x_1 + x_2 + 5x_3 = 15 \end{cases}$$

단, x_1, x_2, x_3의 초기값을 $x_1^{(0)} = 1$, $x_2^{(0)} = 2$, $x_3^{(0)} = 2$로 한다.

연습문제(5.1) 풀이

1 $\left[\begin{array}{rrrr|r} 1 & 2 & 1 & 4 & 13 \\ 2 & 0 & 4 & 3 & 28 \\ 4 & 2 & 2 & 1 & 20 \\ -3 & 1 & 3 & 2 & 6 \end{array}\right] \to \left[\begin{array}{rrrr|r} 1 & 2 & 1 & 4 & 13 \\ 0 & -4 & 2 & -5 & 2 \\ 0 & -6 & -2 & -15 & -32 \\ 0 & 7 & 6 & 14 & 45 \end{array}\right]$

$\to \left[\begin{array}{rrrr|r} 1 & 2 & 1 & 4 & 13 \\ 0 & -4 & 2 & -5 & 2 \\ 0 & 0 & -5 & -7.5 & -35 \\ 0 & 0 & 9.5 & 5.25 & 48.5 \end{array}\right] \to \left[\begin{array}{rrrr|r} 1 & 2 & 1 & 4 & 13 \\ 0 & -4 & 2 & -5 & 2 \\ 0 & 0 & -5 & -7.5 & -35 \\ 0 & 0 & 0 & -9 & -18 \end{array}\right]$

후퇴대입으로

$-9x_4 = -18$에서 $x_4 = 2$

$-5x_3 - 7.5x_4 = -3.5$에서 $-5x_3 = -35 + 7.5(2) = -20 \;\therefore x_3 = 4$

마찬가지로 대입에 의하여 $x_2 = -1,\ x_1 = 3$

2 $\left[\begin{array}{rrr|r} 3 & 1 & 2 & 13 \\ 5 & 1 & 3 & 10 \\ 4 & 2 & 1 & 13 \end{array}\right] \to \left[\begin{array}{rrr|r} 3 & 1 & 2 & 13 \\ 0 & -\frac{2}{3} & -\frac{1}{3} & -\frac{5}{3} \\ 0 & \frac{2}{3} & -\frac{5}{3} & -\frac{13}{3} \end{array}\right] \to \left[\begin{array}{rrr|r} 3 & 1 & 2 & 13 \\ 0 & -\frac{2}{3} & -\frac{1}{3} & -\frac{5}{3} \\ 0 & 0 & -2 & -6 \end{array}\right]$

$x_3 = -6/(-2) = 3,\ x_2 = -\frac{3}{2}\left(-\frac{5}{3} + \frac{1}{3} \times 3\right) = 1$

$x_1 = \frac{1}{3}(13 - 1 \times 1 - 2 \times 3) = 2$

3 $\left[\begin{array}{rrr|r} 3 & 1 & 2 & 13 \\ 5 & 1 & 3 & 10 \\ 4 & 2 & 1 & 13 \end{array}\right] \to \left[\begin{array}{rrr|r} 1 & \frac{1}{3} & \frac{2}{3} & \frac{13}{3} \\ 1 & -\frac{2}{3} & -\frac{1}{3} & -\frac{5}{3} \\ 0 & \frac{2}{3} & -\frac{5}{3} & -\frac{13}{3} \end{array}\right] \to \left[\begin{array}{rrr|r} 1 & 0 & \frac{1}{2} & \frac{7}{2} \\ 0 & 1 & \frac{1}{2} & \frac{5}{2} \\ 0 & 0 & -2 & -6 \end{array}\right]$

$\to \left[\begin{array}{rrr|r} 1 & 0 & \frac{1}{2} & \frac{7}{2} \\ 0 & 1 & \frac{1}{2} & \frac{5}{2} \\ 0 & 0 & 1 & 3 \end{array}\right] \to \left[\begin{array}{rrr|r} 1 & 0 & 0 & 2 \\ 0 & 1 & 0 & 1 \\ 0 & 0 & 1 & 3 \end{array}\right] \qquad \therefore x_1 = 2,\ x_2 = 1,\ x_3 = 3$

4 $k=1$일 때 $x_2^{(0)}=x_3^{(0)}=0$이므로

$$\left.\begin{aligned} x_1^{(k+1)} &= \frac{1}{2}(1-x_2^{(k)}+x_3^{(k)}) \\ x_2^{(k+1)} &= -\frac{1}{2}(6-x_1^{(k+1)}-x_3^{(k)}) \\ x_3^{(k+1)} &= -\frac{1}{2}(-3-x_1^{(k+1)}+x_2^{(k+1)}) \end{aligned}\right\}\text{에서}$$

$$\begin{cases} x_1^{(1)} = \frac{1}{2}(1-0+0) = 0.5 \\ x_2^{(1)} = -\frac{1}{2}(6-0.5-0) = -2.75 \\ x_3^{(1)} = -\frac{1}{2}(-3-0.5+2.75) = 0.375 \end{cases}$$

$k=2$일 때

$$x_1^{(2)} = \frac{1}{2}(1+2.75+0.375) = 2.0625$$

$$x_2^{(2)} = -\frac{1}{2}(6-2.0625-0.375) = -1.78125$$

$$x_3^{(2)} = -\frac{1}{2}(-3-2.0625+1.78125) = 1.640625$$

마찬가지 방법으로 반복 계산해나가면

$x_1 \to 2,\ x_2 \to -1,\ x_3 \to 2$

5 $$\left.\begin{aligned} x_1 &= \frac{1}{4}(7+x_2-x_3) \\ x_2 &= \frac{1}{9}(21+4x_1+x_3) \\ x_3 &= \frac{1}{5}(15+2x_1-x_2) \end{aligned}\right\}\text{에서}\begin{cases} x_1^{(k+1)} = \frac{1}{4}(7+x_2^{(k)}-x_3^{(k)}) \\ x_x^{(k+1)} = \frac{1}{9}(21+4x_1^{(k)}+x_3^{(k)}) \quad \cdots \text{①} \\ x_3^{(k+1)} = \frac{1}{5}(15+2x_1^{(k)}-x_2^{(k)}) \end{cases}$$

$k=1$일 때 $(x_1^{(0)}=1,\ x_x^{(0)}=2,\ x_3^{(0)}=2)$라 할 때

$$x_1^{(1)} = \frac{1}{4}(7+2-2) = 1.75$$

$$x_2^{(1)} = \frac{1}{9}(21+4+2) = 3$$

$$x_3^{(1)} = \frac{1}{5}(15+2-2) = 3$$

이 값을 반복공식에 계속 대입해나가면

$x_1 \to 2,\ x_2 \to 4,\ x_3 \to 3$을 얻는다.

5.2 고유값과 고유벡터

5.2.1 고유값과 고유벡터

(1) 고유값과 고유벡터

정방행렬 A가 주어질 때, $A\boldsymbol{x} = \lambda\boldsymbol{x}$를 만족하는 수 λ를 행렬 A의 **고유값**(eigenvalue), $\boldsymbol{x}$를 고유값 λ에 대한 행렬 A의 **고유벡터**(eigenvector)라 한다.

방정식 $A\boldsymbol{x} = \lambda\boldsymbol{x}$는

$$\begin{cases} a_{11}x_1 + a_{12}x_2 + \cdots\cdots + a_{1n}x_n = \lambda x_1 \\ a_{21}x_1 + a_{22}x_2 + \cdots\cdots + a_{2n}x_n = \lambda x_2 \\ \cdots\cdots\cdots\cdots\cdots\cdots\cdots\cdots \\ a_{n1}x_1 + a_{n2}x_2 + \cdots\cdots + a_{nn}x_n = \lambda x_n \end{cases}$$

이므로, 이 연립방정식은 다음과 같이 변형된다.

$$\begin{cases} (a_{11} - \lambda)x_1 + a_{12}x_2 + \cdots\cdots + a_{1n}x_n = 0 \\ a_{21}x_1 + (a_{22} - \lambda)x_2 + \cdots\cdots + a_{2n}x_n = 0 \\ \cdots\cdots\cdots\cdots\cdots\cdots\cdots\cdots \\ a_{n1}x_1 + a_{n2}x_2 + \cdots\cdots + (a_{nn} - \lambda)x_n = 0 \end{cases}$$

이 연립 1차 방정식 $(A - \lambda E)\boldsymbol{x} = 0$이 $\boldsymbol{x} = 0$ 이외의 해를 가질 조건은

$$\begin{vmatrix} a_{11} - \lambda & a_{12} & \cdots\cdots & a_{1n} \\ a_{21} & a_{22} - \lambda & \cdots\cdots & a_{2n} \\ \cdots\cdots & \cdots\cdots & \cdots\cdots & \cdots\cdots \\ a_{n1} & a_{n2} & \cdots\cdots & a_{nn} - \lambda \end{vmatrix} = 0$$

이다. 이 방정식 $|A - \lambda E| = 0$을 **고유방정식** 또는 **특성방정식**이라 한다. 이 고유 방정식의 근 λ가 고유값이다.

> **예제 1** 다음 행렬의 절대값이 최대인 고유값(dominant eigenvalue)과 그것에 대한 고유벡터(dominant eigenvector)를 구하여라.
>
> $$A = \begin{bmatrix} 10 & 2 & 2 \\ 2 & 10 & 1 \\ 1 & 1 & 10 \end{bmatrix}$$

풀이 (1) 고유방정식 $|A - \lambda E| = 0$을 푼다.

$$\begin{vmatrix} 10-\lambda & 2 & 2 \\ 2 & 10-\lambda & 1 \\ 1 & 1 & 10-\lambda \end{vmatrix} = (10-\lambda)^3 + 2 + 4 - (10-\lambda)(2+1+4) = 0$$

$$\begin{aligned}(10-\lambda)^3 - 7(10-\lambda) + 6 &= \left[(10-\lambda)-1\right]\left[(10-\lambda)^2 + (10-\lambda) - 6\right] \\ &= \left[(10-\lambda)-1\right]\left[(10-\lambda)-2\right]\left[(10-\lambda)+3\right] \\ &= -(\lambda-9)(\lambda-8)(\lambda-13) = 0\end{aligned}$$

$\lambda = 9, 8, 13$이므로 최대의 고유값은 13이다.

(2) 최대의 고유값 $\lambda = 13$에 대한 고유벡터 $\boldsymbol{x} = \left[x_1,\ x_2,\ x_3\right]'$을 구한다.

고유방정식 $\left[A - \lambda E\right]\boldsymbol{x} = 0$을 풀어서 $\boldsymbol{x}$를 구한다.

$$\begin{cases} (10-13)x_1 + 2x_2 + 2x_3 = 0 & \cdots\cdots ① \\ 2x_1 + (10-13)x_2 + x_3 = 0 & \cdots\cdots ② \\ x_1 + x_2 + (10-13)x_3 = 0 & \cdots\cdots ③ \end{cases}$$

②×3+③; $7x_1 - 8x_2 = 0$ ································ ④

④에서 $x_1 : x_2 = 8 : 7$ 이므로, $x_1 = 8k,\ x_2 = 7k$

②에서 $x_3 = -2x_1 + 3x_2 = -16k + 21k = 5k$

$\therefore\ x_1 : x_2 : x_3 = 8 : 7 : 5$

또는 $\left[x_1,\ x_2,\ x_3\right] = k\left[8,\ 7,\ 5\right]$

$\boldsymbol{u}$가 고유값 λ에 대한 행렬 A의 고유벡터 ($A\boldsymbol{u} = \lambda\boldsymbol{u}$)이면, $\boldsymbol{A}(k\boldsymbol{u}) = k(A\boldsymbol{u}) = k(\lambda\boldsymbol{u}) = (k\boldsymbol{u})$ (k는 임의의 상수)이므로 $k\boldsymbol{u}$도 고유값 λ에 대한 행렬 A의 고유벡터이다. k의 값은 고유벡터가 간단하게 적당한 값이 되게 취하면 된다.

n차의 정방행렬 A의 특성방정식 $f_A(\lambda) = |A - \lambda E| = 0$의 실근 $\lambda_1, \lambda_2, \cdots, \lambda_n$이 정방행렬 A의 고유값이다. 우선 고유값 λ_1을 써서 동차방정식

$$(A - \lambda_1 E)\boldsymbol{x} = 0 \tag{1}$$

을 만들 때, λ_1은 고유값이므로 행렬식 $|A - \lambda E|$의 값은

$$|A - \lambda_1 E| = 0 \tag{2}$$

이다. 따라서 동차 연립 1차 방정식 (1)은 자명해 ($x_1 = x_2 = \cdots = x_n = 0$)가 아닌 해를 갖는다.

방정식 (1)의 해가 1차 독립인 것이 되도록 많이 구하여 그것을 $\boldsymbol{x}_1, \boldsymbol{x}_2, \cdots, \boldsymbol{x}_p$라 하자.

그러면 이들 벡터의 임의의 1차 결합

$$\boldsymbol{x} = c_1\boldsymbol{x}_1 + c_2\boldsymbol{x}_2 + \cdots + c_p\boldsymbol{x}_p \tag{3}$$

은 방정식 (1)의 해이다.

역으로 식 (1)의 임의의 해는 식 (3)의 꼴을 한다.

따라서 고유값 $\lambda = \lambda_1$에 대응한 정방행렬 A의 고유벡터는 $\boldsymbol{x}_1, \boldsymbol{x}_2, \cdots, \boldsymbol{x}_p$의 1차 결합이고 또한 0이 아닌 벡터이다.

보기1 다음 3차의 정방행렬 A의 고유값과 고유벡터를 구해보자.

$$A = \begin{bmatrix} 1 & -3 & 3 \\ 3 & -5 & 3 \\ 6 & -6 & 4 \end{bmatrix}$$

해설 고유방성식(특성방성식)은

$$\begin{vmatrix} 1-\lambda & -3 & 3 \\ 3 & -5-\lambda & 3 \\ 6 & -6 & 4-\lambda \end{vmatrix} = (\lambda+2)^2(\lambda-4) = 0$$

을 풀어서, 고유값은 $\lambda = -2$(중근), 4이다.

$\lambda = -2$(중근)인 경우, 식 (1)에 의하여 고유벡터를 구하면

$$\begin{cases} 3x_1 - 3x_2 + 3x_3 = 0 \\ 3x_1 - 3x_2 + 3x_3 = 0 \\ 6x_1 - 6x_2 + 6x_3 = 0 \end{cases}$$

이다. 이들 식은 하나의 방정식

$$x_1 - x_2 + x_3 = 0$$

으로 나타내지고, $x_2 = h,\ x_3 = k$ 라면,

$$\begin{bmatrix} x_1 \\ x_2 \\ x_3 \end{bmatrix} = \begin{bmatrix} 1 \\ 1 \\ 0 \end{bmatrix}, \begin{bmatrix} 1 \\ 0 \\ -1 \end{bmatrix}$$

은 이 방정식의 해이고, 또한 1차 독립이다. 따라서 고유값 −2에 대응하는 고유벡터는 다음과 같다.

$$\boldsymbol{x} = h\begin{bmatrix}1\\1\\0\end{bmatrix} + k\begin{bmatrix}1\\0\\-1\end{bmatrix},\quad x \neq 0$$

고유값 $\lambda = 4$에 대한 고유벡터를 구한다.

$$\begin{cases}-3x_1 - 3x_2 + 3x_3 = 0\\ 3x_1 - 9x_2 + 3x_3 = 0\\ 6x_1 - 6x_2 \qquad = 0\end{cases} \text{에서} \begin{cases}x_1 + x_2 - x_3 = 0\\ x_1 - x_2 = 0\end{cases}$$

이므로, $x_1 : x_2 : x_3 = 1 : 1 : 2$에서 고유벡터는 다음과 같다.

$$x = l\begin{bmatrix}1\\1\\2\end{bmatrix},\quad \boldsymbol{x} \neq 0$$

(2) Power법

$n \times n$의 정방행렬 A의 고유값, 고유벡터를 기계적으로 구하는 **power법**에 대하여 살펴보자. 이 방법은 반복계산으로 고유값, 고유벡터를 구할 수 있는 방법이다.

$n \times n$ 정방행렬 A의 고유값 $\lambda_1, \lambda_2, \cdots, \lambda_n$에서 절대값이 최대인 고유값이 λ_1이고, λ_n이 최소의 고유값이라 하자.

즉, $|\lambda_1| > |\lambda_2| \geq \cdots \geq |\lambda_n|$라 하고, 고유값 $\lambda_1, \lambda_2, \cdots, \lambda_n$에 대한 고유벡터를 $\boldsymbol{u}_1, \boldsymbol{u}_2, \cdots, \boldsymbol{u}_n$이라 하자.

임의의 벡터 $\boldsymbol{x}_0$는 다음과 같이 $\boldsymbol{u}_1, \boldsymbol{u}_2, \cdots, u_n$의 1차 결합

$$\boldsymbol{x}_0 = c_1\boldsymbol{u}_1 + c_2\boldsymbol{u}_2 + \cdots + c_n\boldsymbol{u}_n$$

으로 표시된다. (c_i는 상수) $A\boldsymbol{u}_i = \lambda_i\boldsymbol{u}_i\,(i = 1, 2, \cdots, n)$이므로

$$\begin{aligned}A\boldsymbol{x}_0 &= A(c_1\boldsymbol{u}_1) + A(c_2\boldsymbol{u}_2) + \cdots + A(c_u\boldsymbol{u}_n)\\ &= c_1A\boldsymbol{u}_1 + c_2A\boldsymbol{u}_2 + \cdots + c_nA\boldsymbol{u}_n\\ &= c_1\lambda_1\boldsymbol{u}_1 + c_2\lambda_2\boldsymbol{u}_2 + \cdots + c_n\lambda_n\boldsymbol{u}_n\\ &= \lambda_1\left\{c_1\boldsymbol{u}_1 + c_2\left(\frac{\lambda_2}{\lambda_1}\right)\boldsymbol{u}_2 + \cdots + c_n\left(\frac{\lambda_n}{\lambda_1}\right)\boldsymbol{u}_n\right\}\end{aligned}$$

마찬가지로 $A^2\boldsymbol{x}_0$를 구하면

$$\begin{aligned} A(A\boldsymbol{x}_0) = A^2\boldsymbol{x}_0 &= \lambda_1\left\{c_1 A\boldsymbol{u}_1 + c_2\left(\frac{\lambda_2}{\lambda_1}\right)A\boldsymbol{u}_2 + \cdots + c_n\left(\frac{\lambda_n}{\lambda_1}\right)A\boldsymbol{u}_n\right\} \\ &= \lambda_1\left\{c_1\lambda_1\boldsymbol{u}_1 + c_2\left(\frac{\lambda_2}{\lambda_1}\right)\lambda_2\boldsymbol{u}_2 + \cdots + c_n\left(\frac{\lambda_n}{\lambda_1}\right)\lambda_n\boldsymbol{u}_n\right\} \\ &= \lambda_1^2\left\{c_1\boldsymbol{u}_1 + c_2\left(\frac{\lambda_2}{\lambda_1}\right)^2\boldsymbol{u}_2 + \cdots + c_n\left(\frac{\lambda_n}{\lambda_1}\right)^2\boldsymbol{u}_n\right\} \end{aligned}$$

이것을 반복하면

$$A^k\boldsymbol{x}_0 = \lambda_1^k\left\{c_1\boldsymbol{u}_1 + c_2\left(\frac{\lambda_2}{\lambda_1}\right)^k\boldsymbol{u}_2 + \cdots + c_n\left(\frac{\lambda_n}{\lambda_1}\right)^k\boldsymbol{u}_n\right\} \tag{4}$$

$|\lambda_1| > |\lambda_1|$, $|\lambda_1| > |\lambda_1|$, ……, $|\lambda_1| > |\lambda_1|$이므로 k가 커지면

$$c_2\left(\frac{\lambda_2}{\lambda_1}\right)^k \to 0,\ c_3\left(\frac{\lambda_3}{\lambda_1}\right)^k \to 0,\ \cdots\cdots,\ c_n\left(\frac{\lambda_n}{\lambda_1}\right)^k \to 0$$

이므로 근사적으로

$$A^k\boldsymbol{x}_0 \simeq \lambda_1^k c_1\boldsymbol{u}_1 \quad \text{또는} \quad A^{k+1}\boldsymbol{x}_0 \simeq \lambda_1^{k+1}c_1\boldsymbol{u}_1 = \lambda_1 A^k\boldsymbol{x}_0 \tag{5}$$

최대의 고유값 λ_1에 대한 고유벡터 $\boldsymbol{u}_1$은 식 (5)의 관계를 써서 구한다.

$\lambda_1 = \lambda_2$인 경우는 식 (5)에서

$$A^k\boldsymbol{x}_0 \simeq \lambda_1^k(c_1\boldsymbol{u}_1 + c_2\boldsymbol{u}_2),\ A^{k+1}\boldsymbol{x}_0 \simeq \lambda_1^{k+1}(c_1\boldsymbol{u}_1 + c_2\boldsymbol{u}_2)$$

이므로

$$A^{k+1}\boldsymbol{x}_0 = \lambda_1\left\{\lambda_1^k(c_1\boldsymbol{u}_1 + c_2\boldsymbol{u}_2)\right\} = \lambda_1 A^k\boldsymbol{x}_0$$

따라서 식 (5)와 같은 관계가 얻어진다.

식 (4)의 관계를 써서 λ_1을 구해보자.

고유벡터의 초기값을 $\boldsymbol{x}_0$이라 하고

$$A\boldsymbol{x}_0 = \lambda_1\boldsymbol{x}_0 = \boldsymbol{y}_1 = m_1\boldsymbol{x}_1,\ \boldsymbol{x}_1 = \frac{1}{m_1}\boldsymbol{y}_1 = \frac{1}{m_1}A\boldsymbol{x}_0$$

여기서 m_1는 벡터 $\boldsymbol{y}_k$ $(k = 1, 2, \cdots, n)$ 성분 중 절대값이 최대인 성분이다.

벡터 y의 성분에서 절대값이 최대인 것을 1이 되게 하는 것을 y를 **표준화**한다고 한다.

$$A\boldsymbol{x}_1 = A\frac{1}{m_1}A\boldsymbol{x}_0 = \frac{1}{m_1}A^2\boldsymbol{x}_0 = \boldsymbol{y}_2 = m_2\boldsymbol{x}_2$$

이라면,

$$A\boldsymbol{x}_2 = A\frac{1}{m_2 m_1}A^2\boldsymbol{x}_0 = \frac{1}{m_2 m_1}A^3\boldsymbol{x}_0 = \boldsymbol{y}_3 = m_3\boldsymbol{x}_3$$
$$\boldsymbol{x}_3 = \frac{1}{m_3 m_2 m_1}A^3\boldsymbol{x}_0,\ \cdots\cdots$$

일반적으로

$$A\boldsymbol{x}_{k-1} = \frac{1}{m_{k-1}\cdots m_1}A^k\boldsymbol{x}_0 = \boldsymbol{y}_k = m_k\boldsymbol{x}_k \tag{6}$$

에서

$$\begin{aligned}\boldsymbol{x}_k &= \frac{1}{m_k m_{k-1}\cdots m_1}A^k\boldsymbol{x}_0\\ A\boldsymbol{x}_k &= \frac{1}{m_k\cdots m_l}A^{k+1}\boldsymbol{x}_0 = \boldsymbol{y}_{k+1} = m_{k+1}\boldsymbol{x}_{k+1}\end{aligned} \tag{7}$$

식 (7)과 식 (5)에서

$$\begin{aligned}\boldsymbol{x}_k &= \frac{1}{m_k\cdots m_1}A^k\boldsymbol{x}_0 \simeq \frac{1}{m_k\cdots m_1}\lambda_1^k c_1\boldsymbol{u}_1\\ \boldsymbol{y}_{k+1} &= \frac{1}{m_k\cdots m_1}A^{k+1}\boldsymbol{x}_0 \simeq \frac{1}{m_k\cdots m_1}\lambda_1^{k+1}c_1\boldsymbol{u}_1 = \lambda_1\boldsymbol{x}_k\end{aligned} \tag{8}$$

식 (8)에서 $\boldsymbol{y}_{k+1} = \lambda_1\boldsymbol{x}_k$이며, 식 (7)에서 $\boldsymbol{y}_k = m_k\boldsymbol{x}_k$이다.
충분히 큰 k에 대하여, $\boldsymbol{y}_{k+1} \simeq \boldsymbol{y}_k$ (고유벡터의 존재)이므로

$$\begin{aligned}&\lambda_1\boldsymbol{x}_k = m_k\boldsymbol{x}_k \text{ 에서 } \lambda_1 = m_k\\ &A\boldsymbol{x}_k = y_{k+1} = \lambda_1\boldsymbol{x}_k \simeq m_k\boldsymbol{x}_k\end{aligned} \tag{9}$$

따라서, 충분히 큰 k에 대하여 $\boldsymbol{x}_k$는 고유벡터이고, m_k가 최대 고유값 λ_1이다.

> **보기1**
>
> $A = \begin{bmatrix} 2 & 4 \\ 1 & 5 \end{bmatrix}$의 최대 고유값과 그의 고유벡터를 power법으로 구해보자.
>
> 단, $x_0 = [1,\ 0]'$이다.

해설 (1) 정의에 의하여 최대 고유값과 그의 고유벡터를 구한다.

$$|A - \lambda E| = \begin{vmatrix} 2-\lambda & 4 \\ 1 & 5-\lambda \end{vmatrix} = \lambda^2 - 7\lambda + 10 - 4 = \lambda^2 - 7\lambda + 6 = 0$$

$$\lambda^2 - 7\lambda + 6 = (\lambda - 1)(\lambda - 6) = 0\text{에서 } \lambda = 1,\ 6$$

최대의 고유값 $\lambda_1 = 6$에 대한 고유벡터 $\boldsymbol{x} = \left[x_1,\ x_2\right]$는 $\left[A - 6E\right]\boldsymbol{x} = 0$을 풀어서 구한다.

$$\begin{cases}(2-6)x_1 + 4x_2 = 0 \\ x_1 + (5-6)x_2 \ = 0\end{cases}$$

에서 $-4x_1 + 4x_2 = 0$에서 $x_1 = x_2 = 1$

(2) power법으로 최대 고유값과 그에 대한 고유벡터를 구한다. $x_0 = [1,\ 0]$라 하자.

$$\boldsymbol{y}_1 = A\boldsymbol{x}_0 = \begin{bmatrix}2 & 4\\1 & 5\end{bmatrix}\begin{bmatrix}1\\0\end{bmatrix} = \begin{bmatrix}2\\1\end{bmatrix} = 2\begin{bmatrix}1\\\frac{1}{2}\end{bmatrix} = m_1\boldsymbol{x}_1$$

최대 고유값의 첫번째 근사값은 $m_1 = 2$이다.

$$\boldsymbol{y}_2 = A\boldsymbol{x}_1 = \begin{bmatrix}2 & 4\\1 & 5\end{bmatrix}\begin{bmatrix}1\\\frac{1}{2}\end{bmatrix} = \begin{bmatrix}2+2\\1+\frac{5}{2}\end{bmatrix} = 4\begin{bmatrix}1\\\frac{7}{8}\end{bmatrix} = m_2\boldsymbol{x}_2$$

$$\boldsymbol{y}_3 = A\boldsymbol{x}_2 = \begin{bmatrix}2 & 4\\1 & 5\end{bmatrix}\begin{bmatrix}1\\\frac{7}{8}\end{bmatrix} = \begin{bmatrix}2+\frac{7}{2}\\1+\frac{35}{8}\end{bmatrix} = \frac{11}{2}\begin{bmatrix}1\\\frac{43}{44}\end{bmatrix} = m_3\boldsymbol{x}_3$$

이상에서 최대의 고유값 λ_1의 근사값과 그의 고유벡터는

$$\lambda_1 \simeq \frac{11}{2} = 5.5,\ \begin{bmatrix}x_1\\x_2\end{bmatrix} = \begin{bmatrix}1\\\frac{43}{44}\end{bmatrix} \simeq \begin{bmatrix}1\\0.977\end{bmatrix}$$

반복횟수를 늘리면

$$\lambda_1 = 6,\ \begin{bmatrix}x_1\\x_2\end{bmatrix} = \begin{bmatrix}1\\1\end{bmatrix}$$

을 얻는다. 따라서 λ_1의 참값은 6, λ_1에 대한 고유벡터의 참값은 $\begin{bmatrix}1\\1\end{bmatrix}$이다.

예제 2 다음 행렬 A의 최대(절대값) 고유값을 power법으로 구하여라. 단, $x_0 = [1,\ 1,\ 1]'$이라 하자.

$$A = \begin{bmatrix}21 & 7 & 1\\5 & 7 & 7\\4 & -4 & 20\end{bmatrix}$$

풀이 (1단계)

$$y_1 = A x_0 = \begin{bmatrix} 21 & 7 & -1 \\ 5 & 7 & 7 \\ 4 & -4 & 20 \end{bmatrix}\begin{bmatrix} 1 \\ 1 \\ 1 \end{bmatrix} = \begin{bmatrix} 27 \\ 19 \\ 20 \end{bmatrix} = 27\begin{bmatrix} 1.0000 \\ 0.7037 \\ 0.7407 \end{bmatrix} = m_1 x_1$$

최대 고유값의 첫번째 근사값은 $m_1 = 27$

(2단계)

$$y_2 = Ax_1 = \begin{bmatrix} 21 & 7 & -1 \\ 5 & 7 & 7 \\ 4 & -4 & 20 \end{bmatrix}\begin{bmatrix} 1.0000 \\ 0.7037 \\ 0.7407 \end{bmatrix} = \begin{bmatrix} 25.1852 \\ 15.1111 \\ 16.0000 \end{bmatrix} = 25.1852\begin{bmatrix} 1.0000 \\ 0.6000 \\ 0.6353 \end{bmatrix} = m_2 x_2$$

최대 고유값 λ 의 두번째 근사값은 $m_2 = 25.1852$

(3단계)

$$y_3 = Ax_2 = \begin{bmatrix} 21 & 7 & -1 \\ 5 & 7 & 7 \\ 4 & -4 & 20 \end{bmatrix}\begin{bmatrix} 1.0000 \\ 0.6000 \\ 0.6353 \end{bmatrix} = \begin{bmatrix} 24.5647 \\ 13.6471 \\ 14.3059 \end{bmatrix} = 24.5647\begin{bmatrix} 1.0000 \\ 0.5556 \\ 0.5824 \end{bmatrix} = m_3 x_3$$

(4단계)

$$y_4 = Ax_3 = \begin{bmatrix} 21 & 7 & -1 \\ 5 & 7 & 7 \\ 4 & -4 & 20 \end{bmatrix}\begin{bmatrix} 1.0000 \\ 0.5556 \\ 0.5824 \end{bmatrix} = \begin{bmatrix} 24.3065 \\ 12.9655 \\ 13.4253 \end{bmatrix} = 24.3065\begin{bmatrix} 1.0000 \\ 0.5334 \\ 0.5523 \end{bmatrix} = m_4 x_4$$

4단계에서 최대 고유값의 근사값은 $\lambda_1 \simeq m_4 = 24.3065$ 이고, A 의 최대 고유값의 참값은 24이다.

power법의 알고리즘은 다음과 같다.

Algorithm Power Method

1. Input $\{n, x_0, \varepsilon_0, a_{ij}, i, j = 1 \text{ to } n, K_{max}\}$
2. For $k = 1$ to K_{max} … k는 고유벡터의 개량단계
   - For $i = 1$ to n … i는 행수
     - For $j = 1$ to n … j는 열수
       - $y_i = y_j + a_{ij} x_j$
   - $y_{max} = \max\ y_i$

3. For $i = 1$ to n

$x_i = y_i / y_{max}$

if $(|x_i - x_{i-1}| > \varepsilon)$ then $x_i = y_i$

and go to 2

4. Output y_{max} and $x_i (i = 1, 2, \cdots, n)$

5.2.2 역 Power법

행렬 A의 고유값과 역행렬 A^{-1}의 고유값 사이에는 다음 관계가 성립한다.

행렬 A의 고유값을 $\boldsymbol{\lambda}_1, \boldsymbol{\lambda}_2, \cdots\cdots, \boldsymbol{\lambda}_n$이라면, A^{-1}의 고유값은 $\frac{1}{\boldsymbol{\lambda}_1}, \frac{1}{\boldsymbol{\lambda}_2}, \cdots\cdots, \frac{1}{\boldsymbol{\lambda}_n}$이고, A^{-1}의 절대값 최대인 고유값의 역수는 A의 절대값 최소인 고유값이다.

증명 $A\boldsymbol{x}_i = \lambda_i \boldsymbol{x}_i (i = 1, 2, \cdots, n)$에 왼쪽에서 A^{-1}를 곱하면

$$좌변 = A^{-1}(A\boldsymbol{x}_i) = E\boldsymbol{x}_i = \boldsymbol{x}_i$$
$$우변 = A^{-1}(\lambda_i \boldsymbol{x}_i) = \lambda_i (A^{-1}\boldsymbol{x}_i)$$

이므로 $\boldsymbol{x}_i = \lambda_i (A^{-1}\boldsymbol{x}_i)$에서 $A^{-1}\boldsymbol{x}_i = \frac{1}{\lambda_i}\boldsymbol{x}_i$

따라서 A^{-1}의 고유값들은 A의 고유값들의 역수인 $\frac{1}{\lambda_i}$이므로 행렬 A의 최소의 고유값은 A^{-1}의 최대의 고유값의 역수로 구할 수 있고, A의 절대값이 최소인 고유값을 λ_n이라면, A^{-1}의 최대의 고유값은 $\frac{1}{\lambda_n}$이다.

역행렬의 고유값, 고유벡터를 구하는 역power법을 설명한다.

보기1

$A = \begin{bmatrix} 2 & 4 \\ 1 & 5 \end{bmatrix}$의 고유값은 $\lambda_1, \lambda_2 (\lambda_1 > \lambda_2)$이다.

$A^{-1} = \begin{bmatrix} 2 & 4 \\ 1 & 5 \end{bmatrix}^{-1} = \frac{1}{6}\begin{bmatrix} 5 & -4 \\ -1 & 2 \end{bmatrix}$의 최소의 고유값과 이 고유값에 대한 고유벡터를 구해보자.

해설 A^{-1}의 고유값을 μ, 고유벡터를 $\boldsymbol{y}$라면

$$A^{-1}\boldsymbol{y} = \mu\boldsymbol{y}$$

이므로, 고유값 μ는 다음 고유방정식에서 구한다.

$$\left|A^{-1} - \mu E\right| = \begin{vmatrix} \frac{5}{6} - \mu & -\frac{4}{6} \\ -\frac{1}{6} & \frac{2}{6} - \mu \end{vmatrix} = \left(\mu - \frac{5}{6}\right)\left(\mu - \frac{2}{6}\right) - \frac{4}{36}$$

$$= \mu^2 - \frac{7}{6}\mu + \frac{6}{36} = \left(\mu - \frac{1}{6}\right)(\mu - 1) = 0 \qquad \therefore \mu = \frac{1}{6},\ 1$$

따라서 A^{-1}의 최소의 고유값이 $\frac{1}{6}$이므로, A의 최대의 고유값은 $\lambda_1 = 6$이다.
물론 A^{-1}의 최대의 고유값 $\mu_1 = 1$은 A의 최소의 고유값의 역수이므로, A의 최소의 고유값 λ_2는 $\mu_1 = 1$의 역수이므로, $\lambda_2 = \frac{1}{\mu_1} = \frac{1}{1} = 1$이다.

정방행렬 A의 역행렬 A^{-1}의 최대 고유값 μ를 구하는 방법을 살펴보자.

$$A^{-1}\boldsymbol{x} = \mu\boldsymbol{x} \tag{6}$$

이므로, $\mu\boldsymbol{x} = \boldsymbol{y}$이라면

$$A\boldsymbol{y} = \boldsymbol{x},\ \boldsymbol{y} = \mu\boldsymbol{x} \tag{7}$$

μ가 A^{-1}의 절대값 최대의 고유값이면, $\frac{1}{\mu} = \lambda$는 A의 최소의 고유값이다.

A^{-1}의 최대 고유값 μ, 즉 A의 최소의 고유값 λ를 구하는 기계적인 반복 계산법은 식 (7)을 써서 μ를 구한다. 이 계산법은 A의 최대 고유값을 구하는 반복 계산법과 유사하다. 식 (7)의 관계를 써서 A의 최소의 고유값, 즉 A^{-1}의 최대의 고유값은 다음 단계를 밟아서 계산된다.

식 (7)에서 고유값 μ와 고유벡터 $\boldsymbol{x}$를 구하는 반복계산은 다음과 같이 한다.

1단계 $A\boldsymbol{y}_1 = \boldsymbol{x}_0$에서($\boldsymbol{x}_0 = (1.1, \cdots, 0)$로 하여 $\boldsymbol{y}_1$을 구한다.

$$\boldsymbol{y}_1 = m_1\boldsymbol{x}_1\text{에서 } \boldsymbol{x}_1 = \boldsymbol{y}_1/m_1$$

이 관계에서 $\boldsymbol{x}_1$을 구한다. 단, m_1은 $\boldsymbol{y}_1$의 성분 중 최대인 값이다.

2단계 $$A\boldsymbol{y}_2 = \boldsymbol{x}_1,\ \boldsymbol{y}_2 = m_2\boldsymbol{x}_2\text{에서 } \boldsymbol{x}_2 = \boldsymbol{y}_2/m_2$$

이 관계에서 벡터 $\boldsymbol{x}_2$를 구한다. 단, m_2는 y_2의 성분 중 최대인 값이다.

3단계 $$A\boldsymbol{y}_3 = \boldsymbol{x}_2,\ \boldsymbol{y}_3 = m_3\boldsymbol{x}_3\text{에서 } \boldsymbol{x}_3 = \boldsymbol{y}_3/m_3$$

이 관계에서 벡터 $\boldsymbol{x}_3$를 구한다. 단, m_3는 $\boldsymbol{y}_3$의 성분 중 최대인 것이다. 이러한 계산을 반복하면, 충분히 큰 k에 대하여

$$m_k \to \mu(A^{-1}\text{의 최대 고유값, 즉 } A\text{의 최소 고유값의 역수})$$

가 구해진다.

$$\boldsymbol{y}_k = m_k \boldsymbol{x}_k,\ A\boldsymbol{y}_k = \boldsymbol{x}_k\text{에서} \quad \Leftrightarrow \quad A^{-1}\boldsymbol{x}_k = \boldsymbol{y}_k = m_k \boldsymbol{x}_k$$

m_k가 A^{-1}의 최대 근사고유값이면, $\dfrac{1}{m_k}$ 이 A의 최소의 고유값(근사값)이다.

예제 1

행렬 $A = \begin{bmatrix} 2 & 4 \\ 1 & 5 \end{bmatrix}$의 최소 고유값은 $A^{-1} = \dfrac{1}{6}\begin{bmatrix} 5 & -4 \\ -1 & 2 \end{bmatrix}$의 최대 고유값의 역수이다. 행렬 A를 써서 A의 최소 고유값과 그의 고유벡터를 역 power법으로 구하여라.

풀이 A의 초기 고유벡터 $x_0 = [1,\ 0]$을 써서 역 power법으로 A의 최소 고유값을 구한다.

(1) $A\boldsymbol{y}_1 = \begin{bmatrix} 2 & 4 \\ 1 & 5 \end{bmatrix}\begin{bmatrix} y_{11} \\ y_{12} \end{bmatrix} = \begin{bmatrix} 1 \\ 0 \end{bmatrix}(=\boldsymbol{x}_0)$

에서 $y_{11},\ y_{12}$를 구하면

$$\begin{bmatrix} y_{11} \\ y_{12} \end{bmatrix} = \frac{1}{6}\begin{bmatrix} 5 & -4 \\ -1 & 2 \end{bmatrix}\begin{bmatrix} 1 \\ 0 \end{bmatrix} = \frac{5}{6}\begin{bmatrix} 1 \\ -0.2 \end{bmatrix},\ \boldsymbol{x}_1 = \begin{bmatrix} 1 \\ -0.2 \end{bmatrix},\ m_1 = \frac{5}{6}$$

(2) $A\boldsymbol{y}_2 = \boldsymbol{x}_1$에서 $\boldsymbol{y}_2$를 구한다.

$$\begin{bmatrix} 2 & 4 \\ 1 & 5 \end{bmatrix}\begin{bmatrix} y_{21} \\ y_{22} \end{bmatrix} = \begin{bmatrix} 1 \\ -0.2 \end{bmatrix}\text{에서}\ \begin{bmatrix} y_{21} \\ y_{22} \end{bmatrix} = \frac{5.8}{6}\begin{bmatrix} 1 \\ -0.24 \end{bmatrix}\text{에서}\ m_2 = \frac{5.8}{6}$$

$m_k \to 1$이므로, $\mu_1 = 1$

A^{-1}이 최대 고유값 $\mu_1 = 1$이므로, A의 최소 고유값 $\lambda_2 = 1$이다. 이 경우 A의 고유벡터는 $[1,\ -0.25]$이다.

예제 2

다음 행렬 A의 절대값 최소인 고유값의 근사값 λ_3을 구하여라.

$$A = \begin{bmatrix} 21 & 7 & -1 \\ 5 & 7 & 7 \\ 4 & -4 & 20 \end{bmatrix}$$

풀이 (1단계) 초기 고유벡터 $x_0 = (1, 1, 1)'$을 써서 역 power법을 적용한다.

$$A\boldsymbol{y}_1 = \begin{bmatrix} 21 & 7 & -1 \\ 5 & 7 & 7 \\ 4 & -4 & 20 \end{bmatrix} \begin{bmatrix} y_{11} \\ y_{12} \\ y_{13} \end{bmatrix} = \begin{bmatrix} 1 \\ 1 \\ 1 \end{bmatrix} = \boldsymbol{x}_0$$

에서 $\boldsymbol{y}_1$을 구하고, m_1을 구한다.

$$\boldsymbol{y}_1 = \begin{bmatrix} y_{11} \\ y_{12} \\ y_{13} \end{bmatrix} = \begin{bmatrix} 0.0286 \\ 0.0651 \\ 0.0573 \end{bmatrix} = 0.0651 \begin{bmatrix} 0.4400 \\ 1.0000 \\ 0.8801 \end{bmatrix} = m_1 \boldsymbol{x}_1$$

$\boldsymbol{y}_1$의 최대 성분이 $\boldsymbol{y}_{21} = 0.0651$이므로, A^{-1}이 최대 고유값의 첫째 근사값은

$$m_1 = 0.0651$$

A의 첫째 최소 근사 고유값은 $\frac{1}{m_1} = \frac{1}{0.0651} = 15.3610$이다.

(2단계) $A\boldsymbol{y}_2 = \boldsymbol{x}_1$, 즉

$$\begin{bmatrix} 21 & 7 & -4 \\ 5 & 7 & 7 \\ 4 & -4 & 20 \end{bmatrix} \begin{bmatrix} y_{21} \\ y_{22} \\ y_{23} \end{bmatrix} = \begin{bmatrix} 0.4400 \\ 1.0000 \\ 0.8801 \end{bmatrix} \text{에서} \begin{bmatrix} y_{21} \\ y_{22} \\ y_{23} \end{bmatrix} = \begin{bmatrix} -0.0042 \\ 0.0842 \\ 0.0617 \end{bmatrix} = m_2 x_2$$

따라서 $m_2 = 0.0842$, $\frac{1}{m_2} = 11.8777$(A의 둘째 최소 근사 고유값)

$$\boldsymbol{x}_2 = \frac{\boldsymbol{y}_2}{m_2} = \begin{bmatrix} -0.0498 \\ 1.0000 \\ 0.7328 \end{bmatrix}$$

(3단계) $A\boldsymbol{y}_3 = \boldsymbol{x}_2$에서 $m_3 = \frac{1}{\mu_3}$, $\boldsymbol{x}_3$을 구한다.

$$\begin{bmatrix} 21 & 7 & -1 \\ 5 & 7 & 7 \\ 4 & -4 & 20 \end{bmatrix} \begin{bmatrix} y_{31} \\ y_{32} \\ y_{33} \end{bmatrix} = \begin{bmatrix} -0.0498 \\ 1.0000 \\ 0.7328 \end{bmatrix}$$

에서

$$\boldsymbol{y}_3 = \begin{bmatrix} y_{31} \\ y_{32} \\ y_{33} \end{bmatrix} = \begin{bmatrix} -0.0336 \\ 0.1029 \\ 0.0639 \end{bmatrix} = 0.1029 \begin{bmatrix} -0.3266 \\ 1.0000 \\ 0.62099 \end{bmatrix} = m_3 \boldsymbol{x}_3$$

따라서 $m_3 = 0.1029$, $\lambda_3 = \frac{1}{m_3} = \frac{1}{0.1029} = 9.7182$이므로, 구하는 A의 최소 근사 고유값 $\lambda_3 = 9.7182$이다.

연습문제 (5.2)

1 다음 2차 정방행렬 A의 고유값과 고유벡터를 구하여라.

$$A = \begin{bmatrix} 1 & 2 \\ 3 & 2 \end{bmatrix}$$

2 다음 행렬 A에서 절대값 최대인 고유값과 이에 대한 고유벡터를 구하여라.

$$A = \begin{bmatrix} 1 & -3 & 3 \\ 3 & -5 & 3 \\ 6 & -6 & 4 \end{bmatrix}$$

3 다음 행렬 A의 최소의 고유값과 고유벡터를 역power법으로 구하여라.

$$A = \begin{bmatrix} 0 & 11 & -5 \\ -2 & 17 & -7 \\ -4 & 26 & -10 \end{bmatrix}$$

4 행렬 $A = \begin{bmatrix} 3 & 0 & 1 \\ 0 & -3 & 0 \\ 1 & 0 & -3 \end{bmatrix}$의 고유값을 써서 $A^{-1} = \begin{bmatrix} \frac{3}{8} & 0 & -\frac{1}{8} \\ 0 & -\frac{1}{3} & 0 \\ -\frac{1}{8} & 0 & \frac{3}{8} \end{bmatrix}$의 최대의 고유값을 구하여라.

5 다음 행렬 A의 최소의 고유값과 그 고유벡터를 역power법을 써서 구하여라.

$$A = \begin{bmatrix} 3 & -1 & 0 \\ -1 & 2 & -1 \\ 0 & -1 & 3 \end{bmatrix}$$

연습문제(5.2) 풀이

1 고유방정식 $\begin{vmatrix} 1-\lambda & 2 \\ 3 & 2-\lambda \end{vmatrix} = (1-\lambda)(2-\lambda)-6 = \lambda^2-3\lambda-4 = (\lambda+1)(\lambda-4)=0$

$\therefore \lambda=-1,\ 4$

(1) $\lambda=-1$일 때, 고유벡터는

$$\begin{bmatrix} 1+1 & 2 \\ 3 & 2+1 \end{bmatrix}\begin{bmatrix} x_1 \\ x_2 \end{bmatrix} = \begin{bmatrix} 0 \\ 0 \end{bmatrix} \text{에서} \begin{cases} 2x_1+2x_2=0 \\ 3x_1+3x_2=0 \end{cases}$$

따라서 $x_1 : x_2 = 1 : -1$이므로, 고유벡터 $x = k\begin{bmatrix} 1 \\ -1 \end{bmatrix}(k \fallingdotseq 0)$

(2) $\lambda=4$일 때, 고유벡터는

$$\begin{bmatrix} 1-4 & 2 \\ 3 & 2-4 \end{bmatrix}\begin{bmatrix} x_1 \\ x_2 \end{bmatrix} = \begin{bmatrix} 0 \\ 0 \end{bmatrix} \text{에서} \begin{cases} -3x_1+2x_2=0 \\ 3x_1-2x_2=0 \end{cases}$$

$\therefore x_1 : x_2 = 2 : 3$, 고유벡터 $\boldsymbol{x} = k\begin{bmatrix} 2 \\ 3 \end{bmatrix}(k \neq 0)$

2 고유방정식

$$\begin{vmatrix} 1-\lambda & -3 & 3 \\ 3 & -5-\lambda & 3 \\ 6 & -6 & 4-\lambda \end{vmatrix} = 0$$

에서 $(1-\lambda)(-5-\lambda)(4-\lambda)-54-54-[18(-5-\lambda)-18(1-\lambda)-(-9)(4-\lambda)]=0$

정리하면, $(\lambda+2)^2(\lambda-4)=0$

고유값은 $\lambda=-2,\ 4$이고, 최대 고유값은 $\lambda=4$

$\lambda=4$에 대한 고유벡터는 $(A-\lambda E)\boldsymbol{x}=0$

$$\begin{bmatrix} 1-4 & -3 & 3 \\ 3 & -5-4 & 3 \\ 6 & -6 & 4-4 \end{bmatrix}\begin{bmatrix} x_1 \\ x_2 \\ x_3 \end{bmatrix} = \begin{bmatrix} 0 \\ 0 \\ 0 \end{bmatrix}$$

$$\begin{cases} -3x_1 - 3x_2 + 3x_3 = 0 & \cdots\cdots ① \\ 3x_1 - 9x_2 + 3x_3 = 0 & \cdots\cdots ② \\ 6x_1 - 6x_2 \qquad\quad = 0 & \cdots\cdots ③ \end{cases}$$

③에서 $x_1 = x_2$이고, ①에서 $-3x_1 - 3x_1 + 3x_3 = -6x_1 + 3x_3 = 0$

$\therefore\ x_3 = 2x_1 = 2x_2$

$$\therefore\ x_1 = x_2 = \frac{x_3}{2} = k \text{ 에서 } x_1 = k,\ x_2 = k,\ x_3 = 2k$$

$$\therefore\ \begin{bmatrix} x_1 \\ x_2 \\ x_3 \end{bmatrix} = k \begin{bmatrix} 1 \\ 1 \\ 2 \end{bmatrix}$$

3 고유벡터의 초기값 $x_0 = [1, 1, 1]'$로 하면

1단계

$$\begin{bmatrix} 0 & 11 & -5 \\ -2 & 17 & -7 \\ -4 & 26 & -10 \end{bmatrix} \begin{bmatrix} 1 \\ 1 \\ 1 \end{bmatrix} = \begin{bmatrix} 6 \\ 8 \\ 12 \end{bmatrix} = 12 \begin{bmatrix} \frac{1}{2} \\ \frac{2}{3} \\ 1 \end{bmatrix} = m_1 \boldsymbol{x}_1$$

2단계

$$\begin{bmatrix} 0 & 11 & -5 \\ -2 & 17 & -7 \\ -4 & 26 & -10 \end{bmatrix} \begin{bmatrix} \frac{1}{2} \\ \frac{2}{3} \\ 1 \end{bmatrix} = \begin{bmatrix} \frac{7}{3} \\ \frac{10}{3} \\ \frac{16}{3} \end{bmatrix} = \frac{16}{3} \begin{bmatrix} \frac{7}{16} \\ \frac{5}{8} \\ 1 \end{bmatrix} = m_2 \boldsymbol{x}_2$$

이렇게 power법을 반복해나가면

$$m_3 = \frac{9}{2},\ x_3 = \begin{bmatrix} \frac{5}{12} & \frac{11}{18} & 1 \end{bmatrix}',\ \cdots$$

A의 최소 고유값은 $\lambda_3 = 4$이고, 고유벡터는 $[0.4,\ 0.6,\ 1.0]'$이다.

4 A의 고유방정식

$$|A - \lambda E| = \begin{vmatrix} 3-\lambda & 0 & 1 \\ 0 & -3-\lambda & 0 \\ 1 & 0 & -3-\lambda \end{vmatrix} \begin{aligned} &= (\lambda+3)^2(3-\lambda) + (\lambda+3) \\ &= (\lambda+3)\{(\lambda+3)(3-\lambda)+1\} \\ &= (\lambda+3)(10-\lambda^2) = 0 \end{aligned}$$

에서 A의 절대값 최소의 고유값은 -3이다. A^{-1}의 최대 고유값은 A의 최소 고유값의 역수이므로, A^{-1}의 최대의 고유값은 $-\frac{1}{3}$이다.

5 A의 초기 근사 고유벡터를 $x_0 = [1, 1, 1]'$이라 하자.

(1단계) $$A\boldsymbol{y}_1 = \begin{bmatrix} 3 & -1 & 0 \\ -1 & 2 & -1 \\ 0 & -1 & 3 \end{bmatrix}\begin{bmatrix} y_{11} \\ y_{12} \\ y_{13} \end{bmatrix} = \begin{bmatrix} 1 \\ 1 \\ 1 \end{bmatrix}(=\boldsymbol{x}_0)$$

A의 역행렬을 구하면

$$A^{-1} = \frac{1}{12}\begin{bmatrix} 5 & 3 & 1 \\ 3 & 9 & 3 \\ 1 & 3 & 5 \end{bmatrix}$$

$$\boldsymbol{y}_1 = A^{-1}\begin{bmatrix} 1 \\ 1 \\ 1 \end{bmatrix} = \frac{1}{12}\begin{bmatrix} 5 & 3 & 1 \\ 3 & 9 & 3 \\ 1 & 3 & 5 \end{bmatrix}\begin{bmatrix} 1 \\ 1 \\ 1 \end{bmatrix} = \frac{1}{12}\begin{bmatrix} 9 \\ 15 \\ 9 \end{bmatrix} = \frac{5}{4}\begin{bmatrix} 0.75 \\ 1 \\ 0.75 \end{bmatrix} = m_1\boldsymbol{x}_1$$

(2단계) $$A\boldsymbol{y}_2 = \begin{bmatrix} 3 & -1 & 0 \\ -1 & 2 & -1 \\ 0 & -1 & 3 \end{bmatrix}\begin{bmatrix} y_{21} \\ y_{22} \\ y_{23} \end{bmatrix} = \begin{bmatrix} 0.75 \\ 1 \\ 0.75 \end{bmatrix}(=\boldsymbol{x}_1)$$

$$\boldsymbol{y}_2 = \frac{1}{12}\begin{bmatrix} 5 & 3 & 1 \\ 3 & 9 & 3 \\ 1 & 3 & 5 \end{bmatrix}\begin{bmatrix} 0.75 \\ 1 \\ 0.75 \end{bmatrix} = \begin{bmatrix} 7.5 \\ \frac{13.5}{12} \\ \frac{7.5}{12} \end{bmatrix} = 1.125\begin{bmatrix} 0.625 \\ 1 \\ 0.625 \end{bmatrix} = m_2\boldsymbol{x}_2$$

(3단계) $A\boldsymbol{y}_3 = \boldsymbol{x}_2$에서 $\boldsymbol{y}_3 = A^{-1}\boldsymbol{x}_2$

$$\boldsymbol{y}_3 = A^{-1}\boldsymbol{x}_2 = \frac{1}{12}\begin{bmatrix} 5 & 3 & 1 \\ 3 & 9 & 3 \\ 1 & 3 & 5 \end{bmatrix}\begin{bmatrix} 0.625 \\ 1 \\ 0.625 \end{bmatrix} = \frac{1}{12}\begin{bmatrix} 6.75 \\ 12.75 \\ 6.75 \end{bmatrix} = 1.0625\begin{bmatrix} 0.5625 \\ 1 \\ 0.5625 \end{bmatrix} = m_3\boldsymbol{x}_3$$

마찬가지로 반복계산을 하면, m_n 은 1에 수렴하고, $\boldsymbol{x}_n$ 은 $\begin{bmatrix} 0.5 \\ 1 \\ 0.5 \end{bmatrix}$에 수렴하므로, 구하는 A의 최소 고유값은 1이고, 고유값 1에 대한 고유벡터는 $\begin{bmatrix} 0.5 \\ 1 \\ 0.5 \end{bmatrix}$이다.

Chapter 6

보간법과 곡선의 적합

6.1 보간다항식

6.1.1 1, 2차의 보간법

(1) 1차보간공식

선형보간법(linear interpolation)은 많이 쓰인다. 이 방법으로 주어진 두 데이터 점 (x_0, y_0), (x_1, y_1)의 값을 써서 구간 (x_0, x_1) 사이의 x에 대한 y를 구하는 데 쓰이는 1차식을 구한다.

선형보간공식을 얻으려면 다음 그림과 같이 두 점 (x_0, y_0), (x_1, y_1)을 지나는 다음 직선의 방정식을 사용한다.

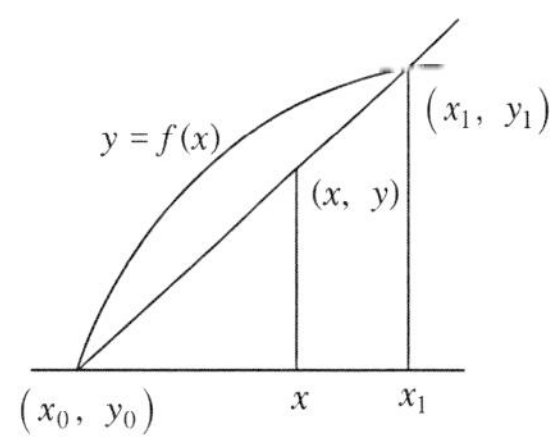

그림 6.1

$$\frac{y-y_0}{x-x_0} = \frac{y_1-y_0}{x_1-x_0}$$

여기서 y를 구하면

$$y = y_0 + \frac{x-x_0}{x_1-x_0}(y_1-y_0) \tag{1}$$

가 된다. 이 식은 다음과 같이 변형된다.

$$\frac{x-x_0}{x_1-x_0} = \theta, \quad y_1-y_0 = \Delta y_0$$

라면, **1차(선형)보간공식은**

$$y = y_0 + \theta \Delta y_0 \qquad (0 < \theta < 1) \tag{2}$$

이 보간공식은 1장에서 학습한 1차의 근사공식과 같다.

예제 1 $\sin 42°10' = 0.6713$, $\sin 42°20' = 0.6734$ 일 때, $\sin 42°13'$ 의 값을 구하여라.

풀이 $x_0 = 42°10'$, $x_1 = x_0 + h = 42°20'$, $x_0 + \theta h = 42°13'$ 이라면,

$h = 10'$, $\theta = 0.3$, $y_0 = 0.6713$,

$\Delta y_0 = y_1 - y_1 = 0.6734 - 0.6713 = 0.0021$ 이므로

$$\sin 42°13' = 0.6713 + 0.3 \times 0.0021 = 0.6719$$

또는 그림에서 $\dfrac{\theta\Delta y_0}{3'} = \dfrac{0.0021}{10'}$ 이므로

$\theta\Delta y_0 = \dfrac{3'}{10'}(0.0021) = 0.00063$이다. 따라서

$$\sin 42°13' = 0.6713 + 0.00063 = 0.6719$$

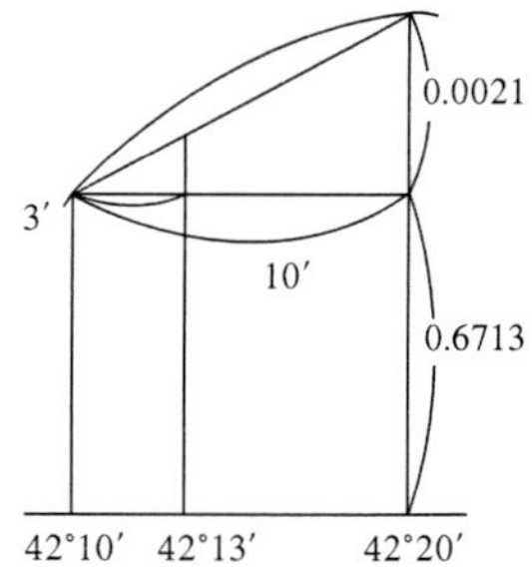

그림 6.2

(2) 2차보간공식

함수 $f(x)$가 주어지고, $x = x_0,\ x_1,\ x_2\,(x_0 < x_1 < x_2)$에서 함수의 값 $y_0,\ y_1,\ y_2$가 알려져 있는 경우, 이들 x의 값 외의 x값에 대한 $y = f(x)$의 값을 구하는 보간공식은 1차 보간공식보다 오차가 작은 **2차 보간공식**이 있다.

2차 보간공식은 포물선에 의한 근사식이고, 2차식에 의한 근사값을 구하는 방법이므로 직선에 의한 1차 보간공식보다 근사의 정도가 높다.

3점 $(x_0,\ y_0)$, $(x_1,\ y_1)$, $(x_2,\ y_2)$를 지나는 2차의 근사 다항식을

$$y = a_0 + a_1(x - x_0) + a_2(x - x_0)(x - x_1) \tag{3}$$

이라면

$$y(x_0) = a = y_0,\quad y(x_1) = a_0 + a_1(x_1 - x_0) = y_1$$
$$y(x_2) = a_0 + a_1(x_2 - x_0) + a_2(x_2 - x_0)(x_2 - x_1) = y_2$$

이고, $x_2 - x_1 = x_1 - x_0 = h$라면, $x_2 - x_0 = 2h$이므로

$$a = y_0,\quad a_1 = \frac{y_1 - y_0}{x_1 - x_0} = \frac{\Delta y_0}{h}\quad (y_1 - y_0 = \Delta y_0\text{는 제1계차})$$

$$\begin{aligned} a_2 &= \frac{1}{(x_2 - x_0)(x_2 - x_1)}\{y_2 - a_0 - a_1(x_2 - x_0)\} \\ &= \frac{1}{2h \cdot h}\left\{y_2 - y_0 - \frac{y_1 - y_0}{h}(2h)\right\} = \frac{1}{2h^2}\{y_2 - y_0 - 2(y_1 - y_0)\} \\ &= \frac{1}{2h^2}\{(y_2 - y_1) - (y_1 - y_0)\} = \frac{1}{2h^2}(\Delta y_1 - \Delta y_0) = \frac{1}{2h^2}\Delta^2 y_0 \end{aligned}$$

단, $y_1 - y_0 = \Delta y_0$, $\Delta y_1 - \Delta y_0 = \Delta^2 y_0$(제2계차)이다.

이들 $a_0,\ a_1,\ a_2$ 값을 식 (3)에 대입하면

$$y = y_0 + \frac{x - x_0}{h}\Delta y_0 + \frac{1}{2}\frac{x - x_0}{h}\frac{x - x_1}{h}\Delta^2 y_0$$

$\dfrac{x - x_0}{h} = \theta$ 이라면, $\dfrac{x - x_1}{h} = \dfrac{x - x_0 - (x_1 - x_0)}{h} = \dfrac{x - x_0 - h}{h} = \dfrac{x - x_0}{h} - 1 = \theta - 1$
이므로 구하는 2차 보간공식은

$$\boldsymbol{y = y_0 + \theta\Delta y_0 + \frac{\theta(\theta - 1)}{2}\Delta^2 y_0} \tag{2}$$

1차 보간공식이나 2차 보간공식을 일반화한 것이 다음 절에서 학습하게 되는 Newton의 보간공식이다.

예제 2 2차 보간공식에 의하여 다음 근사값을 구하여라.

$$\log 3.14$$

단, $\log 3.1 = 0.49136$, $\log 3.2 = 0.50515$, $\log 3.3 = 0.51851$

풀이 1계차, 2계차를 표로 나타내어 구한다.

x	$\log x$	Δy	$\Delta^2 y$
3.1	0.49136		
		0.01379	
3.2	0.50515		−0.00043
		0.01336	
3.3	0.51851		

$x_0 = 3.1,\ y_0 = 0.49136$
$x_1 = 3.2,\ y_1 = 0.50515$
$x_2 = 3.3,\ y_2 = 0.51851$

$$\Delta y_0 = y_1 - y_0 = 0.01379,\quad \Delta^2 y_0 = \Delta y_1 - \Delta y_0 = -0.00043$$

$$\Delta y_1 = y_2 - y_1 = 0.01336,\quad \theta = \frac{x - x_0}{h} = \frac{3.14 - 3.1}{0.1} = 0.4$$

구하는 근사값은

$$\begin{aligned} y = \log 3.14 &= y_0 + \theta\Delta y_0 + \frac{\theta(\theta - 1)}{2}\Delta^2 y_0 \\ &= 0.49136 + 0.4(0.01379) + \frac{1}{2}(0.4)(0.4 - 1)(-0.00043) \\ &= 0.4969276 \simeq 0.49693 \end{aligned}$$

6.1.2 Lagrange의 보간다항식

(1) Lagrange의 보간다항식

몇 개의 데이터 $(x_i,\ y_i)(i = 0, 1, 2, \cdots, n)$가 주어질 때, 이들 모든 점을 지나는 다

항식을 구하면, 이들 점 주변의 어떤 x의 값에 대한 y의 값을 쉽게 구할 수 있다. 이렇게 다항식을 이용하여 y의 값을 구하는 **보간법**(interpolation)을 **Lagrange의 보간법**이라 한다.

$x=x_0$에서 $y=y_0$이고, $x=x_1,\ x_2, \cdots,\ x_n$에서 $y=0$이 되는 다항식을 $p_n^{(0)}(x)$이라면

$$p_n^{(0)}(x)=A(x-x_1)(x-x_2)\cdots(x-x_n)$$

$x=x_0$에서 $y=y_0$이므로

$$p_n^{(0)}(x_0)=A(x_0-x_1)(x_0-x_2)\cdots(x_0-x_n)=y_0 \qquad (1)$$

에서 계수 A의 값은

$$A=\frac{y_0}{(x_0-x_1)(x_0-x_2)\cdots(x_0-x_n)} \qquad (2)$$

이므로

$$p_n^{(0)}(x)=y_0\frac{(x-x_1)(x-x_2)\cdots(x-x_n)}{(x_0-x_1)(x_0-x_2)\cdots(x_0-x_n)}=y_0L_0(x)$$

마찬가지로 $x=x_1$에서 $y=y_1$이 되고, $x=x_0.\ x_2, \cdots,\ x_n$에서 $y=0$이 되는 n차 다항식 $p_n^{(1)}(x)$는

$$p_n^{(1)}(x)=y_1\frac{(x-x_0)(x-x_2)\cdots(x-x_n)}{(x_1-x_0)(x_1-x_2)\cdots(x_1-x_n)}=y_1L_1(x) \qquad (3)$$

마찬가지로 $x=x_2$에서 $y=y_2$이고, $x=x_0,\ x_1,\ x_3, \cdots,\ x_n$에서 $y=0$인 n차 다항식 $p_n^{(2)}(x)$는

$$p_n^{(2)}(x)=y_2\frac{(x-x_0)(x-x_1)(x-x_3)\cdots(x-x_n)}{(x_2-x_0)(x_2-x_1)(x_2-x_3)\cdots(x_2-x_n)}=y_2L_2(x) \qquad (4)$$

마찬가지로 $p_n^{(3)}(x), \cdots, p_n^{(n)}(x)$을 구해나간다.

$x=x_n$에서 $y=y_n$이고, $x=x_0,\ x_1, \cdots\cdots,\ x_{n-1}$에서 $y=0$인 n차 다항식 $p_n^{(n)}(x)$는

$$p_n^{(n)}(x)=y_n\frac{(x-x_0)(x-x_1)\cdots\cdots(x-x_{n-1})}{(x_n-x_0)(x_n-x_1)\cdots\cdots(x_n-x_{n-1})}=y_nL_n(x) \qquad (5)$$

이들 n개의 다항식의 합

$$\begin{aligned}p_n(x)&=p_n^{(0)}(x)+p_n^{(1)}(x)+p_n^{(2)}(x)+\cdots\cdots+p_n^{(n)}(x)\\&=y_0L_0(x)+y_1L_1(x)+y_2L_2(x)+\cdots\cdots+y_nL_n(x)\end{aligned}$$

를 구하면, $p_n(x)$는 x의 n차식이고, $x=x_0,\ x_1,\ x_2, \cdots\cdots,\ x_n$에 대하여 각각 $y=y_0,\ y_1,\ y_2, \cdots\cdots,\ y_n$인 값을 취한다. 따라서 구하는 보간다항식은 다음과 같다.

$$p_n(x) = y_0 \frac{(x-x_1)(x-x_2)\cdots(x-x_n)}{(x_0-x_1)(x_0-x_2)\cdots(x_0-x_n)} + y_1 \frac{(x-x_0)(x-x_2)\cdots(x-x_n)}{(x_1-x_0)(x_1-x_2)\cdots(x_1-x_n)}$$
$$+ y_2 \frac{(x-x_0)(x-x_1)(x-x_3)\cdots(x-x_n)}{(x_2-x_0)(x_2-x_1)(x_2-x_3)\cdots(x_2-x_n)} + \cdots\cdots\cdots$$
$$+ y_n \frac{(x-x_0)(x-x_1)\cdots(x-x_{n-1})}{(x_n-x_0)(x_n-x_1)\cdots(x_n-x_{n-1})} = \sum_{k=0}^{n} y_k \prod_{\substack{j=0 \\ j \neq k}}^{n} \frac{x-x_k}{x_j-x_k} \quad (6)$$

이 보간다항식을 **Lagrange의 보간다항식**이라 한다.

(2) 1, 2차의 Lagrange 보간다항식

(i) 1, 2차의 Lagrange의 보간다항식

데이터가 다음과 같이 두 쌍(두 점)이 주어진 경우의 보간다항식은 다음과 같은 1차 보간공식이 얻어진다.

x	x_0	x_1
y	y_0	y_1

$$p_1(x) = y_0 \frac{x-x_1}{x_0-x_1} + y_1 \frac{x-x_0}{x_1-x_0} \quad (7)$$

(ii) 2차의 Lagrange의 보간다항식

한 직선상에 놓이지 않는 3점이 주어지는 경우는 다음과 같은 2차 보간공식이 쓰인다.

x	x_0	x_1	x_2
y	y_0	y_1	y_2

$$p_2(x) = y_0 \frac{(x-x_1)(x-x_2)}{(x_0-x_1)(x_0-x_2)} + y_1 \frac{(x-x_0)(x-x_2)}{(x_1-x_0)(x_1-x_2)} + y_2 \frac{(x-x_0)(x-x_1)}{(x_2-x_0)(x_2-x_1)} \quad (8)$$

공식 (7)은 두 점 (x_0, y_0), (x_1, y_1)을 지나는 직선의 방정식이고, 공식 (8)은 세 점 (x_0, y_0), (x_1, y_1), (x_2, y_2)를 지나는 포물선의 방정식이다.

예제 1 데이터가 다음과 같이 주어져 있다. 이 데이터에 적합한 2차 보간다항식을 구하고 $x = 1$에서의 y의 값을 구하여라.

x	−2	0	3
y	5	−3	2

풀이

$$y = 5 \times \frac{(x-0)(x-3)}{((-2)-0)((-2)-3)} + (-3) \times \frac{(x-(-2))(x-3)}{(0-(-2))(0-3)}$$
$$+ 2.0 \times \frac{(x-(-2))(x-0)}{(3-(-2))(3-0)}$$

$$= \frac{5x(x-3)}{(-2)\times(-5)} + \frac{(-3)(x+2)(x-3)}{2\times(-3)} + \frac{2(x+2)x}{5\times 3}$$

$x=1$일 때, $y=-3.6$이다.

몇 개의 점으로 되는 데이터가 주어진 경우의 보간공식은 다항식만의 보간공식을 구하는 것만이 아니고, 3각함수에 의한 보간공식이나 어떤 특수 함수에 의한 보간공식들을 만들 수 있다.

예제 2 $x_0=0,\ x_1=\frac{\pi}{6},\ x_2=\frac{\pi}{4},\ x_3=\frac{\pi}{3}$일 때, $y_0=0,\ y_1=2-\sqrt{3}/2,\ y_2=1+\sqrt{2}/2,\ y_3=3/2$이 되는 경우, 이들 4개의 점을 지나는 3각다항식의 보간식

$$p(x) = c_0 + c_1\cos x + c_2\cos 2x + c_3\cos 3x$$

을 구하여라.

풀이 $p(x_i)=y_i\ (0\le i\le 3)$ 되게 계수 $c_0,\ c_1,\ c_2,\ c_3$을 정한다. 주어진 4 쌍의 $(x_i,\ y_i)$ $(i=0,\ 1,\ 2,\ 3)$을 차례로 대입하면

$$\begin{cases} c_0+c_1+c_2+c_3=0 \\ c_0+c_1\cos\frac{\pi}{6}+c_2\cos 2\left(\frac{\pi}{6}\right)+c_3\cos 3\left(\frac{\pi}{6}\right)=2-\sqrt{3}/2 \\ c_0+c_1\cos\frac{\pi}{4}+c_2\cos 2\left(\frac{\pi}{4}\right)+c_3\cos 3\left(\frac{\pi}{4}\right)=1+\sqrt{2}/2 \\ c_0+c_1\cos\frac{\pi}{3}+c_2\cos 2\left(\frac{\pi}{3}\right)+c_3\cos 3\left(\frac{\pi}{3}\right)=3/2 \end{cases}$$

이들 3각함수에 관한 식을 $c_1,\ c_2,\ c_3,\ c_4$에 관한 행렬식으로 나타내면

$$\begin{bmatrix} 1 & 1 & 1 & 1 \\ 1 & \sqrt{3}/2 & 1/2 & 0 \\ 1 & \sqrt{2}/2 & 0 & -\sqrt{2}/2 \\ 1 & 1/2 & -1/2 & -1 \end{bmatrix} \begin{bmatrix} c_0 \\ c_1 \\ c_2 \\ c_3 \end{bmatrix} = \begin{bmatrix} 0 \\ 2-\sqrt{3}/2 \\ 1+\sqrt{2}/2 \\ 3/2 \end{bmatrix}$$

이 행렬에서 계수 $c_0,\ c_1,\ c_2,\ c_3$을 Cramer 공식으로 구하면

$$c_0=1,\ c_1=-1,\ c_2=2,\ c_3=-2$$

따라서 구하는 보간 3각다항식은 다음과 같다.

$$p(x) = 1 - \cos x + 2\cos 2x - 2\cos 3x$$

Lagrange의 보간다항식에 대한 함수값을 구하는 알고리즘을 구해보자.

$(n+1)$ 쌍의 데이터 $(x_i,\ y_i)(i=0, 1, \cdots, n)$가 주어질 때, n차의 보간다항식 $p_n(x)$는 다음과 같이 표시된다.

$$p_n(x) = y_0 L_0(x) + y_1 L_1(x) + \cdots + y_n L_n(x) = \sum_{k=0}^{n} y_k L_k(x)$$

이 Lagrange의 보간공식에 의한 함수의 근사값을 구하는 알고리즘은 다음과 같다.

Algorithm Lagrange Approximation

1. Input $\{n, x, x_i, y_i, i = 0, 1, \cdots, n\}$
2. Sum=0
3. For $k = 0$ to n do

   Term $= y_k$ $\qquad \left(\text{Term} = y_k \prod_{\substack{j \neq k \\ j=0}}^{n} \frac{x - x_j}{x_k - x_j} \right)$

   For $j = 0$ to n do

   If $j \neq k$ then

   Term=Term$*(x - x_j)/(x_k - x_j)$

   Sum=Sum+Term
4. output "The value of interpolating polynomial is" sum

(3) 역보간법

x에 대한 y의 값을 구하는 보간법에 대하여, y의 값에 대한 x의 값을 구하는 보간법을 **역보간법**이라 한다.

이 보간공식은 y의 값에 대한 x의 값을 구하는 보간공식이다. 역 보간공식은 방정식의 근을 구하는 데 이용된다.

예제 3 $y = 4x^3 - 2x - 1 = 0$에서 $y = 0$이 되는 근 가운데, $0.8 < x < 0.9$에 있는 실근을 구하여라.

풀이 $y = 0$의 근은 $0.8 < x < 0.9$에 하나가 있다.

이 구간을 세분하여 x에 대한 y의 값을 구한다.

y	−0.552	0.116	1.000
x	0.8	0.9	1.0

이 표에서 $y = 0$이 되는 근은 0.8과 0.9 사이에 있음을 알 수 있다.

y에 대한 x의 값을 구하는 2차의 Lagrange의 보간공식은 다음과 같다.

$$x = 0.8 \times \frac{(y-0.116)(y-1.000)}{((-0.552)-0.116)((-0.552)-1.000)}$$
$$+ 0.9 \times \frac{(y-(-0.552))(y-1.000)}{(0.116-(-0.552))(0.116-1.000)}$$
$$+ 1.0 \times \frac{(y-(-0.552))(y-0.116)}{(1.000-(-0.552))(1.000-0.116)}$$

$y = 0$일 때 $x = 0.8841$이므로, 구하는 근사근은 $x = 0.8841$이다.

(4) Lagrange의 보간다항식의 오차

구간 $[a, b]$에서 $f(x)$가 연속이라 할 때, $f(x)$의 n차의 Lagrange의 보간다항식 $p_n(x)$는 함수 $y=f(x)$상의 $(n+1)$개의 점 $(x_k,\ y_k)$ $(k=0, 1, \cdots, n)$을 지나는 보간다항식이므로, 이들 $(n+1)$개의 점 이외의 x에 대한 $p_n(x)$에는 오차가 발생한다.

오차를 $E_n(x)$라면

$$f(x) = p_n(x) + E_n(x) \tag{9}$$

이다. 오차 $E_n(x)$는 다음 정리에 의하여 구해진다.

$p_n(x_i) = f(x_i)$ $(i = 0, 1, \cdots, n)$이므로

$$E_n(x_i) = 0 \ (i = 0, 1, \cdots, n)$$

이다. 보간에 따르는 오차함수 $E_n(x)$는 $n+1$개의 서로 다른 영점 $x_0, x_1, \cdots, x_n$을 갖는다. 여기서

$$\pi(x) = (x-x_0)(x-x_1)\cdots(x-x_n)$$

이라면, $E_n(x)$는 다음 꼴로 나타내진다.

$$E_n(x) = \pi(x)G(x) \tag{10}$$

$G(x)$는 다음 식

$$G(\xi) = \frac{f^{(n+1)}(\xi)}{(n+1)!} \tag{11}$$

로 나타내진다. 단, $\min\{x_0, x_1, \cdots, x_n\} < \xi < \max\{x_0, x_1, \cdots, x_n\}$.

$f(x)$의 값을 Lagrange의 보간다항식으로 근사값을 구할 때, 오차를 구해보자.

구간 $[a, b]$에서 $f(x)$가 연속일 때, $f(x)$에 대한 구간 $[a, b]$ 내의 $n+1$개의 점을 지나는 n차의 Lagrange의 보간다항식을 $p_n(x)$라면

$$f(x) = p_n(x) + E_n(x)$$

이고, 오차 $E_n(x)$는 다음 식으로 주어짐을 밝혀보자.

$$E_n(x) = (x - x_0)(x - x_1)\cdots(x - x_n)\frac{f^{(n+1)}(\xi)}{(n+1)!} \tag{12}$$

단, $a < \xi < b$이고, $a = \min\{x_0, x_1, \cdots, x_n\}$, $b = \max\{x_0, x_1, \cdots, x_n\}$이다.

증명 $E_n(x) = f(x) - p_n(x)$는 $x = x_0, x_1, \cdots, x_n$에서 0이므로 $[f(x_i) = p_n(x_i)]$

$$E_n(x) = c(x - x_0)(x - x_1)\cdots(x - x_n) = c\pi(x) \tag{13}$$

이라면, $E_n(x)$는 $n+1$차의 다항식이다.

$$E_n(x) = f(x) - p_n(x) = c\pi(x) \tag{14}$$

이라면, $E(x)$는 $x = x_0, x_1, \cdots, x_n$에서 0이 되나, x의 새로운 값 $x = x_{n+1}$에 대하여 $\pi(x_{n+1}) \neq 0$이고, $f(x_i) = p_n(x_i)$, $\pi(x_i) = 0\ (i = 0, 1, \cdots, n)$이므로, 식 (14)에서

$$E_n(x_{n+1}) = f(x_{n+1}) - p_n(x_{n+1}) = c\pi(x_{n+1}) \tag{15}$$

이므로

$$c = \frac{f(x_{n+1}) - p(x_{n+1})}{\pi(x_{n+1})}$$

이고, 식 (15)에서

$$E_n(x_{n+1}) = f(x_{n+1}) - p(x_{n+1}) - c\pi(x_{n+1}) = 0 \tag{16}$$

따라서 $E_n(x)$는 적어도 $n+2$개의 서로 다른 x의 값에 대하여 0이 된다. Rolle의 정리에 의하여 $E(x)$는 적어도 $n+2$개의 영점을 갖고, $E''(x)$는 적어도 n개의 영점을 갖는다. 계속하여 Rolle의 정리를 적용하면, $E^{(n+1)}(x)$는 x_0와 x_n 사이에서 적어도 한 개의 영점을 갖는다. 그 영점을 $x = \xi$이라면 $E_n^{(n+1)}(\xi) = 0$이므로 식 (16)에서

$$0 = f^{(n+1)}(\xi) - c(n+1)! \tag{17}$$

단, $\pi(x) = x^{n+1} - (x_0 + x_1 + \cdots + x_n)x^n + \cdots$ 이므로 $\pi^{(n+1)}(x) = (n+1)!$
식 (17)에서 c의 값을 구하면

$$c = \frac{f^{(n+1)}(\xi)}{(n+1)!}$$

c의 값을 식 (13)에 대입하여 식 (12)를 얻는다.

특히 $f(x)$가 구간 $[a, b]$에서 $n+1$계까지의 도함수가 연속이면,

$$E_n(x) = \frac{f^{(n+1)}(\xi)}{(n+1)!}(x-x_0)(x-x_1)\cdots(x-x_n)$$

이므로, $\left|f^{(n+1)}(\xi)\right| \le M_{n+1}$인 관계를 쓰면 오차의 한계는 다음과 같다.

$$|E_n(x)| \le \left|(x-x_0)(x-x_1)\cdots(x-x_n)\frac{M_n}{(n+1)!}\right|$$

참고 Rolle의 정리
함수 $f(x)$가 $[a, b]$에서 연속이고, 미분가능이며, $f(a) = f(b)$이면,
$f(c) = 0\ (a < c < b)$되는 c가 존재한다.

연습문제 (6.1)

1 $\sqrt{51} = 7.1414$, $\sqrt{52} = 7.211$이다. $\sqrt{51.8}$의 값을 1차 보간공식을 써서 구하여라.

2 e^x에 대한 수표가 다음과 같다. $e^{2.67}$의 값을 2차 보간공식에 의하여 구하여라.

x	2.5	2.6	2.7	2.8
e^x	12.18	13.46	14.88	16.44

3 (x_i, y_i)의 값이 다음 표와 같이 주어져 있다. 이 자료에 적합한 Lagrange의 보간다항식을 구하여라.

x	0.0	0.33	0.66	1.0
y	1.0	1.39	1.93	2.71

4 다음 3점을 지나는 포물선의 방정식을 구하여라.

x	−2	0	2
y	4	2	8

5 문제 4에 점 (−1, 1), (1, 1)이 추가될 때, 5점을 지나는 4차의 다항함수 $p_4(x)$ 를 구하여라.

6 다음 데이터에 적합한 Lagrange의 보간공식에서 $x = 2$에 대한 y값을 Lagrange의 보간다항식에 의한 함수값을 구하는 알고리즘에 의하여 구하여라.

x	−1	0	3	4
y	1	2	17	26

7 $y = 3x^3 - 6x - 2 = 0$이 되는 양의 근을 구하여라.

연습문제(6.1) 풀이

1 $x_0 = 51,\ x_1 = x_0 + h = 51 + 1,\ x_1 = 52$

$y_0 = \sqrt{51} = 7.1414,\ y_1 = \sqrt{52} = 7.211,\ h = 1$이므로

$y_1 = \sqrt{x_0 + h} = y_0 + \theta \Delta y_0,\ \Delta y_0 = y_1 - y_0 = 0.0697$

$\theta = \dfrac{x - x_0}{h} = \dfrac{51.8 - 51}{1} = 0.8$이므로

$y = \sqrt{51.8} = 7.1414 + 0.8 \times 0.0697 = 7.19716 \simeq 7.1972$

2 $x_0 = 26,\ x_1 = 2.7,\ x_2 = 2.8,\ x = 2.67$로 하자.

$y_0 = 13.46,\ y_1 = 14.88,\ y_2 = 16.44$라 하고, $\theta = \dfrac{x - x_0}{h} = \dfrac{2.67 - 2.6}{0.1} = 0.7$

$\Delta y_0 = y_1 - y_0 = 1.42,\ \Delta y_1 = y_2 - y_1 = 1.56,\ \Delta^2 y_0 = \Delta y_1 - \Delta y_0 = 0.14$

$$y = y_0 + \theta \Delta y_0 + \frac{\theta(\theta - 1)}{2} \Delta^2 y_0$$

$$= 13.46 \times 0.7 \times 1.42 + 0.7(0.7 - 1)(0.14)/2 = 14.4393 \simeq 14.44$$

3
$$y = 1.0 \frac{(x - 0.33)(x - 0.66)(x - 1.0)}{(0.0 - 0.33)(0.0 - 0.66)(0 - 1.0)}$$
$$+ 1.39 \frac{(x - 0.0)(x - 0.66)(x - 1.0)}{(0.33 - 0.0)(0.33 - 0.66)(0.33 - 1.0)}$$
$$+ 1.93 \frac{(x - 0.0)(x - 0.33)(x - 1.0)}{(0.66 - 0.0)(0.66 - 0.33)(0.66 - 1.0)}$$
$$+ 2.71 \frac{(x - 0.0)(x - 0.33)(x - 0.66)}{(1.0 - 0.0)(1.0 - 0.33)(1.0 - 0.66)}$$

4 2차의 Lagrage의 보간다항식은 다음과 같다.

$$p_2(x) = \frac{(x-0)(x-2)}{(-2-0)(-2-2)}(4) + \frac{(x-(-2))(x-2)}{(0-(-2))(0-2)}(2) + \frac{(x-(-2))(x-0)}{(2-(-2))(2-0)}(8) = x^2+x+2$$

5 5개의 점을 지나는 4차의 다항함수 $p_4(x)$가 다음과 같이 정해진다.

$$p_4(x) = \frac{1}{6}x(x+1)(x-1)(x-2) + \frac{1}{2}(x+2)(x-1)(x-2) + \frac{1}{3}(x+2)x(x+1)(x-1) + \frac{1}{6}(x+2)x(x-1)(x-2) + \frac{1}{6}(x+2)x(x+1)(x-2)$$

데이터가 추가되면, 모든 항이 새로이 계산되어야 한다.

6 $k=0$일 때, Term=$y_0=1$,

$j \neq 0$; $j=1$이면, Term=$y_0 \times \frac{x-x_1}{x_0-x_1} = 1 \times \frac{2-0}{-1-0} =-2$

$j=2$이면, Term:=Term$\times(x-x_2)/(x_0-x_2) =-2\times(2-3)/(-1-3) =-\frac{1}{2}$

$j=3$이면, Term:=Term$\times(x-x_3)/(x_0-x_3) =-\frac{1}{2}\times(2-4)/(-1-4) =-\frac{1}{5}$

sum:=sum+Term=$0-\frac{1}{5}=-\frac{1}{5}$

$k=1$일 때; Term=$y_1=2$

$j=0$; Term=$y_1 \times \frac{x-x_0}{x_1-x_0} = 2\times\frac{2-(-1)}{0-(-1)} = 6$

$j=2$; Term=Term$\times\frac{x-x_2}{x_1-x_2} = 6\times\frac{2-3}{0-3} = 2$

$j=3$; Term=Term$\times\frac{x-x_3}{x_1-x_3} = 2\times\frac{2-4}{0-4} = 1$

sum=sum+Term=$-\frac{1}{5}+1=0.8$

$k=2$일 때; Term=$y_2=17$

$j=0$; Term=Term$\times\frac{x-x_0}{x_2-x_0} = 17\times\frac{2-(-1)}{3-(-1)} = 12.75$

$j=1$; Term:=Term$\times\frac{x-x_1}{x_2-x_1} = 12.75\times\frac{2-0}{3-0} = 8.5$

$j=3$; Term=Term$\times\frac{x-x_3}{x_2-x_3} = 8.5\times\frac{2-4}{3-4} = 17$

sum=sum+Term=$0.8+17=17.8$

$k=3$일 때; Term=$y_3=26$

$$j = 0\,;\ \text{Term:=Term}\times\frac{x - x_0}{x_3 - x_0} = 26 \times \frac{2-(-1)}{4-(-1)} = 15.6$$

$$j = 1\,;\ \text{Term:=Term}\times\frac{x - x_1}{x_3 - x_1} = 15.6 \times \frac{2-0}{4-0} = 7.8$$

$$j = 2\,;\ \text{Term:=Term}\times\frac{x - x_2}{x_3 - x_2} = 7.8 \times \frac{2-3}{4-3} = -7.8$$

sum=sum+Term=17.8 + (−7.8) = 10··· 답

※ 주어진 데이터에 적합한 2차다항식은 $f(x) = x^2 + 2x + 2$이고, $f(2) = 10$이다.

7 $f(x) = 3x^3 - 6x - 2$이라면 $f(1)f(2) = (-2)(10) < 0$이므로 근은 구간 (1, 2) 사이에 근이 있다. 구간 (1, 2)를 적당히 세분하여 다음 표를 얻는다.

x	1	1.3	1.5	1.7
y	−5	−3.209	−0.875	1.539

구하는 양의 근은 구간 (1.5, 17) 사이에 존재한다.

Lagrange의 보간다항식을 $x = g(y)$꼴로 나타낸다.

3점 (1.3, − 3.209), (1.5, − 0.875), (1.7, 1.539)에 맞는 다항식을

$$\begin{aligned} x = 1.3 &\frac{(y+0.875)(y-1.539)}{(-3.209+0.875)(-3.209-1.539)} \\ +1.5 &\frac{(y+3.209)(y-1.539)}{(-0.875+3.209)(-0.875-1.539)} \\ +1.7 &\frac{(y+3.209)(y+0.875)}{(1.539+3.209)(1.539+0.875)} \end{aligned}$$

$y = 0$이 되는 x의 값은 이 보간다항식에 $y = 0$을 대입하여

$$\begin{aligned} x &= 1.3\frac{-1.346625}{4.748 \times 2.414} + 1.5\frac{-0.493851}{2.334 \times (-2.414)} \\ &+ 1.7\frac{2.807875}{4.748 \times 2.414} \\ &= -0.152736 + 0.1314768 + 0.416465 \simeq 0.3952 \end{aligned}$$

6.2 Newton의 보간다항식

6.2.1 Newton의 보간다항식

(1) 차분상

주어진 자료 (x_k, y_k) $(k = 0, 1, \cdots)$에서 $k = 0, 1$에 대한 **제1차분상**(first ordor divided difference)을 다음과 같이 정의한다.

$$y[x_0, x_1] = \frac{y_1 - y_0}{x_1 - x_0} \tag{1}$$

고차의 분할차분은 차수가 낮은 것의 분할차분을 써서 정의한다. 가령 제2차분상은

$$y[x_0, x_1, x_2] = \frac{y[x_1, x_2] - y[x_0, x_1]}{x_2 - x_0} \tag{2}$$

로 정의한다. 일반적으로 **제k차분상**을

$$y[x_0, x_1, \cdots, x_k] = \frac{y[x_1, \cdots, x_k] - y[x_0, \cdots, x_{k-1}]}{x_k - x_0} \tag{3}$$

로 정의한다. 차분상을 **분할차분**이라고도 한다.

차분상표는 보기에 편리하게 다음 표와 같이 대각형식으로 나타낸다.

x_k	y_k	제1차분상	제2차분상	제3차분상	제4차분상
x_0	y_0				
		$y[x_0, x_1]$			
x_1	y_1		$y[x_0, x_1, x_2]$		
		$y[x_1, x_2]$		$y[x_0, x_1, x_2, x_3]$	
x_2	y_2		$y[x_1, x_2, x_3]$		$y[x_0, x_1, x_2, x_3, x_4]$
		$y[x_2, x_3]$		$y[x_1, x_2, x_3, x_4]$	
x_3	y_3		$y[x_2, x_3, x_4]$		
		$y[x_3, x_4]$			
x_4	y_4				

이러한 차분상을 이용하면 다음 절에서 논의할 Newton의 보간공식이 간단히 표기된다.

보기1 다음 자료 $(x_k,\ y_k)$ $(k = 0,\ 1,\ 2,\ 3)$에 대한 제1차분상에서 제3차분상까지를 구해보자.

k	0	1	2	3
x_k	0	1	2	4
y_k	1	1	2	5

해설

$$y[x_0,\ x_1] = y[0,\ 1] = \frac{y_1 - y_0}{x_1 - x_0} = \frac{1-1}{1-0} = 0$$

$$y[x_1,\ x_2] = y[1,\ 1] = \frac{y_2 - y_1}{x_2 - x_1} = \frac{2-1}{2-1} = 1$$

$$y[x_2,\ x_3] = y[2,\ 4] = \frac{y_3 - y_2}{x_3 - x_2} = \frac{5-2}{4-2} = \frac{3}{2}$$

$$y[x_0,\ x_1,\ x_2] = y[0,\ 1,\ 2] = \frac{y[x_1,\ x_2] - y[x_0,\ x_1]}{x_2 - x_1} = \frac{1-0}{2-0} = \frac{1}{2}$$

$$y[x_1,\ x_2,\ x_3] = y[1,\ 2,\ 4] = \frac{y[x_2,\ x_3] - y[x_1,\ x_2]}{x_3 - x_1} = \frac{3/2-1}{4-1} = \frac{1}{6}$$

$$y[x_0,\ x_1,\ x_2,\ x_3] = \frac{y[x_1,\ x_2,\ x_3] - y[x_0,\ x_1,\ x_2]}{x_3 - x_0} = \frac{1/6 - 1/2}{4-0} = -\frac{1}{12}$$

이상을 차분상표로 나타내면 다음과 같다.

k	x_k	y_k	제1차분상	제2차분상	제3차분상
0	0	1			
			0		
1	1	1		1/2	
			1		−1/12
2	2	2		1/6	
			3/2		
3	4	5			

예제 1 $f(x) = x^5 - x^4 + 2x^2 + 1$에서 $x_0 = -2$, $y_0 = -39$이다.
$x_1 = -1$, $x_2 = 0$, $x_3 = 1$, $x_4 = 2$, $x_5 = 3$, $x_6 = 4$에 대한 y의 제1차분상이 다음과 같다.
$y[x_0,\ x_1] = 40$, $y[x_1,\ x_2] = 0$, $y[x_3,\ x_2] = 2$,
$y[x_3,\ x_4] = 22$, $y[x_4,\ x_5] = 156$, $y[x_5,\ x_6] = 620$이다.
제2차분상에서 제6차분상까지의 차분상표를 만들어라.

풀이 $f[x_0, x_1] = \dfrac{f[x_1]-f[x_0]}{x_1-x_0} = \dfrac{1-(-39)}{-1-(-2)} = 40, \cdots\cdots$

$$f[x_0, x_1, x_2] = \frac{f[x_1, x_2]-f[x_0, x_1]}{x_2-x_0} = \frac{0-40}{0-(-2)} = -20, \cdots\cdots$$

$$f[x_0, x_1, x_2, x_3] = \frac{f[x_1, x_2, x_3]-f[x_0, x_1, x_2]}{x_3-x_0} = \frac{1-(-20)}{1-(-2)} = 7, \cdots\cdots$$

이들을 표로 나타내면 다음과 같다.

k	x_k	y_k	제1차분상	제2차분상	제3차분상	제4차분상	제5차분상	제6차분상
0	−2	−39						
			40					
1	−1	1		−20				
			0		7			
2	0	1		1		−1		
			2		3		1	
3	1	3		10		4		0
			22		19		1	
4	2	25		67		9		
			156		55			
5	3	181		232				
			620					
6	4	801						

차분상 $y[x_0, x_1, x_2, \cdots, x_n]$에서 [ ]안의 어느 두 문자를 바꾸어도 차분상의 값은 변하지 않는다.

보기2 $y[x_0, x_1] = y[x_1, x_0]$ 임을 살펴보자.

해설 $y[x_0, x_1] = \dfrac{y_1-y_0}{x_1-x_0} = \dfrac{y_0-y_1}{x_0-x_1} = y[x_0, x_1]$

보기3 마찬가지로, 다음 관계식이 성립된다.

$$y[x_0, x_1, x_2] = y[x_0, x_2, x_1] = y[x_1, x_0, x_2]$$
$$= y[x_1, x_2, x_0] = y[x_2, x_1, x_0] = y[x_2, x_0, x_1]$$

해설

$$y[x_0, x_1, x_2] = \frac{y[x_1, x_2]-y[x_0, x_1]}{x_2-x_0} \quad \cdots ①$$

$$= \frac{1}{x_2-x_0}\left(\frac{y_2-y_1}{x_2-x_1} - \frac{y_1-y_0}{x_1-x_0}\right)$$

$$= \frac{y_0}{(x_0-x_2)(x_0-x_1)} + \frac{y_1}{x_2-x_0}\left(\frac{1}{x_1-x_2} - \frac{1}{x_1-x_0}\right) + \frac{y_2}{(x_2-x_0)(x_2-x_1)}$$

$$= \frac{y_0}{(x_0-x_1)(x_0-x_2)} + \frac{y_1}{(x_1-x_0)(x_1-x_2)} + \frac{y_2}{(x_2-x_0)(x_2-x_1)} \quad \cdots ②$$

①에서 x_1과 x_2를 바꾸면,

$$y[x_0, x_2, x_1] = \frac{1}{x_1 - x_0}\left(\frac{y_1 - y_2}{x_1 - x_2} - \frac{y_2 - y_0}{x_2 - x_0}\right)$$

$$= \frac{y_0}{(x_0 - x_2)(x_0 - x_1)} + \frac{y_1}{(x_1 - x_0)(x_1 - x_2)} + \frac{y_2}{(x_2 - x_0)(x_2 - x_1)} \quad \cdots ③$$

이 되어 ②와 ③이 같다. 따라서 식 ①은 x의 어느 두 분할점을 바꾸어도 식이 바뀌지 않으므로 식 ①은 x_1, x_2, x_3에 대한 대칭식이다.

(2) Newton의 보간다항식

함수 $f(x)$가 어떤 영역에서 근사적으로 1차식이라면, 1차 차분상

$$f[x_0, x_1] = \frac{f(x_1) - f(x_0)}{x_1 - x_0} \tag{4}$$

은 같은 영역에서 대체로 x_0, x_1의 값에 관계 없이 성립한다.

이런 사실에서 다음 관계식을 얻는다.

$$f[x_0, x] \approx f[x_0, x_1] \tag{5}$$

이 관계에서 다음 **1차의 Newton의 보간다항식**이 유도된다.

$$f(x) \approx f(x_0) + (x - x_0) f[x_0, x_1] \tag{6}$$

> 보기4　$f(x) = \cos x$를 구간 [0, 1]에서 직선에 적합시킬 때, 공식 (2)에 대한 근사식을 구해보자.

해설　$\cos 0 = 1$, $\cos 1 = 0.5403$이므로 $x_0 = 0$, $x_1 = 1$라면

$$f[0, 1] = \frac{0.5403 - 1}{1 - 0} = -0.4597$$

따라서 구하는 선형보간식은 식 (6)에 의하여

$$f(x) = 1 + (x - 0)(-0.4597)$$
$$\therefore f(x) = 1 - 0.4597x$$

함수 $f(x)$가 근사적으로 2차의 다항식으로 나타내지는 경우는 2차의 차분상

$$f[x_0, x_1, x_2] = \frac{f[x_1, x_2] - f[x_0, x_1]}{x_2 - x_0} \tag{7}$$

은 x_0, x_1, x_2의 값에 관계 없이 일정하다. 2차함수에서 임의의 x에 대하여 식 (7)의 관계가 성립되므로

$$f[x_1, x_0, x] = f[x_0, x_1, x_2] \tag{8}$$

가 성립된다. 이 차분상에서

$$f[x_1, x_0, x] = \frac{f[x_0, x] - f[x_0, x_1]}{x - x_1} = f[x_0, x_1, x_2]$$

이고,

$$f[x_0, x] - f[x_0, x_1] = (x - x_1) f[x_0, x_1, x_2]$$

$f[x_0, x] = \dfrac{f(x) - f(x_0)}{x - x_0}$ 이므로, 양변에 $x - x_0$를 곱하면 다음 식이 성립한다.

$$f(x) = f(x_0) + (x - x_0) f[x_0, x_1] + (x - x_0)(x - x_1) f[x_0, x_1, x_2] \tag{9}$$

식 (9)는 **2차의 Newton의 보간다항식**이다.

식 (6)에서 1차의 보간다항식은

$$p_1(x) = a_0 + a_1(x - x_0) \tag{10}$$

꼴이고, 2차의 보간다항식 식 (9)에서

$$p_2(x) = a_0 + a_1(x - x_0) + a_2(x - x_0)(x - x_1) \tag{11}$$

꼴이고, **3차의 보간다항식**은

$$p_3(x) = a_0 + a_1(x - x_0) + a_2(x - x_0)(x - x_1) + a_3(x - x_0)(x - x_1)(x - x_2) \tag{12}$$

의 꼴을 한다.

일반적으로, $n+1$개의 점 (x_i, y_i) $(i = 0, 1, 2, \cdots, n)$을 만족하는 n차의 보간다항식은

$$p_n(x) = a_0 + a_1(x - x_0) + a_2(x - x_0)(x - x_1) + \cdots + a_n(x - x_0)(x - x_1) \cdots (x - x_{n-1}) \tag{13}$$

꼴을 한다.

다항식 (13)을 n차의 **Newton의 보간다항식**이라 한다.

식 (6)과 식 (10)을 비교할 때

$$a_0 = f(x_0), \quad a_1 = f[x_0, x_1]$$

이고, 식 (9)와 식 (11)을 비교할 때

$$a_0 = f(x_0), \quad a_1 = f[x_0, x_1], \quad a_2 = f[x_0, x_1, x_2]$$

이다. 일반적으로

n 차의 Newton의 보간다항식 식 (13)에서 계수 a_n은 n차의 차분상

$$a_n = f[x_0, x_1, x_2, \cdots, x_n] \quad (n = 1, 2, \cdots, n)$$

으로 나타내진다.

> **보기5** 3점 (x_0, y_0), (x_1, y_1), (x_2, y_2)를 지나는 Newton의 2차의 보간다항식
>
> $$p_2(x) = a_0 + a_1(x - x_0) + a_2(x - x_0)(x - x_1)$$
>
> 에서 계수 a_0, a_1, a_2는 다음과 같음을 밝혀보자.
>
> $$a_0 = f[x_0],\ \ a_1 = f[x_0, x_1],\ \ a_2 = f[x_0, x_1, x_2]$$

해설 (1) 2 점 (x_0, y_0), (x_1, y_1)을 지나는 다항식(직선)

$$p_1(x) = a_0 + a_1(x - x_0)$$

에서 $p_1(x_0) = a_0 = y_0$, $p_1(x_1) = y_0 + a_1(x_1 - x_0) = y_1$
이므로 $a_0 = y[x_0]$, $a_1 = \dfrac{y_1 - y_0}{x_1 - x_0} = y[x_0, x_1]$이다. 따라서

$$p_1(x) = y[x_0] + y[x_0, x_1](x - x_0)$$

(2) 3 점 (x_0, y_0), (x_1, y_1), (x_2, y_2)를 지나는 다항식(포물선)은

$$p_2(x) = a_0 + a_1(x - x_0) + a_2(x - x_0)(x - x_1)$$

이고, $a_0 = y_0$, $a_1 = y[x_0, x_1] = (y_1 - y_0)/(x_1 - x_0)$,

$$\begin{aligned} a_2 &= \frac{1}{(x_2 - x_0)(x_2 - x_1)}\left[y_2 - y_0 - \frac{y_1 - y_0}{x_1 - x_0}(x_2 - x_0)\right] \\ &= \frac{1}{x_2 - x_1}\left(\frac{y_2 - y_0}{x_2 - x_0} - \frac{y_1 - y_0}{x_1 - x_0}\right) = \frac{1}{x_2 - x_1}(y[x_0, x_2] - y[x_0, x_1]) \\ &= y[x_1, x_0, x_2] = y[x_0, x_1, x_2] \end{aligned}$$

이므로, 구하는 2차의 Newton의 전진 보간다항식은 다음과 같다.

$$y = y[x_0] + y[x_0, x_1](x - x_0)(x - x_1) + y[x_0, x_1, x_2](x - x_0)(x - x_1)$$

일반적으로 $n+1$개의 점 (x_k, y_k) $(k = 0, 1, 2, \cdots, n)$을 지나는 n차의 Newton의 보간다항식 $p_n(x)$는 다음과 같다.

$$\begin{aligned} p_n(x) = y[x_0] + y[x_0, x_1](x - x_0) + y[x_0, x_1, x_2](x - x_0)(x - x_1) + \cdots \\ + y[x_0, x_1, \cdots, x_n](x - x_0)(x - x_1)\cdots(x - x_{n-1}) \end{aligned} \tag{14}$$

예제 2

$f(x) = \cos x$의 구간[0, 2]에서의 분할차분상은 다음과 같다. 이들 값을 이용하여 구간 [0, 2]에서 $f(x)$의 2차의 Newton의 보간다항식을 구하여라.

x_k	$f[x_k]$	$f[\ ,\ ]$	$f[\ ,\ ,\ ]$
1	1		
		−0.4597	
1	0.5403		−0.2484
		−0.9564	
2	−0.4161		

풀이 $x_0 = 1,\ x_1 = 1,\ x_2 = 2$이라면

$$f(x) = f[x_0] + (x - x_0) f[x_0,\ x_1] + (x - x_0)(x - x_1) f[x_0,\ x_1,\ x_2]$$
$$= 1 + (x - 1)(-0.4594) + (x - 1)(x - 2)(-0.2484)$$

예제 3

다음 4개의 점이 주어져 있다. 이 데이터에 적합한

(1) 2차의 Newton의 보간다항식을 구하여라.

(2) 3차의 Newton의 보간다항식을 구하여라.

x	1	2	3	4
y	−3	0	15	48

풀이 이들 자료에 대한 1차, 2차, 3차의 차분상을 구한다.

x	y	$y[\ ,\ ]$	$y[\ ,\ ,\ ]$	$y[\ ,\ ,\ ,\ ]$
1	−3			
		3		
2	0		6	
		15		1
3	15		9	
		33		
4	48			

(1) 구하는 2차의 보간다항식 $p_2(x)$는

$$p_2(x) = -3 + 3(x - 1) + 6(x - 1)(x - 2)$$

또는

$$p_2(x) = 0 + 15(x - 2) + 9(x - 2)(x - 3)$$

(2) 구하는 3차의 보간다항식은 $p_3(x) = p_2(x) + a_3(x - 1)(x - 2)(x - 3)$이고, $a_3 = 1$이므로,

$$p_3(x) = -3 + 3(x - 1) + 6(x - 1)(x - 2) + (x - 1)(x - 2)(x - 3)$$

예제 4 3점 (−2, 4), (−1, −1), (0, 2)을 지나는 2차의 Newton의 보간다항식과 점 (2, 8)을 추가한 4점을 지나는 Newton의 보간다항식을 구하여라.

풀이 차분상표를 만들어서 Newton의 보간다항식의 계수를 구한다.

x	y	$y[\,,\,]$	$y[\,,\,,\,]$	$y[\,,\,,\,,\,]$
−2	4			
		$\frac{-1-4}{-1+2}=-5$		
−1	−1		$\frac{3+5}{0+2}=4$	
		$\frac{2+1}{0+1}=3$		$\frac{\frac{1}{3}-4}{2+2}=-\frac{11}{12}$
0	2		$\frac{4-3}{2+1}=\frac{1}{3}$	
		$\frac{8-2}{2-0}=4$		
2	8			

구하는 3점 (−2, 4), (−1, −1), (0, 2)를 지나는 2차의 보간다항식은

$$y=4-5(x+2)+4(x+2)(x+1)$$

검산: $x=0$일 때, $y=2$

점 (2, 8)을 추가한 3차의 보간다항식은

$$y=4-5(x+2)+4(x+2)(x+1)-\frac{11}{12}(x+2)(x+1)(x-0)$$

검산: $x=2$일 때, $y=8$

참고 차분상표에서 x_k가 증대하는 순서로 데이터 $(x_k,\ y_k)$를 배열하지 않고, 임의로 배열하고, 보간공식을 구해도 된다.

(3) Newton의 보간다항식의 값

Newton의 다항식 보간에 대한 알고리즘을 구해보자. 우선 차분상을 편리하게 구하기 위하여 다음과 같이 나타낸다.

Newton의 n차 다항식

$$p(x)=a_0+a_1(x-x_0)+a_2(x-x_0)(x-x_1)+\cdots+a_n(x-x_0)(x-x_1)\cdots(x-x_{n-1}) \quad (15)$$

에서 모든 계수 $a_k(k=0,1,\cdots,n)$는 차분상으로 나타내진다.

차분상을 편의상

$$\begin{aligned} d_{k,j}&=f[x_{k-j},x_{k-j+1},\cdots,x_k]\ (j<k)\\ &=\frac{f[x_{k-j+1},\cdots,x_k]-f[x_{k-j},\cdots,x_{k-1}]}{x_k-x_{k-j}} \\ &=\frac{d_{k,j-1}-d_{k-1,j-1}}{x_k-x_{k-j}} \end{aligned} \quad (16)$$

으로 정의하면, Newton 다항식 (1)의 계수 a_k는

$$a_k = f[x_0,\ x_1,\ \cdots,\ x_k] = d_{k,k} = \frac{d_{k,k-1} - d_{k-1,k-1}}{x_k - x_0} \tag{17}$$

로 나타내진다.

단, $n+1$개의 x_k는 서로 다르다고 하자.

정의식 (16), (17)을 써서 Newton의 다항식 값은 다음 알고리즘에 의하여 구해진다.

Algorithm Newton polynomial inferpolafion

1. Input $n:(x_k, y_k)(k=0,1,\cdots,n)$
2. For $k=0$ to n
   - $d_{k,0} = y_k$
3. For $j=1$ to n
   - for $k=j$ to n
     - $d_{k\,j} = (d_{k,j+1} - d_{k-1,j-1})/(x_k - x_{k-j})$ ⋯ 제 j차분상
4. Input x
5. sum $= d_{n,n}$ ⋯ 제 n 차분상$=a_n$
6. For $k=n-1$ down to 0
   - sum $=$ sum$(x-x_k)+d_{k,k}$ ⋯ 식 (1)의 합
7. output sum

예제 5

(1) $f(x)=x^3-4x$이다. $x_0=1,\ x_1=2,\ x_3=3,\ x_3=4,\ x_4=5,\ x_5=6$에 대한 제1차분상에서 제4차분상을 구하여 3차의 Newton 다항식 $P_3(x)$를 구하여라.

(2) $P(3,5)$의 값을 위 알고리즘에 따라 구하여라.

풀이 (1) $f(x)$의 분할 차분상표는 다음과 같다.

x_k	$f(x_k)$	$f[\ ,\ ]$	$f[\ ,\ ,\ ]$	$f[\ ,\ ,\ ,\ ]$	$f[\ ,\ ,\ ,\ ,\ ]$
$x_0=1$	$f[x_0]=d_{0,0}=-3$		$f[x_0,x_1,x_2]$ $=d_{2,2}=6$		
$x_1=2$	$f[x_1]=d_{1,0}=0$	$f[x_0,x_1]=d_{1,1}=3$		$f[x_0,x_1,x_2,x_3]$ $=d_{3,3}=1$	
$x_2=3$	$f[x_2]=d_{2,0}=15$	$f[x_1,x_2]=d_{2,1}=15$	$f[x_1,x_2,x_3]$ $=d_{3,2}=9$		$f[x_0,x_1,x_2,x_3,x_4]$ $=d_{4,4}=0$
$x_3=4$	$f[x_3]=d_{3,0}=48$	$f[x_2,x_3]=d_{3,1}=33$		$f[x_1,x_2,x_3,x_4]$ $=d_{4,3}=1$	
$x_4=5$	$f[x_4]=d_{4,0}=105$	$f[x_3,x_4]=d_{4,1}=57$	$f[x_2,x_3,x_4]$ $=d_{4,2}=12$		

$$\begin{pmatrix} x_0 = 1 \\ y_0 = -3 \end{pmatrix} \quad \begin{pmatrix} x_1 = 2 \\ y_1 = 0 \end{pmatrix} \quad \begin{pmatrix} x_2 = 3 \\ y_2 = 15 \end{pmatrix} \quad \begin{pmatrix} x_3 = 4 \\ y_3 = 48 \end{pmatrix} \quad \begin{pmatrix} x_4 = 5 \\ y_4 = 105 \end{pmatrix} \quad \begin{pmatrix} x_5 = 6 \\ y_5 = 192 \end{pmatrix}$$

이고

$$f[x_0] = -3, f[x_0, x_1] = 3, f[x_0, x_1, x_2] = 6, f[x_0, x_1, x_2, x_3] = 1,$$
$$f[x_0, x_1, x_3, x_4] = 0, f[x_0, x_1, x_2, x_3, x_4, x_5] = 0$$

이므로, $d_{0,0} = -3, d_{1,1} = 3, d_{2,2} = 6, d_{3,3} = 1, d_{4,4} = 0, d_{5,5} = 0$

따라서 구하는 Newton의 3차 보간다항식은

$$P_3(x) = -3 + 3(x-1) + 6(x-1)(x-2) + (x-1)(x-2)(x-3)$$

(2) 알고리즘 순서에 따라서 계산해나간다.

2. $d_{1,0} = y_1, d_{2,0} = y_2, d_{3,0} = y_3, d_{4,0} = y_4$

3. $d_{1,1} = \dfrac{d_{1,0} - d_{0,0}}{x_1 - x_0} = \dfrac{0-(-3)}{2-1} = 3,\ d_{2,1} = \dfrac{d_{2,0} - d_{1,0}}{x_2 - x_1} = \dfrac{15-0}{3-2} = 15, \cdots$

$d_{2,2} = \dfrac{d_{2,1} - d_{1,1}}{x_2 - x_0} = \dfrac{15-3}{3-1} = 6,\ d_{3,3} = \dfrac{d_{3,2} - d_{2,2}}{x_3 - x_0} = \dfrac{9-6}{4-1} = 1, \cdots$

$d_{4,4} = \dfrac{d_{4,3} - d_{3,3}}{x_4 - x_0} = \dfrac{1-1}{4-1} = 0$

4. $x = 3.5$

5. $\text{sum} = d_{3,3} = 1$

6. $k = n-1 = 2$일 때 $\text{sum} = 1(3.5-3) + 6 = 6.5$

$k = n-2 = 1$일 때 $\text{sum} = 6.5(3.5-2) + 3 = 12.75$

$k = n-3 = 1$일 때 $\text{sum} = 12.75(3.5-1) + (-3) = 28.875$

7. $\text{sum} = P(3.5) = 28.875$

참고 $\text{sum} = -3 + 3(3.5-1) + 6(3.4-1)(3.5-2) + (3.5-1)(3.5-2)(3.5-3)$
$= -3 + 3(2.5) + 6(2.5)(1.5) + (2.5)(1.5)(0.5)$
$= ((1(0.5)+6)(1.5)+3)(2.5) - 3 = 28.875$

6.2.2 Newton의 전진 보간다항식

(1) 전진차분

x의 값이 작은 쪽에서 큰 쪽으로 $\cdots, x_{-2}, x_{-1}, x_0, x_1, x_2, \cdots$라 하자.

$$y_{k+1} - y_k = \Delta y_k,\quad y_{k+1} - \Delta y_k = \Delta^2 y_k,\quad \Delta^2 y_{k+1} - \Delta^2 y_k = \Delta^3 y_k \qquad (1)$$

을 차례로 y의 **제 1전진차분**(forward difference)(제1계차), **제 2전진차분**(제2계차), **제 3전진차분**(제3계차)이라 한다.

이들 전진차분을 다음과 같이 표로 나타낸 것을 **전진차분표**(계차료)라 한다.

x_k	y_k	Δy_k	$\Delta^2 y_k$	$\Delta^3 y_k$	…
⋮	⋮	⋮	⋮	⋮	
x_{-2}	y_{-2}		⋮	⋮	
		Δy_{-2}			
x_{-1}	y_{-1}	Δy_{-1}	$\Delta^2 y_{-2}$	⋮	
x_0	y_0	Δy_0	$\Delta^2 y_{-1}$	$\Delta^3 y_{-2}$	
x_1	y_1	Δy_1	$\Delta^2 y_0$	$\Delta^3 y_{-1}$	
x_2	y_2	Δy_2	$\Delta^2 y_1$	$\Delta^3 y_0$	
x_3	y_3				
⋮	⋮	⋮	⋮	⋮	
⋮	⋮	⋮	⋮	⋮	

예제 1

다음 데이터에 대한 제 4전진차분(제4계차)을 구하여라.

x	0	1	2	3	3
y	0	1	16	81	81

풀이 전진차분표를 만들어서 계차를 구한다.

x_k	y_k	Δy_k	$\Delta^2 y_k$	$\Delta^3 y_k$	$\Delta^4 y_k$
0	0	1	14	36	24
1	1	15	50	60	
2	16	65	110		
3	81	175			
4	256				

Δy_k의 정의식을 $\Delta^2 y_k$의 정의식에 대입하면

$$\begin{aligned}\Delta^2 y_k &= \Delta y_{k+1} - \Delta y_k = (y_{k+2} - y_{k+1}) - (y_{k+1} - y_k) \\ &= y_{k+2} - 2y_{k+1} + y_k\end{aligned} \tag{2}$$

$$\begin{aligned}\Delta^2 y_k &= \Delta(\Delta y_k) = \Delta(y_{k+1} - y_k) = (y_{k+2} - y_{k+1}) - (y_{k+1} - y_k) \\ &= \Delta y_{k+1} - \Delta y_k = y_{k+2} - 2y_{k+1} - y_k\end{aligned} \tag{3}$$

식 (3)의 계차계산에서 다음 관계가 성립한다.

$$\Delta(y_{k+1}-y_k)=\Delta y_{k+1}-\Delta y_k \tag{4}$$

일반적으로

$$\begin{aligned}\Delta(ay_{k+1}+by_k)&=(ay_{k+2}+by_{k+1})-(ay_{k+1}+by_k)\\&=a(y_{k+2}-y_{k+1})+b(y_{k+1}-y_k)\\&=a\Delta y_{k+1}+b\Delta y_k\end{aligned} \tag{5}$$

이므로, 연산자 Δ는 선형연산자이다.

$$\begin{aligned}\Delta^3 y_k&=\Delta^2 y_{k+1}-\Delta^2 y_k=(y_{k+3}-2y_{k+2}+y_{k+1})-(y_{k+2}-2y_{k+1}+y_k)\\&=y_{k+3}-3y_{k+2}+3y_{k+1}-y_k\\&=\sum_{i=0}^{3}(-1)^i\binom{3}{i}y_{k+3-i}\end{aligned} \tag{6}$$

일반적으로 다음 식이 얻어진다.

$$\begin{aligned}\Delta^n y_k&=y_{k+n}-ny_{k+n-1}+\frac{n(n-1)}{2!}y_{k+n-2}-\cdots+(-1)^n y_k\\&=\sum_{i=0}^{n}(-1)^i\binom{n}{i}y_{k+n-i}\end{aligned} \tag{7}$$

식 (7)의 우변의 계수는 $(y-1)^n$의 전개식의 계수와 일치한다.

예제 2 다음 자료에서 $\Delta^4 y_0$의 값을 구해보자.

y_0	y_1	y_2	y_3	y_4
0	1	16	81	256

풀이 공식 $\Delta^4 y_0=\sum_{i=0}^{4}(-1)^i\binom{4}{i}y_{4-i}$에 주어진 데이터를 대입한다.

$$\begin{aligned}\Delta^4 y_0&=y_4-4y_3+6y_2-4y_1+y_0\\&=256-4(81)+6(16)-4(1)+0=24\end{aligned}$$

함수 $f(x)$의 1계 전진차분은 다음과 같이 정의한다.

$$\Delta f(x)=f(x+h)-f(x)$$

> 보기1 x^m (m은 양의 정수)의 전진차분 $\Delta(x^m)$을 구해보자.

해설

$$\Delta(x^m) = (x+h)^m - x^m = mx^{m-1}h + \frac{m(m-1)}{2!}x^{m-2}h^2 + \cdots + h^m \tag{8}$$

마찬가지로 $\Delta^2 x^m$, $\Delta^3 x^m$, $\cdots$, $\Delta^m x^m$, $\cdots$을 구하면

$$\Delta^2 x^m = \Delta\left(mx^{m-1}h + \frac{m(m-1)}{2}x^{m-2}h^2 + \cdots + mh^{m-1}\right)$$

$$= mh\Delta x^{m-1} + \frac{m(m-1)}{2}h^2\Delta x^{m-2} + \cdots = m(m-1)h^2x^{m-2} + \cdots$$

$$\Delta^3 x^m = m(m-1)h^2\Delta x^{m-2} + \cdots = m(m-1)(m-2)h^3x^{m-3} + \cdots$$

$$\boldsymbol{\Delta^m x^m = m(m-1)\cdots 2\cdot 1h^m = m!h^m} \tag{9}$$

다항식 $f(x) = a_0x^m + a_1x^{m-1} + \cdots + a_m$의 전진 m계차는

$$\begin{aligned}\Delta^m f(x) &= \Delta^m\left(a_0x^m + a_1x^{m-1} + \cdots + a_m\right)\\ &= m!a_0h^m\end{aligned} \tag{10}$$

위 관계식에서 다음 관계가 성립한다.

> m차의 다항식의 제n계 전진차분은
> (1) $n < m$이면, $(m-n)$차의 다항식이다.
> (2) $n = m$이면, 상수$(\neq 0)$이다.
> (3) $n > m$이면, 0이다.

역으로 다항식의 제n계 전진차분이 0이 아닌 상수이면, 이 함수는 n차의 다항식이다.

> 예제 3 $y = 4x^3 - 2x - 1$에서 $x = -2, -1, 0, 1, 2, 3$에 대한 y의 3계차 전진차분 $\Delta^3 y$, 4계차 전진차분 $\Delta^4 y$를 구하여라.

풀이

x	y	Δy	$\Delta^2 y$	$\Delta^3 y$	$\Delta^4 y$
−2	−29				
		26			
−1	−3		−24		
		2		24	
0	−1		0		0
		2		24	
1	1		24		0
		26		24	
2	27		48		
		74			
3	101				

y가 3차의 다항식이므로, $\Delta^3 y$는 상수이고, $\Delta^4 y = 0$이다.

예제 4 다음 왼쪽 계차표에서 빠진 □ 안의 수를 써넣어라(오른쪽 표에서 a를 구한다).

y_k	Δy_k	$\Delta^2 y_k$
0	□	
□	□	0
□	□	−2
□	□	0
0		

k	y_k	Δy_k	$\Delta^2 y_k$
0	0	$\boxed{a}$	
1	a	a	0
2	$2a$	$a-2$	−2
3	$3a-2$	$a-2$	0
4	$4a-4=0$		

풀이

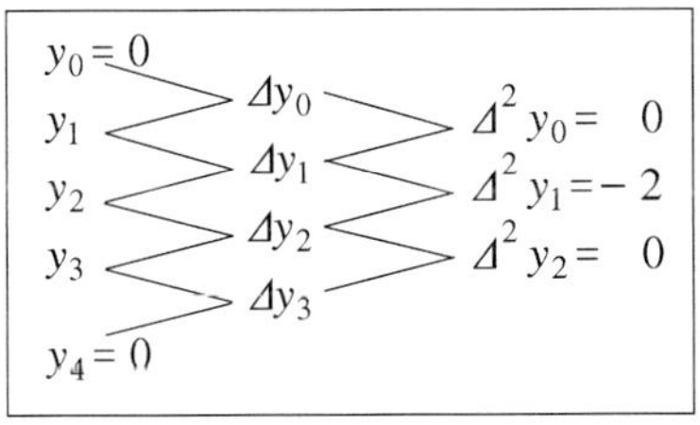

$y_0 = 0,\ y_1 = a$라면 $\Delta y_0 = a$

$\Delta^2 y_k$를 써서

$\Delta y_{k+1} = \Delta y_k + \Delta^2 y_k$를 구한다.

$\Delta y_1 = \Delta y_0 + \Delta^2 y_0 = a + 0 = a$

$\Delta y_2 = \Delta y_1 + \Delta^2 y_1 = a - 2$

$\Delta y_3 = \Delta y_2 + \Delta^2 y_2 = a - 2 + 0 = a - 2$

다음은 $y_{k+1} = y_k + \Delta y_k$를 써서, $y_1,\ y_2,\ y_3,\ y_4$를 구한다.

$y_0 = 0,\ y_1 = a,\ \Delta y_0 = a,\ \Delta y_1 = a,\ \Delta y_2 = a - 2,\ \Delta y_3 = a - 2$이므로

$$y_1 = y_0 + \Delta y_0 = 0 + a$$
$$y_2 = y_1 + \Delta y_1 = a + a = 2a$$
$$y_3 = y_2 + \Delta y_2 = 2a + (a-2) = 3a - 2$$
$$y_4 = y_3 + \Delta y_3 = 3a - 2 + (a-2) = 4a - 4$$

$y_4 = 4a - 4 = 0$에서 $a = 1$이다. $a = 1$을 대입하여 $y_k,\ \Delta y_k\,(k = 0,\ 1,\ 2,\ 3,\ 4)$를 구한다.

$$y_0 = 0,\ y_1 = 1,\ y_2 = 2,\ y_3 = 1,\ y_4 = 0$$
$$\Delta y_0 = 1,\ \Delta y_1 = 1,\ \Delta y_2 = -1,\ \Delta y_3 = -1$$

검산: y_k $\qquad \Delta y_k$ $\qquad \Delta^2 y_k$

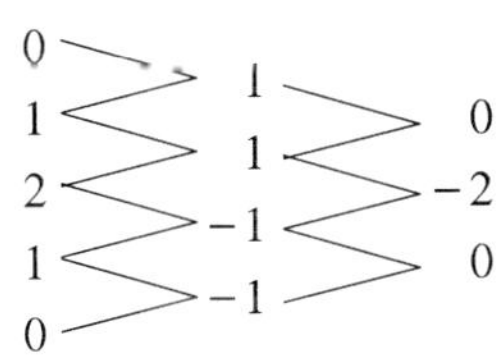

(2) Newton의 전진 보간다항식

주어진 데이터 $(x_k,\ y_k)$ $(k=0, 1, \cdots, n)$에서 $\{x_k\}$가 등간격으로 주어져서,

$$x_1-x_0=x_2-x_1=x_3-x_2=x_4-x_3=\cdots=h\ (\text{일정})$$

인 경우 차분상은 전진차분을 써서 다음과 같이 나타내진다.

$$y[x_0,\ x_1]=\frac{y_1-y_0}{x_1-x_0}=\frac{\Delta y_0}{h} \tag{11}$$

$$y[x_0,\ x_1,\ x_2]=\frac{y[x_1,\ x_2]-y[x_0,\ x_1]}{x_2-x_0}=\frac{1}{2h}\left(\frac{\Delta y_1}{h}-\frac{\Delta y_0}{h}\right)=\frac{\Delta^2 y_0}{2!h^2} \tag{12}$$

$$\cdots\cdots\cdots\cdots\cdots$$

$$\begin{aligned} y[x_0,\ x_1,\ \cdots,\ x_n] &= \frac{y[x_1,\ \cdots,\ x_n]-y[x_0,\ \cdots,\ x_{n-1}]}{x_n-x_0} \\ &= \frac{1}{nh}\left(\frac{\Delta^{n-1}y_1-\Delta^{n-1}y_0}{(n-1)!h^{n-1}}\right)=\frac{\Delta^n y_0}{n!h^n} \end{aligned} \tag{13}$$

따라서, Newton의 n차 전진 보간다항식은 다음과 같이 나타내진다.

$$\begin{aligned} p_n(x) &= y_0+\frac{\Delta y_0}{h}(x-x_0)+\frac{\Delta^2 y_0}{2!h^2}(x-x_0)(x-x_1)+\cdots \\ &\quad +\frac{\Delta^n y_0}{n!h^n}(x-x_0)(x-x_1)\cdots(x-x_{n-1}) \end{aligned} \tag{14}$$

예제 5 다음 자료에 적합한 Newton의 전진 보간다항식을 구하여라.

x	−2	−1	0	1	2
y	4	−1	2	1	8

풀이 $\{x_k\}$의 간격이 일정$(=1)$하므로 전진차분을 구한다.

x	y	Δy	$\Delta^2 y$	$\Delta^3 y$	$\Delta^4 y$
−2	4				
		−5			
−1	−1		8		
		3		−12	
0	2		−4		24
		−1		12	
1	1		8		
		7			
2	8				

$h=1$이고, $y_0=4,\ \Delta y_0=-5,\ \Delta^2 y_0=8,\ \Delta^3 y_0=-12,\ \Delta^4 y_0=24$이므로 구하는 보간다항식은 4차식으로 다음과 같다.

$$y = 4 + \frac{-5}{1}(x+2) + \frac{8}{2!}(x+2)(x+1) + \frac{-12}{3!}(x+2)(x+1)x + \frac{24}{4!}(x+2)(x+1)x(x-1)$$

검산: $x = 2$일 때, $y = 4 - 20 + 48 - 48 + 24 = 8$

(3) Newton의 보간다항식의 값

Newton의 전진 보간다항식 (14)에서 $x = a$ 에서의 함수값 $f(x)$를 구하는 간편산을 구해보자.

$$u = \frac{x - x_0}{h}$$

이라면, $x_i = x_0 + ih$ 이므로

$$\frac{x - x_i}{h} = \frac{x - (x_0 + ih)}{h} = \frac{x - x_0}{h} - i = u - i$$

따라서, Newton의 전진 보간다항식 (14)는

$$\begin{aligned} y &= y_0 + u\Delta y_0 + \frac{u(u-1)}{2!}\Delta^2 y_0 + \cdots + \frac{u(u-1)\cdots(u-n+1)}{n!}\Delta^n y_0 \\ &= y_0 + \binom{u}{1}\Delta y_0 + \binom{u}{2}\Delta^2 y_0 + \cdots + \binom{u}{n}\Delta^n y_0 \end{aligned} \tag{15}$$

이 된다. $x = a$일 때, 식 (15)에 $u = \dfrac{a - x_0}{h}$ 의 값을 대입하면, $f(a)$의 값이 구해진다.

예제 6 예제 5의 Newton의 보간다항식에서 $x = 0.4$일 때의 함수값 y를 구하여라.

풀이 보간다항식에서 $h = 1$, $x_0 = -2$ 이므로

$$u = \frac{x - x_0}{h} = \frac{x+2}{1} = 0.4 + 2 = 2.4, \quad y_0 = 4, \quad \Delta y_0 = -5, \quad \Delta^2 y_0 = 8,$$

$$\Delta^3 y_0 = -12, \quad \Delta^4 y_0 = 24$$

이므로

$$\begin{aligned} y &= y_0 + \binom{u}{1}\Delta y_0 + \binom{u}{2}\Delta^2 y_0 + \binom{u}{3}\Delta^3 y_0 + \binom{u}{4}\Delta^4 y_0 \\ &= 4 + 2.4(-5) + \frac{2.4(1.4)}{2!}(8) + \frac{2.4(1.4)(0.4)}{3!}(-12) + \frac{2.4(1.4)(0.4)(-0.6)}{4!}(2.4) \\ &= 4 - 12 + 13.44 - 2.688 - 0.8064 = 1.9456 \simeq 1.95 \end{aligned}$$

데이터 (x_k, y_k) $(k = 0, 1, 2, 3)$에 관한 Newton의 보간공식 $p_3(x)$는

$$\begin{aligned} p_3(x) &= a_0 + a_1(x-x_0) + a_2(x-x_0)(x-x_1) + a_3(x-x_0)(x-x_1)(x-x_2) \\ &= (((a_3(x-x_2)+a_2)(x-x_1)+a_1))(x-x_0)+a_0 \end{aligned}$$

로 변형되므로, 차례로 다음 계산

$$\begin{aligned} S_3 &= a_3 \\ S_2 &= S_3(x-x_2)+a_2 \\ S_1 &= S_2(x-x_1)+a_1 \\ S_0 &= S_1(x-x_0)+a_0 \end{aligned} \qquad (16)$$

라면, S_0는 구하는 3차의 보간다항식의 값이다.

식 (16)을 반복식으로 나타내면 다음과 같다.

$$\boxed{\begin{aligned} &\boldsymbol{S_3 = a_3} \\ &\boldsymbol{S_k = S_{k+1}(x-x_k)+a_k \ (k=2, 1, 0)} \end{aligned}} \qquad (17)$$

예제 7 3차의 Newton의 보간다항식 $p_3(x)$는 다음과 같다.

$$p_3(x) = 7 - 2(x-1) + 4(x-1)(x-3) + 3(x-1)(x-3)(x-4)$$

$p_3(2)$의 값을 알고리즘 식 (16)을 써서 구하여라.

풀이 $p_3(x) = ((3(x-4)+4)(x-3)-2)(x-1)+7$

$$\begin{aligned} S_3 &= 3 \\ S_2 &= 3(2-4)+4 = -2 \\ S_1 &= -2(2-3)-2 = 0 \\ S_0 &= 0(2-1)+7 = 7 \\ &\therefore p_3(2) = S_0 = 7 \end{aligned}$$

Newton의 n차의 보간다항식

$$\begin{aligned} p_n(x) = a_0 + a_1(x-x_0) + a_2(x-x_0)(x-x_1) + \cdots \\ + a_n(x-x_0)(x-x_1)\cdots(x-x_{n-1}) \end{aligned}$$

의 값을 구하는 알고리즘은 다음과 같다.

Algorithm Newton Polynomial interpolation

1. Input $\{n;\ a_0,\ a_1,\ a_1,\ \cdots,\ a_n;\ x_0,\ x_1,\ \cdots,\ x_{n-1}\}$
2. Input x
3. Sum=a_n
4. For $k = n-1$ down to 0 do
   └ Sum=sum*$(x-x_k)+a_k$
5. Output Sum

6.2.3 Newton의 후퇴 보간다항식

(1) 후퇴차분

함수 $f(x)$의 **후퇴차분**은 연산자 ∇를 써서 다음과 같이 정의한다. 후퇴차분을 후퇴계차라고도 한다.

$$\nabla f(x_n) = f(x_n) - f(x_{n-1}) \text{ 또는 } \nabla y_n = y_n - y_{n-1} \tag{1}$$

2계차 이상의 후퇴계차는 다음과 같이 정의한다.

$$\begin{aligned}\nabla^2 y_n &= \nabla(\nabla y_n) = \nabla(y_n - y_{n-1})\\ &= (y_n - y_{n-1}) - (y_{n-1} - y_{n-2}) = \nabla y_n - \nabla y_{n-1}\\ &= y_n - 2y_{n-1} + y_{n-2}\end{aligned} \tag{2}$$

∇가 선형 연산자이므로

$$\begin{aligned}\nabla^3 y_n &= \nabla\left(\nabla^2 y_n\right) = \nabla(y_n - 2y_n + y_{n-2}) = \nabla y_n - 2\nabla y_{n-1} + \nabla y_{n-2}\\ &= (y_n - y_{n-1}) - 2(y_{n-1} - y_{n-2}) + (y_{n-2} - y_{n-3})\\ &= y_n - 3y_{n-1} + 3y_{n-2} - y_{n-3}\end{aligned}$$

....

$$\nabla^k y_n = \nabla^{k-1}(\nabla y_n) = \nabla^{k-1}(y_n - y_{n-1}) = \sum_{i=0}^{k}(-1)^i\binom{n}{i}y_{n-i} \tag{3}$$

후퇴차분표는 다음과 같이 나타낸다

x_k	y_k	∇y	$\nabla^2 y$	$\nabla^3 y$	$\nabla^4 y$
$\vdots$	$\vdots$				
x_{n-4}	y_{n-4}				
x_{n-3}	y_{n-3}	∇y_{n-3}	$\nabla^2 y_{n-2}$		
x_{n-2}	y_{n-2}	∇y_{n-2}	$\nabla^2 y_{n-1}$	$\nabla^3 y_{n-1}$	$\nabla^4 y_n$
x_{n-1}	y_{n-1}	∇y_{n-1}	$\nabla^2 y_n$	$\nabla^3 y_n$	
x_n	y_n	∇y_n			

일반적으로 이들 후퇴차분 $\nabla^n y_n$의 계수는 $(y-1)^n$의 전개식의 계수와 일치한다. 또 연산자 Δ과 ∇ 사이에는

$$\Delta y_n = y_{n+1} - y_n = \nabla y_{n+1} \tag{4}$$

인 관계가 있다.

후퇴차분은 보통 아래표와 같이 $k=0$을 적당히 취하여 나타내면 쓰기에 편리하다.

k	x_k	y_k	∇y	$\nabla^2 y$	$\nabla^3 y$	$\nabla^4 y$
-4	x_{-4}	y_{-4}				
-3	x_{-3}	y_{-3}	∇y_{-3}	$\nabla^2 y_{-2}$		
-2	x_{-2}	y_{-2}	∇y_{-2}	$\nabla^2 y_{-1}$	$\nabla^3 y_{-1}$	$\nabla^4 y_0$
-1	x_{-1}	y_{-1}	∇y_{-1}	$\nabla^2 y_0$	$\nabla^3 y_0$	
0	x_0	y_0	∇y_0			

여기서 $\nabla y_{n+1} - \nabla y_n = \nabla^2 y_{n+1}$, $\nabla^2 y_{n+1} - \nabla^2 y_n = \nabla^3 y_{n+1}$, $\cdots$이다.

예제 1 다음이 성립함을 밝혀라.

(1) $y_{-1} = y_0 - \nabla y_0$에서 $y_{-1} = (1-\nabla)\, y_0$

(2) $y_{-2} = y_0 - 2\nabla y_0 + \nabla^2 y_0$에서 $y_{-2} = \left(1 - 2\nabla + \nabla^2\right) y_0 = (1-\nabla)^2 y_0$

(3) $y_{-3} = y_0 - 3\nabla y_0 + 3\nabla^2 y_0 - \nabla^3 y_0$에서 $y_{-3} = (1-\nabla)^3 y_0$

풀이 (1) $y_0 - y_{-1} = \nabla y_0 \quad \therefore y_{-1} = y_0 - \nabla y_0 = (1-\nabla)\, y_0$

(2) $\nabla y_0 - \nabla y_{-1} = \nabla^2 y_0$, $\nabla y_{-1} = y_{-1} - y_{-2}$, $y_0 - y_{-1} = \nabla y_0$

$\therefore \nabla^2 y_0 = \nabla y_0 - \nabla y_{-1} = \nabla y_0 - (y_{-1} - y_{-2}) = \nabla y_0 - (y_0 - \nabla y_0) + y_{-2}$

$\therefore y_{-2} = y_0 - 2\nabla y_0 + \nabla^2 y_0 = (1-\nabla)^2 y_0$

(3) $y_{-2} - y_{-3} = \nabla y_{-2}$, $y_{-1} - y_{-2} = \nabla y_{-1}$, $\nabla y_{-1} - \nabla y_{-2} = \nabla^2 y_{-1}$,

$\nabla^2 y_0 - \nabla^2 y_{-1} = \nabla^3 y_0$ 이들 관계 식에서 y_{-3}을 구한다.

$$\begin{aligned} y_{-3} &= y_{-2} - \nabla y_{-2} = (y_{-1} - \nabla y_{-1}) - \left(\nabla y_{-1} - \nabla^2 y_{-1}\right) \\ &= (y_0 - \nabla y_0) - 2\left(\nabla y_0 - \nabla^2 y_0\right) + \left(\nabla^2 y_0 - \nabla^3 y_0\right) \\ &= y_0 - 3\nabla y_0 + 3\nabla^2 y_0 - \nabla^3 y_0 = (1-\nabla)^3 y_0 \end{aligned}$$

(2) Newton의 후퇴 보간다항식

n 개의 데이터 (x_k, y_k) $(k = 0, 1, 2, \cdots, n)$에서 $x_1 < x_2 < \cdots < x_n$이고, $x_2 - x_1 = x_3 - x_2 = \cdots = x_n - x_{n-1} = h$일 때, x_n 보다 작은 x에 대한 y의 값을 구하는 보간다항식 $p_n(x)$는 다음과 같이 나타내진다.

$$p_n(x) = a_0 + a_1(x - x_n) + a_2(x - x_n)(x - x_{n-1}) + \cdots + a_n(x - x_n)(x - x_{n-1})\cdots(x - x_1) \tag{5}$$

여기서 계수 $a_0, a_1, \cdots, a_n$을 구해보자.

$$\begin{aligned} p_n(x_n) &= y_n = a_0 \\ p_n(x_{n-1}) &= y_{n-1} = a_0 + a_1(x_{n-1} - x_n) = a_0 - a_1 h \\ p_n(x_{n-2}) &= y_{n-2} = a_0 + a_1(x_{n-2} - x_n) + a_2(x_{n-2} + x_n)(x_{n-2} - x_{n-1}) \\ &= a_0 + a_1(-2h) + a_2(-2h)(-h) \\ &= a_0 - 2ha_1 + 2h^2 a_2 \end{aligned}$$

이들 식에서 $a_0, a_1, \cdots, a_n$을 구한다.

$$\begin{aligned} a_0 &= y_n \\ a_1 &= \frac{y_{n-1} - a_0}{-h} = \frac{y_n - y_{n-1}}{h} = \frac{\nabla y_n}{h} \\ a_2 &= \frac{y_{n-2} - a_0 + 2ha_1}{2h^2} = \frac{(y_{n-2} - y_n) + 2(y_n - y_{n-1})}{2h^2} \\ &= \frac{(y_n - y_{n-1}) - (y_{n-1} - y_{n-2})}{2h^2} = \frac{\nabla y_n - \nabla y_{n-1}}{2h^2} = \frac{\nabla^2 y_n}{2h^2} \end{aligned}$$

일반적으로

$$a_n = \frac{\nabla^n y_n}{n!h^n} \tag{6}$$

이므로 $p_n(x)$는 다음과 같이 나타내진다.

$$\begin{aligned} p_n(x) = y_n &+ \frac{\nabla y_n}{h}(x - x_n) + \frac{\nabla^2 y_n}{2!h^2}(x - x_n)(x - x_{n-1}) \\ &+ \frac{\nabla^3 y_n}{3!h^3}(x - x_n)(x - x_{n-1})(x - x_{n-2}) + \cdots \\ &+ \frac{\nabla^n y_n}{n!h^n}(x - x_n)(x - x_{n-1})\cdots(x - x_1) \end{aligned} \tag{7}$$

위 식에서 $u = \dfrac{x - x_n}{h}$ 이라면

$$\frac{x-x_{n-1}}{h}=\frac{x-(x_n-h)}{h}=\frac{x-x_n}{h}+1=u+1,$$
$$\frac{x-x_{n-2}}{h}=\frac{x-(x_n-2h)}{h}=\frac{x-x_n}{h}+2=u+2,\ \cdots$$

이므로 다음 보간공식을 얻는다.

$$\begin{aligned} p_n(x) &= p_n(x_n+uh) \\ &= y_n+u\nabla y_n+\frac{u(u+1)}{2!}\nabla^2 y_n+\frac{u(u+1)(u+2)}{3!}\nabla^3 y_n+\cdots \\ &\quad +\frac{u(u+1)\cdots(u+n-1)}{n!}\nabla^n y_n \end{aligned} \tag{8}$$

이 공식을 Newton의 **후퇴보간 공식**이라 한다.

예제 2 다음 표의 자료를 써서 $x=11.8$일 때, y의 값을 Newton의 후퇴 보간공식을 써서 구하여라. 단, $x_n=12$, $y_n=1813$으로 한다(x_n을 주어진 x의 값에 가장 가까운 값으로 취해야 계산이 간편하다).

x	y	∇y	$\nabla^2 y$	$\nabla^3 y$
2	23			
		90		
4	93		96	
		166		48
6	259		144	
		310		48
8	569		192	
		502		48
10	1071		240	
		742		48
12	1813		288	
		1030		
14	2843			

풀이 $x_n=12$이라면 $y_n=1813$, $\nabla y_n=742$, $\nabla^2 y_n=240$, $\nabla^3 y_n=48$이고, $u=\frac{x-x_n}{h}=\frac{11.8-12}{2}=-0.1$이므로 구하는 y의 값은 보간공식

$$y=y_n+u\nabla y_n+\frac{u(u+1)}{2!}\nabla^2 y_n+\frac{u(u+1)(u+2)}{3!}\nabla^3 y_n$$

에 대입하여

$$\begin{aligned} y&=1813+(-0.1)(742)+\frac{(-0.1)(-0.1+1)}{2!}(240)+\frac{(-0.1)(-0.1+1)(-0.1+2)}{3!}(48) \\ &=1726.632 \end{aligned}$$

공식 (7)은 x_n보다 작은 x에 대한 y의 값과 u의 값을 써서 x_n부근의 x의 값에 대한 y의 값을 보간하는 데 편리한 공식이다.

연습문제(6.2)

1 $x_0 = 1,\ x_1 = 3,\ x_2 = 4,\ x_3 = 4.5$에서의 Newton의 전진 보간다항식에서 $x = 2.5$일 때의 1차, 2차, 3차, 4차의 보간다항식의 값이

$$p_0(2.5) = 5,\ p_1(2.5) = 2,\ p_2(2.5) = -1,\ p_3(2.5) = 8,\ p_4(2.5) = -10$$

일 때, $p_4(x)$를 구하여라.

2 $(x_0 = 0,\ y_0 = -39),\ (x_1 = 1,\ y_1 = 1),\ (x_3 = 2,\ y_3 = \square)(x_4 = 3,\ y_4 = \square)$일 때,

$$f[x_0, x_1] = 40,\ f[x_1, x_2] = \square,\ f[x_0, x_1, x_2] = -20,$$
$$f[x_0, x_1, x_2, x_3] = 7$$

이다. $\square$ 안을 채워라.

3 문제 2의 데이터에서 3차의 보간다항식 $p_3(x)$를 (1)차분상 (2)전진차분을 이용하여 구하여라.

4 다음 경우의 y의 제3차분상과 제4차분상을 전진차분을 써서 구하여라.

x	0	1	2	3	4
y	0	16	48	88	128

5 다음 함수에 대하여 지시된 차분상을 구하여라.

(1) $y = x^2$의 제2차분상 (2) $y = x^3$의 제3차분상

연습문제(6.2) 풀이

1 $p_0(x) = a_0$이므로 $p_0(2.5) = a_0 = 5$

$p_1(x) = p_0(x) + a_1(x - 1),\ p_1(2.5) = p_0(2.5) + a_1(1.5) = 5 + 1.5a_1 = 2$에서

$a_1 = -2$

$p_2(x) = p_1(x) + a_2(x-1)(x-3),\ p_2(2.5) = 2 + a_2(1.5)(-0.5) = -1$에서

$a_2 = 4$

$p_3(x) = p_2(x) + a_3(x-1)(x-3)(x-4)$,

$p_3(2.5) = p_2(2.5) + a_3(1.5)(-0.5)(-1.5) = 8$에서 $a_3 = 8$

$p_4(x) = p_3(x) + a_4(x-1)(x-3)(x-4)(x-4.5)$

$p_4(2.5) = p_3(2.5) + a_4(1.5)(-0.5)(-1.5)(-2) = -10$에서 $a_4 = 8$

$$\begin{aligned} \therefore p_4(x) &= a_0 + a_1(x-1) + a_2(x-1)(x-3) + a_3(x-1)(x-3)(x-4) \\ &\quad + a_4(x-1)(x-3)(x-4)(x-4.5) \\ &= 5 - 2(x-1) + 4(x-1)(x-3) + 8(x-1)(x-3)(x-4) \\ &\quad + 8(x-1)(x-3)(x-4)(x-4.5) \end{aligned}$$

2

k	x_k	y_k	**y[,]**	**y[, ,]**	**y[, , ,]**
0	0	−39			
			40		
1	1	1		$f[x_0, x_1, x_2] = -20$	
			$\boxed{d}$		$f[x_0, x_1, x_2, x_3] = 7$
2	2	$\boxed{a}$		$\boxed{g}$	
			$\boxed{e}$		
3	3	$\boxed{b}$			

(1) $f[x_0, x_1, x_2] = \dfrac{f[x_1, x_2] - f[x_0, x_1]}{x_2 - x_0} = \dfrac{d-40}{2-0} = -20$에서

$d = -40 + 40 = 0$이고, $\dfrac{a-1}{2-1} = d = 0$에서 $a = 1$

(2) $f[x_0, x_1, x_2, x_3] = \dfrac{f[x_1, x_2, x_3] - f[x_0, x_1, x_2]}{x_3 - x_0} = \dfrac{g-(-20)}{3-0} = 7$

에서 $g = 21 - 20 = 1$

(3) $g = f[x_1, x_2, x_3] = \dfrac{e-d}{3-1} = \dfrac{e-0}{2} = 1$에서 $e = 2$

(4) $e = \dfrac{b-a}{3-2} = 2$에서 $b = 2 + 1 = 3$

답: $a = 1,\ b = 3,\ d = 0,\ e = 2,\ g = 1$

3 (1)

k	x_k	y_k	**y[,]**	**y[, ,]**	**y[, , ,]**
0	0	−39			
			40		
1	1	1		−20	
			0		7
2	2	1		1	
			2		
3	3	3			

구하는 보간다항식 $p_3(x)$는

$$p_3(x) = y_0 + y[x_0, x_1](x-0) + y[x_0, x_1, x_2]x(x-1)$$
$$+ y[x_0, x_1, x_2, x_3]x(x-1)(x-2)$$
$$= -39 + 40x - 20x(x-1) + 7x(x-1)(x-2) \cdots ①$$

(2) x_k값 ($k = 0, 1, 2, 3, 4$)의 간격이 일정($h = 1$)하므로

$$\Delta y_0 = 40,\ \Delta y_1 = 0,\ \Delta y_2 = 2$$
$$\Delta^2 y_0 = -40,\ \Delta^2 y_1 = 2,\ \Delta^3 y_0 = 42,\ h = 1$$

이므로, 구하는 보간다항식은

$$p_4(x) = y_0 + \Delta y_0(x-x_0) + \frac{\Delta^2 y_0}{2!h^2}(x-x_0)(x-x_1)$$
$$+ \frac{\Delta^3 y_0}{3!h^3}(x-x_0)(x-x_1)(x-x_2)$$
$$= -39 + 40(x-0) - \frac{40}{2!}x(x-1) + \frac{42}{3!}x(x-1)(x-2) \cdots ②$$

4

k	x_k	y_k	Δy_k	$\Delta^2 y_k$	$\Delta^3 y_k$
0	0	0			
			16		
1	1	16		16	
			32		−8
2	2	48		8	
			40		−8
3	3	88		0	
			40		
4	4	128			

위 전진차분표에서 $h = 1$이므로

$$y[x_0, x_1, x_2] = \frac{y[x_1, x_2] - y[x_0, x_1]}{x_2 - x_0} = \frac{1}{2h}\left(\frac{y_2 - y_1}{h} - \frac{y_1 - y_0}{h}\right)$$
$$= \frac{1}{2h^2}(\Delta y_1 - \Delta y_0) = \frac{1}{2}\Delta^2 y_0 = \frac{16}{2} = 8$$

$$y[x_0, x_1, x_2, x_3] = \frac{1}{x_3 - x_0}(y[x_1, x_2, x_3] - y[x_0, x_1, x_2])$$
$$= \frac{1}{3h}\left(\frac{\Delta^2 y_1}{2h^2} - \frac{\Delta^2 y_0}{2h^2}\right) = \frac{\Delta^3 y_0}{3!h^3} = \frac{\Delta^3 y_0}{6} = \frac{-8}{6} = -\frac{4}{3}$$

5 (1)

$$y[x_0, x_1] = \frac{x_1^2 - x_0^2}{x_1 - x_0} = x_1 + x_0$$
$$y[x_1, x_2] = \frac{x_2^2 - x_1^2}{x_2 - x_1} = x_2 + x_1$$

$$\therefore y[x_0,\ x_1,\ x_2] = \frac{y[x_1,\ x_2] - y[x_0,\ x_1]}{x_2 - x_0} = \frac{(x_2 + x_1) - (x_1 + x_0)}{x_2 - x_0}$$

$$= \frac{x_2 - x_1}{x_2 - x_1} = 1$$

(2)
$$y[x_0,\ x_1] = \frac{x_1^3 - x_0^3}{x_1 - x_0} = x_1^2 + x_1 x_0 + x_0^2$$

$$y[x_1,\ x_2] = \frac{x_2^3 - x_1^3}{x_2 - x_1} = x_2^2 + x_2 x_1 + x_1^2$$

$$\therefore y[x_0,\ x_1,\ x_2] = \frac{y[x_1,\ x_2] - y[x_0,\ x_1]}{x_2 - x_0}$$

$$= \frac{x_2^2 + x_2 x_1 + x_1^2 - \left(x_1^2 + x_1 x_0 + x_0^2\right)}{x_2 - x_0}$$

$$= \frac{(x_2 - x_0)(x_2 + x_0 + x_1)}{x_2 - x_0}$$

$$= x_2 + x_1 + x_0$$

마찬가지로

$$y[x_1,\ x_2,\ x_3] = x_3 + x_2 + x_1$$

따라서 제3차분상은

$$y[x_0,\ x_1,\ x_2,\ x_3] = \frac{y[x_1,\ x_2,\ x_3] - y[x_0,\ x_1,\ x_2]}{x_3 - x_0}$$

$$= \frac{1}{x_3 - x_0}[(x_3 + x_2 + x_1) - (x_2 + x_1 + x_0)] = 1$$

6.3 곡선의 적합

6.3.1 최소 제곱법

(1) 직선의 적합

한조의 변량 (x, y)에 관한 n개의 관측 데이터 $(x_i, y_i)(i = 1, 2, \cdots, n)$가 얻어질 때 이 관측 데이터에서 x와 y의 관계를 가장 잘 나타냈다고 생각되는

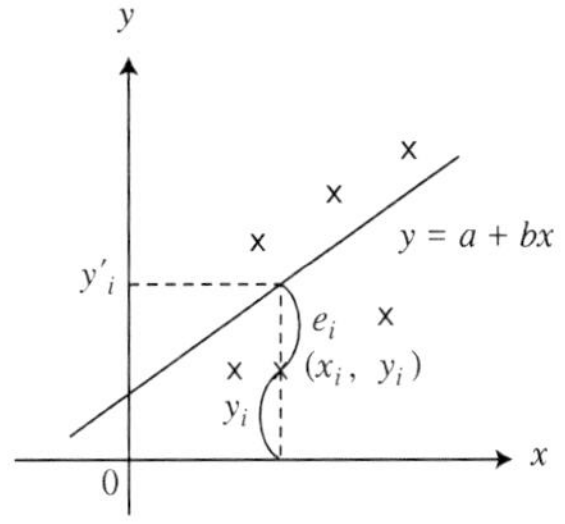

$$\text{1차식} \qquad y = a + bx \qquad (1)$$

을 구해보자.

식 (1)에서 독립변수에 해당하는 x를 **설명변수**, 종속변수에 해당하는 y를 **피설명변수**라고 한다.

관측 데이터 (x_i, y_i)에 대한 1차식의 값

$$y'_i = a + bx_i$$

와 관측값 y_i와의 차를 e_i라 할 때

$$e_i = y_i - (a + bx_i)$$

를 **잔차**라고 한다. 이 잔차 e_i의 제곱합(**잔차 제곱합**)

$$E(a,b) = \sum_{n=1}^{n} e_i^2 = \sum_{i=1}^{n}[y_i - (a + bx_i)]^2 \qquad (2)$$

을 최소로 하는 계수 a, b를 정한다. 그러기 위하여

$$\frac{\partial E}{\partial a} = 0, \qquad \frac{\partial E}{\partial b} = 0$$

되는 a와 b를 구한다. 이 방법을 **최소 제곱법**이라 한다.

$$\frac{\partial E}{\partial a} = \sum_{i=1}^{n} 2[y_i - (a + bx_i)](-1) = 2\sum_{i=1}^{n}(a + bx_i - y_i) = 0$$

$$\frac{\partial E}{\partial b} = \sum_{i=1}^{n} 2[y_i - (a + bx_i)](-x_i) = -2\sum_{i=1}^{n}(ax_i + bx_i^2 - x_i y_i) = 0$$

에서 계수 a, b를 구하는 관계식은 다음과 같다.

$$\begin{aligned} na + b\sum_{i=1}^{n} x_i &= \sum_{i=1}^{n} y_i \\ a\sum_{i=1}^{n} x_i + b\sum_{i=1}^{n} x_i^2 &= \sum_{i=1}^{n} x_i y_i \end{aligned} \quad (3)$$

이 방정식을 **정규방정식**(normal equations)이라 한다.
잔차 제곱합을 최소로 하는 방법을 **잔차최소 제곱법**이라 한다.
식 (3)을 a, b에 관하여 풀면 다음과 같다.

$$a = \frac{\Sigma y_i \Sigma x_i^2 - \Sigma x_i \Sigma x_i y_i}{n\Sigma x_i^2 - (\Sigma x)^2}$$
$$b = \frac{n\Sigma x_i y_i - \Sigma x_i \Sigma y_i}{n\Sigma x_i^2 - (\Sigma x_i)^2}$$

예제 1 다음 표로 주어진 데이터 점에 최소 제곱법으로 최적 직선 $y = a + bx$를 구하여라.

x_i	y_i	x_i^2	$x_i y_i$
1	7	1	7
2	5	4	10
3	4	9	12
4	3	16	12
5	1	25	5
15	20	55	46

풀이 정규방정식은 다음과 같다.

$$\begin{cases} 5a + 15b = 20 & \cdots ① \\ 15a + 55b = 46 & \cdots ② \end{cases}$$

①~②에서 계수 a, b를 구한다.

②−⑤ $\times 3; 10b = -14 \therefore b = -1.4$

①에서 $15(-1.4) + 5a = 20, a = \frac{41}{5} = 8.2$

공식에 대입하면

$$a = \frac{20 \cdot 55 - 15 \cdot 46}{5 \times 55 - (15)^2} = \frac{410}{50} = 8.2$$
$$b = \frac{5 \cdot 46 - 15 \cdot 20}{5.55 - 15^2} = \frac{-70}{50} = -1.4$$

참고 $\bar{x} = \frac{15}{5} = 3, \bar{y} = \frac{20}{5} = 4$이고, 정규방정식에서 $a + b\frac{1}{n}\Sigma x_i = \frac{1}{n}\sum_{k-1}^{n} y_k$이므로, $a + b\bar{x} = \bar{y}$에서 $a = \bar{y} - b\bar{x} = 4 - (-1.4) \cdot 3 = 8.2$이다. 따라서 구하는 최적 직선은

$$y = 8.2 - 1.4x$$

잔차 최소 제곱법에 의하여 최적 직선을 구하는 알고리즘은 다음과 같다. 상수 a, b를 구하는 것은 공식을 이용하면 편리하다.

Algorithm Least-Squares Line

1. Input n
2. Input $(x_i, y_i)(i = 1, 2, \cdots, n)$
3. $xsum = 0; ysum = 0; xx\,sum = 0; xy\,sum = 0$
4. For $i = 1$ to n
   $xsum = xsum + x_i$
   $ysum = ysum + y_i$
   $xx\,sum = xx\,sum + x_i \cdot x_i$
   $xy\,sum = xy\,sum + x_i \cdot y_i$
5. $c = n \cdot xx\,sum - x\,sum \cdot x\,sum$
6. $a = (y\,sum \cdot xx\,sum - x\,sum \cdot xysum)/\,c$
7. $b = (n \cdot xy\,sum - x\,sum \cdot y\,sum)/\,c$
8. output a, b

(2) 2차 함수의 적합

여기서는 2차 함수의 적합에 대하여 살펴보자. 그 밖에 다음과 같은 함수에의 적합문제가 있다.

3차 함수	$y = a + bx + cx^2 + dx^3$
멱함수	$y = ax^b$
지수함수	$y = ab^x$
수정지수함수	$h = k - ab^x$

이들 적합은 많이 쓰이며, 이밖에도 쌍곡선 함수, 로그함수 등이 있다.

주어진 n 개의 데이터점 $(x, y_1), \cdots, (x_n, y_n)$에 적합하는 포물선(2차함수)을

$$y = f(x) = a + bx + cx^2 \tag{4}$$

이라면, 계수 a, b, c는 잔차의 제곱합

$$E(a,b,c) = \sum_{i=1}^{n}(a + bx_i + cx_i^2 - y_i)^2 \tag{5}$$

을 최소가 되게 하는 잔차 최소 제곱법으로 구한다.

여기서 x가 설명변수, y가 피설명변수이다.

E의 a, b, c에 관한 편도함수가 0이 되게 a, b, c를 정한다.

$$\begin{aligned}
\frac{\partial E}{\partial a} &= 2\sum_{i=1}^{n}\left(a + bx_i + cx_i^2 - y_i\right) = 0 \\
\frac{\partial E}{\partial b} &= 2\sum_{i=1}^{n}\left(a + bx_i + cx_i^2 - y_i\right)(x_i) = 0 \\
\frac{\partial E}{\partial c} &= 2\sum_{i=1}^{n}\left(a + bx_i + cx_i^2 - y_i\right)\left(x_i^2\right) = 0
\end{aligned} \tag{6}$$

이들 3식을 정리하면, a, b, c를 정하는 다음 정규방정식을 얻는다.

$$\boxed{\begin{aligned}
&na + b\sum_{i=1}^{n}x_i + c\sum_{i=1}^{n}x_i^2 = \sum_{i=1}^{n}y_i \\
&a\sum_{i=1}^{n}x_i + b\sum_{i=1}^{n}x_i^2 + c\sum_{i=1}^{n}x_i^3 = \sum_{i=1}^{n}y_i x_i \\
&a\sum_{i=1}^{n}x_i^2 + b\sum_{i=1}^{n}x_i^3 + c\sum_{i=1}^{n}x_i^4 = \sum_{i=1}^{n}y_i x_i^2
\end{aligned}} \tag{7}$$

이 정규방정식을 풀어서 상수 a, b, c를 결정한다.

예제 2 다음 데이터 점에 가장 적합한 포물선 $y = a + bx + cx^2$을 최소 제곱법으로 구하여라.

$$4\text{점}\ (-1,2), (0,1), (1,1), (2,2)$$

풀이

x	y	x^2	x^3	x^4	xy	x^2y
−1	2	1	−1	1	−2	2
0	1	0	0	0	0	0
1	1	1	1	1	1	1
2	2	4	8	16	4	8
2	6	6	8	18	3	11

구하는 정규방정식은

$$4a + 2b + 6c = 6 \cdots \quad ①$$
$$2a + 6b + 8c = 3 \cdots \quad ②$$
$$6a + 8b + 18c = 11 \cdots ③$$

식 ①, ②, ③을 연립하여 풀면

$$②-①\times 3 : -10a - 10c = -15 \cdots \ ④$$
$$③-①\times 4 : -10a - 6c = -13 \cdots \ ⑤$$

④-⑤ : $-4c = -2 \quad \therefore c = 0.5$

식 ④에서 $10a = 15 - 10c = 15 - 5 = 10 \quad \therefore a = 1$

식 ①에서 $2b = 6 - 4a - 6c = 6 - 4 - 3 = -1 \quad \therefore b = -0.5$

검산 $a = 1,\ b = -0.5,\ c = 0.5$를 식 ③에 대입하여 $6(1) + 8(-0.5) + 18(0.5) = 11$ 이므로 $a,\ b,\ c$의 값은 맞는다.

구하는 포물선의 방정식은

$$y = 1 - 0.5x + 0.5x^2$$

최적의 2차함수 $y = a + bx + cx^2$을 구하는 알고리즘을 구해보자.
우선 정규방정식에서 상수 a, b, c를 정해야 한다.

$$\text{(A)} \begin{cases} \Sigma x_i = \gamma_{1,2},\ \Sigma x_i^2 = \gamma_{1,3},\ \Sigma y_i = \gamma_{1,4} & \cdots ① \\ \Sigma x_i^3 = \gamma_{2,3},\ \Sigma x_i y_i = \gamma_{2,4} & \cdots ② \\ \Sigma x^4 = \gamma_{3,3},\ \Sigma x_i^2 y_i = \gamma_{3,4} & \cdots ③ \end{cases} \qquad (8)$$

를 구하면 정규방정식은 다음과 같다.

$$\text{(B)} \begin{cases} a\gamma_{1,1} + b\gamma_{1,2} + c\gamma_{1,3} = \gamma_{1,4} & \cdots ④ \\ a\gamma_{2,1} + b\gamma_{2,2} + c\gamma_{2,3} = \gamma_{2,4} & \cdots ⑤ \\ a\gamma_{3,1} + b\gamma_{3,2} + c\gamma_{3,3} = \gamma_{3,4} & \cdots ⑥ \end{cases} \qquad (9)$$

단, $\gamma_{1,1} = n,\ r_{1,2} = \gamma_{2,1},\ \gamma_{1,3} = \gamma_{3,1},\ \gamma_{2,3} = \gamma_{3,2}$이다.

식 ④, ⑤, ⑥에서 계수 a, b, c의 값은 연립 1차 방정식을 푸는 소거법으로 구한다.

주어진 데이터점을 포물선(2차함수)에 적합시키는 최소 제곱법에 의한 과정에서 주된 계산은 다음 계산과정 (i), (ii)이다.

(i) 정규방정식의 계수를 구한다.

$$\gamma_{1,2}=\Sigma x,\ \gamma_{1,3}=\Sigma x^2,\ \gamma_{1,4}=\Sigma y$$
$$\gamma_{2,3}=\Sigma x^3,\ \gamma_{2,4}=\Sigma xy$$
$$\gamma_{3,3}=\Sigma x^4,\ \gamma_{3,4}=\Sigma x^2 y$$

이들 계산 알고리즘은 다음과 같다.

For $i=1$ to n ($\gamma_{1,2}$, $\gamma_{1,3}$, $\gamma_{1,4}$, $\gamma_{2,4}$, $\gamma_{3,3}$, $\gamma_{3,4}$의 초기값은 0이다)

(C)
$$\gamma_{1,2}=\gamma_{1,2}+x_i$$
$$\gamma_{1,3}=\gamma_{1,3}+x_i^2$$
$$\gamma_{1,4}=\gamma_{1,4}+y_i$$
$$\gamma_{2,3}=\gamma_{2,3}+x_i^3$$
$$\gamma_{3,3}=\gamma_{3,3}+x_i^4$$
$$\gamma_{3,4}=\gamma_{3,4}+x_i^2 y_i$$

이고, 일정한 값과 동일한 값을 갖는 계수를 다음과 같이 나타낸다.

(D)
$$\gamma_{1,1}=n$$
$$\gamma_{2,1}=\gamma_{1,2}$$
$$\gamma_{2,2}=\gamma_{1,3}$$
$$\gamma_{3,1}=\gamma_{1,3}$$
$$\gamma_{3,2}=\gamma_{2,3}$$

(ii) 정규방정식 (B)를 풀어서 근사다항식의 계수를 정한다.

(E)
```
For i = 1 to n
  k1 = k + 1
  for j = k1 to n
    γ(k,j) = γ(k,j) / γ(k,k)
  for i = 1 + n
    If i ≠ k then
    w = γ(i,k)
  for j = k1 to n1
    γ(i,j) = γ(i,j) − w * γ(k,j)
```

Algorithm Least-Squares Polynomial

1. Input n, m … 데이터점의 수와 다항식의 차수
2. Input $(x_i, y_i)(i=1,2,\cdots,n)$ … 데이터점 입력
3. (C) … 정규방정식의 계수 계산
4. (D) … 정규방정식의 같은 계수

5. (E)	… 근사다항식의 계수
6. $s_0 = ax_0^2 + bx_0 + c$	… $x = x_0$에서의 y값 추정
7. output a, b, c, x_0, y_0, s_0	… 결과의 출력

예제 3 앞 예제의 데이터점 (− 1, 2), (0, 1), (1, 1), (2, 2)에 대한 가장 적합한 포물선 $y = a + bx + cx^2$을 위 알고리즘에 따라서 정하여라.

풀이 1. $n = 4$ (4점), $m = 2$ (2차 함수)

2. $(x_1, y_1) = (-1, 2), (x_2, y_2) = (0, 1), (x_3, y_3) = (1, 1), (x_4, y_4) = (2, 2)$

3. (C)와 (D)

$$\gamma_{1,2} = \Sigma x_i = 2,\ \gamma_{1,3} = \Sigma x_i^2 = 6, \gamma_{1,4} = \Sigma y_i = 6$$
$$\gamma_{2,3} = \Sigma x_i^3 = 8,\ \gamma_{2,4} = \Sigma x_i y_i = 3$$

4. $\gamma_{2,1} = \gamma_{1,2} = 2, \gamma_{2,2} = \gamma_{1,3} = 6$

$\gamma_{3,1} = \gamma_{1,3} = 6, \gamma_{3,2} = \gamma_{2,3} = 8$

$\gamma_{3,3} = \Sigma x_i^4 = 18,\ \gamma_{3,4} = \Sigma x_i^2 y_i = 11$

5. $$\begin{bmatrix} 4 & 2 & 6 & 6 \\ 2 & 6 & 8 & -3 \\ 8 & 8 & 18 & 11 \end{bmatrix} \to \begin{bmatrix} 1 & 0.5 & 1.5 & 1.5 \\ 0 & 5 & 5 & 0 \\ 0 & 5 & 9 & 2 \end{bmatrix} \to \begin{bmatrix} 1 & 0 & 1 & 1.5 \\ 0 & 1 & 1 & 0 \\ 0 & 0 & 4 & 2 \end{bmatrix}$$
$$\to \begin{bmatrix} 1 & 0 & 0 & 1 \\ 0 & 1 & 0 & -0.5 \\ 0 & 0 & 1 & 0.5 \end{bmatrix}$$

따라서 $a = 1,\ b = -0.5, c = 0.5\ \ \therefore y = 1 - 0.5x + 0.5x^2$

6.3.2 여러 가지 함수의 적합

(1) 멱함수의 적합

멱함수 $y = ax^b$의 양변에 로그(자연로그)를 취하면

$$\log y = \log a + b \log x \tag{1}$$

여기서 $Y = \log y, A_0 = \log a, A_1 = b, X = \log x$이라면, 식 (1)은

$$Y = A_0 + A_1 X \tag{2}$$

가 된다. 즉 멱함수 (1)을 양 로그 눈금용자에 그리면 직선이 된다. Y는 X의 1차 함수이므로, 1차함수의 적합인 경우와 마찬가지로 다음 정규방정식을 얻는다.

$$\begin{aligned} nA_0 + \left(\sum_{i=1}^{n} X_i\right) A_1 &= \sum_{i=1}^{n} Y_i \\ \left(\sum_{i=1}^{n} X_i\right) A_0 + \left(\sum_{i=1}^{n} X_i^2\right) A_1 &= \sum_{i=1}^{n} X_i Y_i \end{aligned} \tag{3}$$

이 정규방정식에

$$X_i = \log x_i, \quad Y_i = \log y_i$$

를 대입하면 다음과 같다.

$$\begin{aligned} nA_0 + \left(\sum_{i=1}^{n} \log x_i\right) A_1 &= \sum_{i=1}^{n} \log y_i \\ \left(\sum_{i=1}^{n} \log x_i\right) A_0 + \left\{\sum_{i=1}^{n} (\log x_i)^2\right\} A_1 &= \sum_{i=1}^{n} (\log x_i)(\log y_i) \end{aligned} \tag{4}$$

이 연립방정식을 A_0, A_1에 관하여 풀어서

$A_0 = \log a$에서 $a = e^{A_0}$

$A_1 = b$에서 $b = A_1$

으로 멱함수 $y = ax^b$의 상수 a, b가 구해진다.

예제 1 다음 4개의 데이터점에 적합한 멱함수 $y = ax^b$을 최소 제곱법에 의하여 구하여라.

$$P_1(0.5,\ 1),\ P_2(1,\ 2),\ P_3(2,\ 2\sqrt{2}),\ P_4(4,\ 4)$$

풀이 정규방정식을 구한다.

x	y	$\log x$	$\log y$	$(\log x)^2$	$\log x\ \log y$
0.5	1	−0.693	0	0.480	0
1	2	0	0.693	0	0
2	$2\sqrt{2}$	0.693	1.040	0.480	0.721
4	4	1.386	1.386	1.921	1.921
7.5	9.828	1.386	3.119	2.881	2.642

구하는 정규방정식은

$$\begin{cases} 4A_0 \qquad + 1.386A_1 = 3.119 \\ 1.386A_0 + 2.881A_1 = 2.642 \end{cases}$$

$$A_0 = \frac{\begin{vmatrix} 3.119 & 1.386 \\ 2.642 & 2.881 \end{vmatrix}}{\begin{vmatrix} 4 & 1.386 \\ 1.386 & 2.881 \end{vmatrix}} = \frac{5.3545}{7.682} = 0.697 = \log a$$

에서 $a = e^{0.697} = 2.008$

$$A_1 = \frac{\begin{vmatrix} 4 & 3.119 \\ 1.386 & 2.642 \end{vmatrix}}{7.682} = \frac{-4.323}{7.682} = -0.563 = b$$

따라서 구하는 최적 멱함수는 다음과 같다.

$$y = 2.008x^{-0.563}$$

(2) 지수함수의 적합

지수함수 $y = ab^x$의 양변에 로그를 취하면

$$\log y = \log a + x \log b \tag{5}$$

여기서 $\log y = Y$, $\log a = A_0$, $\log b = A_1$이라면 식 (5)는 다음과 같은 1차식 꼴이 된다.

$$Y = A_0 + A_1 x \tag{6}$$

따라서 지수함수 $y = ab^x$을 반로그 눈금용지에 그리면 1차함수 $Y = A + BX$꼴의 직선이 된다.

1차함수의 근사인 경우와 마찬가지로 계수 A_0, A_1을 구하는 정규방정식은 다음과 같다.

$$\begin{aligned} &nA_0 + A_1 \Sigma x_i = \Sigma Y_i \\ &(\Sigma x_i) A_0 + A_1 \left(\Sigma x_i^2 \right) = \Sigma (x_i Y_i) \end{aligned} \tag{7}$$

이 식을 원래의 데이터로 나타내면 다음과 같다.

$$\begin{aligned} &nA_0 + A_1 \Sigma x_i = \Sigma \log y_i \\ &(\Sigma x_i) A_0 + A_1 \left(\Sigma x_i^2 \right) = \Sigma (x_i \log y_i) \end{aligned} \tag{8}$$

이 연립방정식을 A_0, A_1에 관하여 풀고

$$A_0 = \log a \text{에서 } a = e^{A_0},\ A_1 = \log b \text{에서 } b = e^{A_1}$$

으로 a, b를 구하여 지수 함수의 근사식 $y = ab^x$을 얻는다.

예제 2 다음 4개의 데이터점에 적합한 지수함수 $y = ab^x$ 꼴의 근사식을 구하여라.

$$(0,\ 3),\ (1,6),\ (2,\ 12),\ (3,\ 24)$$

풀이 정규방정식을 구하기 위하여 다음 표를 이용한다.

x	y	$\log y$	x^2	$x\log y$
0	3	1.099	0	0
1	6	1.792	1	1.792
2	12	2.485	4	4.970
3	24	3.178	9	9.534
6	45	8.534	14	16.296

정규방정식 (9)는

$$\begin{cases} 4A_0 + 6A_1 = 8.534 \\ 6A_0 + 14A_1 = 16.296 \end{cases}$$

이고, 이 식에서 A_0, A_1을 구한다.

$$A_0 = \frac{\begin{vmatrix} 8.534 & 6 \\ 16.296 & 14 \end{vmatrix}}{\begin{vmatrix} 4 & 6 \\ 6 & 14 \end{vmatrix}} = \frac{21.7}{20} = 1.085$$

$$A_1 = \frac{1}{20}\begin{vmatrix} 4 & 8.534 \\ 6 & 16.296 \end{vmatrix} = \frac{13.98}{20} = 0.699$$

$$A_0 = 1.085 = \log a \text{에서 } a = e^{1.085} = 2.959$$
$$A_1 = 0.699 = \log b \text{에서 } b = e^{0.699} = 2.012$$

따라서 구하는 근사 지수함수는

$$y = 2.959\,(2.012)^x$$

참고 이 예제에서 $y = 3 \cdot 2^x$이 정확한 곡선이다.

6.3.3 3각다항식의 접합

(1) 함수의 3각다항식의 근사

함수 $f(x)$가 구간 $[a, b]$에서 유한개의 점을 제외하고 연속이면, $f(x)$는 구간 $[a, b]$에서 **구분적으로 연속**이라 한다.

$f(x)$가 구간 $[-\pi, \pi]$에서 구분적으로 연속일 때 $f(x)$는 다음과 같이 삼각함수로 전개된다.

$$f(x) = \frac{a_0}{2} + \sum_{n=1}^{\infty}(a_n \cos nx + b_n \sin nx) \tag{1}$$

계수 a_n, b_n은 다음과 같이 결정된다.

식 (1)의 양변을 $-\pi$에서 π까지 적분하면

$$\begin{aligned}\int_{-\pi}^{\pi} f(x)\,dx &= \frac{a_0}{2}\int_{-\pi}^{\pi} dx + \sum_{n=1}^{\infty}\left(a_n \int_{-\pi}^{\pi} \cos nxdx + b_n \int_{-\pi}^{\pi} \sin nxdx\right) \\ &= \pi a_0 \left(\int_{-\pi}^{\pi} \cos nxdx = \int_{-\pi}^{\pi} \sin nxdx = 0\right)\end{aligned} \tag{2}$$

식 (1)의 양변에 $\cos mx$(m은 정수)를 곱하여 $-\pi$에서 π까지 적분하면

$$\begin{aligned}\int_{-\pi}^{\pi} f(x)\cos mxdx &= \int_{-\pi}^{\pi}\left[\frac{a_0}{2} + \sum_{n=1}^{\infty}(a_n \cos nx + b_n \sin nx)\cos mxds\right] \\ &= a_m \pi \qquad (m = 1, 2, \cdots)\end{aligned} \tag{3}$$

위 계산에서 다음 적분 결과를 이용하였다.

$$\int_{-\pi}^{\pi} \cos nx \cos mxdx = \begin{cases} 0 & (n \neq m) \\ \pi & (n = m) \end{cases}, \quad \int_{-\pi}^{\pi} \sin nx \cos mxdx = 0$$

식 (2), (3)에서 계수 a_n은 다음 식으로 구해진다.

$$a_n = \frac{1}{\pi}\int_{-\pi}^{\pi} f(x)\cos nxdx \quad (n = 0, 1, 2, \cdots) \tag{4}$$

마찬가지로 식 (1)의 양변에 $\sin mx$를 곱하여 $-\pi$에서 π까지 적분하면

$$\begin{aligned}\int_{-\pi}^{\pi} f(x)\sin mxdx &= \int_{-\pi}^{\pi}\left[\frac{a_0}{2} + \sum_{n=1}^{\infty}(a_n \cos nx + b_n \sin nx)\right]\sin mxdx \\ &= b_m \pi \qquad (m = 1, 2, \cdots)\end{aligned} \tag{5}$$

이 적분에서 다음 적분결과를 이용하였다.

$$\int_{-\pi}^{\pi} \sin mx dx = 0,\ \int_{-\pi}^{\pi} \cos nx \sin mx dx = 0,\ \int_{-\pi}^{\pi} \sin nx \sin mx dx = \begin{cases} 0 & (n \neq m) \\ \pi & (n = m) \end{cases}$$

식 (5)에서

$$b_n = \frac{1}{\pi} \int_{-\pi}^{\pi} f(x) \sin nx dx \quad (n = 1,\ 2,\ \cdots) \tag{6}$$

식 (2), (4), (6)을 다음에 다시 적어둔다.

$$a_0 = \frac{1}{\pi} \int_{-\pi}^{\pi} f(x)\, dx$$
$$a_n = \frac{1}{\pi} \int_{-\pi}^{\pi} f(x) \cos nx dx \quad (n = 1,\ 2,\ \cdots)$$
$$b_n = \frac{1}{\pi} \int_{-\pi}^{\pi} f(x) \sin nx dx \quad (n = 1,\ 2,\ \cdots)$$

이들 계수를 써서 나타낸 식 (1)을 $f(x)$의 **Fourier 급수**라 한다.

예제 1 구간 $[-\pi,\ \pi]$에서 $f(x) = \frac{x}{2}$, 주기 2π인 경우 $f(x)$에 관한 Fourier 급수를 구하여라.

풀이 $f(x)$가 기함수이므로, $f(x) \cos nx$는 기함수이다. 따라서

$$a_n = \frac{1}{\pi} \int_{-\pi}^{\pi} f(x) \cos nx dx = 0$$

이므로, $f(x)$는 sine만의 Fourier 급수로 전개된다.

$$\begin{aligned} b_n &= \frac{1}{\pi} \int_{-\pi}^{\pi} f(x) \sin nx dx = \frac{2}{\pi} \int_{0}^{\pi} \frac{x}{2} \sin nx dx \\ &= \frac{2}{\pi} \left(-\frac{\pi}{n} (\cos n\pi) + \frac{1}{n} \left[\frac{1}{n} \sin nx \right]_0^{\pi} \right) = \frac{1}{n} (-1)^{n+1} \end{aligned}$$

이므로

$$b_1 = 1,\ b_2 = -\frac{1}{2},\ b_3 = \frac{1}{3},\ b_4 = -\frac{1}{4},\ \cdots,\ b_n = (-1)^{n+1} \frac{1}{n},\ \cdots$$

따라서 $f(x)$의 Fourier 급수는 다음과 같다.

$$\frac{x}{2} = \sin x - \frac{1}{2} \sin 2x + \frac{1}{3} \sin 3x - \frac{1}{4} \sin 4x + \cdots + (-1)^{n+1} \frac{1}{n} \sin nx + \cdots$$

$f(x)$가 우함수이면, $f(x)\sin nx$는 기함수이므로

$$b_n = \frac{2}{\pi}\int_{-\pi}^{\pi} f(x)\sin nx dx = 0 \quad (n = 1, 2, \cdots)$$

따라서, $f(x)$는 cosine만의 Fourier 급수로 전개된다.

예제 1에서 $f(x)$의 부분합

$$s_2(x) = \sin x - \frac{1}{2}\sin 2x$$
$$s_3(x) = \sin x - \frac{1}{2}\sin 2x + \frac{1}{3}\sin 3x$$
$$s_4(x) = \sin x - \frac{1}{2}\sin 2x + \frac{1}{3}\sin 3x - \frac{1}{4}\sin 4x$$

은 $f(x)$의 근사식이고, n차의 3각다항식 $s_n(x)$는 n이 증가함에 따라 함수 $f(x)$의 좋은 근사식이 된다.

(2) 데이터점에 3각다항식의 적합

구간 $(0, n)$ 사이에 주어신 네이터점 $(x_i, y_i)(i = 0, 1, 2, \cdots, n)$에 3각다항식을 적합시키는 문제를 살펴보자.

단, $0 = x_0, x_1, \cdots, x_n = n$은 구간 $(0, n)$을 n등분한 분점이다.

구하는 3각다항식 $P(x)$는 주기 $n+1$인 주기 함수라고 가정한다.

$P(t)$가 구간 $[-\pi, \pi]$에서 주기 2π인 주기함수이고, $2m+1 \leq n$이면 근사 3각다항식 $P(t)$는

$$P(t) = \frac{a_0}{2} + \sum_{j=1}^{m}(a_j \cos jt + b_j \sin jt)$$

로 나타내진다.

$P(x)$가 주기 $n+1$인 주기함수라면

$$\frac{x}{t} = \frac{n+1}{2\pi} \text{에서 } t = \frac{2\pi}{n+1}x$$

이므로, 근사 3각다항식 $P\left(\frac{2\pi}{n+1}x\right)$은 다음과 같이 전개된다.

$$\begin{aligned} P\left(\frac{n+1}{2\pi}t\right) &= \frac{a_0}{2} + \sum_{j=1}^{m}(a_j \cos jt + b_j \sin jt) \quad \left(t = \frac{2\pi}{n+1}x\right) \\ &= \frac{a_0}{2} + \sum_{j=1}^{m}\left[a_j \cos\left(\frac{2\pi}{n+1}jx\right) + b_j \sin\left(\frac{2\pi}{n+1}jx\right)\right] = P(x) \end{aligned} \quad (7)$$

식 (7)이 구하려는 근사 3각다항식이다.

데이터점은 $\{(x_k, y_k)\}$, $k = 0, 1, \cdots, n$에서 $x_0 = 0$, $x_1 = 1$, $\cdots$, $x_n = n$이고, 데이터의 총수는 $n + 1$개이다.

식 (7)의 계수 a_0, a_j, b_j $(j = 1, 2, \cdots, m)$는 최소 제곱법에 의하여 구한다. 즉,

$$E(P(x)) = \sum_{k=0}^{n}[P(x_k) - y_k]^2 \tag{8}$$

이 최소가 되게 모든 계수를 구한다.

식 (8)을 a_j, b_j에 관하여 편미분하여 그 값을 0으로 놓은 관계식에서 계수들을 구한다.

식 (8)을 a_j, b_j에 관하여 편미분하여 0이라 놓으면 a_j, b_j를 구하는 공식

$$a_j = \frac{2}{n+1}\sum_{k=0}^{n} y_k \cos(jx_k) \quad (j = 0, 1, 2, \cdots, m) \tag{9}$$

$$b_j = \frac{2}{n+1}\sum_{k=1}^{n} y_k \sin(jx_k) \quad (j = 1, 2, \cdots, m) \tag{10}$$

단, $2m + 1 \le n$되는 최대의 m을 취한다.

을 얻는다.

함수 $f(x)$의 3각다항식 전개에서 계수들은 다음 삼각함수의 성질을 이용하면 구해진다.

$$\sum_{j=0}^{m} \sin\frac{2\pi}{n+1}jx \sin\frac{2\pi}{n+1}kx = \begin{cases} 0 & (j \ne k \text{ 또는 } j = k = 0) \\ 1/2 & (j = k \ne 0) \end{cases} \tag{11}$$

$$\sum_{j=0}^{m} \sin\frac{2\pi}{n+1}jx \cos\frac{2\pi}{n+1}kx = 0 \tag{12}$$

$$\sum_{j=0}^{m} \cos\frac{2\pi}{n+1}jx \cos\frac{2\pi}{n+1}kx = \begin{cases} 0 & (j \ne k) \\ 1/2 & (j = k \ne 0) \\ 1 & (j = k = 0) \end{cases} \tag{13}$$

오른쪽 그림을 써서 식 (11)~(13)을 증명한다.

원 O에서 0과 2π 사이의 원둘레를 중심 각 $\frac{2\pi}{n+1}$의 크기로 구분할 때, 이들 각 $\angle xOP_i (i = 0, 1, \cdots, n)$의 sine과 cosine의 곱의 합은 어느 것도 0이 된다.

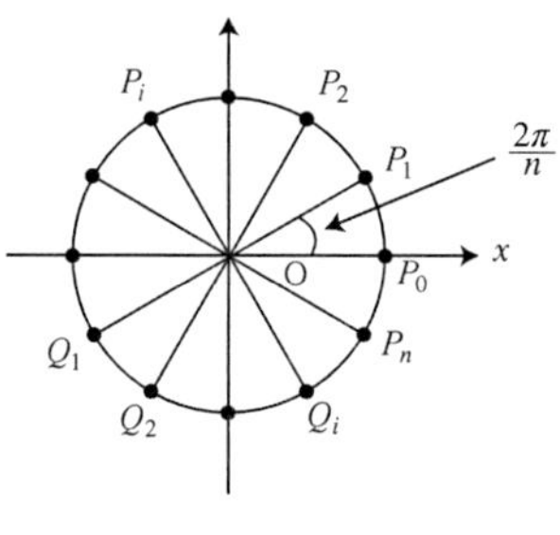

[1] 식 (11)을 증명해보자.

$$\sum_{j=0}^{m} \sin\frac{2\pi}{n+1}jx \cdot \sin\frac{2\pi}{n+1}kx = \frac{1}{2}\sum_{j=0}^{m}\left[\cos\frac{2\pi}{n+1}(j-k)x - \cos\frac{2\pi}{n+1}(j+k)x\right]$$

이 식에서 $j = k \neq 0$일 때, $\cos\frac{2\pi}{n+1}(j-k)x = 1$이고, 그 밖에서는 0이므로 식 (11)의 합은 $\frac{1}{2}$이 되어, 식 (11)이 얻어진다.

[2] 식 (12)를 밝혀보자.

$$\sum_{j=0}^{n} \sin\frac{2\pi}{n+1}jx \cos\frac{2\pi}{n+1}kx = \frac{1}{2}\sum_{j=0}^{n}\left[\sin\frac{2\pi}{n+1}(j+k)x + \sin\frac{2\pi}{n+1}(j-k)x\right]$$

각 $\frac{2\pi}{n+1}(j+k)x$ $(x = 0, 1, \cdots, n)$의 원주상의 분할점이 같은 간격으로 놓여 있으므로, $\sum_{j=0}^{n}\sin\frac{2\pi}{n+1}(j+k)x = 0$이고, $\sin\frac{2\pi}{n+1}(j-k)x$는 $j = k$인 경우나, 그밖의 경우도 0이 된다. 따라서 식 (12)는

$$\sum_{j=0}^{n} \sin\frac{2\pi}{n+1}jx \cos\frac{2\pi}{n+1}kx = 0$$

[3] 식 (13)을 밝혀보자.

$$\sum_{j=0}^{n} \cos\frac{2\pi}{n+1}jx \cos\frac{2\pi}{n+1}kx = \frac{1}{2}\sum_{j=0}^{n}\left[\cos\frac{2\pi}{n+1}(j+k)x + \cos\frac{2\pi}{n+1}(j-k)x\right]$$

이 식에서 $j \neq k$이면, 각 $\frac{2\pi}{n+1}(j+k)x$, $\frac{2\pi}{n+1}(j-k)x$의 cosine값은 $j = k \neq 0$일 때, $\cos\frac{2\pi}{n+1}(j-k)$값은 1, $\cos\frac{2\pi}{n+1}(j+k)x = 0$이므로, 식 (13)의 값은 $j = k \neq 0$일 때 $\frac{1}{2}$이고, $j = k = 0$이면,

$$\cos\frac{2\pi}{n+1}(j+k)x = \cos 0 = 1,\ \cos\frac{2\pi}{n+1}(j-k)x = \cos 0 - 1$$

이므로, 식 (13)은 $\frac{1}{2}(1+1) = 1$이 되어 식 (13)이 증명된다.

이상의 삼각함수의 성질 (11)~(13)을 써서 3각다항식의 계수를 결정한다.

[4] 계수 a_j를 구한다.

$$\sum_{x=0}^{n} y(x)\cos\frac{2\pi}{n+1}kx = \sum_{x=0}^{n}\left[\frac{a_0}{2} + \sum_{j=1}^{m}\left(a_j\cos\frac{2\pi}{n+1}jx + b_j\sin\frac{2\pi}{n+1}jx\right)\right]\cos\frac{2\pi}{n+1}kx$$

$$= \frac{a_0}{2} \sum_{x=0}^{n} \cos \frac{2\pi}{n+1} kx +$$

$$\sum_{x=0}^{n} \left[\sum_{j=1}^{m} \left(a_j \cos \frac{2\pi}{n+1} jx \cos \frac{2\pi}{n+1} kx + b_j \sin \frac{2\pi}{n+1} jx \cos \frac{2\pi}{n+1} kx \right) \right.$$

$$\sum_{x=0}^{n} \left[\sum_{j=1}^{m} \cos \frac{2\pi}{n+1} jx \cos \frac{2\pi}{n+1} kx \right] = \begin{cases} 0 & (j \neq k) \\ (n+1)/2 & (j = k \neq 0) \\ n+1 & (j = k = 0) \end{cases}$$

$$\sum_{x=0}^{n} \sin \frac{2\pi}{n+1} jx \cos \frac{2\pi}{n+1} kx = 0$$

이므로 $k = j = 0$일 때 $\sum_{x=0}^{n} y(x) = \frac{a_0}{2}(n+1)$에서

$$\boxed{a_0 = \frac{2}{n+1} \sum_{x=0}^{n} y(x) = \frac{2}{n+1} \sum_{k=0}^{n} y_k} \qquad (14)$$

$\sum_{x=0}^{n} y(x) \cos \frac{2\pi}{n+1} kx = a_j \frac{n+1}{2}$에서 $(j = k \neq 0)$

$$\boxed{a_j = \frac{2}{n+1} \sum_{x=0}^{n} y(x) \cos\left(\frac{2\pi}{n+1} jx\right) = \frac{2}{n+1} \sum_{k=0}^{n} y_k \cos\left(\frac{2\pi}{n+1} jx_k\right)} \qquad (15)$$

[5] 계수 b_j를 구한다.

$$\sum_{x=0}^{n} y(x) \sin \frac{2\pi}{n+1} kx$$

$$= \sum_{x=0}^{n} \left[\frac{a_0}{2} + \sum_{j=1}^{m} \left(a_j \cos \frac{2\pi}{n+1} jx + b_j \sin \frac{2\pi}{n+1} jx \right) \right] \sin \frac{2\pi}{n+1} kx$$

$$= \sum_{x=0}^{n} \frac{a_0}{2} \sin \frac{2\pi}{n+1} kx + \sum_{x=0}^{n} \sum_{j=1}^{m}$$

$$\left(a_j \cos \frac{2\pi}{n+1} jx \sin \frac{2\pi}{n+1} kx + b_j \sin \frac{2\pi}{n+1} jx \sin \frac{2\pi}{n+1} kx \right)$$

식 (9)에서 a_j를 유도한 것과 마찬가지로 식 (10)에서 b_j를 구한다.

$$\sum_{j=1}^{m} \cos \frac{2\pi}{n+1} jx \sin \frac{2\pi}{n+1} kx = 0$$

$$\sum_{x=0}^{n}\left(\sum_{j=1}^{m}\sin\frac{2\pi}{n+1}jx\sin\frac{2\pi}{n+1}kx\right)=\begin{cases}0 & (j\neq k)\\ \frac{n+1}{2} & (j=k\neq 0)\\ 0 & (j-k=0)\end{cases}$$

따라서

$$\sum_{x=0}^{n} y(x)\sin\frac{2\pi}{n+1}kx=\sum_{x=0}^{n}\frac{n+1}{2}b_j$$

이므로 b_j는 다음 공식으로 구해진다.

$$\begin{aligned} \mathbf{b_j} &= \frac{2}{n+1}\sum_{x=0}^{n} y(x)\sin\left(\frac{2\pi}{n+1}jx\right)\quad (j=1,\ 2,\ \cdots,\ m)\\ &= \frac{2}{n+1}\sum_{k=0}^{n} y_k\sin\left(\frac{2\pi}{n+1}jx_k\right) \end{aligned} \tag{16}$$

데이터의 개수에 따라 구체적으로 3각다항식을 구해보자.

(i) 데이터의 총수 $(n+1)$이 홀수인 경우, $n=2m$일 때

3각 급수로의 전개에서 데이터점의 수가 홀수인 경우, 즉 $x=0,\ 1,\ 2,\ \cdots,\ n=2m$인 경우의 3각 다항식의 형식은

$$y(x)=\frac{1}{2}a_0+\sum_{j=1}^{m}\left[a_j\cos\left(\frac{2\pi}{2m+1}jx\right)+b_j\sin\left(\frac{2\pi}{2m+1}jx\right)\right]$$

꼴을 한다. 이 경우 상수 $a_j(j=0,\ 1,\ \cdots,\ m)$, $b_j(j=1,\ 2,\ \cdots,\ m)$에서 계수는 모두 $2m+1$개이고, 데이터의 개수 $n+1=2m+1$과 같다.

이 경우 3각 다항식은 다음과 같다.

데이터의 개수가 $2m+1$개인 경우

$$p(x)=\frac{1}{2}a_0+\sum_{j=1}^{m}\left(a_j\cos\frac{2\pi}{2m+1}jx+b_j\sin\frac{2\pi}{2m+1}jx\right)$$

단,

$$a_j=\frac{2}{n+1}\sum_{k=0}^{n} y_k\cos\frac{2\pi}{n+1}jx_k\quad (j=0,\ 1,\ \cdots,\ m) \tag{17}$$

$$b_j=\frac{2}{n+1}\sum_{k=0}^{n} y_k\sin\frac{2\pi}{n+1}jx_k\quad (j=1,\ 2,\ \cdots,\ m) \tag{18}$$

(ii) 3각 급수의 전개에서 데이터 점의 총 수 $(n+1)$이 짝수인 경우

$x=0,\ 1,\ 2,\ \cdots,\ n=2m-1$인 경우, 즉 데이터의 수가 짝수 $2m$개인 경우는 계수 $a_j (j=0, 1, \cdots, m-1)$를 m개, $b_j\ (j=1,\ 2,\ \cdots,\ m-1)$를 $m-1$개를 취하고, 끝항으로 $\frac{1}{2}(a_m \cos \pi x + b_m \sin \pi x) = \frac{1}{2} a_m \cos \pi x$을 추가한다.

데이터의 개수가 $2m$개인 경우

$$y(x) = \frac{1}{2} a_0 + \sum_{j=1}^{m-1} \left[a_j \cos\left(\frac{2\pi}{2m} jx\right) + b_j \sin\left(\frac{2\pi}{2m} jx\right)\right] + \frac{1}{2} a_m \cos \pi x$$

$$= \frac{1}{2} a_0 + \sum_{j=1}^{m-1} \left[a_j \cos\left(\frac{\pi}{m} jx\right) + b_j \sin\left(\frac{\pi}{m} jx\right)\right] + \frac{1}{2} a_m \cos \pi x$$

로 주어지고, 계수는 다음 식으로 정해진다.

$$a_j = \frac{1}{m} \sum_{k=0}^{n} y_k \cos\left(\frac{\pi}{m} jx_k\right) \quad (j=0,\ 1,\ 2,\ \cdots,\ m)$$

$$b_j = \frac{1}{m} \sum_{k=0}^{n} y_k \sin\left(\frac{\pi}{m} jx_k\right) \quad (j=1,\ 2,\ \cdots,\ m-1)$$

3각다항식의 계수의 개수는 데이터의 수와 같거나 넘지않게 한다.
데이터의 개수가 짝수인 경우와 홀수인 경우에 3각다항식의 계수를 알아보자.

(1)

x	0	1	2	3	4	5	6	7
y	0	1	2	1	0	-1	-2	-1

$7=n=2m-1$에서 $m=4$
데이터 수는 $n+1=8$개

이므로, 계수는 $a_0,\ a_1,\ a_2,\ a_3,\ a_4$와 $b_1,\ b_2,\ b_3$을 정한다.

$$y(x) = \frac{1}{2} a_0 + a_1 \cos \frac{\pi}{4} x + a_2 \cos \frac{\pi}{4}(2x) + a_3 \cos \frac{\pi}{4}(3x)$$
$$+ b_1 \sin \frac{\pi}{4} x + b_2 \sin \frac{\pi}{4}(2x) + b_3 \sin \frac{\pi}{4}(3x) + \frac{1}{2} a_4 \cos \pi x$$

(2)

x	0	1	2	3	4
y	0	1	2	1	0

데이터는 홀수개, $n+1=2m+1=5$
에서 $m=2$

$n=4 \geq 2m$에서 $m=2$이므로, 계수 $a_0,\ a_1,\ a_2$ 및 $b_1,\ b_2$를 구한다. 우함수이므로 $b_1,\ b_2=0$이 되어 $a_0,\ a_1,\ a_2$만을 구해서

$$y(x) = a_0/2 + a_1 \cos\frac{2\pi}{5}(x) + a_2 \cos\frac{2\pi}{5}(2x)$$

예제 2 다음 데이터 점에 적합한 3각다항식의 근사식을 구하고, $y\left(\frac{1}{2}\right)$의 값을 구하여라. $y(x)$는 주기 3인 주기함수이다.

x	0	1	2
y	0	1	1

풀이 $n = 2$, $n = 2m$에서 $m = 1$이므로, 계수 a_0, a_1, b_1만이 요구된다.

$$P(x) = \frac{a_0}{2} + \sum_{j=1}^{1}\left(a_j \cos\frac{2\pi}{3} jx + b_j \sin\frac{2\pi}{3} jx\right)$$

$$a_0 = \frac{2}{3}\sum_{x=0}^{2} y(x) = \frac{2}{3}(0+1+1) = \frac{4}{3}$$

$$a_1 = \frac{2}{3}\sum_{x=0}^{2} y(x)\cos\frac{2\pi}{n+1}x = \frac{2}{3}\left(1\cos\frac{2\pi}{3} + 1\cos\frac{4\pi}{3}\right) = -\frac{2}{3}$$

$$b_1 = \frac{2}{3}\sum_{x=0}^{2} y(x)\sin\frac{2\pi}{n+1}x = \frac{2}{3}\left(1\sin\frac{2\pi}{3} + 1\sin\frac{4\pi}{3}\right) = 0$$

구하는 3각 근사다항식은

$$P(x) = \frac{1}{2}\left(\frac{4}{3}\right) - \frac{2}{3}\cos\frac{2\pi}{3}x = \frac{2}{3}\left(1 - \cos\frac{2\pi}{3}x\right)$$

연습문제 (6.3)

1 피설명변수 y에 대하여 설명변수가 x_1, x_2인 경우의 잔차의 최소 제곱법에 의한 선형실험식

$$y = a_0 + a_1 x_1 + a_2 x_2$$

의 계수 a_0, a_1, a_2를 구하는 정규방정식을 구하여라.

2 데이터 점에 대한 재료가 다음과 같은 선형실험식 $y = a_0 + a_1 x_1 + a_2 x_2$를 정하여라.

	x_1	x_2	y	$x_1 x_2$	x_1^2	x_2^2	$x_1 y$	$x_2 y$
	0	1	1	0	0	1	0	1
	1	2	4	2	1	4	4	8
	2	3	5	6	4	9	10	15
	3	6	8	18	9	36	24	48
	4	3	12	12	16	9	48	36
계	10	15	30	38	30	59	84	108

3 다음 자료에 적합한 역함수 $y = ax^b$을 정하여라.

x	y	xy	x^2	$\log x$	$(\log x)^2$	$\log y$	$\log x \log y$
1	2	2	1	0	0	0.301	0
2	8	16	4	0.301	0.091	0.903	0.272
3	30	90	9	0.477	0.228	1.477	0.705
4	60	240	16	0.602	0.362	1.778	1.070
5	100	500	25	0.699	0.489	2	1.398
15	200	848	55	2.079	1.17	6.459	3.445

4 다음 데이터는 어느 학과의 입학지원자 현황이다. 이 데이터에 지수곡선 $y = ab^x$을 적합시켜라. x는 연도, y는 지원자수이다.

x	2001	2002	2003	2004	2005	2006	2007
y	212	242	278	322	356	382	410

5 다음 데이터에 잔차 최소 제곱법에 의하여 3각다항식을 적합시켜라.

x	0	1	2	3
y	0	1	1	0

연습문제(6.3) 풀이

1 잔차 최소 제곱법에 따라서 실험식을 구한다.

$$S_r = \sum_{i=1}^{n} e_i^2 = \sum_{i=1}^{n}(y_i - a_0 - a_1 x_{1i} - a_2 x_{2i})^2$$

을 최소가 되게 다음 연립방정식을 만족시키는 a_0, a_1, a_2를 정한다.

$$\frac{\partial S_r}{\partial a_0} = -2\sum_{i=1}^{n}(y_i - a_0 - a_1 x_{1i} - a_2 x_{2i}) = 0$$

$$\frac{\partial S_r}{\partial a_1} = -2\sum_{i=1}^{n}(y_i - a_0 - a_1 x_{1i} - a_2 x_{2i})(x_{1i}) = 0$$

$$\frac{\partial S_r}{\partial a_2} = -2\sum_{i=1}^{n}(y_i - a_0 - a_1 x_{1i} - a_2 x_{2i})(x_{2i}) = 0$$

이들 식을 간단히 하면 다음 정규방정식을 얻는다.

$$\begin{cases} na_0 + a_1 \sum_{i=1}^{n} x_{1i} + a_2 \sum_{i=1}^{n} x_{2i} = \sum_{i=1}^{n} y_i \\ a_0 \sum_{i=1}^{n} x_{1i} + a_1 \sum_{i=1}^{n} x_{1i}^2 + a_2 \sum_{i=1}^{n} x_{1i} x_{2i} = \sum_{i=1}^{n} x_{1i} y_i \\ a_0 \sum_{i=1}^{n} x_{2i} + a_1 \sum_{i=1}^{n} x_{1i} x_{2i} + a_2 \sum_{i=1}^{n} x_{2i}^2 = \sum_{i=1}^{n} x_{2i} y_i \end{cases}$$

이 정규방정식을 풀어서 계수 a_0, a_1, a_2를 구한다.

2 주어진 데이터에 의한정규방정식은 다음과 같다.

$$5a_0 + 10a_1 + 15a_2 = 30$$
$$10a_0 + 30a_1 + 38a_2 = 84$$
$$15a_0 + 38a_1 + 59a_2 = 108$$

계수 a_0, a_1, a_2를 Gauss 소거법으로 푼다.

$$\begin{bmatrix} 5 & 10 & 15 & 30 \\ 10 & 30 & 38 & 34 \\ 15 & 38 & 59 & 108 \end{bmatrix} \rightarrow \begin{bmatrix} 1 & 2 & 3 & 6 \\ 0 & 10 & 8 & 24 \\ 0 & 8 & 14 & 18 \end{bmatrix}$$

$$\rightarrow \begin{bmatrix} 1 & 0 & 1.4 & 1.2 \\ 0 & 1 & 0.8 & 2.4 \\ 0 & 0 & 7.6 & -1.2 \end{bmatrix} \quad \begin{aligned} a_0 + 1.4a_2 &= 1.2 \cdots ① \\ a_1 + 0.8a_2 &= 2.4 \cdots ② \\ 7.6a_2 &= -1.2 \cdots ③ \end{aligned}$$

③에서 $a_2 = -0.158$, ②에서 $a_1 = 2.4 - 0.8(-0.158) = 2.526$
①에서 $a_0 = 1.2 - 1.4(-0.158) = 1.421$
구하는 선형실험식은 $y = 1.421 + 2.526x_1 - 0.158x_2$

3 $\log y = \log a + b \log x$에서 $\log y = Y$, $\log a = A_0$, $\log b = A_1$, $\log x = X$라면
$Y = A_0 + A_1 X$이므로,
정규방정식은

$$\begin{cases} nA_0 + A_1 \sum X_i = \sum Y_i \\ A_0 \sum X_i + A_1 \sum (X_i^2) = \sum X_i Y_i \end{cases}$$

이므로, $$\begin{cases} nA_0 + A_1 \sum \log x_i = \sum \log y_i \\ A_0 \sum \log x_i + A_1 \sum (\log x_i)^2 = \sum (\log x_i)(\log y_i) \end{cases}$$

정규방정식

$$\begin{cases} 5A_0 + 2.079A_1 = 6.459 \\ 2.079A_0 + 1.17A_1 = 3.445 \end{cases}$$

에서 A_0, A_1을 구하면

$$A_0 = \frac{0.395}{-1.528} = -0.258,\ A_1 = \frac{3.797}{-1.528} = -2.485$$

$$A_0 = \log a = -0.258 \text{ 에서 } a = 10^{-0.258} = 0.552$$

$$A_1 = b = -2.485$$

구하는 실험함수는 $y = 0.552x^{-2.485}$

4 연도에서 2004를 빼서 2004년도를 원점 $t = 0$으로 하면 계산을 쉽게 할 수 있다.

x	t	y	$Y = \log y$	t^2	tY
2001	−3	212	2.33	9	−6.99
2002	−2	242	2.38	4	−4.76
2003	−1	278	2.44	1	−2.44
2004	0	322	2.51	0	0
2005	1	356	2.55	1	2.55
2006	2	382	2.58	4	5.16
2007	3	410	2.61	9	7.83
계	0	2202	17.4	28	1.35

정규방정식

$$\begin{cases} nA + B\Sigma t_i = \Sigma Y_i \\ A\Sigma t_i + B\Sigma t_i^2 = \Sigma t_i Y_i \end{cases}$$

에 위 표에서 구한 값을 대입하면

$$\begin{cases} 7A + \ \ 0B = 17.4 \\ 0A + 28B = 1.35 \end{cases}$$

이므로,

$$A = 2.4857,\quad B = 0.0482$$

따라서

$$Y = \log y = 2.4857 + 0.0482t = 2.4857 + 0.0482(x - 2004)$$

5 $n = 3$, $2m - 1 = 3$에서 $m = 2$이므로 계수 a_0, a_1, b_1, a_2를 구한다.

$$a_0 = \frac{2}{4}\sum_{k=0}^{n} y_k = \frac{2}{4}(0 + 1 + 1 + 0) = 1$$

$$a_1 = \frac{2}{4}\sum_{k=0}^{n} y_k \cos\frac{2\pi}{n+1}x_k = \frac{2}{4}\left(0 + 1 \times \cos\left(\frac{2\pi}{4} \times 1\right) + 1 \times \cos\frac{2\pi}{4}(1 \times 1) + 0\right.$$

$$= -\frac{1}{2}$$

$$b_1 = \frac{2}{4}\sum_{k=0}^{n} y_k \sin\left(\frac{2\pi}{n+1}x_k\right) = \frac{2}{4}\left(0 + 1\sin\frac{2\pi}{4} + 1\sin\frac{4\pi}{4} + 0\right) = \frac{1}{2}$$

$$a_2 = \frac{2}{4}\sum_{k=0}^{n} y_k \cos\frac{2\pi}{n+1}x_k = \frac{2}{4}\left[0 + 1\cos\left(\frac{2\pi}{4} \times 2\right) + \cos\left(\frac{4\pi}{4} \times 2\right) + 0\right] = 0$$

따라서 구하는 3각다항식은

$$P(x) = \frac{1}{2} - \frac{1}{2}\cos\frac{2\pi}{4}x + \frac{1}{2}\sin\frac{2\pi}{4}x$$

Chapter 7

수치미분법과 수치적분법

7.1 수치미분법

7.1.1 미분계수의 근사공식

(1) 1계 미분계수

함수 $f(x)$에서 x가 등간격으로 다음과 같이 구분되어 있고, 이들 x의 값에 대한 $f(x)$의 값이 알려져 있다 하자. x_j는 다음과 같이 나타낸다.

$$x_j = x_0 + jh \ (j = \cdots, -2, -1, 0, 1, 2, \cdots)$$

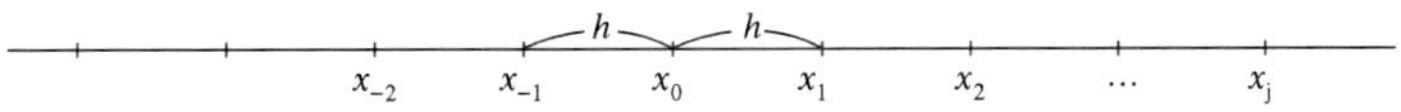

그림 7.1

$f(x_j)$를 f_j라 하고, x_0를 중심으로 Taylor 급수로 전개하면

$$\begin{aligned} f_j &= f(x_j) = f(x_0 + jh) \\ &= f_0 + jhf'_0 + \frac{(jh)^2}{2!} f''_0 + \frac{(jh)^3}{3!} f'''_0 + \cdots \end{aligned} \quad (1)$$

식 (1)에서 $j = 1$이면, $f_1 = f_0 + hf'_0 + \frac{h^2}{2} f''_0 + \frac{h^3}{6} f'''_0 + \frac{h^4}{24} f_0^{(4)} + \cdots$ (2)

식 (1)에서 $j = -1$이면, $f_{-1} = f_0 - hf'_0 + \frac{h^2}{2} f''_0 - \frac{h^3}{6} f'''_0 + \frac{h^4}{24} f_0^{(4)} \cdots$ (3)

식 (2)를 f'_0에 관하여 풀면

$$f'_0 = \frac{f_1 - f_0}{h} - \left(\frac{h}{2} f''_0 + \frac{h^2}{6} f'''_0 + \cdots \right)$$

이고, h^2 항 뒤부분을 생략하면 다음 관계를 얻는다.

$$f'_0 = \frac{f_1 - f_0}{h} - \frac{h}{2} f''_0$$

이 근사공식에서 f'_0의 근사값을 $\frac{f_1-f_0}{h}$로 하면, 오차는 $-\frac{h}{2}f''_0$이 된다.

$$\boxed{f'_0=\frac{f_1-f_0}{h},\ E_1=-\frac{h}{2}f''_0} \tag{4}$$

식 (3)을 f'_0에 관하여 풀면

$$f'_0=\frac{f_0-f_{-1}}{h}+\left(\frac{h}{2}f''_0-\frac{h^2}{6}f'''_0+\cdots\right)$$

이므로, 다음 근사공식과 오차를 얻는다.

$$\boxed{f'_0=\frac{f_0-f_{-1}}{h},\ E_2=\frac{h}{2}f''_0} \tag{5}$$

(2)−(3) : $$f_1-f_{-1}=2hf'_0+\frac{h^3}{3}f'''_0+\cdots$$

에서 f'_0의 근사공식을 얻기 위하여 양변을 $2h$로 나누면

$$f'_0=\frac{f_1-f_{-1}}{2h}-\frac{h^2}{6}f'''_0+\cdots$$

이 관계에서 f'_0의 근사값과 오차는 다음과 같다.

$$\boxed{f'_0=\frac{f_1-f_{-1}}{2h},\ E_3=-\frac{h^2}{6}f'''_0} \tag{6}$$

예제 1 다음 표에서 $f'(1.1)$의 근사값을 공식 (4)와 (6)에 의하여 구하여라.

x	1.0	1.1	1.2	1.3
y	1.000	0.869	0.672	0.403

풀이 $x_0=1.1$이므로, 공식 (4)에 의하면

$$f'(1.1)\fallingdotseq\frac{f_1-f_0}{h}=\frac{1}{0.1}(0.672-0.869)=-1.97$$

공식 (6)에 의하면

$$f'(1.1)\fallingdotseq\frac{1}{2h}(f_1-f_{-1})=\frac{1}{0.2}(0.672-1.000)=-1.64$$

일반적으로 $f'(x_0)$의 근사식 (4), (5)와 식 (6)을 비교할 때, 식 (6)의 근사값의 오차는 식 (4)와 식 (5)의 오차보다 작으므로 식 (6)의 근사값이 정도가 높다.

식 (1) $f(x_j)=f(x_0+jh)$의 Taylor 전개식에서 $j=2,\ j=-2$라면

$$f(x_0+2h)=f_0+2hf'_0+\frac{4h^2}{2}f''_0+\frac{8h^3}{6}f'''_0+\cdots \tag{7}$$

$$f(x_0-2h)=f_0-2hf'_0+\frac{4h^2}{2}f''_0-\frac{8h^3}{6}f'''_0+\cdots \tag{8}$$

(7)–(8)에서

$$f_2-f_{-2}=4hf'_0+\frac{8h^3}{3}f'''_0+\cdots$$

이 식에서

$$f'_0=\frac{f_2-f_{-2}}{4h}-\frac{2h^2}{3}f'''_0+\cdots$$

이 관계에서 다음 미분공식을 얻는다.

$$\boxed{f'_0=\frac{f_2-f_{-2}}{4h},\ E_3=-\frac{2h^2}{3}f'''_0} \tag{9}$$

이와같이 식 (1)에서 j의 여러 값을 주어서 여러 가지 미분공식을 얻을 수 있다.

(2) 2계 미분계수

식 (2)와 식 (3)을 더하면

$$f_1+f_{-1}=2f_0+h^2f''_0+\frac{1}{12}h^4f_0^{(4)}+\cdots$$

이 식에서 f''_0의 근사식과 그것에 대한 오차 E를 구하면 다음과 같다.

$$\boxed{f''_0=\frac{1}{h^2}(f_1-2f_0+f_{-1}),\ E=-\frac{1}{12}h^2f_0^{(4)}=O(h^2)} \tag{10}$$

식 (1)에서 $j=2$이라면 다음 식을 얻는다.

$$f_2=f_0+2hf'_0+\frac{4h^2}{2!}f''_0+\frac{8h^3}{3!}f'''_0+\cdots \tag{11}$$

식 (11)$-2\times$(2)에서

$$f_2-2f_1=-f_0+h^2f''_0+h^3f'''_0+\cdots$$

h^3 항 이후의 항을 생략하면 다음 2차 미분공식과 오차를 얻는다.

$$f''_0 = \frac{f_2 - 2f_1 + f_0}{h^2}, \quad E = -hf'''_0 = O(h) \tag{12}$$

식 (10)의 오차가 식 (12)의 오차보다 작으므로 식 (10)이 식 (12)보다 근사도가 높다.

예제 2 $f(1.2) = 1.44,\ f(1.3) = 1.69,\ f(1.4) = 1.96$일 때, $f''(1.3)$의 값을 공식 (10)을 써서 구하여라.

풀이 $x_0 = 1.3,\ x_0 + h = 1.4,\ x_0 - h = 1.2$로 놓으면

$$\begin{aligned} f''(1.3) &\fallingdotseq \frac{f(1.4) - 2f(1.3) + f(1.2)}{(0.1)^2} \\ &= \frac{1.96 - 2 \times 1.69 + 1.44}{(0.1)^2} = 2 \end{aligned}$$

이들 미분공식은 x의 분할간격 h가 일정할 때, 다음과 같이 전진계차를 써서 나타낼 수도 있다.

$$f'(x) = \frac{f(x+h) - f(x)}{h} = \frac{\Delta f(x)}{h}$$

$$f''(x) = \frac{f'(x+h) - f'(x)}{h} = \frac{1}{h}\left[\frac{\Delta f(x+h)}{h} - \frac{\Delta f(x)}{h}\right] = \frac{\Delta f(x+h) - \Delta f(x)}{h^2} = \frac{\Delta^2 f(x)}{h^2}$$

$$f'''(x) = \frac{f''(x+h) - f''(x)}{h} = \frac{1}{h}\left[\frac{\Delta^2 f(x+h)}{h^2} - \frac{\Delta^2 f(x)}{h^2}\right] = \frac{\Delta^2 f(x+h) - \Delta^2 f(x)}{h^3} = \frac{\Delta^3 f(x)}{h^3}$$

일반적으로 분할간격이 일정(=h)할 때, 다음 근사공식이 성립한다.

$$f^{(n)}(x) = \frac{\Delta^n f(x)}{h^n} \quad (n = 1,\ 2,\ \cdots) \tag{13}$$

(3) 극한을 이용한 도함수

함수 $f(x)$가 구간 $[x-h,\ x+h]$에서 미분가능하면, 도함수를 구하는 근사공식

$$f'(x) = \frac{f(x+h) - f(x-h)}{2h}$$

에서

$$h_k = h/2^k \ (k = 0,\ 1,\ 2,\ \cdots,\ n)$$

을 써서 도함수

$$D_n = \frac{f(x+h_n) - f(x-h_n)}{2h_n} \tag{14}$$

을 구해나가면 도함수는

$$f'(x) = \lim_{n \to \infty} D_n$$

을 얻는다. D_n은

$$|D_n - D_{n-1}| < E(n)$$

될 때까지 계산한다. $E(n)$은 요구되는 정확도에 따른 오차이다.

이 방법으로 $f'(x)$를 구하는 알고리즘은 다음과 같다.

Algorithm Differentiation using limits

1. $\text{Tol} = 10^{-5}$ … 허용오차 한계
2. $\max = 20$ … 반복계산 횟수
3. Input x, h
4. $D(0) = [f(x+h) - f(x-h)]/2h$ … D_n의 초기값
5. For $n = 1$ to 2
   - $h = h/2$ … h의 축소
   - $D(n) = [f(x+h) - f(x-h)]/2h$ … 미분공식
   - $E(n) = |D(n) - D(n-1)|$ … 오차
6. $n = 1$
7. while $E(n) > E(n+1)$ or $E(n) \geq \text{Tol}$ and $n < \max$ … 반복계산조건
   - $h = h/2$ … 구간 h의 축소
   - $D(n+2) = [f(x+h) - f(x-h)]/2h$ … 도함수 계산
   - $E(n+2) = D(n+2) - D(n+1)$ … 오차의 계산
   - $n = n+1$
8. output $f'(x) = D(n+2)$ and $E(n+2)$

예제 3 $f(x) = e^x$일 때, $f'(2)$의 값을 극한을 써서 구하여라. 단, $h = 0.1$로 하고, 허용오차 $\text{Tol} = 0.001$로 한다.

풀이 1. $\text{Tol} = 10^{-3}$

3. $x = 2.0,\ h = 0.1$

4. $D(0) = (e^{2+0.1} - e^{2-0.1})/\,0.2 = (8.166170 - 6.685894)/\,0.2 = 7.40138$

5. $n = 1$일 때, $h = 0.1/2 = 0.05$

   $D(1) = (e^{2.05} - e^{1.95})/\,0.1 = (7.767901 - 7.028688)/\,0.1 = 7.39213$

   $E(1) = |D(1) - D(0)| = |7.39213 - 7.40138| = 0.09925 > \text{Tol}$

   $n = 2$일 때, $h = 0.05/2 = 0.025$

   $D(2) = (e^{2.025} - e^{1.975})/\,0.05 = (7.576111 - 7.206620)/\,0.05 = 7.389819$

   $E(2) = |7.389819 - 7.39213| = 0.002311 > \text{Tol}$

6. $n = 1$

7. (1) $E(1) = 0.09925 > E(2)(= 0.002311)$

   $h = 0.0025/2 = 0.0125$

   $D(3) = [f(2.0125) - f(1.9875)]/\,0.025$
   $= (7.481999 - 7.297268)/\,0.025 = 7.38924$

   $E(3) = |D(3) - D(2)| = |7.38824 - 7.38819| = 0.00105 > \text{Tol}$

   $n = 1 + 1 = 2$

   (2) $E(2) = 0.002311 > E(3)(= 0.00105)$이므로 반복

   $h = 0.0125/2 = 0.00625$

   $D(4) = [f(2 + 0.00625) - f(2 - 0.00625)]/\,0.0125$
   $= (7.435383 - 7.343019)/\,0.0125 = 7.38912$

   $E(4) = |D(4) - D(3)| = |7.38912 - 7.38924| = 0.00012 < \text{Tol}$

8. $f'(x) = D_4 = 7.38912,\ E(4) = 0.00012$

(4) 오차해석

수치미분의 연구에서 중요한 문제는 절단오차와 계산오차의 영향이다. $f(x+h)$와 $f(x-h)$의 근사값을 y_1, y_{-1}이라 하고, 계산오차를 e_1과 e_{-1}이라 하고,

$$f(x+h) = y_1 + e_1,\quad f(x-h) = y_{-1} + e_{-1} \tag{15}$$

이라 할 때, 1계 미분계수를 앞 절 공식 (6)을 써서 구하면

$$\begin{aligned}\frac{f(x+h) - f(x-h)}{2h} &= \frac{y_1 + e_1 - y_{-1} - e_{-1}}{2h} \\ &= \frac{y_1 - y_{-1}}{2h} + \frac{e_1 - e_{-1}}{2h}\end{aligned} \tag{16}$$

이고, 미분계수의 계산오차는

$$E_r(f,\ h) = \frac{e_1 - e_{-1}}{2h}$$

이므로, 미분계수의 근사값을 $\frac{y_1 - y_{-1}}{2h}$에 의하여 계산할 때, 다음 관계가 성립한다.

$$\boxed{f'(x) = \frac{y_1 - y_{-1}}{2h} + E_r(f, h) + E_t(f, h)} \tag{17}$$

여기서 전체오차 $E(f, h)$는 계산오차 $E_r(f, h)$에 의한 부분과 절단오차 $E_t(f, h$에 의한 부분을 갖는다. 따라서 식 (6)에 의한 1계 도함수의 오차는

$$\boxed{E(f, h) = \frac{e_1 - e_{-1}}{2h} - \frac{h^2 f^{(3)}(c)}{6}} \tag{18}$$

이고, h가 작을 때, 식 (17)에서 계산오차 $\frac{e_1 - e_{-1}}{2h}$의 값은 상대적으로 커짐에 유의해야 한다.

예제 4 $f(x) = 3x^2 - 4x + 5$, $f'(2)$의 근사값과 오차를 식 (18)을 써서 구하여라. 단, $h = 0.01$로 본다.

풀이 $f(2) = 12 - 8 + 5 = 9$, $f(2.01) = 9.0803 = 9.08 + e_1$, $e_1 \approx 0.0003$

$f(1.99) = 8.9203 = 8.92 + e_2$, $e_2 \approx 0.0003$

$f'(2.0) = \frac{f_1 - f_{-1}}{2h} = \frac{9.08 - 8.92}{2(0.01)} = 8$, $f^{(3)}(x) = 0$이므로

$$E(f, h) = \frac{e_1 - e_{-1}}{2h} - \frac{h^2 f^{(3)}(c)}{6} = \frac{0.0003 - 0.0003}{2(0.01)} - \frac{0.01^2(0)}{6} = 0$$

만일 오차 e_1과 e_{-1}의 크기가 모두 e이며, 서로 반대되는 부호 $(e_1 = -e_{-1})$를 갖는다하고, $\left|f^{(3)}(c)\right| \le M$이면, 오차의 한계는

$$|E(f, h)| \le \frac{e}{h} + \frac{Mh^2}{6} \tag{19}$$

이 된다. h가 작아지면 계산오차 $\frac{e}{h}$는 커지고, h가 커지면 절단오차 $\frac{Mh^2}{6}$이 커진다.

오차 $|E(f, h)|$가 최소로 되게 h를 정해보자

$$g(h) = \frac{e}{h} + \frac{Mh^2}{6} \tag{20}$$

이라 할 때, $g'(h) = -\frac{e}{h^2} + \frac{Mh}{3} = 0$에서 $h^3 = \frac{3e}{M}$이므로, $|E(f, h)|$를 최소로 하는 h의 값은 다음과 같다.

$$h = \left(\frac{3e}{M}\right)^{\frac{1}{3}} \tag{21}$$

예제 5

$f(x) = \sin x$이다. $x = 0.8$에서 $f'(x) = \cos x$의 근사값의 오차를 최소가 되게 하려면 h를 어떻게 선택해야 하는가? 단, $f(x+h) = f_1 + e_1$, $f(x-h) = f_{-1} + e_{-1}$에서 $e_1 = -e_{-1} = 0.00005$이다.

풀이 $f'(x) = \cos x$, $|f'(x)| \le |\cos x| \le 1 = M$이므로 오차 $|E(f, h)|$를 최소가 되는 h의 값은

$$h = \left(\frac{3e}{M}\right)^{\frac{1}{3}} = \left(\frac{3 \times 0.00005}{1}\right)^{\frac{1}{3}} = 0.053\cdots$$

이므로, $h = 0.05$로 하는 것이 오차가 최소된다.

단, $f'(x)$의 근사공식은 $\dfrac{f_1 - f_{-1}}{2h}$이다.

2계 미분계수를 구하는 공식 (10)은

$$f''(x_0) = \frac{y_1 - 2y_0 + y_{-1}}{h^2} + E(f, h) \tag{22}$$

로 표시된다. 여기서 $E(f, h)$는 2계 도함수의 근사값을 계산할 때의 계산오차와 근사공식을 얻을 때의 절단오차를 합한 것이므로

$$E(f, h) = \frac{e_1 - 2e_0 + e_{-1}}{h^2} - \frac{h^2 f^{(4)}(c)}{12}$$

이다. 점 x_0에서의 2계 도함수값을 구할 때의 오차의 절대값이 모두 e라 할 때, 최대 계산 오차는 $\dfrac{1}{h^2}(e + 2e + e) = \dfrac{4e}{h^2}$이므로

$$|E(f, h)| \le \frac{4e}{h^2} + \frac{Mh^2}{12}, \quad M = \max\left|f^{(4)}(c)\right|$$

h가 작아질 때는 계산오차 $\dfrac{4e}{h^2}$는 커지고, h가 커질 때는 절단오차 $\dfrac{Mh^2}{12}$가 커진다. 따라서 전체오차

$$g(h) = \frac{4e}{h^2} + \frac{Mh^2}{12} \tag{23}$$

를 최소로 하는 h의 값은

$$g'(h) = -\frac{8e}{h^3} + \frac{Mh}{6} = 0$$

에서 $h^4 = \dfrac{48e}{M}$이므로, h를 구하면 $h = \left(\dfrac{48e}{M}\right)^{\frac{1}{4}}$이다.

7.1.2 다항식의 도함수

(1) 다항식의 도함수(1)

n차의 다항식 $p(x)$가 다음과 같다 하자.

$$p(x) = a_n x^n + a_{n-1} x^{n-1} + \cdots + a_x x^2 + a_1 x + a_0 \quad (1)$$

$p(x)$의 도함수

$$p'(x) = na_n x^{n-1} + (n-1) a_{n-1} x^{n-2} + \cdots + 2a_2 x + a_1 \quad (2)$$

의 값은 Horner의 방법으로 구하는 것이 효율적이다.

> 보기1
>
> $p(x) = 2x^4 - 2x^3 + 5x^2 + 7x - 9$의 도함수를 간단히 구하는 식을 구해보자.

해설

$$p'(x) = 8x^3 - 6x^2 + 10x + 7$$
$$= ((8x - 6)x + 10)x + 7$$

일반적으로 $p(x)$가 n차의 다항식으로 식 (1)과 같이 주어질 때, 도함수 $p'(x)$는 식 (2)로 주어지므로

$$p'(x) = (\cdots((na_n x + (n-1) a_{n-1}) x + (n-2) a_{n-2}) x + \cdots + 2a_2) x + a_1 \quad (3)$$

의 꼴로 도함수 $p'(x)$의 값을 구할 수 있다.

식 (3)으로 주어지는 $p'(x)$의 값을 구하는 알고리즘은 다음과 같다.

> Algorithm to evaluate $p'(x)$
>
> **1.** $d_{n-1} = n \cdot a_n$
> **2. For** $k = n-1$ **down to 1 do**
> $d_{k-1} = k \cdot a_k + d_k x$
> **3. output "$p'(x)$ is"** d_0

$p'(x)$를 구하는 데 식 (3)의 우변의 식에서 괄호 ( )안을 차례로 구해나가는 데 알고리즘의 step2의 반복계산이 쓰인다.

$$na_n = d_{n-1}$$

이라면

$$na_n x + (n-1)a_{n-1} = (n-1)a_{n-1} + d_{n-1}x$$

이 관계식은 $n-1=k$라 할 때

$$(n-1)a_{n-1} + d_{n-1}x = ka_k + d_k x$$

로 나타내진다. 반복공식

$$\boxed{\boldsymbol{d_{k-1} = ka_k + d_k x}} \quad (4)$$

에 의하면

$$(n-1)a_{n-1} + na_n x = (n-1)a_{n-1} + d_{n-1}x = d_{n-2}$$
$$(n-2)a_{n-2} + ((n-1)a_{n-1} + na_n)x = (n-2)a_{n-2} + d_{n-2}x = d_{n-3}$$

반복계산 (4)를 $k=n-1$에서 1까지를 실시하면

$$((\cdots((na_n x + (n-1)a_{n-1})x + (n-2)a_{n-2})x + \cdots) + 2a_n)x + a_1 = d_0$$

따라서 $p'(x) = d_0$가 구하는 다항식의 값이다.

n 차의 다항식이 다음과 같이 주어졌다 하자.(계수의 표현에 유의)

$$p(x) = a_0 x^n + a_1 x^{n-1} + \cdots + a_{n-1}x + a_n \quad (5)$$

$p(x)$의 도함수는

$$p'(x) = a_0 nx^{n-1} + a_1(n-1)x^{n-2} + \cdots + a_{n-1} \quad (6)$$

이다. $p'(x)$의 값은 반복계산으로 구할 수 있다.

$$D_1 = n \cdot a_0$$

이라 하고,

$$D_2 = D_1 x + a_1(n-1) = na_0 x + a_1(n-1)$$
$$D_3 = D_2 x + a_2(n-2) = na_0 x^2 + a_1(n-1)x + a_2(n-2)$$
$$D_4 = D_3 x + a_3(n-3) = na_0 x^3 + a_1(n-1)x^2 + a_2(n-2)x + a_3(n-3)$$

일반적으로 D_k를 구하는 반복식은 다음과 같다.

$$\boxed{\begin{aligned} &D_1 = na_0 \\ &D_k = D_{k-1}x + a_{k-1}(n-k+1),\ k = 2, \cdots, n \end{aligned}} \tag{7}$$

구하는 $p'(x)$의 값은 위 반복식에서 D_n으로 구해진다. 따라서 $p'(x)$를 구하는 알고리즘은 다음과 같다.

> **Algorithm derivative of polynomial**
>
> 1. $D_1 = na_0$
> 2. For $k = 2$ to n
>   └ $D_k = D_{k-1}x + a_{k-1}(n-k+1)$
> 3. output D_n

보기2 $f(x) = a_0 x^4 + a_1 x^3 + a_2 x^2 + a_3 x + a_4$의 도함수를 구해보자.

해설

$$\begin{aligned} f'(x) &= 4a_0 x^3 + 3a_1 x^2 + 2a_2 x + a_3 \\ &= (((4a_a x + 3a_1)x) + 2a_2)x + a_3 \end{aligned}$$

$$D_1 = 4a_0$$

$$D_2 = 4a_0 x + 3a_1 = D_1 x + 3a_1$$

$$D_3 = (4a_0 x + 3a_1)x + 2a_2 = D_2 x + 2a_2$$

$$D_4 = ((4a_0 x + 3a_1)x + 2a_2)x + a_3 = D_3 x + a_3$$

예제 1 다항식 $f(x) = -2x^3 + 2x^2 - 4x + 1$에서 $f'(4)$의 값을 앞 도함수를 구하는 알고리즘에 따라 구하여라.

풀이 $a_0 = -2,\ a_1 = 2,\ a_2 = -4,\ a_3 = 1$이고, $n = 3$이다.

1. $D_1 = na_0 = 3(-2) = -6$
2. $D_2 = D_1 x + a_1(n-1) = -6(4) + 2(2) = -20$
   $D_3 = D_2 x + a_2(n-2) = -20(4) - 4(1) = -84$

(2) 조립제법에 의한 다항식의 도함수 계산

n차의 다항식 $P(x)$를 $x - x_0$로 나눈 몫을 $Q_0(x)$, 나머지를 R_0라면

$$P(x) = (x - x_0)Q_0(x) + R_0 \tag{8}$$

단, $Q_0(x)$는 $n-1$차의 다항식이고, R_0는 상수이다.

$$P(x) = a_0 x^n + a_1 x^{n-1} + \cdots + a_{n-1} x + a_n \tag{9}$$

이라 하고,

$$Q_0(x) = b_0 x^{n-1} + b_1 x^{n-2} + \cdots + b_{n-2} x + b_{n-1} \tag{10}$$

이라 하자.

$$P'(x) = Q_0(x) + (x - x_0) Q'_0(x) \tag{11}$$

이므로

$$P'(x_0) = Q_0(x_0) + (x_0 - x_0) Q'_0(x) = Q_0(x_0) \tag{12}$$

$$Q_0(x) = (x - x_0) Q_1(x) + R_1 \tag{13}$$

$$Q_1(x) = c_0 x^{n-2} + c_1 x^{n-3} + \cdots + c_{n-3} x + c_{n-2}, \quad R_1 = c_{n-1} \tag{14}$$

이라면 $P'(x_0) = Q_0(x_0) = R_1$이다.

$P'_0(x_0) = Q_0(x_0) = R_1$의 값은 다음 Horner의 조립제법으로 구한다.

a_0	a_1	a_2	$\cdots$	a_k	$\cdots$	a_{n-2}	a_{n-1}	a_n	(x_0)
	$b_0 x_0$	$b_1 x_0$	$\cdots$	$b_{k-1} x_0$	$\cdots$	$b_{n-3} x_0$	$b_{n-2} x_0$	$x_0 b_{n-1}$	
b_0	b_1	b_2	$\cdots$	b_k	$\cdots$	b_{n-2}	b_{n-1}	$b_n = R_0 = P(x_0)$	
	$c_0 x_0$	$c_1 x_0$	$\cdots$	$c_{k-1} x_0$	$\cdots$	$c_{n-3} x_0$	$c_{n-2} x_0$		
c_0	c_1	c_2	$\cdots$	c_k	$\cdots$	c_{n-2}	$c_{n-1} = R_1 = p'(x_0)$		

b_k를 구하는 Horner법의 계산공식은

$$b_0 = a_0, \; b_k = a_k + b_{k-1} x_0 \quad (k = 1 \text{ to } n) \tag{15}$$

c_k를 구하는 Horner법의 계산식은

$$c_0 = b_0, \; c_k = b_k + c_{k-1} x_0 \quad (k = 1 \text{ to } n-1) \tag{16}$$

이다. 따라서 $P'(x_0)$는 Horner법으로 $P(x) = (x - x_0) Q_0(x) + R_0$ 되는 $Q_0(x)$를 구하고, 이어서 Horner법으로 $Q_0(x) = (x - x_0) Q_1(x) + R_1$ 되는 R_1을 구하면, $P'(x_0)$는 $P'(x_0) = Q_0(x_0) = R_1$으로 구해진다.

예제 2 $P(x) = x^5 + 6x^4 - 8x^3 - 12x^2 - 9x + 4$ 에서 $P'(2)$를 구하여라.

풀이 Horner법으로 구한다.

1	6	−8	−12	−9	4	(2
	2	16	16	8	−2	
1	8	8	4	−1	$2 = P(2) = R_0$	
	2	20	56	120		
1	10	28	60	$119 = P'(2) = R_1$		

$P(x) = (x-2)Q_0(x) + R_0$에서 $P(2) = R_0 = 2$

$Q_0(x) = (x-2)Q_1(x) + R_1$에서 $Q_0(2) = R_1 = 119 = P'(2)$

$P'(x_0)$를 구하는 알고리즘은 다음과 같다.

Algorithm Calculation of the Derivative

1. Input a_i, $(i = 0, 1, 2, \cdots, 10)$
2. $b_0 = a_0$
3. For $k = 1$ to n … b_k의 계산
   - $b_k = a_k + b_{k-1}x_0$
   - $c_0 = b_0$
4. For $i = 1$ to $n-1$ … c_i의 계산
   - $c_i = b_i + c_{i-1}x_0$
5. output "$P'(x_0) = c_{n-1}$" … $P'(x_0) = c_{n-1}$

연습문제 (7.1)

1 $f(x_j) = f_j$, $x_j = x_0 + jh$라 할 때, f_j의 전개식

$$f_j = f_0 + jhf'_0 + \frac{(jh)^2}{2!}f''_0 + \frac{(jh)^3}{3!}f'''_0 \cdots$$

을 써서 다음 근사공식을 유도하여라.

(1) $f'_0 = \frac{1}{2h}(f_{-2} - 4f_{-1} + 3f_0),\ E = \frac{1}{3}h^2 f'''_0$

(2) $f'_0 = \frac{1}{2h}(-f_2 + 4f_1 - 3f_0),\ E = \frac{1}{3}h^2 f'''_0$

2 다음 표를 써서 $f'(1.1)$의 근사값을 다음 세 공식을 써서 구하여라.

(1) $f'_0 = \frac{f_1 - f_0}{h}$ (2) $f'_0 = \frac{f_0 - f_1}{h}$ (3) $f'_0 = \frac{f_1 - f_{-1}}{2h}$

x	1.0	1.1	1.2	1.3
y	1.000	0.869	0.672	0.403

3 $f(1.2) = 2.88,\ f(1.3) = 3.38,\ f(1.4) = 3.92$일 때, $f''(1.3)$의 값을 구하여라.

4 다음 표로 주어진 함수 $y = f(x)$에서 전진차분을 써서 $f'(1),\ f''(3),\ f'''(3)$의 값을 구하여라.

x	1	2	3	4	5	6
$f(x)$	2	4	8	16	32	64

5 $f(x) = \sqrt{x}$에서 $f'(2.5)$의 값을 중심차분 미분공식에 의하여 소수 4위까지 구하려 할 때, $f'(2.5)$의 값의 오차가 최소가 되게 h의 값을 구하여라.

단, $h^3 \le \frac{3|e|}{M}$이고, $|e|$는 전체오차, $|f'''(c)| \le M$이다.

6 $f(x) = -2x^3 + 2x^2 + 4x + 5$에서 $f'(4)$의 값을 구하여라.

연습문제(7.1) 풀이

1 (1) $f_{-2} - 4f_{-1} = -3f_0 + 2hf'_0 - \frac{4}{3}h^3 f'''_0 + \cdots$ 에서

$$f'_0 = \frac{f_{-2} - 4f_{-1} + 3f_0}{2h} + \frac{h^2}{3} f'''_0 + \cdots$$

(2) $f_2 - 4f_1 = -3f_0 - 2hf'_0 + \frac{2}{3}h^3 f'''_0 + \cdots$ 에서

$$f'_0 = \frac{-f_2 + 4f_1 - 3f_0}{2h} + \frac{1}{3}h^2 f'''_0 + \cdots$$

2 (1) $f'(1.1) = \dfrac{f(1.2) - f(1.1)}{0.1} = \dfrac{0.672 - 0.869}{0.1} = -1.97$

(2) $f'(1.1) = \dfrac{f(1.1) - f(1.0)}{0.1} = \dfrac{0.869 - 1.000}{0.1} = -1.31$

(3) $f'(1.1) = \dfrac{f(1.2) - f(1.0)}{2(0.1)} = \dfrac{0.672 - 1.000}{0.2} = -1.64$

3 $f''(1.3) = \dfrac{f(1.4) - 2f(1.3) + f(1.2)}{h^2} = \dfrac{3.92 - 2(3.38) + 2.88}{0.1} = 4$

x의 구분이 등간격 $h = 0.1$이므로, $f''(1.3)$은 전진차분을 써서 구할 수 있다.

$$f''(x) = \frac{\Delta^2 f(x)}{h^2} = \frac{0.04}{(0.1)^2} = 4$$

x	y	Δy	$\Delta^2 y$
1.2	2.88		
		0.5	
1.3	3.38		0.04
		0.54	
1.4	3.92		

4 전진차분표를 만든다.

x	y	Δy	$\Delta^2 y$	$\Delta^3 y$	$\Delta^4 y$	$\Delta^5 y$
1	2					
		2				
2	4		2			
		4		2		
3	8		4		2	
		8		4		2
4	16		8		4	
		16		8		
5	32		16			
		32				
6	64					

$x_0 = 1,\ x_1 = 2, \cdots,$
$y_0 = 2, y_1 = 4, \cdots$
$\Delta y_0 = 2,\ \Delta y_1 = 4, \cdots$
$\Delta^2 y_0 = 2,\ \Delta^2 y_1 = 4, \cdots$

$$f'(1) = y'(1) = \frac{\Delta y_0}{h} = \frac{2}{1} = 2,\ f''(3) = y''(3) = \frac{\Delta^2 y_2}{h^2} = \frac{8}{1^2} = 8$$

$$f'''(3) = \frac{\Delta^3 y_2}{h^3} = \frac{8}{1^3} = 8$$

5 전체 오차 $|e| \leq 0.0005$가 되게 h를 정한다.

단 $f(x) = \sqrt{x},\ f'(x) = \frac{1}{2}x^{-\frac{1}{2}},\ f''(x) = -\frac{1}{4}x^{-\frac{3}{2}},\ f'''(x) = \frac{3}{8}x^{-\frac{5}{2}}$에서

$\left|\dfrac{3}{8}\dfrac{1}{x^2\sqrt{x}}\right| \leq \dfrac{3}{8}\dfrac{1}{2.5^2\sqrt{2.5}} = 0.0380$에서 $M = 0.038$

$h^3 \leq \dfrac{3e}{M} = \dfrac{3 \times 0.00005}{0.038} = 0.00395$에서 $h \leq 0.158 \quad \therefore h = 0.15$

6 조립제법으로 $f'(4)$의 값은 다음과 같이 구한다.
$f(x)$를 $x-4$로 나눈 몫 $g(x)$, 나머지를 R이라면

$$f(x)=(x-4)g(x)+R$$

이며, $f'(x)=g(x)+(x-4)g'(x)$에서 $f'(4)=g(4)=R$
조립제법으로는 다음과 같이 $f'(4)$가 구해진다.

−2	2	4	5	(4
	−8	−24	−80	
−2	−6	−20	−75 = $f(4)$	
	−8	−56		
−2	−14	−76 = $f'(4)$		

7.2 수치적분법

7.2.1 다항식의 적분값

n차의 다항식

$$p(x) = a_n x^n + a_{n-1} x^{n-1} + \cdots + a_1 x + a_0 \tag{1}$$

의 부정적분 $I(x)$는

$$I(x) = \frac{1}{n+1} a_n x^{n+1} + \frac{1}{n} a_{n-1} x^{n-2} + \cdots + \frac{1}{2} a_1 x + a_0 x + c \tag{2}$$

단, c는 적분상수이다.

적분값 (2)를 Horner의 방법으로 구하는 알고리즘은 다음과 같다.

> Algorithm to evaluate $I(x)$
>
> 1. $I_{n+1} = a_n/(n+1)$
> 2. For $k = n$ down to 1 do
>
> $I_k = a_{k-1}/k + I_{k+1} x$
> 3. $I_0 = c + I_1 x$
> 4. output I_0

이 알고리즘에서 반복계산 공식

$$I_k = a_{k-1}/k + I_{k+1} x$$

를 유도해보자.

식 (2) $I(x)$를 Horner의 조립제법의 꼴로 바꾸면

$$I(x) = \left(\left(\cdots\left(\left(\frac{a_n}{n+1} x + \frac{a_{n-1}}{n}\right) x + \frac{a_{n-2}}{n-1}\right) x + \cdots + \frac{a_1}{2}\right) x + a_0\right) x + c \tag{3}$$

이므로, $I(x)$를 구하는 반복공식은 다음과 같다.

$$\boxed{\begin{aligned} &I_{n+1} = \frac{a_n}{n+1} \\ &I_k = \frac{a_{k-1}}{k} + I_{k+1}x \quad (k = n,\ n-1,\ \cdots,\ 1) \end{aligned}} \tag{4}$$

이 반복공식으로 $I(x)$를 구해보자.

식 (3)에서

$$I_{n+1} = \frac{a_n}{n+1}$$

이라면

$$\frac{a_n}{n+1}x + \frac{a_{n-1}}{n} = I_{n+1}x + \frac{a_{n-1}}{n} = I_n$$

$$\left(\frac{a_n}{n+1}x + \frac{a_{n-1}}{n}\right)x + \frac{a_{n-2}}{n-1} = I_n x + \frac{a_{n-2}}{n-1} = I_{n-1}$$

$$\left(I_{n-1} + \frac{a_{n-2}}{n-1}\right)x + \frac{a_{n-3}}{n-2} = I_{n-2}x + \frac{a_{n-3}}{n-2} = I_{n-3}$$

반복계산하면

$$I_1 x + a_1 = I_0 \quad \therefore I(x) = I_0$$

예제 1 $P(x) = 24x^3 + 12x^2 - 8x + 4$일 때, 다음 적분값을 구하여라.

$$\int_1^4 P(x)\,dx$$

풀이 $a_3 = 24,\ a_2 = 12,\ a_1 = -8,\ a_0 = 4$이다. $I(4)$의 값을 구한다.

$$I_4 = \frac{a_3}{4} = \frac{24}{4} = 6$$

$$I_3 = \frac{a_2}{3} + I_4 x = \frac{12}{3} + 6x = 4 + 6(4) = 28$$

$$I_2 = \frac{a_1}{2} + I_3 x = \frac{-8}{2} + 28x = -4 + 28(4) = 108$$

$$I_1 = a_0 + I_2 x = 4 + 108x = 4 + 108(4) = 436$$

$$I_0 = c + I_1 x = c + 436(4) = 1744 + c$$

마찬가지로 $I(1)$을 구한다.

$$I_4 = \frac{a_3}{4} = 6$$

$$I_3 = \frac{a_2}{3} + I_4 x = \frac{12}{3} + 6(1) = 4 + 6 = 10$$

$$I_2 = \frac{a_1}{2} + I_3 x = \frac{-8}{2} + 10(1) = 6$$

$$I_1 = a_0 + I_2 x = 4 + 6(1) = 10$$
$$I_0 = c + I_1 x = c + 10(1) = 10 + c$$

따라서 구하는 적분값은

$$\int_1^4 p(x)\,dx = I(4) - I(1) = 1744 - 10 = 1734$$

7.2.2 사다리꼴의 법칙

(1) 사다리꼴 공식

정적분

$$S = \int_a^b f(x)\,dx$$

는 곡신 $y = f(x)$와 x축 및 두 직선 $x = a$, $x = b$로 싸이는 부분의 넓이이나. 단, 구간 $[a, b]$에서 $f(x) \geq 0$이다.

S를 근사적으로 구하기 위하여 구간 $[a, b]$를 n등분하여 각 분점

$$a = x_0,\ x_1,\ x_2,\ \cdots,\ x_n = b$$

에서의 함수 $y = f(x)$의 값을

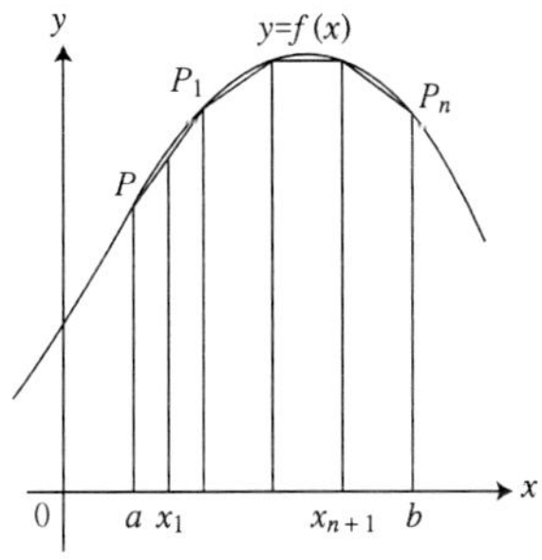

그림 7.1

$$y_0,\ y_1,\ y_2,\ \cdots,\ y_n$$

이라 하고, 각 분점에서 x축에 수직인 직선이 곡선과 만나는 점

$$P_0,\ P_1,\ \cdots,\ P_n$$

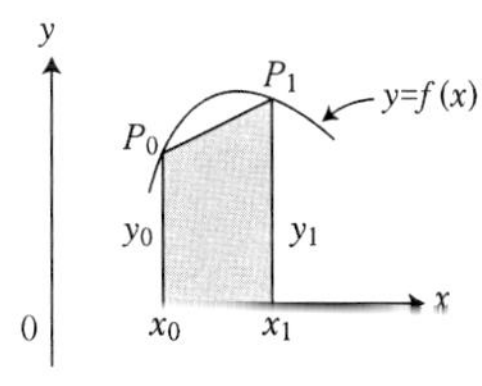

그림 7.2

을 자례로 선분으로 맺어 나갈 때, 사디리꼴이 이어진다.

이들 사다리꼴의 넓이를 차례로

$$S_1,\ S_2,\ \cdots,\ S_n$$

이라 할 때, 구하는 넓이 S의 근사값은

$$S = S_1 + S_2 + \cdots + S_n$$

이다. 구간 $[a, b]$를 n 등분한 소구간의 폭은

$$h = \frac{b-a}{n}$$

이므로, 각 사다리꼴의 넓이는 다음과 같다.

$$S_1 = \frac{h}{2}(y_0 + y_1),\ S_2 = \frac{h}{2}(y_1 + y_2),\ \cdots,\ S_n = \frac{h}{2}(y_{n-1} + y_n)$$

따라서 구하는 넓이는 이들 넓이의 합이므로, S는 다음 근사공식으로 주어진다.

$$\boxed{S = \frac{h}{2}\{y_0 + y_n + 2(y_1 + y_2 + \cdots + y_{n-1})\}} \tag{5}$$

이 공식을 **사다리꼴 공식**이라 한다.

사다리꼴 공식으로 S를 구하는 알고리즘은 다음과 같다.

Algorithm Trapezoidal Rule

1. Set $f(x)$
2. Input $\{a, b, n\}$
3. Set $h = (b-a)/n$ … 적분구간을 n등분한 폭
   Sum = 0
4. For $k = 1$ to $n-1$ do … $y_1 + y_2 + \cdots + y_{n-1}$의 계산
   - $x = a + hk$
   - Sum = Sum + $f(x)$
5. Sum = $h(f(a) + f(b) + 2 *$ Sum$)/2$ …S의 계산공식
6. Output Sum

예제 1 $\int_0^1 x^2\,dx$의 근사값을 사다리꼴 공식에 의하여 구하여라. 단, 구간 $[0, 1]$을 10등분한다.

풀이 $h = \frac{1-0}{10} = 0.1$이므로 넓이 $S = \int_0^1 x^2\,dx$의 근사값은

$$\begin{aligned} S &= \frac{h}{2}\{y_0 + y_{10} + 2(y_1 + y_2 + \cdots + y_9)\} \\ &= \frac{0.1}{2}\{0 + 1 + 2(0.01 + 0.04 + 0.09 + 0.16 + 0.25 + 0.36 + 0.49 + 0.64 + 0.81)\} \\ &= 0.335 \end{aligned}$$

참고 $\int_0^1 x^2\,dx = \left[\frac{1}{3}x^3\right]_0^1 = \frac{1}{3} = 0.333\cdots$ (참값)

(2) 사다리꼴 공식에 따른 오차

다음 사다리꼴 공식으로 근사값을 구할 때 오차는 어느 정도되는지를 살펴보자.

$$\boxed{\int_a^b f(x)\,dx = \frac{b-a}{2}[f(a)+f(b)]} \qquad (6)$$

$f(x)$를 a를 중심으로 전개하면

$$f(x) = f(a) + \frac{(x-a)}{1!}f'(a) + \frac{(x-a)^2}{2!}f''(a) + \cdots$$

$x=a$에서 $x=b$까지 $f(x)$를 적분하면

$$\int_a^b f(x)\,dx = f(a)(b-a) + \frac{(b-a)^2}{2}f'(a) + \frac{(b-a)^3}{6}f''(a) + \cdots$$

우변의 미분계수에 미분 근사공식

$$f'(a) - \frac{1}{b-a}(f(b)-f(a)) - \frac{(b-a)}{2}f''(a)$$

를 대입하면

$$\begin{aligned}\int_a^b f(x)\,dx &= f(a)(b-a) + \frac{(b-a)^2}{2}\left[\frac{1}{b-a}\{f(b)-f(a)\} - \frac{b-a}{2}f''(a)\right] \\ &\quad + \frac{(b-a)^3}{6}f''(a) + \cdots \\ &= \frac{b-a}{2}[f(a)+f(b)] - \frac{(b-a)^3}{12}f''(a) + \cdots\end{aligned}$$

적분의 근사값으로서 $\int_a^b f(x)\,dx = \frac{h}{2}[f(a)+f(b)]$을 취하면, 오차는 $\varepsilon = -\frac{f''(c)}{12}(b-a)^3$이다($c$는 구간 $[a, b]$내의 값).

사다리꼴 공식 (6)에서 구간 $[a, b]$를 n 등분한 소구간의 폭을 h이라 하면, 각 소구간에서 오차는 $\varepsilon = -\frac{h^3}{12}f''(c)$이므로, 전적분구간에서 S의 절단오차는 $nh = b-a$이므로

$$E_t = -\frac{nh^3}{12}f''(c) = -\frac{b-a}{12}\left(\frac{b-a}{n}\right)^2 f''(c) = -\frac{b-a}{12}h^2 f''(c) \qquad (7)$$

따라서 적분 $\int_a^b f(x)\,dx$는 근사적으로 다음과 같이 나타내진다.

$$\boxed{\int_a^b f(x)\,dx = \frac{h}{2}[y_0 + y_n + 2(y_1 + y_2 + \cdots + y_{n-1})] - \frac{b-a}{12}h^2 f''(c)} \qquad (8)$$

단, c는 구간 $[a, b]$에서 $|f''(x)|$이 최대가 되는 x의 값이다.

오차의 한계를 계산할 때 $|f''(c)| \le M_2$되는 M_2을 구하여, 절단오차의 한계를

$$|E_t| = \frac{b-a}{12} h^2 M_2 \tag{9}$$

로 한다.

예제 2 정적분

$$\int_1^7 \frac{dx}{x} = \ln 7 - \ln 1 \approx 1.9459$$

을 사다리꼴 공식으로 절단오차가 5×10^{-3} 이하가 되도록 적분하는 소구간의 수 n과 소구간의 폭의 크기 h를 구하여라.

풀이 $f(x) = \frac{1}{x}$, $f'(x) = -\frac{1}{x^2}$, $f''(x) = \frac{2}{x^3}$ 이므로 적분구간 $[1, 7]$에서의 $|f''(c)|$의 최대값은 $c = 1$에서 $|f''(c)| \le 1$이다. 따라서 절단오차는

$$|E_t| \le \left| \frac{-(b-a)h^2 f''(c)}{12} \right| \le \frac{6h^2}{12} \le 5 \times 10^{-3}$$

$h^2 \le 10^{-2}$에서 $h = 0.1$이므로, $n = 60$

$n = 60$, $h = 0.1$을 사다리꼴 공식(8)에 대입하면, 구하는 적분의 근사값은 다음과 같다.

$$S = 1.9460$$

(3) Newton의 보간공식을 이용한 사다리꼴 공식과 오차

$\int_{x_0}^{x_n} f(x)\,dx$의 적분구간 $[x_0, x_n]$을 n등분하여, $h = \frac{x_n - x_0}{n}$, $x_k = x_0 + kh$ $(k = 0, 1$ $2, \cdots, n)$이라 하고, 사다리꼴 공식과 오차를 Newton의 보간공식으로 구해보자.

두 점 (x_0, y_0), (x_1, y_1)에 대한 1차의 Newton 전진보간 공식을 $p(x)$라 하면, $p(x) = y_0 + \frac{\Delta y_0}{h}(x - x_0)$이고, $\frac{x - x_0}{h} = k$이라 하고, $p(x) = p_k$이라면

$$p_k = y_0 + k\Delta y_0 (k \text{의 함수})$$

이 식을 $x = x_0$에서 $x = x_1$까지 적분한다.

$x = x_0 + kh$에서 $dx = hdk$이고, $x = x_0$일 때, $k = 0$, $x = x_1 = x_0 + h$일 때, $k = 1$이므로

$$\int_{x_0}^{x_1} p(x)\,dx = h\int_0^1 (y_0 + k\Delta y_0)\,dk = h\left[y_0 k + \frac{k^2}{2}\Delta y_0\right]_0^1$$
$$= \frac{h}{2}[2y_0 + \Delta y_0] = \frac{h}{2}[2y_0 + (y_1 - y_0)]$$
$$= \frac{h}{2}(y_0 + y_1)$$

여기서 얻은 결과는 사다리꼴 공식이다.

$\int_{x_0}^{x_1} y(x)\,dx$에 사다리꼴 공식 $\frac{h}{2}(y_0 + y_1)$을 적용할 때, 절단오차를 구해보자.

사다리꼴 공식 $\frac{h}{2}(y_0 + y_1)$에서 y_1을 x_0을 중심으로 전개하면

$$\frac{h}{2}(y_0 + y_1) = \frac{h}{2}\left[y_0 + \left(y_0 + hy'_0 + \frac{1}{2}h^2 y''_0 + \cdots\right)\right]$$
$$= hy_0 + \frac{1}{2}h^2 y'_0 + \frac{1}{4}h^3 y''_0 + \cdots \qquad (10)$$

$F'(x) = y(x)$이라면, $y(x)$의 부정정적은 $F(x)$이고, $x_1 = x_0 + h$이므로

$$\int_{x_0}^{x_1} y(x)\,dx = F(x_1) - F(x_0) = hF'(x_0) + \frac{1}{2}h^2 F''(x_0) + \frac{1}{3!}h^3 F'''(x_0) + \cdots$$
$$= hy_0 + \frac{1}{2}h^2 y'_0 + \frac{1}{6}h^3 y''_0 + \cdots \qquad (11)$$

단, $F' = y,\ \ F'' = y',\ \ F''' = y'',\ \ \cdots$

식 (11)의 우변에서 식 (10)의 우변을 빼면 절단오차는 $-\frac{h^3}{12}y''_0 - \cdots$이므로, 이 오차는 $-\frac{h^3}{12}y''(c)\ (x_0 < c < x_1)$로 표시된다.

적분구간 $(x_0,\ x_n)$을 n 등분한 분점을 차례로 $x_0,\ x_1,\ x_2,\ \cdots,\ x_{n-1},\ x_n$이라 하고, 이들 분점에 대응하는 함수 y의 값을 차례로 $y_0,\ y_1,\ y_2,\ \cdots,\ y_{n-1},\ y_n$이라 할 때, 차례로 각 소구간에 사다리꼴 공식을 적용하면 전구간에서의 적분값 및 오차는 다음과 같다.

$$\int_{x_0}^{x_n} y\,dx = \frac{h}{2}[y_0 + 2(y_1 + y_2 + \cdots + y_{n-1}) + y_n]$$
$$\text{절단오차} = -(y''_0 + y''_1 + \cdots + y''_{n-1})\frac{h^3}{12} \qquad (12)$$

구간 $(x_0,\ x_n)$에서 y''의 값이 $m < |y''| < M$이라면, 오차에서 괄호 안의 합은 nm과 nM 사이에 든다. 도함수가 연속이라면, 이 합은 $ny''(c)$, $(x_0 < c < x_n)$로 나타낼 수 있다.

따라서 $x_n - x_0 = nh$이라면 $nh^3 = nh \cdot h^2 = (x_n - x_0)h^2$이므로 전적분구간에서

$$\text{절단오차} \simeq -\frac{(x_n - x_0)h^2}{12}y''(c) \qquad (13)$$

이다. 실제 계산에서는 $y''(c)$ 대신 $M_2 = \max|f''(x)|\ (x_0 \leq x \leq x_n)$를 사용한다.

참고 $y''(x)$가 연속이면, $y''_0 + y''_1 + \cdots + y''_{n-1} = ny''(c)$가 되는 c가 구간 $[x_0, x_n]$에 존재한다.

복합 사다리꼴 공식과 오차

근사공식 : $\int_{x_0}^{x_n} y(x)\,dx = \frac{h}{2}[y_0 + y_n + 2(y_1 + y_2 + \cdots + y_{n-1})]$

절단오차 : $-\frac{(x_n - x_0)}{12} h^2 y''(c) \simeq -\frac{(x_n - x_0)}{12} h^2 M_2,\ x_0 < c < x_n$

예제 3 적분구간 (1.00, 1.30)에서 $\sqrt{x}$의 적분값을 사다리꼴 공식을 써서 구하고, 실제오차와 절단오차를 구하여라. 단, $h = 0.05$로 한다.

풀이 구간 (1.00, 1.30)을 6등분한다. 각 분점에 대한 $y = \sqrt{x}$의 값은 다음과 같다.

x	1.00	1.05	1.10	1.15	1.20	1.25	1.30
y	1.00000	1.02470	1.04881	1.07238	1.09545	1.11803	1.14018

$$\int_{1.00}^{1.30} \sqrt{x}\,dx = \frac{0.05}{2}[1 + 1.14018 + 2(1.02470 + 1.04881 + 1.07238 + 1.09545 + 1.11803)] = 0.32147$$

참값을 소수점 아래 5위까지 구하면

$$\frac{2}{3}\left[(1.3)^{\frac{3}{2}} - 1\right] = \frac{2}{3}[1.482228 - 1] = 0.32148537\cdots$$

이므로, 실제오차는 0.000016이다.

$$0.321485 - 0.32147 = 0.000015 < 0.00002$$

절단오차는

$$x_n - x_0 = 0.3,\ h = 0.05,\ y'' = -\frac{1}{4\sqrt[3]{x^2}},\ M_2 = \frac{1}{4}$$

이므로 절단오차는 다음과 같다.

$$E_t = -\frac{0.3}{12}(0.05)^2\left(\frac{1}{4}\right) = 0.0000156 \simeq 0.00002$$

7.2.3 Simpson의 법칙과 Newton-cotes의 법칙

(1) Simpson의 공식

정적분 $\int_a^b f(x)\,dx$의 근사값을 구하는데, a에서 b까지를 n 등분(n은 짝수)하고, 각 분점에 대한 곡선상의 점을 $P_0, P_1, P_2, \cdots, P_n$이라 할 때, 분할곡선 $P_0P_1P_2$, $P_2P_3P_4, \cdots, P_{n-2}P_{n-1}P_n$을 각 중점에서 y축에 평행인 축을 갖는 포물선의 일부로 보고, 이것과 x축 사이의 넓이를 차례로 $S_1, S_2, \cdots, S_{\frac{n}{2}}$이라면, 구하는 정적분값 S는 근사적으로

$$S = S_1 + S_2 + \cdots + S_{\frac{n}{2}}$$

이 된다. 단, 구간 $[a, b]$에서 $f(x) \geq 0$이다.

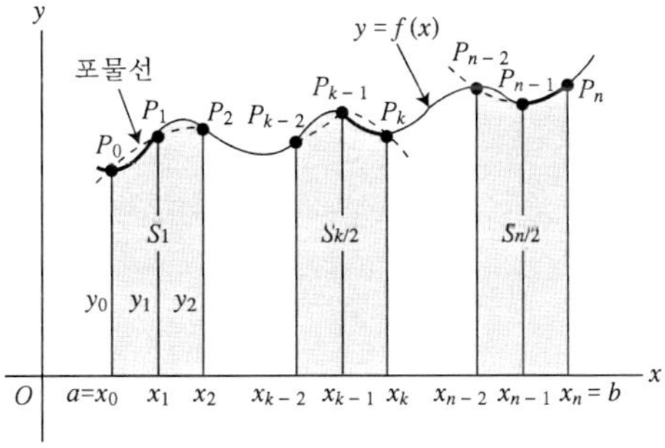

그림 7.4

우선 S_1을 구해보자.

x축상에서 등간격 h로 세 점을 취하여, 분점을 차례로 x_0, x_1, x_2이라 하고, 각각의 분점에서 함수값을 y_0, y_1, y_2라 하자.

세 점 $P_0(x_0, y_0)$, $P_1(x_1, y_1)$, $P_2(x_2, y_2)$를 지나고, 축이 y축에 평행인 포물선으로하여 그 포물선의 식을 $y = ax^2 + bx + c$라 할 때 다음 적분공식을 얻는다.

$$S_1 = \int_{x_0}^{x_2} y\,dx = \frac{h}{3}(y_0 + 4y_1 + y_2) \quad (1)$$

이 근사 공식을 유도한다. 이 공식을 **Simpson의 공식**이라 한다.

계산을 간단히 하기 위하여 $(x_1, 0)$에 원점을 취하여, $v = x - x_1$이라 하고, 포물선의 방정식을 $y = pv^2 + qv + r$이라면, 이 포물선은 세 점

$$P_0(-h, y_0),\ P_1(0, y_1),\ P_2(h, y_2)$$

를 지나므로

$$y_0 = ph^2 - qh + r$$
$$y_1 = \qquad\qquad r$$
$$y_2 = ph^2 + qh + r$$

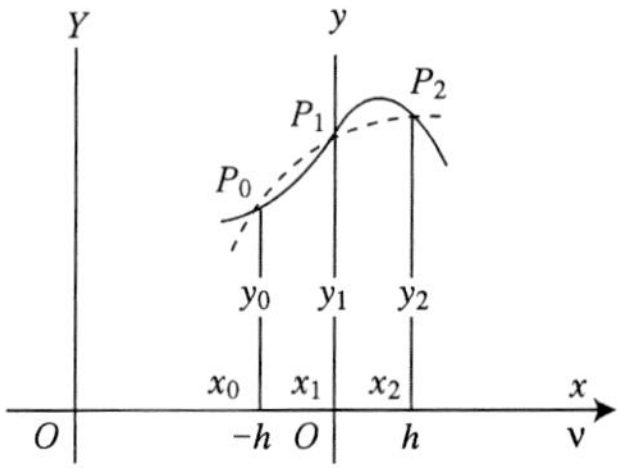

그림 7.5

이들 식에서

$$y_0 + 4y_1 + y_2 = 2ph^2 + 6r$$

좌표축의 평행이동으로 넓이에는 변화가 없으므로

$$\begin{aligned} S_1 &= \int_{x_0}^{x_2} y dx = \int_{-h}^{h} y(v)\,dv = \int_{-h}^{h} (pv^2 + qv + r)\,dv \\ &= \left[\frac{p}{3}v^3 + \frac{q}{2}v^2 + rv\right]_{-h}^{h} = 2\left(\frac{p}{3}h^3 + rh\right) = \frac{h}{3}(2ph^2 + 6r) \qquad (2) \\ &= \frac{h}{3}(y_0 + 4y_1 + y_2) \end{aligned}$$

마찬가지로 S_1, S_2, $\cdots$, $S_{\frac{n}{2}}$을 구하면,

$$S_2 = \frac{h}{3}(y_2 + 4y_3 + y_4)$$
$$\cdots\cdots\cdots\cdots\cdots\cdots$$
$$S_{\frac{n}{2}} = \frac{h}{3}(y_{n-2} + 4y_{n-1} + y_n)$$

이 된다. 이들을 더하여 다음 **복합 Simpson의 공식**이 얻어진다.

$$\boldsymbol{S = \frac{h}{3}\{y_0 + y_n + 4(y_1 + y_3 + \cdots + y_{n-1}) + 2(y_2 + y_4 + \cdots + y_{n-2})\}} \qquad (3)$$

예제 1 다음 정적분값을 Simpson 공식을 써서 구하여라.

$$\int_0^1 \sqrt{1-x^2}\,dx$$

단, 적분구간을 10등분한다.

풀이 $y = \sqrt{1-x^2}$은 단위원의 상반부이다.

$$\begin{aligned} \int_0^1 \sqrt{1-x^2}\,dx &= \frac{h}{3}\{y_0 + y_{10} + 4(y_1 + y_3 + \cdots + y_9) + 2(y_2 + y_4 + \cdots + y_8)\} \\ &= \frac{0.1}{3}\{1 + 0 + 4(0.9950 + 0.9539 + \cdots + 0.4359) + 2(0.9798 + 0.9165 + \cdots + 0.6) \\ &= 0.782\cdots \end{aligned}$$

참값 $= \frac{\pi}{4} = 0.785398$

Simpson의 공식에 의하여 정적분 $\int_a^b f(x)\,dx$를 구하는 알고리즘은 다음과 같다.

> **Algorithm Simpson's Formula**
>
> To approximate the integral $I = \int_a^b f(x)\,dx$:
>
> 1. Input a, b : and $(n = 2m)$.
> 2. $h = \dfrac{b-a}{2m}$
> 3. $S_0 = f(a) + f(b)$
> $S_1 = 0$ … $f(x_{2i-1})$의 합의 초기값
> $S_2 = 0$ … $f(x_{2i})$의 합의 초기값
> 4. For $i = 1$ to $2m-1$ do
> $x = a + ih$
>   If i is even then Set $S_2 = S_2 + f(x)$
>   else $S_1 = S_1 + f(x)$
> 5. $S = h(S_0 + 4 * S_1 + 2 * S_2)/3$
> 6. Output S

예제 2 다음 정적분에서 적분구간 [0, 1]을 4등분하여 Simpson의 공식으로 적분값을 구하여라.

$$\int_0^1 \frac{dx}{1+x^2}$$

풀이 $h = 0.25,\ \ y = \dfrac{1}{1+x^2}$

k	0	1	2	3	4
x_k	0	0.25	0.5	0.75	1
y_k	1	0.9412	0.8	0.64	0.5

$S_0 = y_0 + y_4 = 1 + 0.5 = 1.5$

$S_1 = y_1 + y_3 = 0.9412 + 0.64 = 1.5812$

$S_2 = y_2 = 0.8$

이므로, 구하는 적분값 S는(참값은 0.785398…)

$$S = \frac{0.25\,(1.5 + 4 \times 1.58126 + 2 \times 0.8)}{3} = 0.7854$$

Simpson의 공식은 Newton의 전진보간공식을 써서 유도할 수도 있다.

(2) Simpson 공식에 따른 오차

세 점 (x_0, y_0), (x_1, y_1), (x_2, y_2)를 지나는 2차 다항식을 $p(x)$라 하고, **2차의 Newton의 전진보간 공식**을 구하면 다음과 같다.

$$p(x) = y_0 + \frac{\Delta y_0}{h}(x - x_0) + \frac{\Delta^2 y_0}{2!h^2}(x - x_0)(x - x_1) \tag{4}$$

$\frac{x - x_0}{h} = k$라 하고, $p(x)$를 k의 함수로 보고 p_k라면

$$p_k = y_0 + k\Delta y_0 + \frac{1}{2}k(k-1)\Delta^2 y_0$$

$p(x)$를 $x = x_0$에서 $x = x_2$까지 적분한다. $x = x_0 + kh$이라면 $dx = hdk$이므로

$$\begin{aligned}\int_{x_0}^{x_2} p(x)\,dx &= h\int_0^2 p_k\,dk = h\int_0^2 \left[y_0 + k\Delta y_0 + \frac{1}{2}k(k-1)\Delta^2 y_0\right]dk \\ &= h\left[y_0 k + \frac{1}{2}k^2\Delta y_0 + \frac{1}{2}\left(\frac{k^3}{3} - \frac{k^2}{2}\right)\Delta^2 y_0\right]_0^2 \\ &= h\left[2y_0 + 2(y_1 - y_0) + \frac{1}{2}\left(\frac{8}{3} - 2\right)(y_2 - 2y_1 + y_0)\right] \\ &= \frac{h}{3}(y_0 + 4y_1 + y_2)\end{aligned} \tag{5}$$

식 (5)는 함수 $f(x)$를 2차의 Newton의 보간다항식으로 근사시켜서 넓이를 구한 값이 Simpson의 공식과 동일함을 나타내고 있다.

$\int_{x_0}^{x_n} y(x)\,dx$에 Simpson의 공식을 적용할 때 절단오차를 구해보자.

$$\begin{aligned}\int_{x_0}^{x_n} y(x)\,dx &\simeq \frac{h}{3}(y_0 + 4y_1 + y_2) \\ &= \frac{h}{3}\left[y_0 + 4\left(y_0 + hy'_0 + \frac{1}{2}h^2 y''_0 + \frac{1}{24}h^4 y_0^{(4)} + \cdots\right)\right. \\ &\quad \left. + \left(y_0 + 2hy'_0 + \frac{(2h)^2}{2!}y''_0 + \frac{(2h)^3}{3!}y'''_0 + \frac{(2h)^4}{4!}y_0^{(4)} + \cdots\right)\right] \\ &= \frac{h}{3}\left(6y_0 + 6hy'_0 + 4h^2 y''_0 + 2h^3 y'''_0 + \frac{5}{6}h^4 y_0^{(4)} + \cdots\right)\end{aligned} \tag{6}$$

한편 $F'(x) = y(x)$이라면 적분의 참값은

$$\begin{aligned}\int_{x_0}^{x_2} y(x)\,dx &= F(x_2) - F(x_0) \\ &= 2hF'(x_0) + \frac{1}{2!}(2h)^2 F''(x_0) + \frac{1}{3!}(2h)^3 F'''(x_0) \\ &\quad + \frac{1}{4!}(2h)^4 F^{(4)}(x_0) + \frac{1}{5!}(2h)^5 F^{(5)}(x_0) + \cdots \quad (F' = y,\ F'' = y', \cdots) \\ &= 2hy_0 + 2h^2 y'_0 + \frac{4}{3}h^3 y''_0 + \frac{2}{3}h^4 y_0^{(3)} + \frac{4}{15}h^5 y_0^{(4)} + \cdots\end{aligned} \tag{7}$$

식 (7)에서 식 (6)을 변끼리 빼면 절단오차를 얻는다.

$$\text{절단오차} = \left(\frac{4}{15} - \frac{5}{18}\right) h^5 y^{(4)}(c_0) = -\frac{1}{90} h^5 y^{(4)}(c_0),\ c_0 \in [x_0,\ x_2]$$

이상에서 복합 Simpson 공식과 절단오차는 다음과 같다.

복합 Simpson 공식과 오차

$$\int_{x_0}^{x_n} y\,dx = \frac{h}{3}[y_0 + y_n + 4(y_1 + y_3 + \cdots + y_{n-1}) + 2(y_2 + y_4 + \cdots + y_{n-2})]$$

절단오차 : $-\frac{h^5}{90}\left[y^{(4)}(c_0) + y^{(4)}(c_1) + \cdots + y^{(4)}(c_{n/2})\right] = -\frac{n}{180} h^5 y^{(4)}(c)$

$$= -\frac{(x_n - x_0)}{180} h^4 y^{(4)}(c),\ \ (nh = x_n - x_0,\ x_0 < c < x_n)$$

구간 $[x_0,\ x_n]$**에서** $\left|y^{(4)}(x)\right| \le M_4$**이면,** $|\text{절단오차}| \le \frac{x_n - x_0}{180} h^4 M_4$

예제 3 적분 $\int_{1.0}^{1.3} \sqrt{x}\,dx$에 Simpson 공식을 적용하여 적분값과 절단오차를 구하여라. 단, 적분구간을 6등분하여 $h = 0.05$로 한다.

풀이

$$\int_{1.0}^{1.3} \sqrt{x}\,dx = \frac{0.05}{3}[1.00000 + 1.14017 + 4(1.02470 + 1.07238 + 1.11803) + 2(1.04881 + 1.09544)]$$

$$= 0.321489\ (\text{참값은 } 0.32148537)$$

$y^{(4)}(x) = -\frac{15}{16} x^{-\frac{7}{2}}$에서 $M_4 = \frac{15}{16}$이므로, 절단오차 $= \frac{0.3}{180}(0.05)^4\left(\frac{15}{16}\right) \approx 0.00000001$

예제 4 다음 적분을 Simpson 공식에 의하여 구할 때, 절단오차가 5×10^{-5}이하가 되도록 적분구간의 수 n과 h의 크기를 구하라. 단, h는 소수 1위까지로 한다.

$$\int_2^7 \frac{dx}{x} = \ln 7 - \ln 2 \approx 1.252763$$

풀이 $f(x) = \frac{1}{x}$에서 $f^{(4)}(x) = \frac{24}{x^5}$, $M_4 = \max_{2 \le x \le 7}\left|f^{(4)}(x)\right| = \left|f^{(4)}(2)\right| = \frac{3}{4}$이므로

$$|E| \le \left|\frac{-(x_n - x_0)h^4 f^{(4)}(c)}{180}\right| = \frac{5h^4}{180}\left(\frac{3}{4}\right) \le \frac{h^4}{48} < 5 \times 10^{-5}$$

(1) $h^4 < 240 \times 10^{-5} = 24 \times 10^{-4}$ 에서

$$h < \sqrt[4]{24} \times 10^{-1} = 2.2134 \times 10^{-1} = 0.22134 \simeq 0.2$$

(2) $h = \frac{5}{n} = 0.2$에서 $n = \frac{5}{0.2} = 25$

(3) Newton-Cotes의 공식과 오차

네 점 (x_0, y_0), (x_1, y_1), (x_2, y_2), (x_3, y_3)에 대한 3차의 Newton의 보간공식은

$$p(x) = y_0 + \frac{\Delta y_0}{h}(x - x_0) + \frac{\Delta^2 y_0}{2!h^2}(x - x_1) + \frac{\Delta^3 y_0}{3!h^3}(x - x_0)(x - x_1)(x - x_2)$$

이고, $\frac{x - x_0}{h} = k$라 하고, $p(x) = p_k$라면 3차의 Newton 보간공식은

$$p_k = y_0 + k\Delta y_0 + \binom{k}{2}\Delta^2 y_0 + \binom{k}{3}\Delta^3 y_0$$

$x = x_0$에서 $x = x_3$까지 적분하면

$$\begin{aligned}\int_{x_0}^{x_3} p(x)\,dx &= h\int_0^3 p_k\,dk = h\int_0^3 \left[y_0 + k\Delta y_0 + \binom{k}{2}\Delta^2 y_0 + \binom{k}{3}\Delta^3 y_0\right]dk \\ &= h\left(3y_0 + \frac{9}{2}\Delta y_0 + \frac{9}{4}\Delta^2 y_0 + \frac{3}{8}\Delta^3 y_0\right) \\ &= \frac{3h}{8}[24y_0 + 36(y_1 - y_0) + 18(y_2 - 2y_1 + y_0) + 3(y_3 - 3y_2 + 3y_1 - y_0)] \\ &= \frac{3h}{8}(y_0 + 3y_1 + 3y_2 + y_3)\end{aligned}$$

이 공식이 **Newton-Cotes의 적분공식**이다.

$\int_{x_0}^{x_3} y(x)\,dx$의 근사값을 Newton-Cotes의 공식으로 구할 때, 절단오차는

$$\text{오차} = -\frac{3h^5 y_0^{(4)}}{80} + \cdots = -\frac{3h^5}{80}y^{(4)}(c), \text{ 단, } x_0 < c < x_3$$

구간 (x_0, x_n)을 n 등분(n은 3의 배수)하여, 차례로 소구간 세 개식에 Newton-Cotes의 공식을 적용하면, 전 구간에서의 적분값의 합 S와 절단오차는 다음과 같다.

$$\begin{aligned}S &≒ \sum_{k=1}^{n/3} S_k = \sum_{k=1}^{n/3} \frac{3}{8}h(y_{3k-3} + 3y_{3k-2} + 3y_{3k-1} + y_{3k}) \\ &= \frac{3}{8}\{y_0 + y_n + 3(y_1 + y_4 + y_7 + \cdots + y_{3k-2} + \cdots + y_{n-2}) \\ &\quad + 3(y_2 + y_5 + y_8 + \cdots + y_{3k-1} + \cdots + y_{n-1}) \\ &\quad + 2(y_3 + y_6 + y_9 + \cdots + y_{3k-3} + \cdots + y_{n-3})\}\end{aligned}$$

$$\text{절단오차} = -\frac{3}{80}h^5\{\overbrace{y_0^{(4)} + y_3^{(4)} + \cdots + y_{n-3}^{(4)}}^{\frac{n}{3}\text{개}}\} = -\frac{x_n - x_0}{80}h^4 y^{(4)}(c),\ x_0 < c < x_n$$

$$\boxed{\begin{aligned} S &\fallingdotseq \frac{3}{8}h\left\{y_0 + y_n + 3\sum_{k=1}^{n/3} y_{3k-2} + 3\sum_{k=1}^{n/3} y_{3k-1} + 2\sum_{k=2}^{n/3} y_{3k-3}\right\}, \\ &\text{절단오차} = -\frac{x_n - x_0}{80}h^4 y^{(4)}(c) \end{aligned}} \tag{21}$$

이 공식은 **복합 Newton-Cotes의 공식**이라 한다.

예제 5 Newton-Cotes의 공식을 써서, 다음 식의 적분값을 구하여라.

$$s = \int_0^1 x^2\,dx$$

단, 구간 [0, 1]을 3등분할 때의 적분값과 절단오차를 구한다.

풀이 구간 [0, 1]을 3등분할 때

$$h = \frac{1-0}{3} = \frac{1}{3},\ x_0 = 0\text{일 때},\ y_0 = 0,\ x_1 = \frac{1}{3}\text{일 때},\ y_1 = \frac{1}{9},$$
$$x_2 = \frac{2}{3}\text{일 때},\ y_2 = \frac{4}{9},\ x_3 = 1\text{일 때},\ y_3 = 1$$

따라서 구하는 넓이 S는

$$\begin{aligned} S &\simeq \frac{3}{8}h(y_0 + 3y_1 + 3y_2 + y_3) \\ &= \frac{3}{8} \times \frac{1}{3}\left(0 + 3 \times \frac{1}{9} + 3 \times \frac{4}{9} + 1\right) = \frac{1}{3} = 0.333\cdots \end{aligned}$$

$y = x^2$에서 $y^{(4)} = 0$이므로, 절단오차는 0이다. 또한, 참값 $= \int_0^1 x^2\,dx = \frac{1}{3}$이므로, 오차는 0이다.

7.2.4 중적분의 수치계산법

(1) 사다리꼴 법칙

2중적분 $\int_a^b\left(\int_c^d f(x,\ y)\,dy\right)dx = \int_c^d\left(\int_a^b f(x,\ y)\,dx\right)dy$를 구하는 것은 단적분을 2회 실시하면 된다.

따라서 중적분의 수치적 계산에서도

(1) 사다리꼴 법칙　　　　(2) Simpson 법칙

을 적용할 수 있다. 이들 법칙의 적용은 x에 관하여 적용한 것을 이어서 y에 관하여 적용하거나, y에 관하여 적용한 것을 x에 관하여 적용하면 된다.

2중적분 $\int_{y_j}^{y_{j+1}}\int_{x_i}^{x_{i+1}} f(x, y)\,dxdy$에서 x에 관한 적분 $\int_{x_i}^{x_{i+1}} f(x, y)\,dx$에 사다리꼴 공식을 적용하면

$$\int_{x_i}^{x_{i+1}} f(x, y)\,dx = \frac{h}{2}\left[f(x_i, y) + f(x_{i+1}, y)\right] = g(x_i, y) \quad (h = x_{i+1} - x_i)$$

이고, 이 적분결과에 y에 관한 사다리꼴 공식을 적용하면

$$\begin{aligned} I_T &= \int_{y_j}^{y_{j+1}} g(x_i, y)\,dy = \frac{k}{2}\left[g(x_i, y_j) + g(x_i, y_{j+1})\right] \quad (k = y_{i+1} - y_i) \\ &= \frac{k}{2}\left[\frac{h}{2}\{f(x_i, y_j) + f(x_{i+1}, y_j)\} + \frac{h}{2}\{f(x_i, y_{j+1}) + f(x_{i+1}, y_{j+1})\}\right] \\ &= \frac{hk}{4}(f_{i,j} + f_{i+1,j} + f_{i,j+1} + f_{i+1,j+1}) \qquad (1) \end{aligned}$$

이 공식은 그림 7.6과 같은 그림을 그려서 적용하면, 공식이용에 착오가 없다.

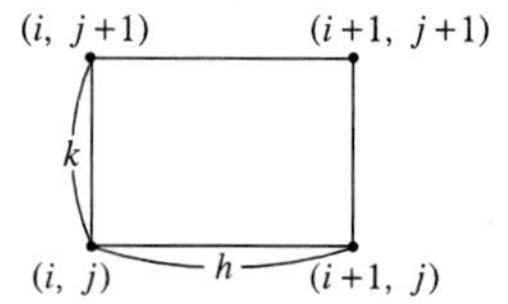

그림 7.6

적분구간을 세분할 때는 세분된 구간에서 식 (1)의 계산을 하고, 이들을 합하면, 세분된 구간에서 사다리꼴 법칙을 적용한 결과를 얻는다.

그림 7.7은 구간을 4등분한 경우이다.

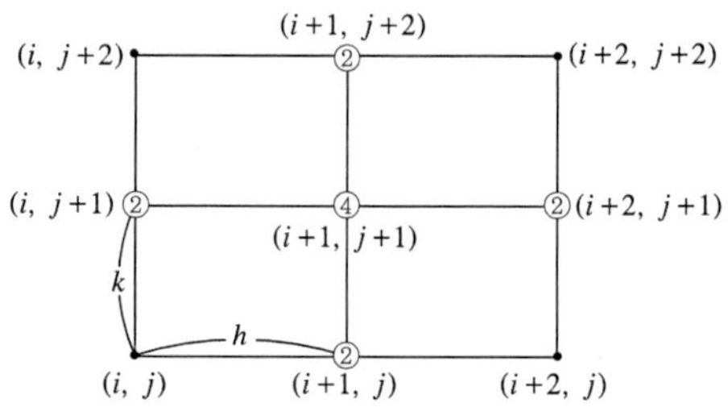

그림 7.7

그림 7.7과 같이 세분한 경우의 적분은 다음과 같다.

$$\begin{aligned} I_T &= \int_{y_j}^{y_{j+2}}\int_{x_i}^{x_{i+2}} f(x, y)\,dxdy \\ &= \frac{hk}{4}\left[(f_{i,j} + f_{i,j+2} + f_{i+2,j} + f_{i+2,j+2}) \right. \\ &\quad \left. + 2(f_{i,j+1} + f_{i+1,j} + f_{i+2,j+1} + f_{i+1,j+2}) + 4f_{i+1,j+1}\right] \qquad (2) \end{aligned}$$

(2) Simpson 법칙

$$I_S = \int_{y_j}^{y_{j+2}}\int_{x_i}^{x_{i+2}} f(x, y)\,dxdy$$

를 Simpson 법칙으로 구할 때, 우선 $\int_{x_i}^{x_{i+2}} f(x,\ y)\,dx$ 를 Simpson 법칙으로 구하면

$$I_1 = \frac{h}{3}\left[f(x_i,\ y) + 4f(x_{i+1},\ y) + f(x_{i+2}, y) \right]$$

이 결과에 y 에 관한 Simpson 법칙을 적용하면

$$\begin{aligned} I_S &= \frac{h}{3}\int_{y_j}^{y_{j+2}} \left[f(x_i,\ y) + 4f(x_{i+1},\ y) + f(x_{i+2},\ y) \right] dy \\ &= \frac{h}{3}\cdot\frac{k}{3}\Big[\left\{ f(x_i,\ y_i) + 4f(x_i,\ y_{j+1}) + f(x_i,\ y_{j+2}) \right\} \\ &\quad + 4\left\{ f(x_{i+1},\ y_j) + 4f(x_{i+1},\ y_{j+1}) + f(x_{i+1},\ y_{j+2}) \right\} \\ &\quad + \left\{ f(x_{i+2},\ y_j) + 4f(x_{i+2},\ y_{j+1}) + f(x_{i+2},\ y_{j+2}) \right\} \Big] \end{aligned} \tag{3}$$

이 공식은 오른쪽 그림 7.8을 이용하면, 세분된 구간에서의 적분이 착오 없이 구해진다.

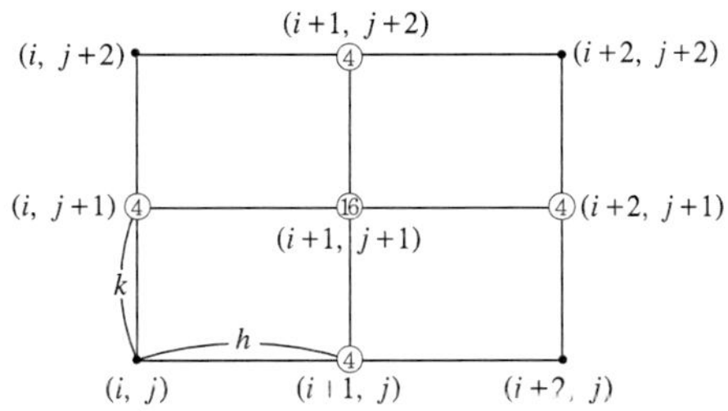

그림 7.8

식 (3)을 정리하면 다음과 같다.

$$\boxed{\begin{aligned} I_S = \frac{hk}{9}\Big[&(f_{i,\,j} + f_{i+2,\,j} + f_{i,\,j+2} + f_{i+2,\,j+2}) \\ &+ 4(f_{i,\,j+1} + f_{i+1,\,j} + f_{i+1,\,j+2} + f_{i+2,\,j+1}) + 16 f_{i+1,\,j+1} \Big] \end{aligned}} \tag{4}$$

예제 1 다음 2중 적분을 사다리꼴 법칙과 Simpron 법칙으로 구하여라.

$$\int_{0.1}^{0.3}\int_{0}^{0.2} (x+y)\,dxdy$$

단, x, y의 각 적분구간을 2등분한다.

풀이 $h = k = 0.1$로 한다.

수치적분을 쉽게 얻기 위하여 다음과 같이 도표를 그려서 적분공식 (2)에 대입한다.

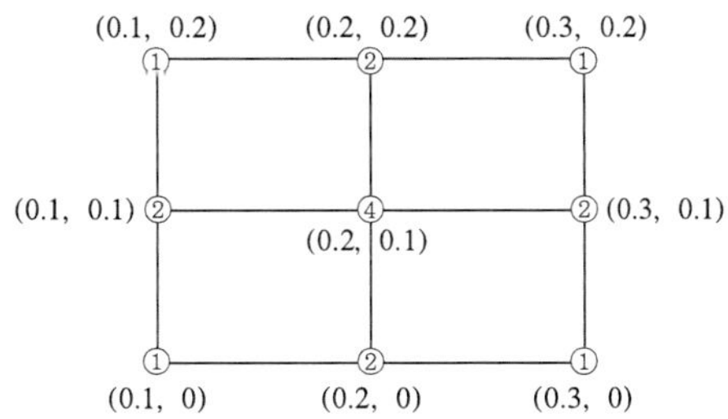

그림 7.9

$$\int_{0.1}^{0.3}\int_{0}^{0.2}(x+y)\,dxdy$$

(1) 사다리꼴 법칙

$$\begin{aligned} I_T &= \frac{0.1\times 0.1}{4}[(0.1+0)+(0.1+0.2)+(0.3+0)+(0.3+0.2) \\ &\quad +2\{(0.1+0.1)+(0.2+0)+(0.2+0.2)+(0.3+0.1)\} \\ &\quad +4(0.2+0.1)] \\ &= \frac{0.01}{4}[(0.1+0.3+0.3+.05)+2(0.2+0.2+0.4+0.4)+4(0.3)] \\ &= \frac{0.01}{4}(1.2+2.4+1.2)=0.012 \end{aligned}$$

(2) Simpson 법칙

$$\begin{aligned} I_S &= \frac{0.1\times 0.1}{9}[(0.1+0)+(0.1+0.2)+(0.3+0)+(0.3+0.2) \\ &\quad +4\{(0.1+0.1)+(0.2+0)+(0.2+0.2)+(0.3+0.1)\}+16(0.2+0.1)] \\ &= \frac{0.01}{9}(1.2+4\times 1.2+16\times 0.3)=0.012 \end{aligned}$$

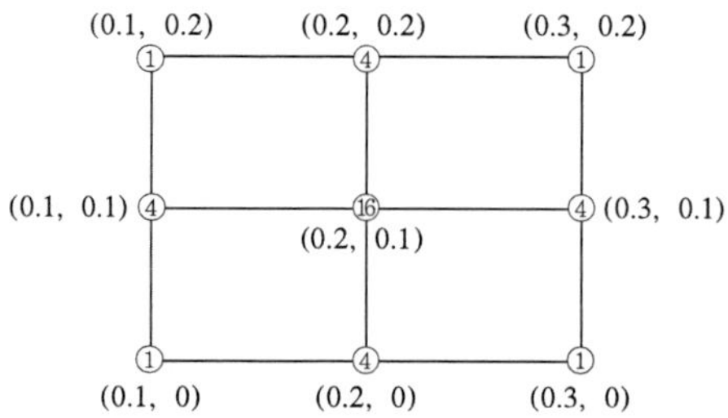

그림 7.10

연습문제(7.2)

1 다음 표는 0.25시간(=15분) 간격으로 자전거의 시속과 출발지로부터의 시간을 나타낸 것이다. 이동거리 $=\int_0^2 v(t)\,dt$를 사다리꼴 공식을 써서 구하여라.

시간 (t)	속도 $V(t)$
0.00	6.0
0.25	7.5
0.50	8.0
0.75	9.0
1.00	8.5
1.25	10.5
1.50	9.5
1.75	7.0
2.00	6.0

2 다음 표는 $x = 0$에서 $x = 6$까지의 $y = f(x)$를 x축 둘레로 회전하는 회전체에서 주어진 x에서의 회전 반지름을 나타낸 것이다. 이 회전체의 부피를 Simpson 공식을 써서 구하여라.

x	0	1	2	3	4	5	6
$r(x)$	6	5	4	5	6	7	8

3 아래 데이터에 대하여 다음 두가지 법칙으로 구하여라. 단, $h = 0.25$로 한다.
(1) 사다리꼴 법칙 (2) Simpson 법칙

x	1	5/4	3/2	7/4	2
y	1	4/5	2/3	4/7	1/2

4 다음 2중적분을 사다리꼴 법칙과 Simpson 법칙으로 구하여라.

$$\int_0^{0.4}\int_0^{0.2}(x+2y)\,dxdy$$

단, x, y 적분구간은 각각 2등분한다. ($h = 0.2$, $k = 0.1$로 한다)

연습문제(7.2) 풀이

1 이동거리 d는 $d = \int_0^2 v(t)\,dt$이다. 전시간 구간 $[0, 2]$가 $h = 0.25$로 등분되어 있고, 각 구간마다의 속도가 주어져 있으므로 사다리꼴 공식에 의하면

$$\begin{aligned} d &= \frac{h}{2}[(V_0+V_n)+2(V_1+V_2+\cdots+V_{n-1})] \\ &= \frac{0.25}{2}[(6.0+6.0)+2(7.5+8.0+9.0+8.5+10.5+9.5+7.0)] \\ &= 16.5\,(\text{Km}) \end{aligned}$$

2 구하는 회전체의 부피 V를 Simpson의 공식에 의하면

$$\begin{aligned} V &= \frac{\pi}{3}[(36+64)+4(25+25+49)+2(16+36)]\times 1 \\ &= \frac{\pi}{3}(100+396+104) = 200\pi \simeq 628.32 \end{aligned}$$

3 (1) $h = \frac{1}{4}$로 구간 [1, 2]를 4등분하였다.

$$S = \frac{1/4}{2}\left[\left(1 + \frac{1}{2}\right) + 2\left(\frac{4}{5} + \frac{2}{3} + \frac{4}{7}\right)\right] = 0.69702$$

(2) $$S = \frac{1/4}{3}\left[\left(1 + \frac{1}{2}\right) + 4\left(\frac{4}{5} + \frac{4}{7}\right) + 2\left(\frac{2}{3}\right)\right] = 0.69325$$

참고 데이터에서 $xy = 1$이라면, $y = \frac{1}{x}$ 이라면

$$\int_1^2 \frac{1}{x}\,dx = [\ln x]_1^2 = \ln 2 = 0.693147$$

4 적분구간을 세로, 가로 각 2등분한 영역으로 구분하여 공식을 이용한다.

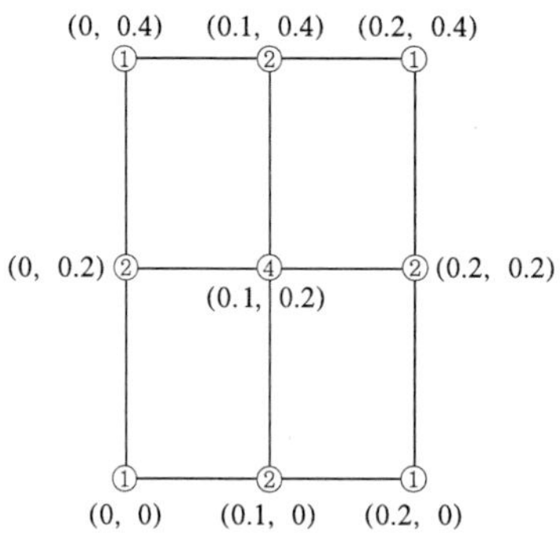

그림 7.11

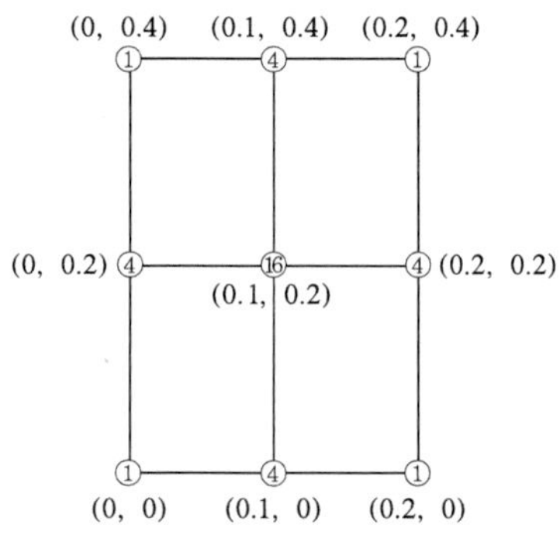

그림 7.12

사다리꼴 법칙은 그림 7.11을 이용하고, Simpson 법칙은 그림 7.12를 이용한다.

$$\begin{aligned} I_T = \frac{0.1 \times 0.2}{4}&[(0 + 2 \times 0) + (0 + 2 \times 0.4) + (0.2 + 2 \times 0) + (0.2 + 2 \times 0.4) \\ &+ 2\{(0 + 2 \times 0.2) + (0.1 + 2 \times 0) + (0.1 + 2 \times 0.4) + (0.2 + 2 \times 0.2)\} \\ &+ 4(0.1 + 2 \times 0.2)] \\ = \frac{0.02}{4}&(2.0 + 2(2.0) + 4(0.5)] = 0.04 \end{aligned}$$

$$\begin{aligned} I_S = \frac{0.1 \times 0.2}{9}&[(0 + 0.8 + 0.2 + 1.0) + 4(0.4 + 0.1 + 0.9 + 0.6) + 16(0.5)] \\ = \frac{0.02}{9}&(2 + 8 + 8) = 0.04 \end{aligned}$$

Chapter 8

미분방정식

8.1 1계 미분방정식의 수치적 해법

8.1.1 도함수를 증분의 비로 근사시키는 방법

1계 선형 미분방정식은

$$\frac{dy}{dx} + p(x)y = q(x) \tag{1}$$

꼴을 한다.

미분방정식 (1)에서 $\frac{dy}{dx} \simeq \frac{\Delta y}{\Delta x}$ 이므로, 식 (1)은 근사적으로

$$\frac{\Delta y}{\Delta x} + p(x)y = q(x)$$

또는

$$\Delta y = \Delta x\,[q(x) - p(x)y] \tag{2}$$

로 나타낼 수 있다.

$x = x_0$일 때, $y = y_0$이라면, $x = x_0 + k\Delta x$일 때, y의 값은 다음과 같이 구해진다.

① $x_1 = x_0 + \Delta x$일 때, Δy_0을 식 (2)에 의하여 구하면

$$y_1 = y_0 + \Delta y_0$$

② $x_2 = x_1 + \Delta x$일 때, Δy_1를 식 (2)에 의하여 구하면

$$y_2 = y_1 + \Delta y_1$$

마찬가지로 $x_3 = x_2 + \Delta x$일 때, $y_3 = y_2 + \Delta y_2$가 구해진다.

③ ②의 과정을 반복계산하면

$$x_k = x_{k-1} + \Delta x \text{일 때, } y_k = y_{k-1} + \Delta y_{k-1}$$

를 구할 수 있다.

이상의 알고리즘은 다음과 같다.

Algorithm approximation for I.V.P.

1. Input $\{x_0,\ y_0,\ dx\}$
2. For $i = 1$ to n do
   - $x_0 = x_0 + dx$
   - $dy = dx(q(x_0) - p(x_0)y_0)$
   - $y_0 = y_0 + dy$
3. output $\{x_0,\ y_0\}$

예제 1 $\dfrac{dy}{dx} + 2y = 1,\ y(0) = 1$이다. $dx = \Delta x = 0.1$로 할 때, $y_3 = y(0.3)$의 값을 구하여라.

풀이 $i = 1$일 때,

$$x_0 = 0,\ x_1 = x_0 + dx = 0 + 0.1 = 0.1$$
$$\Delta y_0 = dy_0 = dx(1 - 2y_0) = 0.1(1 - 2 \times 1) = -0.1$$
$$y_1 = y_0 + dy_0 = 1 + (-0.1) = 0.9$$

$i = 2$일 때,

$$x_2 = x_1 + dx = 0.1 + 0.1 = 0.2$$
$$dy_1 = dx(1 - 2y_1) = 0.1(1 - 2 \times 0.9) = -0.08$$
$$\therefore y_2 = y_1 + dy_1 = 0.9 - 0.08 = 0.82$$

$i = 3$일 때,

$$x_3 = x_2 + dx = 0.2 + 0.1 = 0.3$$
$$dy_2 = dx(1 - 2y_2) = 0.1(1 - 2 \times 0.82) = -0.064$$
$$\therefore y_3 = y_2 + dy_2 = 0.82 + (-0.064) = 0.756$$

참고 $\dfrac{dy}{dx} + 2y = 0$에서 $\dfrac{dy}{y} + 2dx = 0,\ \log y + 2x = \log c\ \therefore y_h = ce^{-2x}$

$\dfrac{dy}{dx} + 2y = 1$에서 $y = A$라면, $2A = 1$에서 $A = \dfrac{1}{2}\ \therefore y_p = \dfrac{1}{2}$

$\therefore y = y_h + y_p = ce^{-2x} + \dfrac{1}{2},\ y(0) = c + \dfrac{1}{2} = 1$에서 $c = \dfrac{1}{2}\ \therefore y = \dfrac{1}{2}(e^{-2x} + 1)$

$x_3 = x_0 + 3\Delta x = 0 + 3(0.1) = 0.3$일 때, $y_3 = \dfrac{1}{2}(e^{-0.6} + 1) = 0.7744$ (참값)

8.1.2 Euler의 방법

1계 미분방정식

$$y'=f(x,\ y),\ y(x_0)=y_0 \tag{1}$$

에서 $x_1=x_0+h$일 때의 $y(x_1)$의 근사값을 구해보자.

$$y(x_1)=y(x_0+h)$$

를 x_0를 중심으로 Taylor 전개하면

$$y(x_1)=y(x_0)+hy'(x_0)+\frac{h^2}{2!}y''(x_0)+\cdots\cdots \tag{2}$$

우변에서 h^2항 이상을 $O(h^2)$으로 묶으면, $y'(x_0)=f(x_0,\ y_0)$이므로

$$y_1=y_0+hf(x_0,\ y_0)+O(h^2)$$

따라서 $y=f(x_0+h)$의 근사공식은

$$\boldsymbol{y_1=y_0+hf(x_0,\ y_0),\ E_t=\frac{h^2}{2!}y''(\xi),\ x_0\le\xi\le x_1} \tag{3}$$

다음 그림 8.1에서 $\Delta y=hf(x_0,\ y_0)$이므로 $y_1\simeq Y_1=y_0+hf(x_0,\ y_0)$이다. 단, $y=g(x)$는 점 $(x_0,\ y_0)$를 지나는 $y'=f(x,\ y)$의 해곡선이다.

공식 (3)을 **Euler의 공식**이라 한다.

Euler의 공식 (3)은 미분근사공식

$$y'_0\simeq\frac{y_1-y_0}{h}\text{에서 } y_1\simeq y_0+hy'_0$$

으로도 얻을 수 있다.

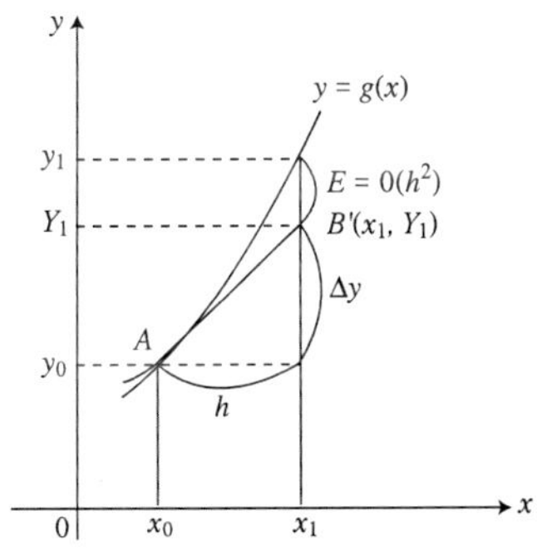

그림 8.1

미분방정식 (1)에서 적분구간 $[x_0,\ x_N]$을 N등분한 각 분점을

$$x_i=x_0+ih\ (i=1,\ 2,\ \cdots,\ n)$$

이라 할 때, 차례로 $y(x_1),\ y(x_2),\ \cdots,\ y(x_n)$의 근사값을 Euler법으로 구해나가면 y_N이 구해진다.

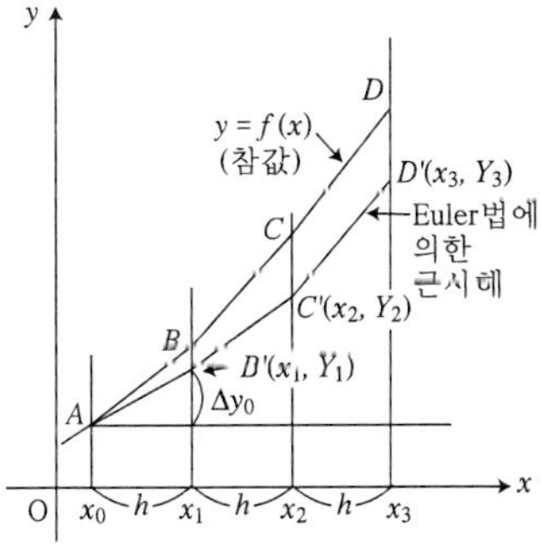

그림 8.2

Euler법의 일반공식

$$y_{i+1} = y_i + hy'_i,\ E_T = \frac{1}{2}hy''(\xi),\ x_i \le \xi \le x_{i+1}$$

을 써서 $x_1,\ x_2,\ x_3$에서의 y의 근사값 $y_1,\ y_2,\ y_3$은 차례로 구하면 다음과 같다.

$$\begin{aligned} y_1 &= y_0 + hy'_0 = y_0 + hf(x_0,\ y_0) \\ y_2 &= y_1 + hy'_1 = y_1 + hf(x_1,\ y_1) \\ y_3 &= y_2 + hy'_2 = y_2 + hf(x_2,\ y_2) \end{aligned}$$

예제 1 $y' = x + y,\ x(0) = 0,\ y(0) = 2$에서 $h = 0.5$이다. $y(1)$의 근사값을 Euler의 공식으로 구하여라.

풀이 $y_1 = y_0 + hf(x_0,\ y'_0) = 2.0 + 0.5(0.0 + 2.0) = 3.0,\ x_1 = x_0 + h = 0 + 0.5 = 0.5$
$y_2 = y_1 + hf(x_1,\ y_1) = 3.0 + 0.5(0.5 + 3.0) = 4.75$

Euler법의 알고리즘은 다음과 같다.

Algorithm Euler Method

1. Input $\{a,\ b,\ x_0,\ y_0,\ n\}$
2. $h = (b - a)/n$
3. For $i = 1$ to n do
  $y_1 = y_0 + hf(x_0,\ y_0)$
  $x_0 = x_0 + h$
  $y_0 = y_1$
4. Output $\{y_0\}$

예제 2 미분방정식 $y' = 1 - 2xy,\ 0 \le x \le 1\ y(0) = 1$에서 $h = 0.01\ (n = 100)$으로 한다. $y(0.01),\ y(0.02),\ y(0.03)$의 값을 Euler의 방법으로 구하여라.

풀이 $x_1 = 0.01$일 때, $f(x_0,\ y_0) = 1 - 2(0)(1) = 1$이므로

$$y_1 = y_0 + hf(x_0,\ y_0) = 1 + 0.01(1) = 1.01$$

$x_2 = 0.02$일 때, $f(x_1,\ y_1) = 1 - 2(0.01)(1.01) = 0.9798$이므로

$$y_2 = y_1 + hf(x_1,\ y_1) = 1.01 + 0.01(0.9798) = 1.0198$$

$x_3 = 0.03$일 때, $y_3 = y_2 + hf(x_2,\ y_2) = 1.0198 + 0.01[1 - 2(0.02)(1.0198)]$
$= 1.0292$

Euler 공식은 $y(x_0+h)$를 x_0을 중심으로 하는 Taylor 전개식에서 1차 미분항까지 취한 근사공식이다. 2차 미분항까지 취한 근사공식은

$$y_{i+1}=y_i+hy_i+\frac{1}{2}h^2 y''_i,\ E_T=\frac{1}{6}h^3 y'''(\xi)\ (x_i\le\xi\le x_{i+1})$$

이나, h가 충분히 작지않은 경우는 절단오차를 무시할 수 없으므로, 이 공식은 안 쓰인다.

8.1.3 Euler-Gauss의 방법

(1) Euler-Gauss의 방법

미분방정식 $y'=f(x,\ y)$, $y(x_0)=y_0$를 $x_1=x_0+h$에서의 y값을 사다리꼴 공식에 의하여 구한다.

$\int_{x_0}^{x_1} f(x,\ y)\,dx$에 사다리꼴 공식(7.2의 2 참조)을 적용하면

$$y_1-y_0=\int_{x_0}^{x_1} f(x,\ y)\,dx \simeq \frac{h}{2}[f(x_0,\ y_0)+f(x_1,\ y_1)]-\frac{h^3}{12}y^{(2)}(\xi)\quad (h=x_1-x_0)$$

이 식에서 y_1의 근사값을 구하는 다음 공식이 얻어진다.

$$\boldsymbol{y_1=y_0+\frac{h}{2}[f(x_0,\ y_0)+f(x_1,\ y_1)],\ \text{오차}=-\frac{h^3}{12}y^{(2)}(\xi)} \qquad (1)$$

공식 (1)의 우변의 y_1에는 Euler의 공식 $\hat{y}_1=y_0+hf(x_0,\ y_0)$에 의하여 구한 근사값 $\hat{y}_1$을 대입한다. 이렇게 y_1의 근사값을 구하는 방법을 **Euler-Gauss의 방법**이라 한다.

Euler-Gauss의 공식

$$\boldsymbol{\hat{y}_1=y_0+hf(x_0,\ y_0)}$$

$$\boldsymbol{y_1=y_0+\frac{h}{2}[f(x_0,\ y_0)+f(x_1,\ \hat{y}_1)],\ E=-\frac{h^3}{12}y^{(2)}(\xi)}$$

이 공식에서 $\hat{y}_1$은 Euler 공식에 의하여 구하고, y_1은 Euler 공식에 의하여 예측된 y의 값 $\hat{y}$을 사다리꼴 공식에 대입하여 y의 값을 개량한다. 오차는 h^3 정도이다. 수정을 여러 번 하는 경우는 사다리꼴 공식으로 y_1의 값을 반복개량하면서 이웃한 y_1값과 차가 허용오차안에 들면 반복계산을 중단하고, y_1의 값을 y의 근사값으로 한다. 이 공식을 **Euler 사다리꼴 공식**이라고도 한다.

예제 1

Euler-Gauss의 방법을 써서 다음 미분방정식에서 $y(0.25)$의 값을 구하여라. 단, $h = 0.25$로 한다.

$$y' = \frac{x-y}{2},\ y(0) = 1$$

풀이

$$f(x,\ y) = \frac{x-y}{2}.\quad f(x_0,\ y_0) = f(0,\ 1) = \frac{0-1}{2} = -0.5$$
$$\hat{y}_1 = y_0 + hf(x_0,\ y_0) = 1 + 0.25(-0.5) = 0.875$$
$$f(x_1,\ \hat{y}_1) = \frac{0.25 - 0.875}{2} = -0.3125$$
$$\therefore y_1 = y_0 + \frac{h}{2}[f(x_0,\ y_0) + f(x_1,\ \hat{y}_1)]$$
$$= 1 + \frac{0.25}{2}[-0.5 - 0.3125] = 0.8984375$$

사다리꼴 공식의 오차는 식 (1)에서

$$-y^{(2)}(\xi)\frac{h^3}{12}$$

이다. 적분구간 $(a,\ b)$를 n등분하여 $h = \frac{b-a}{n}$이라면, $nh = b-a$이므로, 전구간에서의 오차의 합은 $nh = b-a$이므로

$$-\sum_{k=1}^{n} y^{(2)}(\xi)\frac{h^3}{12} = -ny^{(2)}(\xi)\frac{h^3}{12} = -\frac{b-a}{12}y^{(2)}(\xi)h^2 = o(h^2) \qquad (2)$$

구분한 구간의 길이 h가 $\frac{1}{2}$로 줄어들면, 절단오차는

$$E\left(\frac{h}{2}\right) \approx c\frac{h^2}{4} = \frac{1}{4}ch^2 \approx \frac{1}{4}E(h) \qquad (3)$$

이므로, 구간의 길이가 $\frac{1}{2}$로 줄어들면, 오차는 $\frac{1}{4}$로 줄어든다.

예제 2

Euler-Gauss의 방법으로 다음 미분방정식을 풀 때,

$$y' = \frac{x-y}{2},\ y(0) = 1$$

(1) $h = 0.25$인 경우의 오차, (2) $h = 1$인 경우의 오차를 비교하여라.

풀이 주어진 미분방정식의 정확한 해를 구하면

$$2y' + y = 0 \text{ 에서 } y_h = ce^{-\frac{1}{2}x}$$
$$2y' + y = x \text{ 에서 } y_p = x - 2$$

이므로, $y = ce^{-\frac{1}{2}x} + x - 2$, $y(0) = c - 2 = 1$에서 $c = 3$. 따라서 정확한 해는

$$y = 3e^{-\frac{1}{2}x} + x - 2$$

(1) $x_0 = 0$, $y_0 = 1$이므로, $x_1 = x_0 + h = 0 + 0.25 = 0.25$일 때, 예제 1에서

$$y_1 = y_0 + \frac{h}{2}[f(x_0, y_0) + f(x_1, \hat{y}_1)] = 0.8984375$$

참값 $y(0.25) = 0.897491$, 오차 $E_1 = 0.898438 - 0.897491 = 0.000947$

(2) $x_0 = 0$, $y_0 = 1$이고, $x_1 = x_0 + h = 0 + 1 = 1$일 때,

$$f(x_0, y_0) = \frac{x_0 - y_0}{2} = \frac{0 - 1}{2} = -0.5,$$

$$\tilde{y}_1 = y_0 + hf(x_0, y_0) = 1 + 1(-0.5) = 0.5, \ f(x_1, \tilde{y}_1) = \frac{1 - 0.5}{2} = 0.25$$

$$\therefore y_1 = y_0 + \frac{h}{2}[f(x_0, y_0) + f(x_1, \tilde{y}_0)] = 1 + \frac{1}{2}(-0.5 + 0.25) = 0.875$$

참값 $y(1) = 3e^{-\frac{1}{2}} + 1 - 2 = 0.819592$

오차 $E_2 = 0.875 - 0.819592 = 0.055408 \simeq 59E_1$

오차공식에서 (2)의 오차는 (1)의 오차의 약 $(1/0.25)^3 = 64$배이다.

예제 3 $y' = x + y$, $y(0) = 1$을 $h = 0.1$로 하여 Euler–Gauss의 방법으로 $y(0.2)$의 값을 구하여라.

풀이 $x_0 = 0$, $x_1 = 0.1$, $x_2 = 0.2$

1단계 $\hat{y}_1 = y_0 + hf(x_0, y_0) = 1 + 0.1(0 + 1) = 1.1$

$$\therefore y_1 = y(0.1) = y_0 + \frac{h}{2}[f(x_0, y_0) + f(x_1, \hat{y}_1)]$$
$$= y_0 + \frac{h}{2}[(x_0 + y_0) + (x_1 + \hat{y}_1)]$$
$$= 1 + 0.05[(0 + 1) + (0.1 + 1.1)] = 1.11$$

2단계 $\hat{y}_2 = y_1 + hf(x_1, y_1) = y_1 + h(x_1 + y_1)$

$$= 1.11 + 0.1(0.1 + 1.11) = 1.231$$

$$\therefore y_2 = y_1 + \frac{h}{2}[f(x_1, y_1) + f(x_2, \hat{y}_2)]$$
$$= y_1 + \frac{h}{2}[(x_1 + y_1) + (x_2 + \hat{y}_2)]$$
$$= 1.11 + 0.05[(0.1 + 1.11) + (0.2 + 1.231)]$$
$$= 1.11 + 0.05(2.641) = 1.24205$$

(참값은 $y(0.1) = 1.1103$, $y(0.2) = 1.2432$)

Euler–Gauss의 방법에 의한 초기값 문제 $y'=f(x, y)$, $y(x_0)=y_0$에서 적분 구간 $[a, b]$를 n등분하여 $h=\frac{b-a}{n}$로 할 때의 각 분점에서의 해를 구하는 알고리즘은 다음과 같다.

Algorithm Euler–Gauss Method

1. Input a, b, y_0, n
2. $h=(b-a)/n$
3. $x_0=a$
4. For $j=0$ to $n-1$ do
   - $k_1=f(x_j, y_j)$
   - $p=y_j+h*k_1$ … y_{j+1}의 예측
   - $x_{j+1}=a+h*(j+1)$
   - $k_2=f(x_{j+1}, p)$
   - $y_{j+1}=y_j+h*(k_1+k_2)/2$ … y_{j+1}의 수정
5. For $j=0$ to n do
   output (x_j, y_j)

(2) 여러 번 수정하는 방법

2회 수정하는 경우의 공식은 다음과 같다.

1회: 예측 $\hat{y}_{i+1}=y_i+hf(x_i, y_i)$

수정 $y_{i+1}^{(1)}=y_i+\frac{h}{2}\left[f(x_i, y_i)+f(x_{i+1}, \hat{y}_{i+1})\right]$

2회: 예측 $\hat{y}_{i+1}=y_{i+1}^{(1)}+hf(x_{i+1}, y_{i+1}^{(1)})$

수정 $y_{i+2}^{(2)}=y_i+\frac{h}{2}\left[f(x_i, y_i)+f(x_{i+1}, \hat{y}_{i+1})\right]$

예제 4 $y'=x+y$, $y(0)=1$을 $h=0.1$로 하고, 각 단계에서 2회 수정할 때, $y(0.2)=y_2^{(2)}$를 구하여라.

풀이 (1) $y(0.1)$을 구한다.

예측 $\hat{y}_1=y_0+h(x_0, y_0)=1+0.1(0+1)=1.1$

1차수정 $y_1^{(1)} = y_0 + \frac{h}{2}[(x_0 + y_0) + (x_1 + \hat{y}_1)] = 1 + \frac{0.1}{2}(1 + 1.2) = 1.11$

2차수정 $y_1^{(2)} = y_0 + \frac{h}{2}\left[(x_0 + y_0) + (x_1 + y_1^{(1)})\right]$

$= 1 + 0.05[(0 + 1) + (0.1 + 1.11)] = 1.1105$

(2) $y(0.2)$를 구한다.

예측 $\hat{y}_2 = y_1 + h(x_1,\ y_1) = 1.1105 + 0.1(0.1 + 1.1105) = 1.23155$

1차수정 $y_2^{(1)} = y_1 + \frac{h}{2}[(x_1,\ y_1) + (x_2 + \hat{y}_2)]$

$= 1.1105 + 0.05[(0.1 + 1.1105) + (0.2 + 1.23155)] = 1.24260$

2차수정 $y_2^{(2)} = y_1 + \frac{h}{2}\left[(x_1 + y_1) + (x_2 + y_2^{(1)})\right]$

$= 1.1105 + 0.05[(0.1 + 1.1105) + (0.2 + 1.24260)] = 1.24315$

Euler-사다리꼴 방법으로 1계 미분방정식의 해를 구할 때, Euler 방법으로 예측하고, 사다리꼴 법칙으로 p회 수정하는 해법에 대한 알고리즘은 다음과 같다.

Algorithm Euler-trapezium with p correctors/step

1. set $f(x, y)$
2. Imput $x_0,\ y_0,\ n,\ h,\ p$ … p는 수정 횟수
3. $x_1 = x_0 + h,\ f_0 = f(x_0,\ y_0)$
4. $y_1 = y_0 + hf_0$
5. For $j = 1$ to p
   - $f_1 = f(x_1,\ y_1)$
   - $y_1 = y_0 + 0.5h(f_0 + f_1)$ … y_1의 수정
   - $x_0 = x_1,\ y_0 = y_1$
6. output $x_0,\ y_0$

8.1.4 Taylor의 방법

Taylor 급수는 여러 가지 응용에 쓰이고, 미분방정식의 초기값 문제의 수치적 해법에서 오차(정도)를 비교하는 데 쓰인다.

$y(x)$가 해석적이고, 모든 계수의 도함수가 연속이라 할 때, $y(x)$의 Taylor 전개는 다음과 같다.

$$y(x+h)=y(x)+y'(x)h+\frac{y''(x)}{2}h^2+\cdots+\frac{y^{(n)}(x)}{n!}h^n+\cdots \tag{1}$$

수치적 계산에서는 이 전개식을 유한급수로 절단하여 이용된다. 식 (1)을

$$y(x+h)=y(x)+y'(x)h+\frac{y''(x)}{2!}h^2+\cdots+\frac{y^{(n)}(x)}{n!}h^n \tag{2}$$

로 나타내면, 절단오차는

$$\frac{h^{n+1}}{(n+1)!}y^{(n+1)}(c), \quad x<c<x+h \tag{3}$$

로 주어진다.

미분방정식 $y'(x)=f(x, y)$, $x_0 \leq x \leq x_m$의 해는 공식 (2)를 각 소구간 $[x_k, x_{k+1}]$에 적용하여 해를 구할 수 있다.

도함수 $y^{(j)}(x)$는 $y'=f(x, y)$를 차례로 미분하여 얻으며, 급수 (2)의 Taylor 전개식은 다음과 같이 된다.

$$y_{k+1}=y_k+d_1h+\frac{d_2}{2}h^2+\frac{d_3}{3!}h^3+\cdots+\frac{d_n}{n!}h^n \tag{4}$$

단, $d_j=y^{(j)}(x)$, $j=1, 2, \cdots, n$, $k=0.1, 2, \cdots, m-1$이고, n차의 Taylor 전개의 절단오차는 $O(h^{n+1})$이다.

예제 1 $y'=(x-y)/2$, $y(0)=1$을 구간 $[0, 3]$에서 Taylor의 방법을 써서 $h=1$과 $h=0.5$일 때의 $y(1)$을 구하여라.

풀이 $y'(x)$를 미분하여 차례로 $y^{(2)}$, $y^{(3)}$, $y^{(4)}$를 구하면

$$y'=\frac{1}{2}(x-y)$$
$$y^{(2)}=\left[\frac{1}{2}(x-y)\right]'=\frac{1}{2}(1-y')=\frac{1}{2}\left(1-\frac{x-y}{2}\right)=\frac{1}{4}(2-x+y)$$
$$y^{(3)}=\frac{1}{4}(2-x+y)'=\frac{1}{4}(-1+y')=\frac{1}{4}\left(-1+\frac{x-y}{2}\right)=\frac{1}{8}(-2+x-y)$$
$$y^{(4)}=\frac{1}{8}(-2+x-y)'=\frac{1}{8}(1-y')=\frac{1}{8}\left(1-\frac{x-y}{2}\right)=\frac{1}{16}(2-x+y)$$

이들 식에서 $d_1=y'(0)$, $d_2=y^{(2)}(0)$, $d_3=y^{(3)}(0)$, $d_4=y^{(4)}(0)$을 구한다.

$$d_1=y'(0)=\frac{1}{2}(0-1)=-0.5$$
$$d_2=y''(0)=\frac{1}{4}(2-0+1)=0.75$$

$$d_3 = y^{(3)}(0) = \frac{1}{8}(-2+0-1) = -0.375$$

$$d_4 = y^{(4)}(0) = \frac{1}{16}(2-0+1) = 0.1875$$

이들 값을 y 의 $x = 0$ 을 중심으로 하는 Taylor 급수 $(n = 4)$

$$y_1 = y_0 + d_1 h + \frac{d_2}{2} h^2 + \frac{d_3}{3!} h^3 + \frac{d_4}{4!} h^4$$

에 대입한다.

(1) $h = 1$일 때

$$y(1) = 1 - 0.5(1) + \frac{0.75}{2}(1^2) - \frac{0.375}{3!}(1^3) + \frac{0.1875}{4!}(1^4)$$
$$= 1 - 0.5 + 0.375 - 0.0625 + 0.0078125 = 0.8203125$$

(2) $h = 0.5$일 때

$$y(0.5) = 1 - 0.5(0.5) + \frac{0.75}{2}(0.5)^2 - \frac{0.375}{3!}(0.5)^3 + \frac{0.1875}{4!}(0.5)^4$$
$$= 0.8364258$$

$$y(1) = y(0.5) + \frac{y'(0.5)}{1}(0.5) + \frac{y''(0.5)}{2!}(0.5)^2 + \frac{y'''(0.5)}{3!}(0.5)^3 + \frac{y^{(4)}_{(0.5)}}{4!}(0.5)^4$$
$$= 0.8196285$$

참값은 $y(1) = 0.8195920$ 이다. 절단 오차는 $O(h^5)$ 이므로, h가 작을수록 참값에 가까워진다.

이 경우 오차는 $|0.8196285 - 0.8195920| = 0.0000365$

$$y^{(5)} = \frac{1}{16}(-1 + y') = \frac{1}{16}\left(-1 + \frac{x-y}{2}\right) = \frac{1}{32}(-2 + x - y)$$

$$|y^5| \le \frac{1}{32}[-2 + 1 - y(1)] = \frac{1}{32}(-0.1803715) \simeq 0.0057 = M_5$$

$$\text{절단오차} = \frac{h^5}{5!} M_5 = \frac{0.5^5}{120}(0.0057) \simeq 0.0000015$$

4차의 Taylor 전개식을 써서 초기값 문제

$$y' = f(x, y),\ y(a) = y_0,\quad \text{구간 } [a, b] \text{이고, } h = (b-a)/m$$

에서 $y(b)$를 구하는 알고리즘은 다음과 같다. 도함수 $y^{(k)} = f_k(x, y)$, $k = 1, 2, 3, 4$ 는 준비되어야 한다.

Algorithm Taylor Method of order $n = 4$

1. Input a, b, y_0, m
2. $h = (b - a)/m$
3. $x_0 = a$
4. For $k = 0$ to $m - 1$
   - $x = x_k$ and $y = y_k$
   - $d_1 = f^{(1)}(x, y)$
   - $d_2 = f^{(2)}(x, y)$
   - $d_3 = f^{(3)}(x, y)$
   - $d_4 = f^{(4)}(x, y)$
   - $y_{k+1} = y_k + h(d_1 + hd_2/2 + h^2 d_3/6 + h^3 d_4/24)$
   - $x_{k+1} = a + h(k+1)$
5. For $k = 1$ to m
   - output x_k, y_k

8.1.5 Runge-Kutta의 방법

(1) 2차의 Runge-Kutta법

미분방정식 $y' = f(x, y)$, $y(x_i) = y_i$에서 $y(x_{i+1})$를 구하기 위하여 점 $(\bar{x}, \bar{y})$를 다음과 같이 취한다.

$$\begin{cases} \bar{x} = x_i + \alpha h \\ \bar{y} = y_i + \beta h \end{cases} \tag{1}$$

$(\bar{x}, \bar{y})$를 지나는 해곡선의 기울기는

$$y' = f(\bar{x}, \bar{y})$$

이고, $(\bar{x}, \bar{y})$에서의 근사증분은

$$\bar{\Delta} y_i = hf(\bar{x}, \bar{y}) = hf(x_i + \alpha h,\ y_i + \beta h) \tag{2}$$

참의 증분 $\Delta y_i = y_{i+1} - y_i$을 구한다.

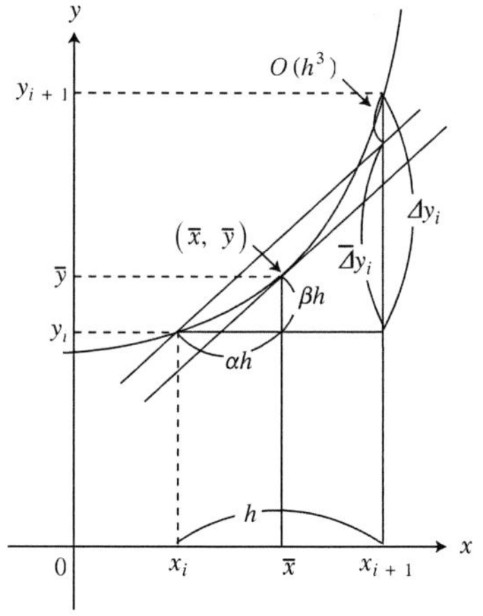

그림 8.3

$$\begin{aligned} y_{i+1} &= y(x_i + h) \\ &= y(x_i) + hy'(x_i) + \frac{h^2}{2!} y''(x_i) + \cdots \end{aligned}$$

$y(x_i) = y_i$ 이므로

$$\Delta y_i = y_{i+1} - y_i = hy'_i + \frac{h^2}{2!}y''_i + \frac{h^3}{3!}y'''_i + \cdots \tag{3}$$

식 (2), (3)의 증분의 차가 h^3 정도의 범위에서 일치하도록 α, β를 정한다.

$\bar{x} = x_i + \alpha h$, $\bar{y} = y_i + \beta h$ 이므로,

$$\bar{\Delta} y_i - \Delta y_i = O(h^3)$$

되게, α, β가 정해지면, y_{i+1}의 근사공식은 다음과 같다.

$$\text{식 (2)에서} \quad y_{i+1} = y_i + hf(x_i + \alpha h,\ y_i + \beta h) + O(h^3)$$

$$\text{식 (3)에서} \quad y_{i+1} = y_i + hy'_i + \frac{1}{2}h^2 y''_i + O(h^3)$$

여기서 y''은

$$y'' = \frac{df(x,\ y)}{dx} = \frac{\partial f}{\partial x} + \frac{\partial f}{\partial y}\frac{dy}{dx} = f_x + f_y f$$

이므로, 참의 증분은

$$\begin{aligned} \Delta y_i &= hy'_i + \frac{1}{2}h^2 y''_i + O(h^3) \\ &= hf_1 + \frac{1}{2}h^2(f_{x,i} + f_{y,i} \cdot f_i) + O(h^3) \end{aligned} \tag{4}$$

이고,

$$f(\bar{x},\ \bar{y}) = f(x_i + \alpha h,\ y_i + \beta h) = f_i + \alpha h f_{x,i} + \beta h f_{y,i} + O(h^2)$$

에서

$$f(x_i,\ y_i) = f_i, \quad \left.\frac{\partial f}{\partial x}\right|_{(x_i,\ y_i)} = f_{x,i}, \quad \left.\frac{\partial f}{\partial y}\right|_{(x_i,\ y_i)} = f_{y,i},$$

이므로

$$\begin{aligned} \bar{\Delta} y_i &= hf(\bar{x},\ \bar{y}) = hf(x_i + \alpha h,\ y_i + \beta h) \\ &= h\left(f(x_i,\ y_i) + \alpha h \left.\frac{\partial f}{\partial x}\right|_{(x_i,\ y_i)} + \beta h \left.\frac{\partial f}{\partial y}\right|_{(x_i,\ y_i)} + O(h^2) \right) \\ &= hf_i + \alpha h^2 f_{x,i} + \beta h^2 f_{y,i} + O(h^3) \end{aligned} \tag{5}$$

Δy_i와 $\bar{\Delta} y_i$가 h^3 이상의 고차항을 제외하고 같게 되려면

$$\bar{\Delta} y_i = \Delta y_i + O(h^3)$$

되게 해야 하므로, 식 (4)~(5)에서 h^2 항까지는 같아야 한다. 따라서

$$f_i + \alpha h f_{x,i} + \beta h f_{y,i} = f_i + \frac{1}{2} h f_{x,i} + \frac{1}{2} h f_{y,i} f_i \qquad (6)$$

양변을 비교하면 α, β는

$$\begin{cases} \alpha = \dfrac{1}{2} \\ \beta = \dfrac{1}{2} f_i \end{cases} \text{이므로} \begin{cases} \bar{x} = x_i + \dfrac{1}{2} h \\ \bar{y} = y_i + \dfrac{1}{2} h f_i \end{cases} \qquad (7)$$

따라서 식 (1)에서 y_{i+1}을 구하면

$$\begin{aligned} y_{i+1} &= y_i + \Delta y_i = y_i + hf(\bar{x}, \bar{y}) \\ &= y_i + hf(x_i + \frac{h}{2}, y_i + \frac{1}{2} h f_i) \end{aligned}$$

이렇게 α, β를 정하여 y_{i+1}의 값을 구하는 방법을 **2차의 Runge-kutta**법이라 한다. 2차의 Runge-kutta법에 의한 y_{i+1}을 계산하는 공식은 다음과 같다.

2차의 Runge-kutta법

$$\boldsymbol{y_{i+1} = y_i + k_2} \text{ 단, } \boldsymbol{k_1 = hf(x_i, y_i), \ k_2 = hf\left(x_i + \frac{h}{2}, y_i + \frac{k_1}{2}\right)}$$

예제 1

다음 미분방정식에서 $x = 0$일 때, $y = 2$이다. $h = 0.2$로 하고, $y(0.2)$의 근사값을 2차의 Runge-Kutta법으로 구하여라.

$$\frac{dy}{dx} = 5x + 3y$$

풀이 $x_0 = 0.\ y_0 = 2,\ h = 0.2,\ f(x, y) = 5x + 3y$이므로

$y_1 = y_0 + k_2,\ k_1 = hf(x_0, y_0),\ k_2 = hf(x_0 + \frac{h}{2}, y_0 + \frac{k_1}{2})$에서

$k_1 = hf(x_0, y_0) = 0.2(5 \times 0 + 3 \times 2) = 1.2$

$k_2 = hf\left(x_0 + \frac{h}{2}, y_0 + \frac{k_1}{2}\right) = 0.2[5(0.1) + 3(2 + 0.6)] = 1.66$

$\therefore y_1 = y_0 + k_2 = 2 + 1.66 = 3.66$

(2) 4차의 Runge-Kutta법

오차가 h^5 정도인 4차의 Runge-Kutta법의 공식은 다음과 같다.

4차의 Runge-Kutta법

$$\boldsymbol{x_i = x_0 + ih\,(i = 1,\ 2,\ \cdots\cdots)}$$

$$\boldsymbol{y_{i+1} = y_i + \frac{1}{6}(k_1 + 2k_2 + 2k_3 + k_4),\quad E = O\left(h^5\right)}$$

단, $\boldsymbol{k_1 = hf\,(x_i,\ y_i)}$

$$\boldsymbol{k_2 = hf\left(x_i + \frac{h}{2},\ y_i + \frac{1}{2}k_1\right)}$$

$$\boldsymbol{k_3 = hf\left(x_i + \frac{h}{2},\ y_i + \frac{1}{2}k_2\right)}$$

$$\boldsymbol{k_4 = hf\,(x_i + h,\ y_i + k_3)}$$

예제 2 4차의 Runge-kutta법으로, 다음 미분방정식에서 $y(0.2)$를 구하여라.

$$\frac{dy}{dx} = 2x + y$$

단, $x = 0$일 때, $y = 0$이고, x의 값은 0에서 1.0까지이며, 분할구간의 폭은 $h = 0.2$로 한다.

풀이 $x_0 = 0$일 때, 초기조건에 의하여 $y_0 = 0$

$x_0 = 0,\ \ y_0 = 0,\ \ h = 0.2$를 4차의 Runge-Kutta 공식에 대입하여 $k_1,\ k_2, k_3, k_4$의 값을 구한다.

$$k_1 = hf(x_0,\ y_0) = 0.2 \times 0 + 0 = 0$$

$$k_2 = hf\left(x_0 + \frac{h}{2},\ y_0 + \frac{k_1}{2}\right) = 0.2\,[2\,(0.1) + 0] = 0.04$$

$$k_3 = hf\left(x_0 + \frac{h}{2},\ y_0 + \frac{k_2}{2}\right) = 0.2\,[2\,(0.1) + 0.02] = 0.044$$

$$k_4 = hf(x_0 + h,\ y_0 + k_3) = 0.2\,[2\,(0.2) + 0.044] = 0.0888$$

구하는 해는

$$y_1 = y_0 + \frac{1}{6}(k_1 + 2k_2 + 2k_3 + k_4) = 0 + \frac{1}{6}[0 + 2\,(0.04 + 0.044) + 0.0888]$$

$$= 0.0428, \qquad \text{오차} = 0.0000055$$

참고 $y' - y = 2x$에서 $y = Ce^x - 2x - 2$

$y(0) = C - 2 = 0$에서 $C = 2 \quad \therefore y = 2e^x - 2x - 2$

$\therefore y(0.2) = 2e^{0.2} - 2.4 = 0.0428055$

4차의 Runge-kutta법 알고리즘은 다음과 같다. 초기값 문제는 $y' = f(x, y)$, $x \in [a, b]$, $y(a) = y_0$이다.

Algorithm Runge-kutta Method of order 4

1. Input a, b, y_0, m
2. $h = (b - a)/m$
3. $x_0 = a$
4. For $j = 0$ to $m - 1$
   - $x = x_j$ and $y = y_j$
   - $k_1 = hf(x, y)$
   - $k_2 = hf(x + h/2, y + k_1/2)$
   - $k_3 = hf(x + h/2, y + k_2/2)$
   - $k_4 = hf(x + h, y + k_3)$
   - $y_{j+1} = y + (k_1 + 2k_2 + 2k_3 + k_4)/6$
   - $x_{j+1} = a + h(j + 1)$
5. For $j = 0$ to m
   Output (x_j, y_j)

4차의 Runge-kutta법에서 적분구간을 세분하는 경우의 오차는 $O(h^4)$이므로, h가 $\frac{1}{2}$로 축소하면, 오차는 $\left(\frac{1}{2}\right)^4 = \frac{1}{16}$로 축소한다.

연습문제(8.1)

1 미분방정식 $y' = xy$, $y(0) = 1$에서 $y(1.2)$의 값을 Taylor 급수를 써서 구하여라. 단, 오차의 한계 $|E| < 0.005$로 한다.

2 $y' = x^2 y$, $y(0) = 1$이다. Euler-사다리꼴 공식으로, $h = 0.1$로 하여 $y_1 = y(0.1)$의 값과 $y_2 = y(0.2)$의 값을 구하여라.

3 초기조건 $x_0 = 0$, $y_0 = 1$일 때, 다음 미분방정식

$$\frac{dy}{dx} = y, \ 0 \le x \le 1$$

을 Euler-사다리꼴 방식으로 풀어라. 단, $h = 0.1$로 하고, 수정은 2회하여 $y(0.2)$의 값을 구하여라.

4 4차의 Runge-Kutta법으로 다음 미분방정식에서 $y(0.2)$의 값을 구하여라. 단, $h = 0.2$이다.

$$y' = 1 + y^2, \ \ y_0 = y(0) = 0$$

연습문제(8.1) 풀이

1 $y' = xy$에서 $y'' = xy' + y$, $y''' = xy'' + y' + y'$, $y^{(4)} = xy''' + 2y'' + y''$,

$$y(0) = 1, \ y'(0) = 0, \ y''(0) = 1, \ y'''(0) = 0 + 1 + 0 = 1, \ y^{(4)} = 0 + 2(1) + 1 = 3,$$

$$\begin{aligned} y(x_0 + h) &= y_0 + hy'_0 + \frac{h^2}{2} y''_0 + \frac{h^3}{3!} y'''_0 + \frac{h^4}{4!} y^{(4)}{}_0 + \cdots \\ &= 1 + h(0) + \frac{h^2}{2}(1) + \frac{h^3}{6}(1) + \frac{h^4}{24}(3) + \cdots \end{aligned}$$

$x_0 = 0$, $h = 0.2$일 때, $y(0.2) = 1 + 0 + \frac{0.2^2}{2} + \frac{0.2^3}{6} + \frac{h^4}{8} + \cdots$

$= 1 + 0.02 + 0.001333 + 0.00000032 + \cdots = 1.02133\cdots \simeq 1.021$

참값 $\ln y = \frac{1}{2}x^2 + \ln C$, $y = ce^{\frac{1}{2}x^2}$, $y(0) = c = 1$에서 $y = e^{\frac{1}{2}x^2}$

$\therefore y(0.2) = e^{\frac{0.04}{2}} = e^{0.02} = 1.02021\cdots$

$|$오차$| = |1.021 - 1.02021\cdots| \le 0.0008 < 0.005$

2 $\hat{y}_1 = y_0 + hf(x_0, y_0) = 1 + 0.1(0) = 1$, ($x_0 = 0$, $y_0 = 1$, $x_1 = 0.1$, $h = 0.1$이므로

$f(x_1, \hat{y}_1) = 0.1^2 \times 1 = 0.01$

$\therefore y_1 = y_0 + \frac{h}{2}[f(x_0, y_0) + f(x_1, \hat{y}_1)] = 1 + \frac{0.1}{2}(0 + 0.01) = 1.0005$

$\hat{y}_2 = y_1 + hf(x_1, y_1)$, $f(x_1, y_1) = f(0.1, 1.0005) = (0.1)^2(1.0005) = 0.010005$

$\hat{y}_2 = 1.0005 + 0.1(0.01005) = 1.001505$,

$f(x_2, \hat{y}_2) = 0.2^2 \times 1.001505 = 0.040060$

$$\therefore y_2 = y_1 + \frac{h}{2}[f(x_1, y_1) + f(x_2, \hat{y}_1)] = 1.0005 + 0.05(0.01005 + 0.04006)$$
$$= 1.0030055$$

참값 $\ln y = \frac{1}{3}x^3 + \ln C$, $y = Ce^{\frac{1}{3}x^3}$, $y(0) = C = 1$ $\therefore y = e^{\frac{1}{3}x^3}$

$y(0.1) = 1.000333$, $y(0.2) = 1.002670$

3 $\hat{y}_1 = y_0 + hy_0 = (1+h)y_0 = (1+0.1)(1) = 1.1$

$y_1^{(1)} = y_0 + \frac{h}{2}(y_0 + y_1) = 1 + 0.05(1 + 1.1) = 1.105$

$y_1^{(2)} = y_0 + \frac{h}{2}(y_0 + y_1^{(1)}) = 1 + 0.05(1 + 1.105) = 1.10525 = y_1 = y(0.1)$

$\hat{y}_2 = y_1 + hy_1 = (1+h)y_1 = 1.1 \times 1.1 = 1.21$

$y_2^{(1)} = y_1 + \frac{h}{2}(y_1 + \hat{y}_2) = 1.10525 + 0.05(1.10525 + 1.21) = 1.2210125$

$y_2^{(2)} = y_1 + \frac{h}{2}(y_1 + y_2^{(1)}) = 1.10525 + 0.05(1.10525 + 1.2210125)$

$= 1.2215631 = y_2 = y(0.2)$

4 $x_0 = 0$, $y_0 = 0$, $k_1 = hf(x_0, y_0) = 0.2(1+0) = 0.2$

$$k_2 = hf\left(x_0 + \frac{h}{2}, y_0 + \frac{k_1}{2}\right) = 0.2\left[1 + \left(0 + \frac{0.2}{2}\right)^2\right] = 0.2(1 + 0.01) = 0.202$$

$$k_3 = hf\left(x_0 + \frac{h}{2}, y_0 + \frac{k_2}{2}\right) = 0.2\left[1 + \left(0 + \frac{0.202}{2}\right)^2\right] = 0.2(1 + 0.0102) = 0.20204$$

$k_4 = hf(x_0 + h, y_0 + k_3) = 0.2[1 + (0 + 0.20204)^2] = 0.208164$

$k = \frac{1}{6}(k_1 + 2k_2 + 2k_3 + k_4) = \frac{1}{6}(0.2 + 0.404 + 0.40408 + 0.208164) = 0.2027073$

$\therefore y_1 = y_0 + k = 0 + 0.2027073 \simeq 0.20271$

8.2 연립 1계 미분방정식

8.2.1 Euler의 방법과 Runge-kutta의 방법

(1) Euler의 방법

t를 독립변수, x, y를 종속변수로 하는 연립 1계 미분방정식의 초기값 문제

$$\begin{cases} \dfrac{dx}{dt} = f(t,\ x,\ y),\ \ x(t_0) = x_0 \\ \dfrac{dy}{dt} = g(t,\ x,\ y),\ y(t_0) = y_0 \end{cases} \tag{1}$$

의 수치적해법을 알아보자.

연립 미분방정식 (1)을 미분 형식으로 나타내면

$$\begin{cases} dx = f(t,\ x,\ y)\,dt \\ dy = g(t,\ x,\ y)\,dt \end{cases} \tag{2}$$

로 되고, 구간 $[a,\ b]$를 n등분한 구분점을

$$a = t_0,\ t_1,\ \cdots,\ t_k,\ t_{k+1},\ \cdots,\ \ t_n = b$$

라 하자.

$$dt = t_{k+1} - t_k = h,\ \ dx = x_{k+1} - x_k,\ \ dy = y_{k+1} - y_k$$

을 식 (2)에 대입하면 다음 연립방정식을 얻는다.

$$\begin{cases} x_{k+1} - x_k = f(t_k,\ x_k,\ y_k)(t_{k+1} - t_k) \\ y_{k+1} = y_k + g(t_k,\ x_k,\ y_k)(t_{k+1} - t_k) \end{cases} \tag{3}$$

$h = t_{k+1} - t_k$이라 하고, $k = 0,\ 1,\ 2,\ \cdots$에서의 해를 다음 공식으로 구해나간다.

$$\begin{cases} x_{k+1} = x_k + f(t_k,\ x_k,\ y_k)\,h \\ y_{k+1} = y_k + g(t_k,\ x_k,\ y_k)\,h\ \ (k = 0,\ 1,\ \cdots,\ n-1) \end{cases} \tag{4}$$

이 해법을 **Euler의 방법**이라 하고, 식 (4)를 **Euler의 공식**이라 한다.

예제 1

다음 연립방정식에서 $x(0.1)$, $y(0.1)$ 및 $x(0.2)$, $y(0.2)$의 값을 구하여라. 단, 구간 $(0, 1)$을 10등분하여 $t_{k+1}-t_k=h=0.1$로 한다.

$$\begin{cases} \dfrac{dx}{dt}=x+3y \\ \dfrac{dy}{dt}=3x+2y \end{cases} \quad \text{단} \begin{cases} x(t_0)=6 \\ y(t_0)=4 \end{cases}$$

풀이

$x_1=x_0+f(t_0,\ x_0,\ y_0)h=6+(6+3\times 4)(0.1)=7.8$

$y_1=y_0+g(t_0,\ x_0,\ y_0)h=4+(3\times 6+2\times 4)(0.1)=6.6$

마찬가지로, x_2, y_2를 구하면 다음과 같다.

$x_2=x_1+f(t_1,\ x_1,\ y_1)h=7.8+(7.8+3\times 6.6)(0.1)=10.56$

$y_2=y_1+g(t_1,\ x_1,\ y_1)h=6.6+(3\times 7.8+2\times 6.6)(0.1)=10.26$

(2) 4차의 Runge-Kutta의 방법

연립 1계 미분방정식 (1)에 대한 **Runge-Kutta법**의 계산공식은 다음과 같다.

연립 미분방정식의 4차의 Runge-Kutta법

$$\begin{cases} x_1=x_0+\dfrac{1}{6}(k_1+2k_2+2k_3+k_4) \\ y_1=y_0+\dfrac{1}{6}(l_1+2l_2+2l_3+l_4) \end{cases}$$

단, $k_1=hf(t_0,\ x_1,\ y_0)$, $\quad l_1=hg(t_0,\ x_0,\ y_0)$

$k_2=hf\left(t_0+\dfrac{h}{2},\ x_0+\dfrac{k_1}{2},\ y_0+\dfrac{l_1}{2}\right)$, $\quad l_2=hg\left(t_0+\dfrac{h}{2},\ x_0+\dfrac{k_1}{2},\ y_0+\dfrac{l_1}{2}\right)$

$k_3=hf\left(t_0+\dfrac{h}{2},\ x_0+\dfrac{k_2}{2},\ y_0+\dfrac{l_2}{2}\right)$, $\quad l_3=hg\left(t_0+\dfrac{h}{2},\ x_0+\dfrac{k_2}{2},\ y_0+\dfrac{l_2}{2}\right)$

$k_4=hf(t_0+h,\ x_0+k_3,\ y_0+l_3)$, $\quad l_4=hg(t_0+h,\ x_0+k_3,\ y_0+l_3)$

예제 2

다음 연립방정식에서 $x(0.2)$, $y(0.2)$의 값을 4차의 Runge-Kutta법으로 풀어라. 단, $h=0.2$로 한다.

$$\begin{cases} \dfrac{dx}{dt}=2x+3y,\ x(0)=2 \\ \dfrac{dy}{dt}=2x+y,\quad y(0)=3 \end{cases}$$

풀이 $k_1 = hf(t_0,\ x_0,\ y_0) = 0.2\,(2\times 2 + 3\times 3) = 2.6 \quad (x_0 = 2,\ y_0 = 3)$

$l_1 = hg(t_0,\ x_0,\ y_0) = 0.2\,(2\times 2 + 3) = 1.4$

$$k_2 = hf\left(t_0 + \frac{h}{2},\ x_0 + \frac{k_1}{2},\ y_0 + \frac{l_1}{2}\right) = 0.2\left[2\times(2+1.3) + 3\,(3+0.7)\right] = 3.54$$

$$l_2 = hg\left(t_0 + \frac{h}{2},\ x_0 + \frac{k_1}{2},\ y_0 + \frac{l_1}{2}\right) = 0.2\left[2\times(2+1.3) + (3+0.7)\right] = 2.06$$

$$k_3 = hf\left(t_0 + \frac{h}{2},\ x_0 + \frac{k_2}{2},\ y_0 + \frac{l_2}{2}\right) = 0.2\left[2\times(2+1.77) + 3\,(3+1.03)\right] = 3.926$$

$$l_3 = hg\left(t_0 + \frac{h}{2},\ x_0 + \frac{k_2}{2},\ y_0 + \frac{l_2}{2}\right) = 0.2\left[2\times(2+1.77) + (3+1.03)\right] = 2.314$$

$$k_4 = hf\,(t_0 + h,\ x_0 + k_3,\ y_0 + l_3) = 0.2\left[2\times(2+3.926) + 3\,(3+2.314)\right] = 5.5588$$

$$l_4 = hg\,(t_0 + h,\ x_0 + k_3,\ y_0 + l_3) = 0.2\left[2\times(2+3.926) + (3+2.314)\right] = 3.4332$$

구하는 $x_1 = x(0.2)$와 $y_1 = y(0.2)$의 값은

$$x_1 = x_0 + \frac{1}{6}(k_1 + 2k_2 + 2k_3 + k_4) = 2 + \frac{1}{6}(2.6 + 2\times 3.54 + 2\times 3.926 + 5.5588)$$
$$= 5.8485$$

$$y_1 = y_0 + \frac{1}{6}(l_1 + 2l_2 + 2l_3 + l_4) = 3 + \frac{1}{6}(1.4 + 2\times 2.06 + 2\times 2.314 + 3.4332)$$
$$= 5.2635$$

8.2.2 고계 미분방정식의 수치해법

(1) Euler법에 의한 해법

2계 미분방정식

$$y'' = f(x,\ y,\ y'),\ y(x_0) = y_0,\ y'(x_0) = y'_0 \tag{1}$$

은 $y' = z,\ y'' = z'$으로 바꾸어 놓으면 계수가 하나 낮은 1계 연립 미분방정식

$$\begin{cases} y' = z, \quad y(x_0) = y_0 \\ z' = f(x,\ y,\ z),\ z(x_0) = y'_0 \end{cases} \tag{2}$$

으로 바뀐다.

연립 미분방정식 (2)에 관한 Euler의 방법에 의한 해법은 다음과 같다.

Euler법에 의한 2계 미분방정식의 해법

2계 미분방정식 $y'' = f(x,\ y,\ y'),\ y(x_0) = y_0,\ y'(x_0) = y'_0$
은 $y' = z$인 치환으로 연립 미분방정식

$$\begin{cases} y' = z, \ y(x_0) = y_0 \\ z' = f(x, y, z), \ z(x_0) = z_0 \end{cases}$$

으로 변환되며, Euler법으로 해

$$\begin{cases} y_1 = y_0 + hz_0 \ (z = y'), \\ z_1 = z_0 + hf(x_0, y_0, z_0) \end{cases} \qquad (3)$$

가 구해진다. 해를 구하는 구간이 세분된 경우는 다음 반복공식

$$\begin{cases} y_{i+1} = y_i + hz_i \\ z_{i+1} = z_i + hf(x_i, y_i, z_i) \ (i = 0, 1, 2, \cdots) \end{cases} \qquad (4)$$

에 의하여 차례로 해를 구해나간다.

예제 1 $y'' = y$, $y(0) = 1$, $y'(0) = 2$일 때, $h = 0.1$로 하여 $y(0.1)$ 및 $y'(0.2)$의 값을 Euler 공식으로 구하여라.

풀이 Euler 공식에 의하면

$$\begin{cases} y' = z, \ y(0) = 1 \quad y_1 = y_0 + hz_0 = 1 + 0.1(2) = 1.2 \\ z' = y, \ z(0) = 2 \quad z_1 = z_0 + hy_0 = 2 + 0.1(1) = 2.1 \end{cases}$$

이 해를 식 (4)에 반복대입하여

$$y_2 = y_1 + hz_1 = 1.2 + 0.1(2.1) = 1.41$$
$$z_2 = z_1 + hy_1 = 2.1 + 0.1(1.2) = 2.22$$

구하는 해는

$$y(0.1) = y_1 = 1.2, \ y'(0.1) = z(0.1) = z_1 = 2.1$$
$$y(0.2) = y_2 = 1.41, \ y'(0.2) = z(0.2) = z_2 = 2.22$$

(2) Euler–Gauss법에 의한 해법

2계 미분방정식

$$y'' = f(x, y, y'), \ y(x_0) = y_0, \ y'(x_0) = y'_0$$

은 Euler법에서와 마찬가지로

$$y' = z, \ y'' = z'$$

로 치환하여 다음 연립 1계 미분방정식을 얻는다.

$$y' = z,\ y(x_0) = y_0$$
$$z' = f(x,\ y,\ z),\ z(x_0) = z_0$$

이 식에서 예측치 $\hat{y}_{i+1}$은 Euler 공식으로, 수정치 y_{i+1}은 사다리꼴 공식으로 다음 해법에 따라 구한다.

Euler-Gauss의 방법

(1) y_{i+1}, z_{i+1}은 다음 Euler 공식으로 예측한다.

$$\hat{y}_{i+1} = y_i + hz_i,\ \hat{z}_{i+1} = z_i + hf(x_i,\ y_i,\ z_i)$$

(2) 사다리꼴 공식으로 예측치를 수정한다.

$$y_{i+1} = y_i + \frac{h}{2}(z_i + \hat{z}_{i+1})$$
$$z_{i+1} = z_i + \frac{h}{2}[f(x_i,\ y_i,\ z_i) + f(x_{i+1},\ \hat{y}_{i+1},\ \hat{z}_{i+1})]$$

예제 2 $y'' = x + y$, $y(0) = 1$, $y'(0) = -1$일 때, $y(0.1)$의 값을 Euler-Gauss법으로 구하여라. 단, 수정은 1회만 하고, $h = 0.1$로 한다.

풀이 $y' = z$이라면 주어진 미분방정식은

$$\begin{cases} y' = z, & y(0) = 1 \\ z' = x + y, & z(0) = -1 \end{cases}$$

(1) $y_1 = y(0.1)$, $z_1 = z(0.1)$을 Euler법으로 예측한다.

$$\hat{y}_1 = y_0 + hz_0 = 1 + 0.1(-1) = 0.9$$
$$\hat{z}_1 = z_0 + h(x_0 + y_0) = -1 + 0.1(0 + 1) = -0.9$$

(2) 사다리꼴 공식에 의하여 이들 예측치를 수정한다.

$$y_1 = y_0 + \frac{h}{2}(z_0 + \hat{z}_1) = 1 + \frac{0.1}{2}(-1 - 0.9) = 0.905$$
$$z_1 = z_0 + \frac{h}{2}[(x_0 + y_0) + (x_1 + \hat{y}_1)]$$
$$= -1 + \frac{0.1}{2}[(0 + 1) + (0.1 + 0.9)] = -0.9$$

Euler-Gauss의 해법에 대한 알고리즘은 다음과 같다.

```
Algorithm Euler-trapeziam for second order eq

1. Input x0, y0, z0, n, h
2. For i = 1 to n
   |   f0 = f(x0, y0, z0)
   |   y1 = y0 + hz0
   |   z1 = z0 + hf0
   |  for j = 1 to p                        … p는 수정 횟수
   |  |  y1 = y0 + 0.5h(z0 + z1)            … 해의 수정
   |  |  z1 = z0 + 0.5h(f0 + f1)
   |__|__x0 = x1, y0 = y1, z0 = z1
3. output y0, z0
```

예제 3 $y''(t)+4y'(t)+5y(t)=0,\ \ y(0)=3,\ \ y'(0)=-5$이고, 적분 구간 $[a,\ b]$을 10등분하고, $h=0.1$로 하여 Euler법으로 $y(0.2)$를 구하여라.

풀이 $\dfrac{dy}{dt}=z,\ \ \dfrac{d^2y}{dt^2}=\dfrac{dz}{dt}$ 라면, 준미분방정식은

$$\begin{cases}\dfrac{dy}{dt}=z & \cdots ① \\ \dfrac{dz}{dt}=-4z-5y & \cdots ②\end{cases}\qquad \begin{cases}z(0)=-5 \\ y(0)=3\end{cases}$$

$f(x,\ y,\ z)=-4z-5y$ 이고, $x_0=3,\ \ y_0=3,\ \ z_0=-5$

①에서 $y_1=y(0.1)$을 예측한다. $\hat{y}_1=y_0+hz_0=3+0.1(-5)=2.5$

②에서 z_1을 예측한다. $\hat{z}_1=z_0+hf(t_0,\ y_0,\ z_0)=-5+0.1[-4(-5)-5(3)]=-4.5$

$y_2=y(0.2)$를 구한다.

y_2의 예측 $\hat{y}_2=y_1+hz_1=2.5+0.1(-4.5)=2.05\quad \therefore y(0.2)=2.05$

y_2의 수정 $y_2=y_1+\dfrac{h}{2}(z_1+\hat{z}_1)=2.5+\dfrac{0.1}{2}(-5-4.5)=2.025$

3계 미분방정식에 대하여도 마찬가지 해법이 적용된다.

$$\begin{cases}y^{(3)}=f(x,\ y,\ y',\ y'') \\ y(x_0)=y_0,\ y'(x_0)=y'_0,\ y''(x_0)=y''_0\end{cases}$$

은 다음과 같은 1계 연립 미분방정식으로 변형된다.

$$\begin{cases}y'=u \\ y''=u'=v \\ y'''=v'=w\end{cases}\Rightarrow\begin{cases}y'=u \\ u'=v \\ v'=w=f(x,\ y,\ u,\ v)\end{cases}$$

단, $y(x_0)=y_0,\ u(x_0,\ y_0)=u_0,\ v(x_0,\ y_0,\ z_0)=v_0$이다.

일반적으로 고계 미분방정식은 연립 1계 미분방정식으로 변환하여 푼다.

(3) 차분근사식에 의한 해법

2계 선형 미분방정식의 경계값 문제

$$y''+p(x)y'+g(x)y=r(x),\ y(a)=y_0,\ y(b)=y_n \tag{3}$$

에서 도함수를 차분근사식으로 나타내서 근사해를 구할 수 있다.

이 경우 구간 $[a, b]$를 n등분하면, 한 구간의 폭 h는 $h=(b-a)/n$이고, $y(a)=y_0,\ y(a+h)=y_1,\ y(a+2h)=y_2,\ \cdots,\ y(a+(n-1)h)=y_{n-1},\ y(b)=y_n$이다.

도함수 y'_i, y''_i의 중심 차분근사공식은

$$y'_i=\frac{y_{i+1}-y_{i-1}}{2h},\ e_1=O(h^2)\text{이고, }y''_i=\frac{y_{i+2}-2y_i+y_{i-1}}{h^2},\ e_2=O(h^2) \tag{4}$$

이며, 전진 차분근사공식은 다음과 같다.

$$y'_i=\frac{y_{i+1}-y_i}{h},\ e'_1=O(h)\text{이고, }y''_i=\frac{y_{i+2}-2y_{i+1}+y_i}{h^2},\ e'_2=O(h) \tag{5}$$

미분방정식 (1)은 근사공식 (4)를 쓰는 경우가 근사공식 (3)을 쓰는 경우보다 오차가 작다.

보기1 다음 미분방정식을 차분근사공식을 써서 풀어보자.

$$y''-y=0,\ y(0)=0,\ y(1)=1$$

단, $h=0.25$로 하고, $y_0=y(0)=0,\ y_1=y(0.25),\ y_2=y(0.5),\ y_3=y(0.75),\ y_4=y(1)=1$이다.

해설 $y''_i=\dfrac{y_{i+1}-2y_i+y_{i-1}}{h^2}$을 준미분방정식에 대입하면 다음 차분방정식

$$\frac{y_{i+1}-2y_i+y_{i-1}}{h^2}-y_i=0,\ \ h=\frac{1}{4}$$

으로 변환되고, 다음과 같이 정리된다.

$$y_{i-1}-\left(2+\frac{1}{16}\right)y_i+y_{i+1}=0$$

초기조건에 의하여 $y_0=0,\ y_4=1$이므로 다음 관계를 얻는다.

$i=1$일 때 $0-2.0625y_1+y_2=0$

$i=2$일 때 $y_1-2.0625y_2+y_3=0$

$i=3$일 때 $y_2-2.0625y_3+1=0$

이들을 연립하여 y_1, y_2, y_3에 관하여 풀면

$$y_1 = y(0.25) = 0.2151,\ y_2 = y(0.5) = 0.4437,\ y_3 = y(0.75) = 0.700$$

예제 4

$h = 0.25$ 로 하여 다음 미분방정식을 차분방정식으로 나타내서 $y(0.25)$, $y(0.5)$, $y(0.75)$ 의 값을 구하여라.

$$y^{(4)} - 16y = x,\ y(0) = y'(0) = 0,\ y(1) = y'(1) = 0$$

풀이 $y''_i = \dfrac{y_{i+1} - 2y_i + y_{i-1}}{h^2}$ 에서

$$\begin{aligned} y_i^{(4)} &= \frac{1}{h^2}(y''_{i+1} - 2y''_i + y''_{i-1}) \\ &= \frac{1}{h^2}\left(\frac{y_{i+2} - 2y_{i+1} + y_i}{h^2} - 2\frac{y_{i+1} - 2y_i + y_{i-1}}{h^2} + \frac{y_i - 2y_{i-1} + y_{i-2}}{h^2}\right) \\ &= \frac{1}{h^4}(y_{i+2} - 4y_{i+1} + 6y_i - 4y_{i-1} + y_{i-2}) \end{aligned}$$

이므로, 준미분방정식은 다음 차분방정식으로 나타내진다.

$$y_{i-2} - 4y_{i-1} + (6 - 16h^4)y_i - 4y_{i+1} + y_{i+2} = h^4 x_i \qquad \cdots ①$$

$y_0 = y(0)$, $y_1 = y(0.25)$, $y_2 = y(0.5)$, $y_3 = y(0.75)$, $y_4 = y(1)$이다.
초기조건에서 $y_0 = y'_0 = 0$, $y_4 = y'_4 = 0$이다.

$$y'_i = \frac{y_{i+1} - y_{i-1}}{2h} \text{ 에 } i = 0\text{을 대입하여 } y_1 - y_{-1} = 0\text{에서 } y_{-1} = y_1$$

$i = 1$일 때, $y_2 = y_0$, $i = 2$일 때, $y_3 = y_1$, $i = 3$일 때, $y_4 = y_2$, $i = 4$일 때, $y_5 = y_3$
차분방정식 ①에 $i = 1, 2, 3$을 대입하면

$$\begin{aligned} &i = 1;\ y_1 - 4 \cdot 0 + \left(6 - \frac{1}{16}\right)y_1 - 4y_2 + y_3 = \frac{0.25}{256}\ (h = 0.25) \\ &i = 2;\ 0 - 4y_1 + \left(6 - \frac{1}{16}\right)y_2 - 4y_3 + 0 = \frac{0.50}{256}\ (y_0 = 0) \\ &i = 3;\ y_1 - 4y_2 + \left(6 - \frac{1}{16}\right)y_3 + 0 + y_3 = \frac{0.75}{256}\ (y_4 = 0,\ y_5 = y_3) \end{aligned}$$

이들 식을 연립해서 풀면

$$\begin{aligned} y_1 &= y(0.25) = 0.00112 \quad [0.00197] \\ y_2 &= y(0.5) = 0.00206 \quad [0.00251] \\ y_3 &= y(0.75) = 0.00145 \quad [0.00127] \end{aligned}$$

을 얻는다. [ ] 안의 값은 참값이다.

예제 5 $y''+y'+xy=0$, $y(0)=1$, $y(1)=0$을 $h=0.2$라 하고, 차분방정식으로 바꾸어서 $y_1=y(0.2)$, $y_2=y(0.4)$, $y_3=y(0.6)$, $y_4=y(0.8)$의 값을 구하여라.

풀이

$$y''_i=\frac{y_{i+1}-2y_i+y_{i-1}}{h^2},\quad y'_i=\frac{y_{i+1}-y_{i-1}}{2h}$$

을 준미분방정식에 대입하면,

$$\frac{y_{i+1}-2y_i+y_{i-1}}{h^2}+\frac{y_{i+1}-y_{i-1}}{2h}+x_i y_i=0$$

$x_i=ih$이라 하고, 양 변에 h^2을 곱하면

$$\left(1-\frac{h}{2}\right)y_{i-1}+(-2+h^2 ih)y_i+\left(1+\frac{h}{2}\right)y_{i+1}=0$$

$h=0.2$, $y_0=1$, $y_5=0$이므로 $i=1, 2, 3, 4$를 대입한 식을 행렬로 나타내면 다음과 같다. $y_0=y(0)=1$, $y_5=y(1)=0$이다.

$$\begin{bmatrix}-1.992 & 1.1 & 0 & 0\\ 0.9 & -1.984 & 1.1 & 0\\ 0 & 0.9 & -1.976 & 1.1\\ 0 & 0 & 0.9 & -1.968\end{bmatrix}\begin{bmatrix}y_1\\ y_2\\ y_3\\ y_4\end{bmatrix}=\begin{bmatrix}-0.9\\ 0\\ 0\\ 0\end{bmatrix}$$

이 연립방정식을 풀어서 다음을 얻는다.

$y_1=y(0.2)=0.7274$. $y_2=y(0.4)=0.4990$, $y_3=y(0.6)=0.3049$,
$y_4=y(0.8)=0.1394$

8.2.3 고유값 · 고유벡터를 이용한 연립 미분방정식의 해법

(1) 연립 1계 미분방정식의 해법

상수계수의 1계 연립 미분방정식

$$Y'(t)=AY(t) \tag{1}$$

가 다음과 같이

$$\frac{d}{dt}\begin{bmatrix}y_1\\ y_2\\ \vdots\\ y_n\end{bmatrix}=\begin{bmatrix}\lambda_1 & & 0\\ & \ddots & \\ 0 & & \lambda_n\end{bmatrix}\begin{bmatrix}y_1\\ y_2\\ \vdots\\ y_n\end{bmatrix} \tag{2}$$

로 변형된다면 쉽게 풀수 있다. 단, 행렬 $\begin{bmatrix} \lambda & & 0 \\ & \ddots & \\ 0 & & \lambda \end{bmatrix}$는 계수행렬 A의 고유값을 대각요소로 하는 대각행렬이다.

식 (1)을 식 (2)의 꼴로 변환하기 위하여, 변수변환

$$Y = PZ \tag{3}$$

을 한다. 이 변환에서

$$\frac{dY}{dt} = P\frac{dZ}{dt} \tag{4}$$

이다. 식 (3), (4)를 식 (1)에 대입하면

$$P\frac{dZ}{dt} = APZ \tag{5}$$

이므로

$$\frac{dZ}{dt} = P^{-1}APZ \tag{6}$$

여기서 $P^{-1}AP = D$가 대각행렬이 되게 P를 선정하면 식 (1)은 식 (2)의 꼴로 변환되어 쉽게 해를 구할 수 있다.

이러한 변환은 A의 고유값이 서로 다른 경우에 가능하다.

A의 서로 다른 n개의 고유값을 $\lambda_1, \lambda_2, \cdots, \lambda_n$이라 하고, 이들에 대응하는 고유벡터 $X_1, X_2, \cdots, X_n$을 차례로 그의 열벡터로 하는 행렬을 P라면, P는 A를 대각화할 수 있다. 즉 $P^{-1}AP = D$(대각행렬)가 된다.

구체적인 설명을 위하여 다음 연립 미분방정식을 들어서 살펴보자.

$$\begin{cases} y'_1 = a_{11}y_1 + a_{12}y_2 \\ y'_2 = a_{21}y_1 + a_{22}y_2 \end{cases} \text{즉} \begin{bmatrix} y'_1 \\ y'_2 \end{bmatrix} = \begin{bmatrix} a_{11} & a_{12} \\ a_{21} & a_{22} \end{bmatrix}\begin{bmatrix} y_1 \\ y_2 \end{bmatrix} \tag{7}$$

에서 행렬 A의 고유값을 λ_1, λ_2라 하고, 고유벡터를 X_1, X_2라 하면

$$AX_1 = \lambda_1 X_1,\ AX_2 = \lambda_2 X_2$$

이고,

$$A = \begin{bmatrix} a_{11} & a_{12} \\ a_{21} & a_{22} \end{bmatrix},\ X_1 = \begin{bmatrix} x_1^{(1)} \\ x_2^{(1)} \end{bmatrix},\ X_2 = \begin{bmatrix} x_1^{(2)} \\ x_2^{(2)} \end{bmatrix},\ P = \begin{bmatrix} x_1^{(1)} & x_1^{(2)} \\ x_2^{(1)} & x_2^{(2)} \end{bmatrix}$$

이라면

$$AP=\begin{bmatrix}a_{11} & a_{12}\\ a_{21} & a_{22}\end{bmatrix}\begin{bmatrix}x_1^{(1)} & x_1^{(2)}\\ x_2^{(1)} & x_2^{(2)}\end{bmatrix}=\begin{bmatrix}a_{11}x_1^{(1)}+a_{12}x_2^{(1)} & a_{11}x_1^{(2)}+a_{12}x_2^{(2)}\\ a_{21}x_2^{(1)}+a_{22}x_2^{(1)} & a_{21}x_1^{(2)}+a_{22}x_2^{(2)}\end{bmatrix}$$
$$=\begin{bmatrix}\lambda_1 x_1^{(1)} & \lambda_2 x_1^{(2)}\\ \lambda_1 x_2^{(1)} & \lambda_2 x_2^{(2)}\end{bmatrix}=\begin{bmatrix}x_1^{(1)} & x_1^{(2)}\\ x_2^{(1)} & x_2^{(2)}\end{bmatrix}\begin{bmatrix}\lambda_1 & 0\\ 0 & \lambda_2\end{bmatrix}=PD \tag{8}$$

P가 정칙이므로, P^{-1}가 존재하여

$$D=P^{-1}AP \tag{9}$$

가 되므로, 식 (6)은 $\frac{dZ}{dt}=P^{-1}APZ=DZ$가 된다. 따라서 식 (6)은

$$\begin{bmatrix}\frac{dz_1}{dt}\\ \frac{dz_2}{dt}\end{bmatrix}=\begin{bmatrix}\lambda_1 & 0\\ 0 & \lambda_2\end{bmatrix}\begin{bmatrix}z_1\\ z_2\end{bmatrix}=\begin{bmatrix}\lambda_1 z_1\\ \lambda_2 z_2\end{bmatrix} \tag{10}$$

이 되므로, 식 (10)에서 z_1, z_2를 구하면 다음과 같다.

$$\begin{bmatrix}z_1\\ z_2\end{bmatrix}=\begin{bmatrix}c_1 e^{\lambda_1 t}\\ c_2 e^{\lambda_2 t}\end{bmatrix} \tag{11}$$

$Y=PZ$ 이므로 다음과 같이 y_1, y_2가 구해진다.

$$\begin{bmatrix}y_1\\ y_2\end{bmatrix}=\begin{bmatrix}x_1^{(1)} & x_1^{(2)}\\ x_2^{(1)} & x_2^{(2)}\end{bmatrix}\begin{bmatrix}c_1 e^{\lambda_1 t}\\ c_1 e^{\lambda_2 t}\end{bmatrix}=\begin{bmatrix}c_1 x_1^{(1)} e^{\lambda_1 t}+c_2 x_1^{(2)} e^{\lambda_2 t}\\ c_1 x_2^{(1)} e^{\lambda_1 t}+c_2 x_2^{(2)} e^{\lambda_2 t}\end{bmatrix} \tag{12}$$

예제 1 $\frac{dY}{dt}=AY$ 의 해를 구하여라.

단, $A=\begin{bmatrix}4 & 1\\ 3 & 2\end{bmatrix}$, $Y(0)=\begin{bmatrix}y_1(0)\\ y_2(0)\end{bmatrix}=\begin{bmatrix}-1\\ 7\end{bmatrix}$

풀이 A의 고유값은 $\begin{vmatrix}4-\lambda & 1\\ 3 & 2-\lambda\end{vmatrix}=\lambda^2-6\lambda+5=(\lambda-1)(\lambda-5)=0$에서

$\lambda_1=1,\ \lambda_2=5$

대응하는 고유벡터를 $AX=\lambda X$을 풀어서 구하면

$$X_1=\begin{bmatrix}1\\ -3\end{bmatrix},\ X_2=\begin{bmatrix}1\\ 1\end{bmatrix}\text{이므로, } P=\begin{bmatrix}1 & 1\\ -3 & 1\end{bmatrix}$$

$$P^{-1}=\frac{1}{4}\begin{bmatrix}1 & -1\\ 3 & 1\end{bmatrix},\ D=P^{-1}AP=\frac{1}{4}\begin{bmatrix}1 & -1\\ 3 & 1\end{bmatrix}\begin{bmatrix}4 & 1\\ 3 & 2\end{bmatrix}\begin{bmatrix}1 & 1\\ -3 & 1\end{bmatrix}=\begin{bmatrix}1 & 0\\ 0 & 5\end{bmatrix}$$

$$\frac{dZ}{dt} = DZ \text{의 일반해는 } \frac{dz_1}{dt_1} = z_1,\ \frac{dz_2}{dt} = 5z_2 \text{이므로 } Z = \begin{bmatrix} c_1 e^t \\ c_2 e^{5t} \end{bmatrix}$$

$$\therefore Y = PZ = \begin{bmatrix} 1 & 1 \\ -3 & 1 \end{bmatrix}\begin{bmatrix} c_1 e^t \\ c_2 e^{5t} \end{bmatrix} = \begin{bmatrix} c_1 e^t + c_2 e^{5t} \\ -3c_1 e^t + c_2 e^{5t} \end{bmatrix}$$

$$Y(0) = \begin{bmatrix} c_1 + c_2 \\ -3c_1 + c_2 \end{bmatrix} = \begin{bmatrix} -1 \\ 7 \end{bmatrix} \text{에서} \begin{bmatrix} c_1 \\ c_2 \end{bmatrix} = \begin{bmatrix} -2 \\ 1 \end{bmatrix} \quad \therefore \begin{bmatrix} y_1 \\ y_2 \end{bmatrix} = \begin{bmatrix} -2e^t + e^{5t} \\ 6e^t + e^{5t} \end{bmatrix}$$

예제 2

$$\frac{dY}{dt} = AY,\ A = \begin{bmatrix} 2 & -2 & 0 \\ -1 & 2 & -1 \\ 0 & -2 & 2 \end{bmatrix},\ Y(0) = \begin{bmatrix} 1 \\ -2 \\ -1 \end{bmatrix} \text{을 풀어라.}$$

풀이 A의 고유값은 $|A - \lambda E| = 0$에서 $\lambda_1 = 4,\ \lambda_2 = 2,\ \lambda_3 = 0$이다.
이들 고유값에 대응하는 고유벡터는 차례로

$$X_1 = \begin{bmatrix} 1 \\ -1 \\ 1 \end{bmatrix},\ X_2 = \begin{bmatrix} 1 \\ 0 \\ -1 \end{bmatrix},\ X_3 = \begin{bmatrix} 1 \\ 1 \\ 1 \end{bmatrix} \text{이므로, } P = \begin{bmatrix} 1 & 1 & 1 \\ -1 & 0 & 1 \\ 1 & -1 & 1 \end{bmatrix}$$

$AP = PD$에서 $D = P^{-1}AP$이고,

$$D = \begin{bmatrix} \lambda_1 & 0 & 0 \\ 0 & \lambda_2 & 0 \\ 0 & 0 & \lambda_3 \end{bmatrix} = \begin{bmatrix} 4 & 0 & 0 \\ 0 & 2 & 0 \\ 0 & 0 & 0 \end{bmatrix}$$

$$Z' - DZ = 0 \text{에서} \begin{cases} z'_1 - 4z_1 = 0 \\ z'_2 - 2z_2 = 0 \\ z'_3 = 0 \end{cases} \quad \therefore \begin{cases} z_1 = c_1 e^{4t} \\ z_2 = c_2 e^{2t} \\ z_3 = c_3 \end{cases} \qquad \cdots ①$$

$Y = PZ$이므로

$$\begin{bmatrix} y_1 \\ y_2 \\ y_3 \end{bmatrix} = \begin{bmatrix} 1 & 1 & 1 \\ -1 & 0 & 1 \\ 1 & -1 & 1 \end{bmatrix}\begin{bmatrix} z_1 \\ z_2 \\ z_3 \end{bmatrix} = \begin{bmatrix} z_1 + z_2 + z_3 \\ -z_1 + z_3 \\ z_1 - z_2 + z_3 \end{bmatrix}$$

$$= \begin{bmatrix} c_1 e^{4t} + c_2 e^{2t} + c_3 \\ -c_1 e^{4t} + c_3 \\ c_1 e^{4t} - c_2 e^{2t} + c_3 \end{bmatrix} \qquad \cdots ②$$

초기조건 $Y(0) = (1, -2, -1)$을 대입하면

$$Y(0) = PZ(0) = \begin{bmatrix} 1 & 1 & 1 \\ -1 & 0 & 1 \\ 1 & 1 & 1 \end{bmatrix} \begin{bmatrix} z_1(0) \\ z_2(0) \\ z_3(0) \end{bmatrix} = \begin{bmatrix} 1 \\ -2 \\ -1 \end{bmatrix}$$

이므로 $z_1(0) = 1,\ z_2(0) = 1,\ z_3(0) = -1$이고, 식 ①에서

$z_1(0) = c_1 = 1,\ z_2(0) = c_2 = 1,\ z_3(0) = c_3 = -1$

따라서, 구하는 Y 는 이들 상수값을 식 ②에 대입하여

$$\begin{cases} y_1 = e^{4t} + e^{2t} - 1 \\ y_2 = -e^{4t} - 1 \\ y_3 = e^{4t} - e^{2t} - 1 \end{cases}$$

(2) 연립 2계 미분방정식의 해법

상수계수의 2계 연립 미분방정식이

$$\begin{aligned} y''_1 + a_{11}y_1 + a_{12}y_2 + a_{13}y_3 = 0 \\ y''_2 + a_{21}y_1 + a_{22}y_2 + a_{23}y_3 = 0 \\ y''_3 + a_{31}y_1 + a_{32}y_2 + a_{33}y_3 = 0 \end{aligned} \tag{13}$$

일 때, 행렬을 써서 이 2계 미분방정식은

$$Y'' + AY = 0,\ A = \begin{bmatrix} a_{11} & a_{12} & a_{13} \\ a_{21} & a_{22} & a_{23} \\ a_{31} & a_{32} & a_{33} \end{bmatrix} \tag{14}$$

꼴로 나타내진다. 이 연립 미분방정식의 해법은 다음 차례로 구한다.

연립 미분방정식 $Y'' + AY = 0,\ Y'(0) = a,\ Y'(0) = b$의 해법

1. 행렬 A의 모든 고유값과 고유벡터를 구한다.
2. 고유벡터를 열벡터로 하는 행렬 P와 P의 고유값을 차례로 대각성분으로 하는 대각행렬 D를 정의한다.
3. $Y = PZ$에 의하여 준미분방정식을 $Z'' + DZ = 0$의 꼴로 변형한다.
4. $Z'' + DZ = 0$을 초기조건 $Z(0) = \alpha,\ Z'(0) = \beta$에서 풀고, 이렇게 얻은 Z를 $Y = PZ$에 대입하여 Y를 구한다.

예제 3 다음 연립 미분방정식을 풀어라.

$$Y'' + AY = 0,\ \ Y(0) = \boldsymbol{a} = (0,\ 0,\ 0)',\ \ Y'(0) = \boldsymbol{b} = (1,\ -2,\ -1)'$$

단, $A = \begin{bmatrix} 2 & -2 & 0 \\ -1 & 2 & -1 \\ 0 & -2 & 2 \end{bmatrix}$ 이다.

풀이 주어진 연립 미분방정식은 다음과 같다.

$$\begin{aligned} &y''_1 + 2y_1 - 2y_2 \quad = 0 \\ &y''_2 - y_1 + 2y_2 - \ y_3 = 0 \\ &y'''_3 \qquad - 2y_2 + 2y_3 = 0 \end{aligned}$$

A의 고유값, 고유벡터를 구한다. 고유방정식

$$\begin{vmatrix} 2-\lambda & -2 & 0 \\ -1 & 2-\lambda & -1 \\ 0 & -2 & 2-\lambda \end{vmatrix} = 0$$

을 풀면, 고유값은

$$\lambda = \begin{bmatrix} \lambda_1 \\ \lambda_2 \\ \lambda_3 \end{bmatrix} = \begin{bmatrix} 4 \\ 2 \\ 0 \end{bmatrix}$$

(1) 이들 고유값 $\lambda_1,\ \lambda_2,\ \lambda_3$ 값을 써서 고유벡터를 구하면 차례로

$$\boldsymbol{x}_1 = \begin{bmatrix} 1 \\ -1 \\ 1 \end{bmatrix},\ \boldsymbol{x}_2 = \begin{bmatrix} 1 \\ 0 \\ -1 \end{bmatrix},\ \boldsymbol{x}_3 = \begin{bmatrix} 1 \\ 1 \\ 1 \end{bmatrix} \text{이므로, } P = \begin{bmatrix} 1 & 1 & 1 \\ -1 & 0 & 1 \\ 1 & -1 & 1 \end{bmatrix},\ D = \begin{bmatrix} 4 & 0 & 0 \\ 0 & 2 & 0 \\ 0 & 0 & 0 \end{bmatrix}$$

(2) $Y = PZ$ 인 치환을 하면, $AP = \mathrm{PD}$ 이므로 준방정식은

$$Y'' = PZ'' \text{ 이므로 } PZ'' + APZ = 0$$

또는 $PZ'' + PDZ = 0$ 에서 $Z'' + DZ = 0$

$Z = [z_1,\ z_2,\ z_3]'$ 이므로 $Z'' + DZ = 0$은 다음과 같이 나타낼 수 있다.

$$\begin{aligned} z''_1 + \lambda_1 z_1 = 0 \\ z''_2 + \lambda_2 z_2 = 0 \\ z''_3 + \lambda_3 z_3 = 0 \end{aligned}$$

$\lambda_1 = 4,\ \lambda_2 = 2,\ \lambda_3 = 0$이므로

$$z_1 = A_1 \cos 2t + B_1 \sin 2t$$
$$z_2 = A_2 \cos \sqrt{2}\, t + B_2 \sin \sqrt{2}\, t$$
$$z_3 = A_3 + B_3 t$$

초기조건

$$Y(0) = PZ(0) = \begin{bmatrix} 0 \\ 0 \\ 0 \end{bmatrix},\ Y'(0) = \boldsymbol{b} = \begin{bmatrix} 1 \\ -2 \\ -1 \end{bmatrix},\ Z(0) = \begin{bmatrix} A_1 \\ A_2 \\ A_3 \end{bmatrix}$$

에서

$$Y(0) = PZ(0) = \begin{bmatrix} 1 & 1 & 1 \\ -1 & 0 & 1 \\ 1 & -1 & 1 \end{bmatrix} \begin{bmatrix} A_1 \\ A_2 \\ A_3 \end{bmatrix} = \begin{bmatrix} 0 \\ 0 \\ 0 \end{bmatrix}$$

이므로 $A_1 = A_2 = A_3 = 0$ 이고,

$$Y'(0) = PZ'(0) = \begin{bmatrix} 1 & 1 & 1 \\ -1 & 0 & 1 \\ 1 & -1 & 1 \end{bmatrix} \begin{bmatrix} 2B_1 \\ \sqrt{2}\, B_2 \\ B_3 \end{bmatrix} = \begin{bmatrix} 1 \\ -2 \\ -1 \end{bmatrix}$$

에서

$$\begin{cases} 2B_1 + \sqrt{2}\, B_2 + B_3 = 1 \\ -2B_1 + \sqrt{2}\, B_3 = -2 \\ 2B_1 - \sqrt{2}\, B_2 + B_3 = -1 \end{cases}$$

이것을 풀면

$$B_1 = \frac{1}{2},\ B_2 = \frac{1}{\sqrt{2}},\ B_3 = -1$$

따라서 $z_1,\ z_2.\ z_3$의 값은

$$z_1 = \frac{1}{2} \sin 2t$$
$$z_2 = \frac{1}{\sqrt{2}} \sin \sqrt{2}\, t$$
$$z_3 = -t$$

$Y - PZ$이므로, 준미분방정식의 해는

$$\begin{bmatrix} y_1 \\ y_2 \\ y_3 \end{bmatrix} = \begin{bmatrix} 1 & 1 & 1 \\ -1 & 0 & 1 \\ 1 & -1 & 1 \end{bmatrix} \begin{bmatrix} \frac{1}{2} \sin 2t \\ \frac{1}{\sqrt{2}} \sin \sqrt{2}\, t \\ -t \end{bmatrix} = \begin{bmatrix} \frac{1}{2} \sin 2t + \frac{1}{\sqrt{2}} \sin \sqrt{2}\, t - t \\ -\frac{1}{2} \sin 2t - t \\ \frac{1}{2} \sin 2t - \frac{1}{\sqrt{2}} \sin \sqrt{2}\, t - t \end{bmatrix}$$

연습문제 (8.2)

1 다음 연립방정식의 수치해를 구간 [0, 1]에서 $h = 0.1$로 하여 Euler의 방법으로 $x_1 = x(0.1)$, $y_1 = y(0.1)$을 구하여라.

$$\frac{dx}{dt} = x + 2y, \quad \frac{dy}{dt} = 3x + 2y \qquad \text{단, } \begin{cases} x(0) = 6 \\ y(0) = 4 \end{cases}$$

2 연립 미분방정식 $\frac{dy_1}{dt} = y_1 + 2y_2$, $\frac{dy_2}{dt} = 3y_1 + 2y_2$. $y_1(0) = 6$, $y_2(0) = 4$를 행렬로 나타내면

$$\begin{bmatrix} y'_1 \\ y'_2 \end{bmatrix} = \begin{bmatrix} 1 & 2 \\ 3 & 2 \end{bmatrix} \begin{bmatrix} y_1 \\ y_2 \end{bmatrix} \quad \text{단, } \begin{bmatrix} y_1(0) \\ y_2(0) \end{bmatrix} = \begin{bmatrix} 6 \\ 4 \end{bmatrix}$$

로 나타내진다. 고유값, 고유벡터를 써서 $y_1(0.1)$, $y_2(0.1)$을 소수 5위까지 구하여라.

3 다음 2계 미분방정의 초기값 문제

$$y'' + 4y' + 5y = 0, \ y(0) = 3, \ y'(0) = -5$$

를 1계 연립 미분방정식으로 나타내어 Euler법으로 $y_2 = y(0.1)$을 구하여라. 단, $h = 0.1$로 한다.

4 $y'' - 2y' + y = x$, $x(0) = 0$, $y(0) = 2$, $y'(0) = 2$, $y(0.1)$의 값을 구하여라. $y'' = x - y + 2y' = g(x, y, y')$, $h = 0.1$로 하고, Euler−Gauss의 방법으로 2회 수정하여 해를 구한다.

연습문제 (8.2) 풀이

1 $t_0=0,\ x_0=6,\ y_0=4$이고, $f(t,\ x,\ y)=x+2y,\ g(t,\ x,\ y)=3x+2y$이므로
$f_0=f(0,\ 6,\ 4)=6+2(4)=14,\ g_0=g(0,\ 6,\ 4)=3(6)+2(4)=26$

$$x_1=x_0+hf_0=6+0.1(14)=7.4$$
$$y_1=y_0+hg_0=4+0.1(26)=6.6$$

2 고유값 λ는 $\begin{vmatrix}1-\lambda & 2\\ 3 & 2-\lambda\end{vmatrix}=\lambda^2-3\lambda+2-6=(\lambda+1)(\lambda-4)=0$에서 $\lambda=4,\ -1$

$\lambda=4$에 대한 고유벡터를 구한다.

$AX=\lambda X$ 에서 $\begin{cases}(1-\lambda)x_1+2x_2=0\\ 3x_1+(2-\lambda)x_2=0\end{cases}$ 에서 $\begin{cases}-3x_1+2x_2=0\\ 3x_1-2x_2=0\end{cases}$

$\therefore \dfrac{x_1}{x_2}=\dfrac{2}{3}$에서 $\begin{bmatrix}x_1^{(1)}\\ x_2^{(1)}\end{bmatrix}=\begin{bmatrix}2\\ 3\end{bmatrix}$

$\lambda_2=-1$에 대한 고유벡터를 구한다.

$\begin{cases}2x_1+2x_2=0\\ 3x_1+3x_2=0\end{cases}$에서 $\dfrac{x_1}{x_2}=\dfrac{1}{-1}\quad\therefore\begin{bmatrix}x_1^{(2)}\\ x_2^{(2)}\end{bmatrix}=\begin{bmatrix}1\\ -1\end{bmatrix}$

$P=\begin{bmatrix}2 & 1\\ 3 & -1\end{bmatrix}$이므로, $P^{-1}=\dfrac{1}{-5}\begin{bmatrix}-1 & -1\\ -3 & 2\end{bmatrix},\ D=\begin{bmatrix}\lambda_1 & 0\\ 0 & \lambda_2\end{bmatrix}$이다.

$D=P^{-1}AP=-\dfrac{1}{5}\begin{bmatrix}-1 & -1\\ -3 & 2\end{bmatrix}\begin{bmatrix}1 & 2\\ 3 & 2\end{bmatrix}\begin{bmatrix}2 & 1\\ 3 & -1\end{bmatrix}=\begin{bmatrix}4 & 0\\ 0 & -1\end{bmatrix}$

$\dfrac{dZ}{dt}=DZ=\begin{bmatrix}4 & 0\\ 0 & -1\end{bmatrix}\begin{bmatrix}z_1\\ z_2\end{bmatrix}=\begin{bmatrix}4z_1\\ -z_2\end{bmatrix}$에서 $\begin{matrix}z'_1=4z_1\\ z'_2=-z_2\end{matrix}$ 이므로, $\begin{cases}z_1=c_1e^{4t}\\ z_2=c_2e^{-t}\end{cases}$

$Y=PZ=\begin{bmatrix}2 & 1\\ 3 & -1\end{bmatrix}\begin{bmatrix}c_1e^{4t}\\ c_2e^{-t}\end{bmatrix}=\begin{bmatrix}2c_1e^{4t}+c_2e^{-t}\\ 3c_1e^{4t}-c_2e^{-t}\end{bmatrix}$

$Y(0)=\begin{bmatrix}2c_1+c_2\\ 3c_1-c_2\end{bmatrix}=\begin{bmatrix}6\\ 4\end{bmatrix}$에서 $\begin{cases}c_1=2\\ c_2=2\end{cases}\quad\therefore\begin{cases}y_1=4e^{4t}+2e^{-t}\\ y_2=6e^{4t}-2e^{-t}\end{cases}$

$y_1(0.1)=4e^{0.4}+2e^{-0.1}=4(1.491825)+2(0.904837)=7.77697$

$y_2(0.1)=6e^{0.4}-2e^{-0.1}=6(1.491825)-2(0.904837)=7.14128$

참고 문제 1의 해는 근사적으로 풀어서 근사해이나, 문제 2의 해는 직접적으로 풀어서 참해이다.

3 $y'=z$라면 $y''=z'$이므로 준방정식은

$$\begin{aligned} &y'=z && y(0)=3 \\ &z'=-4z-5y && z(0)=-5 \end{aligned}$$

$$y_1=y_0+hz_0=3+0.1(-5)=2.5$$
$$z_1=z_0+h(-4z_0-5y_0)=-5+0.1[-4(-5)-5(3)]=-4.5$$

4
$$\begin{cases} y'=z=f(x,\ y,\ z) & y(0)=2 \\ z'=x-y+2z=g(x,\ y,\ z) & z(0)=2 \end{cases}$$

여기서는 2회 수정한다.

$$\text{예측} \begin{cases} \hat{y}_1=y_0+hz_0=2+0.1(2)=2.2 \\ \hat{z}_1=z_0+hg_0=2+0.1(0-2+2\times 2)=2.2 \end{cases}$$

1회 수정

$$\begin{cases} y_1=y_0+\dfrac{h}{2}(z_0+\hat{z}_1)=2+\dfrac{0.1}{2}(2+2.2)=2.21,\ g_1=g(x_1,\ \hat{y}_1,\ \hat{z}_1) \\ z_1=z_0+\dfrac{h}{2}(g_0+g_1)=2+\dfrac{0.1}{2}[(0-2+2\times 2)+(0.1-2.2+2\times 2.2)]=2.215 \end{cases}$$

2회 수정

$$\begin{cases} y_1=y_0+\dfrac{h}{2}(z_0+\hat{z}_1)=2+\dfrac{0.1}{2}(2+2.215)=2.21075 \\ z_1=z_0+\dfrac{h}{2}(g_0+g_1)=2+\dfrac{0.1}{2}[(0-2+2\times 2)+(0.1-2.21+2\times 2.215)] \\ \qquad =2.216 \end{cases}$$

참고 Euler-Gauss의 방법에서 p회 수정하는 경우에 예측은 다음 공식

$$y_1^{(0)}=y_0+hz_0,\ z_1^{(0)}=z_1+hg(x_0,\ y_0,\ z_0)$$

으로 예측하고, p회의 수정에는 다음 공식이 쓰인다.

For $k=1,\ 2,\ \cdots,\ p$
$$y_1^{(k)}=y_0+\frac{h}{2}\left(z_0+z_1^{(k-1)}\right)$$
$$z_1^{(k)}=z_0+\frac{h}{2}\left[g(x_0,\ y_0,\ z_0)+g(x_1,\ y_1^{(k-1)},\ z_1^{(k-1)})\right]$$

Chapter 9

편미분방정식

9.1 편미분방정식의 수치계산법

9.1.1 편미분의 차분근사공식

(1) 차분근사공식

편미분방정식의 수치계산법에는 편미분계수를 차분근사식으로 바꾸어서 차분방정식을 만들어서 해를 근사적으로 구하는 방법이 있다.

함수 $u(x,\ y)$의 편미분 계수의 차분근사공식도 상미분계수인 경우와 마찬가지로 유노할 수 있다.

2변수의 함수 $u(x,\ y)$의 편미분계수의 차분근사공식은 다음과 같다.

(i) 전진차분근사 공식

$$\frac{\partial u}{\partial x}=\frac{u(x+\Delta x,\ y)-u(x,\ y)}{\Delta x}$$

$$\frac{\partial u}{\partial y}=\frac{u(x,\ y+\Delta y)-u(x,\ y)}{\Delta y}$$

$$\frac{\partial^2 u}{\partial x^2}=\frac{\partial}{\partial x}\left(\frac{\partial u}{\partial x}\right)=\frac{\partial}{\partial x}\left\{\frac{u(x+\Delta x,\ y)-u(x,\ y)}{\Delta x}\right\}=\frac{1}{\Delta x}\left\{\frac{\partial u(x+\Delta x,\ y)}{\partial x}-\frac{\partial u(x,\ y)}{\partial x}\right\}$$

$$=\frac{u(x+2\Delta x,\ y)-2u(x+\Delta x,\ y)+u(x,\ y)}{\Delta x^2}$$

$$\frac{\partial^2 u}{\partial y^2}=\frac{\partial}{\partial y}\left(\frac{\partial u}{\partial y}\right)=\frac{u(x,\ y+2\Delta y)-2u(x,\ y+\Delta y)+u(x,\ y)}{(\Delta y)^2}$$

$$\frac{\partial^2 u}{\partial x\partial y}=\frac{\partial}{\partial x}\left(\frac{\partial u}{\partial y}\right)=\frac{\partial}{\partial x}\left\{\frac{u(x,\ y+\Delta y)-u(x,\ y)}{\Delta y}\right\}$$

$$=\frac{1}{\Delta y}\left\{\frac{\partial u(x,\ y+\Delta y)}{\partial x}-\frac{\partial u(x,\ y)}{\partial x}\right\}$$

$$=\frac{1}{\Delta x\cdot\Delta y}\{u(x+\Delta x,\ y+\Delta y)-u(x,\ y+\Delta y)-u(x+\Delta x,\ y)+u(x,\ y)\}$$

이들 편미분계수를 간단하게 표현하기 위하여 $u(x_i,\ y_j)$를 $u_{i,j}$로, $u(x_i+k\Delta x,\ y_j)$를 $u_{i+k,\ j}$로, $u(x_i.\ y_j+k\Delta y)$를 $u_{i,j+k}$로 나타내면 이들 편미분계수의 근사공식은 다음과 같이 간단히 나타내진다.

$$\left(\frac{\partial u}{\partial x}\right)_P = \left(\frac{\partial u}{\partial x}\right)_{i,j} = \frac{u_{i+1,j} - u_{i,j}}{\Delta x}$$

$$\left(\frac{\partial u}{\partial y}\right)_P = \left(\frac{\partial u}{\partial y}\right)_{i,j} = \frac{u_{i,j+1} - u_{i,j}}{\Delta y}$$

$$\left(\frac{\partial^2 u}{\partial x^2}\right)_P = \left(\frac{\partial^2 u}{\partial x^2}\right)_{i,j} = \frac{u_{i+2,j} - 2u_{i+1,j} + u_{i,j}}{(\Delta x)^2}$$

$$\left(\frac{\partial^2 u}{\partial y^2}\right)_P = \left(\frac{\partial^2 u}{\partial y^2}\right)_{i,j} = \frac{u_{i,j+2} - 2u_{i,j+1} + u_{i,j}}{(\Delta y)^2}$$

$$\left(\frac{\partial^2 u}{\partial x \partial y}\right)_P = \left(\frac{\partial^2 u}{\partial x \partial y}\right)_{i,j} = \frac{u_{i+1,j+1} - u_{i,j+1} - u_{i+1,j} + u_{i,j}}{\Delta x \cdot \Delta y}$$

(ii) 후퇴차분근사 공식

$$\frac{\partial u}{\partial x} = \frac{u(x,\ y) - u(x - \Delta x,\ y)}{\Delta x}$$

$$\begin{aligned}\frac{\partial^2 u}{\partial x^2} &= \frac{\partial}{\partial x}\left(\frac{u(x,\ y) - u(x - \Delta x,\ y)}{\Delta x}\right) \\ &= \frac{1}{\Delta x}\left[\frac{\partial}{\partial x}u(x,\ y) - \frac{\partial}{\partial x}u(x - \Delta x,\ y)\right] \\ &= \frac{1}{\Delta x}\left[\frac{u(x,\ y) - u(x - \Delta x,\ y)}{\Delta x} - \frac{u(x - \Delta x.\ y) - u(x - 2\Delta x,\ y)}{\Delta x}\right] \\ &= \frac{u(x,\ y) - 2u(x - \Delta x,\ y) + u(x - 2\Delta x,\ y)}{(\Delta x)^2}\end{aligned}$$

$$\begin{aligned}\frac{\partial^2 u}{\partial x \partial y} &= \frac{\partial}{\partial y}\left(\frac{\partial u}{\partial x}\right) = \frac{\partial}{\partial y}\left(\frac{u(x,\ y) - u(x - \Delta x,\ y)}{\Delta x}\right) \\ &= \frac{1}{\Delta x}\left[\frac{\partial}{\partial y}u(x,\ y) - \frac{\partial}{\partial y}u(x - \Delta x,\ y)\right] \\ &= \frac{1}{\Delta x}\left[\frac{u(x,\ y) - u(x,\ y - \Delta y)}{\Delta y} - \frac{u(x - \Delta x,\ y) - u(x - \Delta x,\ y - \Delta y)}{\Delta y}\right] \\ &= \frac{u(x,\ y) - u(x,\ y - \Delta y) - u(x - \Delta x,\ y) + u(x - \Delta x,\ y - \Delta y)}{\Delta x \Delta y}\end{aligned}$$

이들 공식을 다음과 같이 간편하게 나타낸다.

$$\left(\frac{\partial u}{\partial x}\right)_{i,j} = \frac{u_{i,j} - u_{i-1,j}}{\Delta x}$$

$$\left(\frac{\partial^2 u}{\partial x^2}\right)_{i,j} = \frac{u_{i,j} - 2u_{i-1,j} + u_{i-2,j}}{\Delta x^2}$$

$$\left(\frac{\partial^2 u}{\partial x \partial y}\right)_{i,j} = \frac{u_{i,j} - u_{i,j-1} - u_{i-1,j} + u_{i-1,j-1}}{\Delta x \cdot \Delta y}$$

(iii) 중심차분근사 공식

$$\frac{\partial u}{\partial x} = \frac{u(x+\Delta x,\ y) - u(x-\Delta x,\ y)}{2\Delta x}$$

$$\frac{\partial^2 u}{\partial x^2} = \frac{1}{2\Delta x}\left[\frac{\partial}{\partial x}u(x+\Delta x,\ y) - \frac{\partial}{\partial x}u(x-\Delta x,\ y)\right]$$

$$= \frac{1}{2\Delta x}\left[\frac{u(x+2\Delta x,\ y) - u(x,\ y)}{2\Delta x} - \frac{u(x,\ y) - u(x-2\Delta x,\ y)}{2\Delta x}\right]$$

$$= \frac{1}{(2\Delta x)^2}\left[u(x+2\Delta x,\ y) - 2u(x,\ y) + u(x-2\Delta x,\ y)\right]$$

$2\Delta x$를 Δx로 나타내면

$$\frac{\partial^2 u}{\partial x^2} = \frac{u(x+\Delta x,\ y) - 2u(x,\ y) + u(x-\Delta x,\ y)}{\Delta x^2}$$

마찬가지로

$$\frac{\partial^2 u}{\partial y^2} = \frac{u(x,\ y+\Delta y) - 2u(x,\ y) + u(x,\ y-\Delta y)}{\Delta y^2}$$

$$\frac{\partial^2 u}{\partial x \partial y} = \frac{\partial}{\partial y}\left(\frac{u(x+\Delta x,\ y) - u(x-\Delta x,\ y)}{2\Delta x}\right)$$

$$= \frac{1}{2\Delta x}\left[\frac{\partial}{\partial y}u(x+\Delta x,\ y) - \frac{\partial}{\partial y}u(x-\Delta x,\ y)\right]$$

$$= \frac{1}{2\Delta x}\left[\frac{u(x+\Delta x,\ y+\Delta y) - u(x+\Delta x,\ y-\Delta y)}{2\Delta y} - \frac{u(x-\Delta x,\ y+\Delta y) - u(x-\Delta x,\ y-\Delta y)}{2\Delta y}\right]$$

$$= \frac{1}{4\Delta x\Delta y}\left[u(x+\Delta x,\ y+\Delta y) - u(x+\Delta x,\ y-\Delta y) - u(x-\Delta x,\ y+\Delta y) + u(x-\Delta x,\ y-\Delta y)\right]$$

이들 편미분계수는 다음과 같이 간편하게 나타내진다.

$$\left(\frac{\partial u}{\partial x}\right)_{i,\,j} = \frac{u_{i+1,\,j} - u_{i-1,\,j}}{2\Delta x},\quad \left(\frac{\partial u}{\partial y}\right)_{i,\,j} = \frac{u_{i,\,j+1} - u_{i,\,j-1}}{2\Delta y}$$

$$\left(\frac{\partial^2 u}{\partial x^2}\right)_{i,\,j} = \frac{u_{i+1,\,j} - 2u_{i,\,j} + u_{i-1,\,j}}{(\Delta x)^2}$$

$$\left(\frac{\partial^2 u}{\partial y^2}\right)_{i,\,j} = \frac{u_{i,\,j+1} - 2u_{i,\,j} + u_{i,\,j-1}}{(\Delta y)^2}$$

$$\left(\frac{\partial^2 u}{\partial x \partial y}\right)_{i,\,j} = \frac{u_{i+1,\,j+1} - u_{i+1,\,j-1} - u_{i-1,\,j+1} + u_{i-1,\,j-1}}{4\Delta x \cdot \Delta y}$$

2차원 변수를 갖는 함수 $u(x,\ t)$를 첨자를 써서 $u_{i,\,j}$로 나타낼 때 보통 y축 방향을 시간축으로 취한다. 따라서 j는 시간축에서의 격자점 번호가 된다.

u를 3차원 변수를 갖는 함수 $u(x, y, t)$라 할 때, 첨자 i, j를 x축 방향과 y축 방향의 격자점 번호로 하고, t는 z축 방향의 변수로 한다.

$u(x, y, t)$에서 1계 전진차분은

$$\left(\frac{\partial u}{\partial t}\right)_{i,\ j} = \frac{u_{i,\ j}(t+\Delta t) - u_{i,\ j}(t)}{\Delta t}$$

로 나타내고, 2계 중심차분은

$$\left(\frac{\partial^2 u}{\partial t^2}\right)_{i,\ j} = \frac{u_{i,\ j}(t+\Delta t) - 2u_{i,\ j}(t) + u_{i,\ j}(t-\Delta t)}{(\Delta t)^2}$$

로 나타낸다.

보기1 다음 편미분방정식을 차분방정식으로 나타내보자.

(1) $\dfrac{\partial u}{\partial t} = \dfrac{\partial^2 u}{\partial x^2}$ (2) $\dfrac{\partial^2 u}{\partial t^2} = \dfrac{\partial^2 u}{\partial x^2} + \dfrac{\partial^2 u}{\partial y^2}$

해설 (1) u를 3차원 변수를 갖는 함수 $u(x, y, t)$로 보고, 첨자 i, j에서 i는 거리축 x방향과 j는 y방향의 격자번호로 생각하면

$$\left(\frac{\partial u}{\partial t}\right)_{i, j} = \frac{u_{i, j}(t+\Delta t) - u_{i, j}(t)}{\Delta t} \quad \cdots\cdots ①$$

$$\left(\frac{\partial^2 u}{\partial x^2}\right)_{i, j} = \frac{u_{i, j}(x+\Delta x) - 2u_{i, j}(x) + u_{i, j}(x-\Delta x)}{(\Delta t)^2} \quad \cdots\cdots ②$$

로 나타내므로, 식 ①에 이들 관계를 대입하면 다음과 같다.

$$\frac{u_{i, j+1} - u_{i, j}}{\Delta t} = \frac{u_{i+1, j} - 2u_{i, j} + u_{i-1, j}}{(\Delta x)^2}$$

보통 y축 방향을 시간축으로 취하므로, 여기서 j는 시간축에서의 격자번호이다.

(2) 중심차분공식으로 다음과 같이 나타내진다.

$$\frac{u_{i, j}(t+\Delta t) - 2u_{i, j}(t) + u_{i, j}(t-\Delta t)}{(\Delta t)^2} = \frac{u_{i+1, j}(t) - 2u_{i, j}(t) + u_{i-1, j}(t)}{(\Delta x)^2} + \frac{u_{i, j+1}(t) - 2u_{i, j}(t) + u_{i, j-1}(t)}{(\Delta y)^2} \quad \cdots\cdots ③$$

$x_i = x_0 + i\Delta x,\ \ y_j = y_0 + j\Delta y$이고, $u_{i, j} = u(x_i,\ y_j,\ t)$이다.

특히 $\Delta x = \Delta y = h$이면 식 ③은

$$\{u_{i,j}(t+\Delta t) - 2u_{i,j}(t) + u_{i,j}(t-\Delta t)\}/(\Delta t)^2$$
$$= \{u_{i+1,j}(t) + u_{i-1,j}(t) + u_{i,j+1}(t) + u_{i,j-1}(t) - 4u_{i,j}(t)\}/h^2$$

으로 나타내진다.

9.1.2 차분방정식에 의한 편미분방정식의 해법

(1) Laplace의 편미분방정식

다음과 같은 편미분방정식의 수치적 해법을 살펴보자.

$$\text{Laplace의 방정식} \quad \nabla^2 u = u_{xx} + u_{yy} = 0$$

수치적 해법은 편도함수를 편미분의 차분근사공식에 의하여 차분방정식으로 근사시켜서 푸는 해법이다.

Laplace의 방정식

$$\frac{\partial^2 u}{\partial x^2} + \frac{\partial^2 u}{\partial y^2} = 0 \tag{1}$$

에서 영역 D의 경계 B 위에서 $u(x, y)$는 주어진 함수 $g(x, y)$라 하자. 즉

$$u(x, y) = g(x, y), \ (x, y) \in D \tag{2}$$

방정식 (1)은 모든 격자점에서 해 $u(x, y)$를 구하라는 문제이다. 이와 같은 문제를 Laplace의 **경계값 문제** 또는 **Dirichlet 문제**라고 한다.

다음 Laplace의 편미분방정식

$$\frac{\partial^2 u}{\partial x^2} + \frac{\partial^2 u}{\partial y^2} = 0$$

은 영역 D 내에서 $\Delta x = h$, $\Delta y = k$이라면, 중심차분 공식을 써서 근사적으로 다음과 같이 나타내진다.

$$\frac{u_{i+1,j} - 2u_{i,j} + u_{i-1,j}}{h^2} + \frac{u_{i,j+1} - 2u_{i,j} + u_{i,j-1}}{k^2} = 0$$

특히, $\Delta x = \Delta y = h$이라면

$$u_{i+1,j} + u_{i,j+1} + u_{i-1,j} + u_{i,j-1} - 4u_{i,j} = 0 \tag{3}$$

식 (3)을 $u_{i,j}$에 관하여 풀면

$$\boxed{u_{i,j}=\frac{1}{4}\left(u_{i+1,j}+u_{i,j+1}+u_{i-1,j}+u_{i,j-1}\right)} \tag{4}$$

로 나타내진다.

식 (4)의 의미를 알기 위하여 Laplace의 방정식이 정의되는 영역 D를 세로가로 $h(=k)$인 선을 그어서 세로선과 가로선이 만나는 점을 격자점으로 나타내보자.

식 (4)의 관계는 점 $(i,\ j)$에서의 u의 값 $u_{i,j}$가 점 $(i,\ j)$의 좌우측 격자점과 상하의 격자점에서의 u의 값의 평균임을 나타내고 있다.

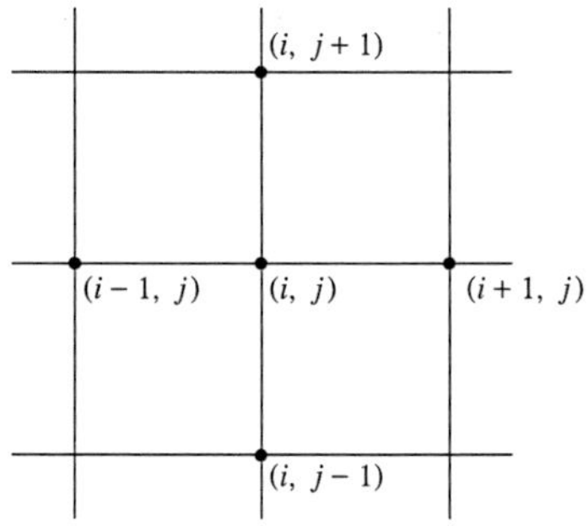

그림 9.1

단, 점 $(i,\ j)$는 점 $(x_0+i\Delta x,\ y_0+j\Delta y)$를 나타낸다.

방정식이 (1)이 정의되는 영역 D의 경계상에서 값은 초기조건과 경계조건에 의하여 주어지므로, D의 내부의 격자점에서의 함수 $u(x,\ y)$는 식 (4)를 써서 구하면 된다.

영역 D를 오른쪽 그림과 같이

$$h=k=\frac{1}{2}$$

로 나타낸 격자점을 구성한다면, 식 (4)에 의하여

$$\begin{aligned} u_1&=\frac{1}{4}(u_4+g_1+g_3+g_9)\\ u_4&=\frac{1}{4}(u_1+g_4+g_6+g_8) \end{aligned} \tag{5}$$

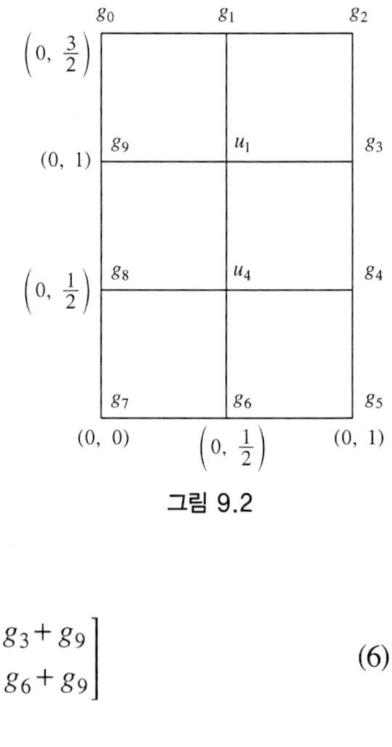

그림 9.2

식 (5)에서 u_1, u_4만이 미지수이고, g_1, g_3, g_4, g_6, g_8, g_9는 D의 경계선상의 값으로, 알려져 있으므로, 쉽게 u_1과 u_4를 구할 수 있다.

식 (5)를 행렬로 나타내면

$$\begin{bmatrix} 1 & -\frac{1}{4} \\ -\frac{1}{4} & 1 \end{bmatrix}\begin{bmatrix} u_1 \\ u_4 \end{bmatrix}=\frac{1}{4}\begin{bmatrix} g_1+g_3+g_9 \\ g_4+g_6+g_9 \end{bmatrix} \tag{6}$$

이 되어서 Cramer의 공식을 써서 u_1, u_2를 구할 수 있다.

방정식 (6)의 계수행렬에서 대각선 요소가 같은 행의 요소가 다른 요소보다 절대값이 크므로, 식 (6)은 반드시 해를 갖는다. u_i의 요소가 많은 경우는 연립 1차방정식을 쉽고, 빨리 풀 수 있는 Gauss–Seidel의 방법으로 풀 수 있다.

영역 D를 구분한 격자점들이 직사각형을 이루지 않는 경우는 x, y의 각 분할 폭을 꼭 같게 안하고, 각 격자점에서의 u_i의 값을 정해도 된다.

보기1 다음 Laplace의 편미분방정식을 오른쪽 그림과 같은 경계조건에서 중심 차분공식을 써서 풀어보자.

$$\frac{\partial^2 u}{\partial x^2} + \frac{\partial^2 u}{\partial y^2} = 0$$

단, x, y 축상에서 u의 값은 모두 0이다.

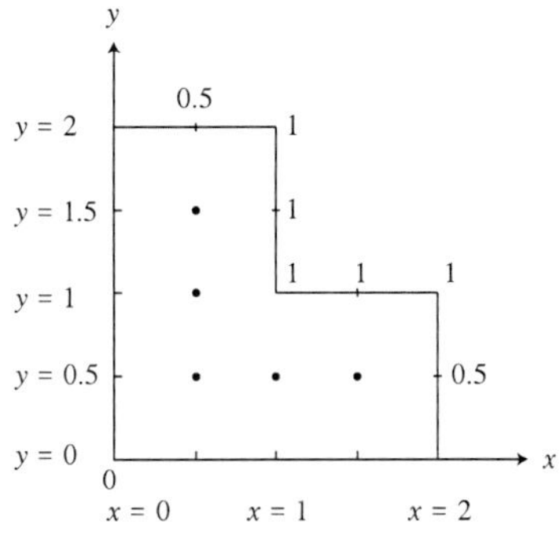

그림 9.3

해설 Laplace 방정식을 차분방정식으로 나타내면 다음과 같다.

$$u_{i,\,j} = \frac{u_{i,\,j+1} + u_{i-1,\,j} + u_{i+1,\,j} + u_{i,\,j-1}}{4} \cdots \quad ①$$

이 문제에서 $\Delta x = \Delta y = 0.5$이라 하고, 경계선에서의 u의 값은 그림에서와 같이 주어졌다 하자.

모든 격자점에서의 u의 값을 구하는 데, 근사식 ①을 사용한다. 중간 격자점 $(i,\ j)$에서의 u의 값은 $(i,\ j)$를 중심으로 한 상하 좌우의 4점 $(i,\ j-1)$, $(i+1,\ j)$, $(i,\ j+1)$, $(i-1,\ j)$에서의 u의 값의 평균이라는 사실을 이용하여 모든 격자점에서의 u의 값을 구한다.

확실하게 정해지는 점이 없으면, 식 ①의 조건

새 $u_{i,\,j}$값 = (u_{ij}의 좌 + u_{ij}의 우 + u_{ij}의 상 + u_{ij}의 하) ⋯ ②

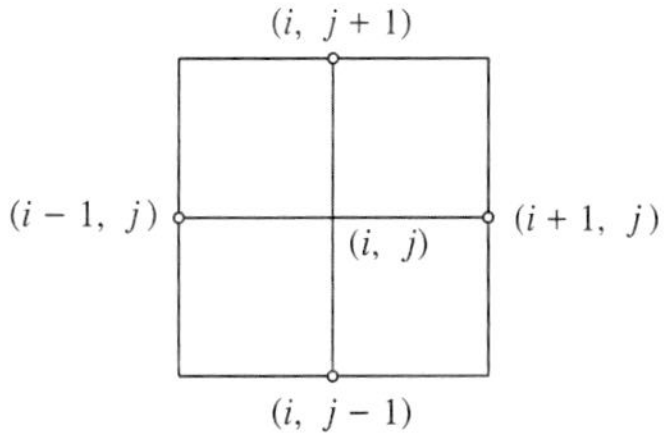

그림 9.4

을 사용하거나, 거의 성립될 값으로 새로운 $u_{i,\,j}$의 값을 정한다.

x, y 축상의 u의 값은 모두 0이므로, 점 (0.5, 1.5)의 u의 값는 식 ①에 의하여 구해보자.

$x = 0.5$일 때 $y = 0.5$, 1.0, 1.5에서의 u 값을 u_{11}, u_{12}, u_{13}이라 하고, $x = 1$, $y = 0.5$에서의 u의 값을 u_{21}로, $x = 1.5$, $y = 0.5$에서의 u의 값을 $u_{3,1}$이라 하자.

이들 미지의 격자점에서의 u의 값을 써서 다음 연립방정식이 얻어진다.

구해야 할 미지수는 u_{11}, u_{12}, u_{13}, u_{21}, u_{31}의 5개이고, 이들을 식 ①에 의하여 나타내면, 다음 5개의 연립1차방정식을 얻는다.

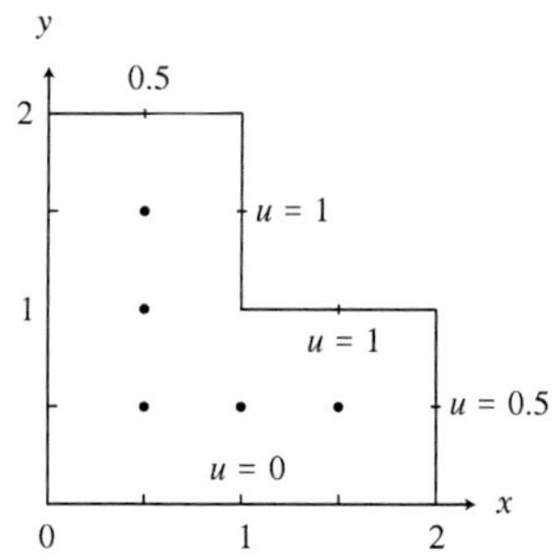

그림 9.5

$$
\begin{aligned}
4u_{11} &= 0 + 0 + u_{21} + u_{12} & -4u_{11} + u_{12} \quad + u_{21} &= 0 \\
4u_{12} &= 0 + u_{11} + 1 + u_{13} & u_{11} - 4u_{12} + u_{13} &= -1 \\
4u_{13} &= 0 + u_{12} + 1 + 0.5 \text{ 에서} & u_{12} - 4u_{13} &= -1.5 \\
4u_{21} &= u_{11} + 0 + u_{31} + 1 & u_{11} \quad - 4u_{21} + u_{31} &= -1 \\
4u_{31} &= u_{21} + 0 + 0.5 + 1 & u_{21} - 4u_{31} &= -1.5
\end{aligned}
$$

이 연립방정식을 Gauss–Seidel법으로 풀어서 해를 구한다(9.1.3을 참조하라).

연립방정식의 계수가 규칙적으로 나열되는 경우는 자동적으로 계수가 발생되는 경우도 있으나, 불규칙으로 계수가 나오는 경우는 연립방정식을 푸는 것이 복잡하여 일반적으로 차분방정식은 Gauss–Seidel법으로 푼다.

Gauss–Seidel법으로 $u_{i,j}$를 갱신해나갈 때, 새로운 $u_{i,j}$는 이미 계산된 $u_{i,j}$의 근방의 4개의 점의 평균으로 경신된다.

보통 최초는 미지의 u의 값을 0으로 하고, 경계값을 써서 계산해나간다. 그것을 몇 회 반복해나가서 새로운 $u_{i,j}$와 직전에 구한 $u_{i,j}$의 차가 충분히 작아지면 그것을 해로 하는 것은 일반 연립방정식의 경우와 마찬가지이다.

경계값이 주어진 편미분방정식을 차분방정식으로 나타내서 푸는 방법을 요약하면 다음과 같다.

> **편미분방정식의 수치해법**
>
> **(1) 편미분방정식을 차분방정식으로 나타내서 연립 1차 방정식으로 나타낸다.**
> **(2) 경계조건을 넣는다.**
> **(3) (1)의 연립방정식을 Gauss–Seidel법으로 푼다.**

(2) 열전도 방정식

다음과 같은 편미분방정식

$$\frac{\partial u}{\partial t} = a^2 \frac{\partial^2 u}{\partial x^2} \tag{7}$$

을 **열전도방정식**이라 한다.

xy 평면의 변수 x, y 외에 시간 t가 들어 있다. 식 (7)을 차분방정식으로 나타낸다. $\Delta t = k$, $\Delta x = h$이고, $a^2 = 1$이라면

$$\frac{u_{i,\,j+1} - u_{i,\,j}}{k} = \frac{u_{i+1,\,j} - 2u_{i,\,j} + u_{i-1,\,j}}{h^2} \tag{8}$$

k는 t 방향의 격자간격이고, h는 x 방향의 격자간격이다.

식 (8)을 $u_{i,\,j+1}$에 관하여 풀면

$$u_{i,\,j+1} = u_{i,\,j} + r\,(u_{i+1,\,j} - 2u_{i,\,j} + u_{i-1,\,j}) \tag{9}$$

로 나타내진다. 단, $r = \dfrac{k}{h^2}$이다.

식 (9)는 시간 j에서의 3개의 u의 값 $u_{i-1,\,j}$, $u_{i,\,j}$, $u_{i+1,\,j}$을 써서 시간 $j+1$에서의 u의 값 $u_{i,\,j+1}$을 구하는 식이다.

편미분방정식 (7)의 경계조건과 초기조건은

$$\begin{aligned} x = 0\text{에서}\quad & u(0,\,t) = f(t),\ 0 < x < a \\ x = l\text{에서}\quad & u(l,\,t) = g(t),\ 0 < t < b \\ t = 0\text{에서}\quad & u(x,\,0) = h(x) \end{aligned}$$

꼴로 주어진다. 여기서는 $l = 1$로 하자.

$t = 0$에서 u의 값 $u_{i,\,0}$은 초기조건에서 주어져서, $j = 1$에서의 값과 $x = 0$과 $x = 1$에서의 u의 값을 제외하고는 식 (8)의 첨자 i를 바꾸어 나가면서 구해나간다.

$x = 0$과 $x = 1$의 u의 값은 경계조건 $u_{0,\,j} = f(jk)$, $u_{n,\,j} = g(jk)(j = 0,\,1,\,2,\,\cdots)$에서 구해진다. n은 $x = 1$에서의 격자번호이다. 식 (9)는 시간 j의 값으로, 시간이 1단위 나간 $j+1$에서의 u의 값을 계산할 수 있는 공식으로 이 식을 **양공식** 또는 **전진 해법 공식**이라 한다. 양공식은 해법이 간단하나, 그 해가 수렴하기 위한 조건으로서

$$0 < r \leq \frac{1}{2}$$

을 만족하지 않으면 안 된다.

이 조건이 의미하는 것은 충분한 정확도를 얻기 위하여는 세분을 작게 하지 않으면 안 된다는 것인데, 연산의 횟수가 늘어나면 계산오차를 무시할 수 없게 된다.

따라서 이 r의 조건 없이 풀 수 있는 해법이 요구되는 데, 이 해법은 뒤에서 다루게 되는 Crank nicolson의 **음공식**이다.

식 (9)는 격자점 $(i,\ j+1)$의 미지의 온도 $u_{i,\ j+1}$을 j 시각에서의 기지의 온도로 나타내고 있다(옆의 그림 참조).

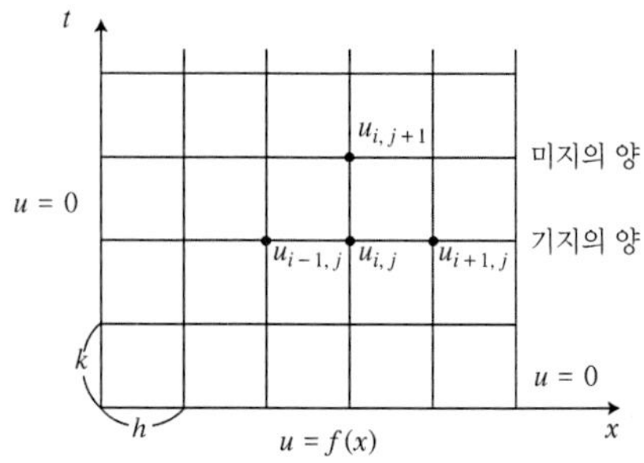

그림 9.6

따라서 시각행 $t = k$ 상의 미지의 격자점 값 u을 구하는 데, $t = 0$ 상의 기지의 경계값과 초기값에서 계산할 수 있다. 또한 시각 $j+1$의 미지의 격자점 값을 기지의 시각 j에서의 격자점의 u의 값으로 계산할 수 있다. 이런 방식으로 계산해나가면 모든 미지의 격자점 값을 구할 수 있다. 이와 같이 미지의 격자점 값을 기지의 격지점 값으로 직접 나타내는 공식이 **양공식** 또는 **전진해법공식**이다.

보기2 가늘고, 균등한 막대기 양단이 융해중인 얼음 덩어리와 접촉하고 있다. $x = 0$ 또는 1에서 모든 t에 대하여 온도 $u = 0$이고, 초기온도분포는 $t = 0$일 때, 다음과 같다. (경계조건과 초기조건)

$$u = x \qquad (0 \le x \le 0.5)$$
$$u = 1 - x \ (0.5 < x < 1.0)$$

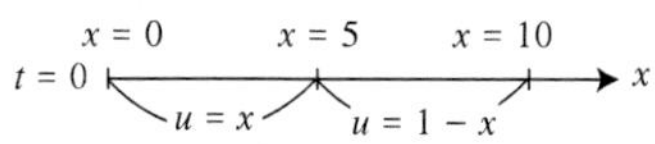

그림 9.7

이 경우, 온도 $u(x,\ t)$는 다음 편미분방정식을 만족한다.

$$\frac{\partial u}{\partial t} = \frac{\partial^2 u}{\partial x^2} \qquad \cdots ①$$

$\Delta t = 0.005,\ \Delta x = 0.1$로 하여 각 격자점에서의 온도 u의 값을 구해보자.

해설 편미분방정식 ①을 차분방정식으로 나타내면 ($\Delta t = k,\ \Delta x = h$라 하자.)

$$\frac{u_{i,\ j+1} - u_{i,\ j}}{k} = \frac{u_{i+1,\ j} - 2u_{i,\ j} + u_{i-1,\ j}}{h^2}$$

$r = \dfrac{k}{h^2}$ 이라면

$$u_{i,\ j+1} = u_{i,\ j} + r(u_{i+1,\ j} - 2u_{i,\ j} + u_{i-1,\ j}) \qquad \cdots ②$$

이 식에서 $r = k/h^2 = 0.005/0.1^2 = 0.5$ 이므로

$$u_{i,\,j+1} = u_{i,\,j} + \frac{1}{2}(u_{i+1,\,j} - 2u_{i,\,j} + u_{i-1,\,j})$$
$$= \frac{1}{2}(u_{i+1,\,j} + u_{i-1,\,j})$$

식 ②의 계산구조를 다음 그림과 같이 나타내면 편리하다.

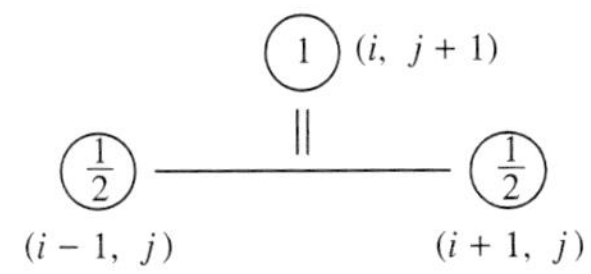

그림 9.8

이 구조식에 의한 계산의 일부는 다음과 같다.

j	t	i	0	1	2	3	4	5	6	7	8	9	10
		t	j	0.1	0.2	0.3	0.4	0.5	0.6	0.7	0.8	0.9	1.0
0	0.000		0	0.1	0.2	0.3	0.4	0.5	0.4	0.3	0.2	0.1	0
1	0.005		0	0.1	0.2	0.3	0.4	0.4	0.4	0.3	0.2	0.1	0
2	0.010		0	0.1	0.2	0.3	0.35	0.4	0.35	0.3	0.2	0.1	0
3	0.015		0	0.1	0.2	0.275	0.3125	0.35	0.35	0.275	0.2	0.1	0
4	0.020		0	0.1	0.1875	0.275	0.3125	0.35	0.3125	0.275	0.1875	0.1	0
5	0.025		0	0.0937	0.1875	0.25	0.3125	0.3125	0.3125	0.25	0.1875	0.09375	0
6	0.030		0	0.0937	0.171875	0.25	0.28125	0.3125	0.28125	0.25	0.17187	0.09375	0
–	–		0	–	–	–	–	–	–	–	–	–	0

안의 값은 다음과 같이 구해진다.

$$u_{3,\,1} = \frac{1}{2}(u_{2,\,0} + u_{4,\,0}) = \frac{1}{2}(0.2 + 0.4) = 0.3$$
$$u_{4,\,5} = \frac{1}{2}(u_{3,\,4} + u_{5,\,4}) = \frac{1}{2}(0.275 + 0.35) = 0.3125$$

다른 격자점에서의 온도 u 도 마찬가지로 구해진다.

Crank-Nicolson의 음해법을 소개한다. 이 해법은 총 계산량을 줄이고, 모든 유한인 r의 값에 대하여 유효한 방법이다.

이 방법은 $\partial^2 u/\partial x^2$ 을 제 j 시각 및 $j+1$ 시각에서의 차분식의 평균으로 바꾸어서 근사시키는 방법이다.

$$\frac{\partial u}{\partial t} = \frac{\partial^2 u}{\partial x^2} \tag{10}$$

을 차분근사식

$$\frac{u_{i,j+1}-u_{i,j}}{k}=\frac{1}{2}\left(\frac{u_{i+1,j+1}-2u_{i,j+1}+u_{i-1,j+1}}{h^2}+\frac{u_{i+1,j}-2u_{i,j}+u_{i-1,j}}{h^2}\right) \quad (11)$$

으로 근사시켜 푸는 방법이 Crank–Nicolson의 음해법이다. 이 식에서 $r=k/h^2$이라면

$$-ru_{i-1,j+1}+(2+2r)u_{i,j+1}-ru_{i+1,j+1}=ru_{i-1,j}+(2-2r)u_{i,j}+ru_{i+1,j} \quad (12)$$

가 얻어진다.

일반적으로 식 (12)의 좌변에는 u의 미지의 격자점 값 3개가 포함되고, 우변에는 기지의 격자점 u의 값이 3개가 포함된다.

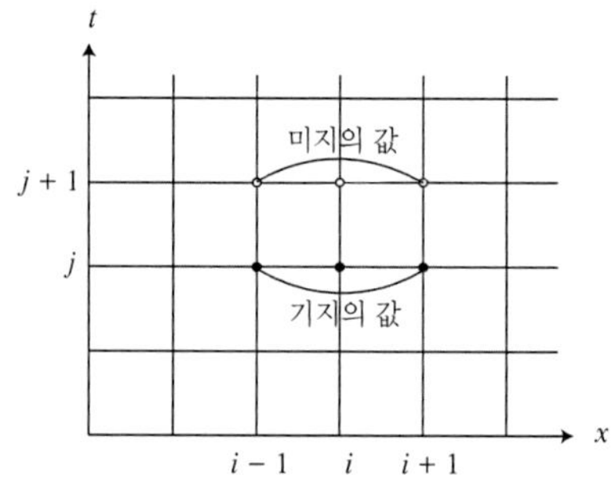

그림 9.9

보기3 Crank–Nicolson법을 써서 다음 편미분방정식을 풀어보자.

$$\frac{\partial u}{\partial t}=\frac{\partial^2 u}{\partial x^2} \qquad (0 \le x \le 1)$$

경계조건 및 초기조건은 다음과 같다.

(i) $u(0,\ t)=u(1,\ t)=0,\ t \ge 0$

(ii) $u=2x,\ 0 \le x \le 0.5,\ t=0$

(iii) $u=2(1-x),\ 0.5 \le x \le 1,\ t=0$

해설 $h=0.1$로 하고, $k=0.01$로 하면 $r=1$이 되고, 차분근사식은 다음과 같다.

$$u_{i,j+1}=u_{i,j}+\frac{1}{2}(u_{i+1,j+1}-2u_{i,j+1}+u_{i-1,j+1}+u_{i+1,j}-2u_{i,j}+u_{i-1,j})$$

이 식을 정리하면

$$-u_{i-1,j+1}+4u_{i,j+1}-u_{i+1,j+1}=u_{i-1,j}+u_{i+1,j} \qquad ①$$

계산구조도는 다음 그림과 같다.

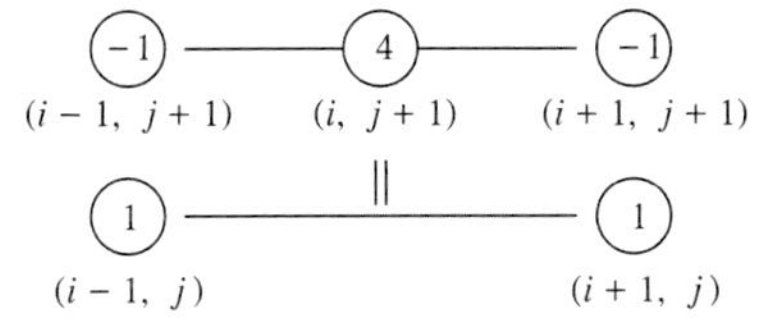

그림 9.10

경계조건 $u(0,\ t) = 0,\ u(1,\ t) = 0$에서 $x = 0$ 및 $x = 1$인 격자점의 u값은 모두 0이고, $u(x,\ 0) = 2x(0 \le x \le 0.5)$이므로 $t = 0$에서 u의 값 u_x는

$$u_{0.0} = 0,\ u_{0.1} = 0.2,\ u_{0.2} = 0.4,\ u_{0.3} = 0.6,\ u_{0.4} = 0.8,\ u_{0.5} = 1.0$$

$u(x,\ 0) = 2(1 - x)(0.5 \le x \le 1.0)$이므로 $t = 0$에서 u의 값 u_x는

$$u_{0.6} = 0.8,\ u_{0.7} = 0.6,\ u_{0.8} = 0.4,\ u_{0.9} = 0.2,\ u_{1.0} = 0$$

($j = 0$일 때) 식 ①은 다음과 같다.

$$-u_{i-1,1} + 4u_{i,1} - u_{i+1,1} + u_{i+1,0} = u_{i-1,0} + u_{i+1,0}$$

이 식에 $i = 1,\ 2,\ 3,\ 4,\ 5$를 대입하면 다음 5개의 식이 얻어진다.

$i = 1$일 때 $-u_{0,1} + 4u_{1,1} - u_{2,1} = u_{0,0} + u_{2,0} = 0 + 0.4$
$i = 2$일 때 $-u_{1,1} + 4u_{2,1} - u_{3,1} = u_{1,0} + u_{3,0} = 0.2 + 0.6$
$i = 3$일 때 $-u_{2,1} + 4u_{3,1} - u_{4,1} = u_{2,0} + u_{4,0} = 0.4 + 0.8$
$i = 4$일 때 $-u_{3,1} + 4u_{4,1} - u_{5,1} = u_{3,0} + u_{5,0} = 0.6 + 1.0$
$i = 5$일 때 $-u_{4,1} + 4u_{5,1} \qquad = u_{4,0} + u_{6,0} = 0.8 + 0.8$

이들 관계식을 연립하여 풀면

$$u_{1,1} = 0.1989,\ u_{2,1} = 0.3956,\ u_{3,1} = 0.5834,\ u_{4,1} = 0.7381,\ u_{5,1} = 0.7691$$

($j = 1$일 때) 식 ①은

$$-u_{i-1,2} + 4u_{i,2} - u_{i+1,2} = u_{i-1,1} + u_{i+1,1}$$

이고, 이 식에 $i = 1,\ 2,\ 3,\ 4,\ 5$를 대입하면 다음 5개의 식이 얻어진다.

$$\begin{aligned}
0 + 4u_{1,2} - u_{2,2} &= 0 + 0.3956 \\
-u_{1,2} + 4u_{2,2} - u_{3,2} &= 0.1989 + 0.5834 = 0.7823 \\
-u_{2,2} + 4u_{3,2} - u_{4,2} &= 0.3956 + 0.7381 = 1.1337 \\
-u_{3,2} + 4u_{4,2} - u_{5,2} &= 0.5834 + 0.7691 = 1.3525 \\
-2u_{4,2} + 4u_{5,2} \qquad &= 2 \times 0.7381\,(u_6 = u_4 = 0.7381)
\end{aligned}$$

이들 5개의 식을 연립하여 푼다. $j = 3, \cdots, 9$인 경우도 마찬가지로 식을 세워서 $u_{i,j}\,(j = 3, \cdots, 9)$의 값을 구한다.
이들 결과를 표로 나타내면 다음과 같다.

t \ x	0	0.1	0.2	0.3	0.4	0.5
0.00	0	0.2	0.4	0.6	0.8	1.0
0.01	0	0.1989	0.3956	0.5834	0.7381	0.7691
0.02	0	0.1936	0.3789	0.5400	0.6461	0.6921
⋮	⋮	⋮	⋮	⋮	⋮	⋮
0.09	0	0.0948	0.1803	0.2482	0.2918	0.3069
0.10	0	0.0934	0.1776	0.2444	0.2873	0.3021

이 음해법은 비교적 오차가 작다.

일반적인 열전도의 방정식은

$$cu_{xx} - u_t = 0 \tag{13}$$

의 꼴을 하며, 경계조건은

$$u(0, t) = 0, \; u(L, t) = 0$$

이고, 초기조건은

$$u(x, 0) = F(x), \; u_x(x, 0) = 0$$

이다.

식 (13)을 풀기 위하여, x 방향의 구분을 h, t 방향의 구분을 k라면

$$u_{i,j} = u(x_i, t_j) = u(0 + ih, 0 + jk)$$

이다. 편도함수를 차분근사공식으로 나타낼 때, 열전도방정식 (13)은 차분방정식

$$\frac{c}{h^2}(u_{i-1,j} - 2u_{i,j} + u_{i+1,j}) = \frac{1}{k}(u_{i,j+1} - u_{i,j})$$

로 변환되고, $u_{i,j+1} = u(x_i, t_{j+1})$에 관하여 풀면

$$u_{i,j+1} = \frac{kc}{h^2}(u_{i-1,j} + u_{i+1,j}) + \left(1 - \frac{2ck}{h^2}\right)u_{i,j} \tag{14}$$

가 된다. 식 (14)를 간단히 풀기 위하여 $1 - \frac{2ck}{h^2} = 0$이 되게 h, k의 값을 정하면, 식 (14)는 간단한 차분방정식이 되어 쉽게 해를 구할 수 있다.

$t = 0$일 때의 u의 값은 $u(x, 0) = F(x)$로 알려져 있으므로, 차분방정식 (14)에 의하여 임의의 시각 t_j에서 각 점 x_i에서의 u의 값을 계산할 수 있다.

$$k = \frac{h^2}{2c}\text{이면, } 1 - \frac{2ck}{h^2} = 0\text{이고, } \frac{kc}{h^2} = \frac{1}{2} \tag{15}$$

이므로, 식 (14)는 극히 간단한 점화식

$$u_{i,j+1} = \frac{1}{2}(u_{i-1,j} + u_{i+1,j}) \tag{16}$$

가 된다. 이 식에서 시각 t_{j+1}일 때, $x = x_i$에서의 u의 값은 시각 t_j에서의 x_i의 좌우의 두 격자점에서의 u의 값의 평균으로 구해진다.

보기4 방정식 $\frac{1}{2}u_{xx} - u_t = 0$을 다음 조건

$$u(0, t) = 0.\ u(4, t) = 0,\ u(x, 0) = x(4 - x) \cdots ①$$

에서, $h = 1$로 하고, k는 식 (15)를 만족하도록 정해서 풀어보자.

해설 $k = \frac{1^2}{2\left(\frac{1}{2}\right)} - 1,\ u_{i,j+1} = \frac{1}{2}(u_{i-1,j} + u_{i+1,j})$

$i = 0, 1, 2, 3, 4$에 대한 $j = 0, 1, 2, \cdots, 10$의 값을 구하면 다음 표와 같은 $u_{i,j}$의 값이 얻어진다.

j \ i	0	1	2	3	4
0	0	3	4	3	0
1	0	2	(3)	2	0
2	0	1.5	2	1.5	0
3	0	1.0	1.5	1.0	0
4	0	0.75	1.0	(0.75)	0
5	0	0.50	0.75	0.50	0
6	0	0.375	0.50	0.375	0
7	0	0.250	0.375	0.250	0
8	0	0.1875	0.250	0.1875	0
9	0	0.1250	0.1875	0.1250	0
10	0	0.09375	0.1250	0.09375	0

◯ 안의 값은

$$u_{2,1} = \frac{1}{2}(u_{1,0} + u_{3,0}) = \frac{1}{2}(3 + 3) = 3$$

$$u_{3,4} = \frac{1}{2}(u_{2,3} + u_{4,3}) = \frac{1}{2}(1.5 + 0) = 0.75$$

다른 $u_{i,j}$ 의 값도 마찬가지로 구한다.

i는 $x_0 + ih$되는 첨자를, j는 $t_0 + jk$되는 첨자를 나타낸다.

$i = 0$일 때, $x = 0$이므로, 모든 j에 대하여 $u_{0,j} = u(0, jk) = 0$이다.

$h = 1$이므로, $i = 0, 1, 2, \cdots$ 이고,

$k = 1$이므로, $j = 0, 1, 2, \cdots$ 이다.

$j = 0$에서 $u_{1,0} = 1(4-1) = 3, u_{2,0} = 2(4-2) = 4,\ u_{3,0} = 3(4-3) = 3,$

$u_{4,0} = 4(4-4) = 0,\ u_{2,1} = \frac{1}{2}(u_{1,0} + u_{3,0}) = \frac{1}{2}(3+3) = 3, \cdots$을 얻는다.

9.1.3 반복법에 의한 해법

Gauss-Seidel의 반복법에 대하여 살펴보자. 편미분방정식을 차분방정식으로 나타내면, 차분방정식을 푸는 것은 연립 1차방정식을 푸는 것이 된다.

편미분방정식을 차분방정식으로 바꾸어 얻는 연립방정식은 일반적으로 차원이 높은 연립방정식이 된다. 그 해법으로서 Gauss의 소거법, Jacobi의 소거법, Gauss-Seidel의 소거법이 있는데, 컴퓨터의 메모리의 절약을 위하여 Gauss-Seidel법이 유용하다.

보기를 들어서 이 방법을 설명한다.

보기1

Laplace의 방정식 $\frac{\partial^2 u}{\partial x^2}+\frac{\partial^2 u}{\partial y^2}=0$을 차분방정식으로 나타내서 풀어보자.

해설

$$\left(\frac{\partial^2 u}{\partial x^2}\right)_{i,j}+\left(\frac{\partial^2 u}{\partial y^2}\right)_{i,j}$$

$$=\frac{u_{i+1,j}-2u_{i,j}+u_{i-1,j}}{h^2}+\frac{u_{i,j+1}-2u_{i,j}+u_{i,j-1}}{h^2} \qquad ①$$

$$=\frac{u_{i+1,j}+u_{i-1,j}+u_{i,j+1}+u_{i,j-1}-4u_{i,j}}{h^2}=0$$

이 된다. 이 식은 h에 관계되지 않으므로

$$u_{i+1,j}+u_{i-1,j}+u_{i,j+1}+u_{i,j-1}-4u_{i,j}=0$$

또는 $$4u_{i,j}-u_{i+1,j}-u_{i-1,j}-u_{i,j+1}-u_{i,j-1}=0 \qquad ②$$

차분방정식 ②를 풀기 위하여 경계조건이 다음 그림과 같다 하자. 즉 정사각형의 상측을 1℃로, 양측과 하측을 0℃라 하자.

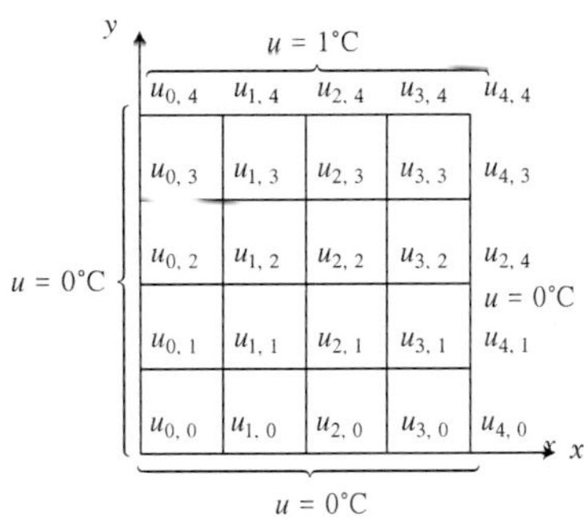

그림 9.11

$(i=1,\ j=1)$일 때

$$4u_{11}-u_{21}-u_{01}-u_{12}-u_{10}=0$$

$u_{01}=u_{10}=0$이므로

$$4u_{11}-u_{21}-u_{12}=0 \qquad ③$$

이 되고, u_{22}는 $i=2,\ j=2$를 식 ②에 대입하여

$$4u_{22}-u_{32}-u_{12}-u_{23}-u_{21}=0 \qquad ④$$

u_{33}은 $i=j=3$므로 식 ②에서

$$4u_{33}-u_{43}-u_{23}-u_{34}-u_{32}=0$$

$u_{43}=0,\ u_{34}=1$이므로

$$4u_{33}-u_{23}-u_{32}=1 \qquad ⑤$$

식 ②에

$$(i,\ j)=(1,\ 2),\ (1,\ 3),\ (2,\ 1),\ (2,\ 3),\ (3,\ 1),\ (3,\ 2)$$

를 대입하면 식 ③~⑤꼴의 식이 6개가 얻어진다.

식 ③~⑤와 이들 6개의 식으로 9개의 관계식이 얻어진다. 이것을 연립 1차방정식의 꼴로 한 것을 계수만을 표로 나타내면, 다음 표를 얻는다.

u_{11}	u_{12}	u_{13}	u_{21}	u_{22}	u_{23}	u_{31}	u_{32}	u_{33}	B
4	−1		−1						
−1	4	−1		−1					
	−1	4			−1				
−1			4	−1		−1			
	−1		−1	4	−1		−1		
		−1		−1	4			−1	
			−1			4	−1		1
				−1		−1	4	−1	1
					−1		−1	4	1

이 표는 규칙적인 계수를 갖는 9원 연립 1차방정식이다. 이 연립 1차방정식을 Gauss-Seidel의 반복법으로 풀면 다음 해를 얻는다.

$u_{11} = 7.143E-2,\quad u_{12} = 9.821E-2,\quad u_{13} = 7.143E-2$
$u_{21} = 0.185,\quad u_{22} = 0.25,\quad u_{23} = 0.1875$
$u_{31} = 0.429,\quad u_{32} = 0.527,\quad u_{33} = 0.429$

Laplace 방정식의 Gauss-Seidel법에 의한 해법 알고리즘은 다음과 같다.

Algorithm Gauss-Seidel Method

1. $E = 10^{-5}$: $C = 0$: $C\max = 1000$
2. For $i = 0$ to n …초기값 설정
   - for $j = 0$ to n
     - $u_{i,j} = 0$
3. For $i = 0$ to n …경계값 설정
   - $u_{n,i} = 1$: $u_{0,1} = 1$
4. For $i = 0$ to $n-1$ … $u_{i,j}$의 반복계산
   - for $j = 1$ to $n-1$
     - $uk_{i,j} = u_{i,j}$
     - $u_{i,j} = (u_{i+1,j} + u_{i-1,j} + u_{i,j+1} + u_{i,j-1})/4$

```
5. SE = 0 : SX = 0                              …상대오차의 계산
   For i = 1 to n - 1
   |  for j = 1 to n - 1
   |  |  SE = SE + ABS(u[i, j] - uk[i, j])        …오차의 합
   └  └─SX = SX + ABS(u[i, j])                    …|u[i, j]| 의 합
6. If C > Cmax then print "no solution" : End
7. If SE > E·SX then C = C + 1 and go to 3
8. For i = n to 0 step -n/4
   |  for j = 0 to n step n/4
   └  └─output u[i, j]
9. End
```

연습문제(9.1)

1 $\nabla^2 u = u_{xx} + u_{yy}$를 중심차분공식을 써서 나타내어라.

2 문제 1에서 $\frac{h}{k} = r$이라 할 때, $h^2(\nabla^2 u)_{(i,\ j)}$를 차분근사식으로 나타내어라.

3 다음 편미분방정식을 중심차분을 써서 차분방정식으로 나타내라.

$$\frac{\partial^2 u}{\partial t^2} = \frac{\partial^2 u}{\partial x^2} + \frac{\partial^2 u}{\partial y^2}$$

4 $u_{xx} + u_{yy} = 0 \ (0 \leq x \leq 1,\ 0 \leq y \leq 1)$
$u(0,\ y) = 0,\ u(1,\ y) = 1,\ u(x,\ 0) = 0,\ u(x,\ 1) = 0$이다. 각 변을 3등분한 경우에, 차분방정식에 의하여 각 격자점에서 근사해를 구하여라.

연습문제(9.1) 풀이

1 $$(\nabla^2 u)_{(i,j)} = \left(\frac{\partial^2 u}{\partial x^2}\right)_{(i,j)} + \left(\frac{\partial^2 u}{\partial y^2}\right)_{(i,j)}$$

$$= \frac{1}{h^2}\left(u_{i-1,j} - 2u_{i,j} + u_{i+1,j}\right) + \frac{1}{k^2}\left(u_{i,j-1} - 2u_{i,j} + u_{i,j+1}\right)$$

2 $$(h^2 \nabla^2 u)_{(i,j)} = u_{i-1,j} + u_{i+1,j} + r\left(u_{i,j-1} + u_{i,j+1}\right) - 2(1+r^2)u_{i,j}$$

3 $$\frac{u_{i,j}(t+\Delta t) - 2u_{i,j}(t) + u_{i,j}(t-\Delta t)}{\Delta t^2}$$

$$= \frac{u_{i+1,j}(t) - 2u_{i,j}(t) + u_{i-1,j}(t)}{\Delta x^2} + \frac{u_{i,j+1}(t) - 2u_{i,j}(t) + u_{i,j-1}(t)}{\Delta y^2}$$

4

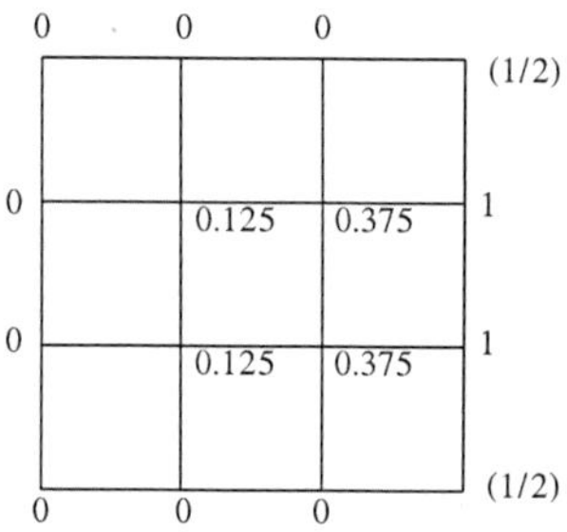

그림 9.12

$$u_{ij} = \frac{1}{4}(u_{i+1,j} + u_{i,j+1} + u_{i-1,j} + u_{i,j+1})$$

$u_{1,1}$, $u_{i,2}$, $u_{2,1}$, $u_{2,2}$의 값을 구한다.

$$u_{1,1} = \frac{1}{4}(0 + u_{1,2} + u_{2,1} + 0)$$

$$u_{1,2} = \frac{1}{4}(0 + 0 + u_{2,2} + u_{1,1})$$

$$u_{2,1} = \frac{1}{4}(u_{1,1} + u_{1,2} + 1 + 0)$$

$$u_{2,2} = \frac{1}{4}(u_{1,2} + 0 + 1 + u_{2,1})$$

을 연립하여 풀면 $u_{1,1} = 0.125$, $u_{1,2} = 0.125$, $u_{2,1} = 0.375$, $u_{2,2} = 0.375$를 얻는다.

찾아보기

저자 약력

유동선

일본 교토대학 수리공학 연구실 초빙 교수
한국항공대학교 전 대학원장

저서 이산수학, 수치해석, 통계학, 선형대수학
복소해석, 퍼지이론, 미분방정식 (교우사)
OR 개론, 응용미분 방정식 (동명사)
통계학의 이해와 요점, 알기쉬운 이산수학 (홍릉과학출판사)

정가 22,000원

수치해석과 그의 알고리즘

2011년 9월 1일 초판 인쇄
2011년 9월 10일 초판 발행
저 자 : 유동선
발행처 : 홍릉과학출판사
발행자 : 우명찬 · 손 주
주 소 : 서울시 강북구 수유5동 455-60
142-885
등 록 : 1976년 10월 21일 제5-66호
전 화 : (02) 999-2274~5, 903-7037
팩 스 : (02) 905-6729

ISBN 978-89-7283-985-9
e-mail:hongpub@hongpub.co.kr
http://www.hongpub.co.kr